光錐ゲージ	$X^+(\tau,\sigma) = \beta\alpha' p^+ \tau, \quad p^+ = \dfrac{2\pi}{\beta}\mathcal{P}^{\tau+}, \quad \beta = \begin{cases} 2 & \text{開弦} \\ 1 & \text{閉弦} \end{cases}$ $\mathcal{P}^{\tau\mu} = \dfrac{1}{2\pi\alpha'}\dot{X}^\mu, \quad \mathcal{P}^{\sigma\mu} = -\dfrac{1}{2\pi\alpha'}X^{\mu\prime}, \quad \ddot{X}^\mu - X^{\mu\prime\prime} = 0$ $\dot{X}^- \pm X^{-\prime} = \dfrac{1}{\beta\alpha'}\dfrac{1}{2p^+}(\dot{X}^I \pm X^{I\prime})^2$
開弦	$X^\mu(\tau,\sigma) = x_0^\mu + \sqrt{2\alpha'}\,\alpha_0^\mu \tau + i\sqrt{2\alpha'}\displaystyle\sum_{n\neq 0}\dfrac{1}{n}\alpha_n^\mu e^{-in\tau}\cos n\sigma$ $\alpha_0^\mu = \sqrt{2\alpha'}\,p^\mu, \quad [\alpha_m^I, \alpha_n^J] = m\delta_{m+n,0}\,\delta^{IJ}$ $M^2 = \dfrac{1}{\alpha'}(N^\perp - 1), \quad N^\perp = \displaystyle\sum_{p=1}^\infty \alpha_{-p}^I \alpha_p^I$ $[L_m^\perp, L_n^\perp] = (m-n)L_{m+n}^\perp + \dfrac{D-2}{12}(m^3-m)\delta_{m+n,0}$ $L_n^\perp \equiv \dfrac{1}{2}\displaystyle\sum_{p\in\mathbb{Z}}\alpha_{n-p}^I \alpha_p^I \ (n\neq 0), \quad L_0^\perp = \alpha' p^I p^I + N^\perp$ $\sqrt{2\alpha'}\,\alpha_n^- = \dfrac{1}{p^+}L_n^\perp, \quad [L_m^\perp, \alpha_n^J] = -n\alpha_{m+n}^J$
閉弦	$X^\mu(\tau,\sigma) = x_0^\mu + \sqrt{2\alpha'}\,\alpha_0^\mu \tau + i\sqrt{\dfrac{\alpha'}{2}}\displaystyle\sum_{n\neq 0}\dfrac{e^{-in\tau}}{n}\left(\alpha_n^\mu e^{in\sigma} + \bar{\alpha}_n^\mu e^{-in\sigma}\right)$ $\alpha_0^\mu = \sqrt{\dfrac{\alpha'}{2}}\,p^\mu, \quad L_0^\perp = \dfrac{\alpha'}{4}p^I p^I + N^\perp, \quad \bar{L}_0^\perp = \dfrac{\alpha'}{4}p^I p^I + \bar{N}^\perp$ $N^\perp = \displaystyle\sum_{p=1}^\infty \alpha_{-p}^I \alpha_p^I, \quad \bar{N}^\perp = \displaystyle\sum_{p=1}^\infty \bar{\alpha}_{-p}^I \bar{\alpha}_p^I$ $M^2 = \dfrac{2}{\alpha'}(N^\perp + \bar{N}^\perp - 2), \quad N^\perp = \bar{N}^\perp$
NSセクター	$(-1)^F = -1 \ \text{on ground state}\ |\text{NS}\rangle$ $a_{\text{NS}} = -\dfrac{1}{48}, \quad \alpha' M^2 = -\dfrac{1}{2} + N^\perp, \quad \text{NS}+ : (-1)^F = +1$
Rセクター	8 fermion zero modes $\to 2^{8/2} = 16$ ground states $(-1)^F = -1 \ \text{on}\ |R_a\rangle, \ a = 1,\ldots,8$ $(-1)^F = +1 \ \text{on}\ |R_{\bar{a}}\rangle, \ \bar{a} = \bar{1},\ldots,\bar{8}$ $a_{\text{R}} = \dfrac{1}{24}, \quad \alpha' M^2 = N^\perp$

A First Course in
STRING THEORY
初級講座 弦理論 基礎編

B. ツヴィーバッハ ［著］
樺沢 宇紀 ［訳］

丸善プラネット

A First Course in String Theory 2nd Edition
by Barton Zwiebach

First published 2004
Reprinted 2005,2007
Second edition 2009

©B. Zwiebach 2009
All rights reserved.
This publication is copyright. Subject to statutory exception and to the provisions of relevant collective licensing agreements, no reproduction of any part may take place without written permission of Cambridge University Press.

Japanese language edition published in 2 volumes by Maruzen Planet Co., Ltd., © 2013, 2014, 2019 under translation agreement with Cambridge University Press.

PRINTED IN JAPAN

目 次

序	vii
初版への前書き	ix
第2版への前書き	xiii
第1章 緒論	**1**
1.1 統一理論への道	1
1.2 物理学の統一理論としての弦理論	4
1.3 弦理論とその検証	7
1.4 展望と概観	9
第2章 特殊相対性理論・光錐座標系・余剰次元	**11**
2.1 単位系と理論のパラメーター	11
2.2 不変距離とLorentz変換	13
2.3 光錐座標	20
2.4 相対論的なエネルギーと運動量	24
2.5 光錐座標系のエネルギーと運動量	26
2.6 余剰次元とLorentz不変性	27
2.7 コンパクト化した余剰次元	28
2.8 オービフォールド	32
2.9 量子力学と矩形井戸	34
2.10 余剰次元を伴う矩形井戸	36
問題	38
第3章 様々な次元における電磁気学と重力	**43**
3.1 古典電磁力学	43
3.2 3次元時空の電磁気学	45
3.3 相対論的な電磁力学	46
3.4 高次元の球面	50
3.5 高次元における電場	53

目次 《基礎編》

- 3.6 重力とPlanck長さ 56
- 3.7 重力ポテンシャル 59
- 3.8 次元とPlanck長さ 61
- 3.9 重力定数とコンパクト化 61
- 3.10 大きな余剰次元 64
- 問題 66

第4章 非相対論的な弦 — 71
- 4.1 横方向の振動に関する運動方程式 71
- 4.2 境界条件と初期条件 73
- 4.3 横方向振動の振動数 74
- 4.4 より一般的な弦の振動 75
- 4.5 ラグランジアン力学の復習 75
- 4.6 非相対論的な弦のラグランジアン 78
- 問題 82

第5章 相対論的な点粒子 — 87
- 5.1 相対論的な点粒子の作用 87
- 5.2 パラメーター付け替え不変性 91
- 5.3 運動方程式 93
- 5.4 電荷を持つ相対論的な粒子 95
- 問題 96

第6章 相対論的な弦 — 99
- 6.1 空間内の面に関する面積汎関数 99
- 6.2 面積のパラメーター付け替え不変性 102
- 6.3 時空内の面に関する面積汎関数 105
- 6.4 南部-後藤作用 110
- 6.5 運動方程式, 境界条件, D-ブレイン 111
- 6.6 静的ゲージ 115
- 6.7 弦の張力とエネルギー 117
- 6.8 横方向速度から見た作用 119
- 6.9 自由な開弦の端点の運動 123
- 問題 124

第7章 弦のパラメーター付けと古典的な運動 — 129
- 7.1 σ のパラメーター付けの選択 129
- 7.2 弦の運動方程式の物理的な解釈 131
- 7.3 波動方程式と制約条件 133
- 7.4 開弦の一般的な運動 135
- 7.5 閉弦の運動と尖点 140

7.6 宇宙弦 (宇宙紐) 143
問題 147

第8章 世界面カレントと保存量　153
8.1 電荷の保存 153
8.2 ラグランジアンの対称性とチャージの保存 154
8.3 世界面において保存するカレント 158
8.4 全運動量カレント 160
8.5 Lorentz対称性とカレント 164
8.6 勾配パラメーター α' 166
問題 168

第9章 相対論的な光錐弦　173
9.1 τ の選択の方法 173
9.2 σ のパラメーター付け 176
9.3 パラメーター付けの制約条件と波動方程式 180
9.4 波動方程式とモード展開 181
9.5 運動方程式の光錐解 184
問題 188

第10章 各種の光錐場とボゾン　191
10.1 序論 191
10.2 スカラー場の作用 192
10.3 スカラー場の古典的な平面波解 194
10.4 スカラー場の量子化と粒子状態 197
10.5 Maxwell場と光子状態 202
10.6 重力場と重力子状態 206
問題 209

第11章 点粒子の光錐量子化　213
11.1 光錐粒子 213
11.2 Heisenberg描像とSchrödinger描像 215
11.3 点粒子の量子化 217
11.4 量子力学的な点粒子とスカラー粒子 221
11.5 光錐運動量演算子 222
11.6 光錐Lorentz生成子 226
問題 229

第12章 相対論的な量子開弦　　　233

- 12.1 光錐ハミルトニアンと交換子 233
- 12.2 振動子の交換関係 237
- 12.3 調和振動子群としての弦 242
- 12.4 横方向のVirasoro演算子 246
- 12.5 Lorentz生成子 254
- 12.6 状態空間の構築 257
- 12.7 運動方程式 262
- 12.8 タキオンとD-ブレイン崩壊 264
- 問題 268

第13章 相対論的な量子閉弦　　　275

- 13.1 モード展開と交換関係 275
- 13.2 閉弦のVirasoro演算子 281
- 13.3 閉弦の状態空間 284
- 13.4 弦の結合とディラトン 288
- 13.5 R^1/Z_2 オービフォールドにおける閉弦 290
- 13.6 オービフォールドにおけるツイストしたセクター 293
- 問題 297

第14章 超弦理論入門　　　301

- 14.1 序論 301
- 14.2 反可換な変数と演算子 302
- 14.3 世界面フェルミオン 303
- 14.4 Neveu-Schwarzセクター 306
- 14.5 Ramondセクター 309
- 14.6 状態の勘定 311
- 14.7 開いた超弦 314
- 14.8 閉じた超弦 316
- 問題 320

序

弦理論は理論物理学において最も刺激的な分野のひとつを形成している．この野心的で思弁的な理論は，重力とその他すべての自然界の力を統一し，物質のすべての形態をひとつの統一された枠組みに組み込む方法の潜在的な可能性を提示している．

弦理論には，それが理解不能であるという不幸な世評がある．このことの理由として，弦理論の実践者から見てさえ，この理論が新しすぎて，充分には理解されていないという事情が多分にある．しかしながら弦理論の基本概念は至極単純であり，物理学科で上級の訓練を積んだ学部の学生の水準でも理解できるはずである．

今まで私は，学生や物理学者の仲間たちから，弦理論の入門書を推薦するようにしばしば求められてきたが，これまでは一般向けの科学啓蒙書や上級の教科書を紹介するほかなかった．しかし今，私は Barton Zwiebach の優れた本を彼らに薦めることができる．

Zwiebach は弦の理論家としての実績を持つ研究者であり，弦理論に対して，特に弦の場の理論の進展に対して重要な貢献を成し遂げてきた．本書において彼は，驚くほど理解しやすい弦理論の解説を提示している．この本は，上級理論について最小限の知識しか読者に想定しない水準から始まり，現在の物理学の最先端（フロンティア）へと記述が進んでゆく．既に MIT の学部での講義も成功裏に実施されており，Zwiebach による弦理論の解説は，広範囲の人々によって理解され得る，大変価値の高いものであることが証明されている．

私は本書を，弦理論の基礎を学ぼうとするすべての人々に，強く推薦したい．

David Gross
Director, Kavli Institute For Theoretical Physics
University of California, Santa Barbara

初版への前書き

　そもそも，学部の学生に対して真面目な弦理論の講義を行うというアイデアは，2001年5月のある日，MITの2年生のグループが私に提案してきたものである．当時，私は統計物理の講義を受け持っており，私はその中で1時間を使って，相対論的な弦が高エネルギーにおいて，ある一定の温度(Hagedorn温度)に近づくことの説明を与えていた．私は基礎的な弦理論の講義というアイデアに興味をそそられたが，学部の水準の学生に対して有用な講義内容を工夫できるものかどうか，即座に明確な見通しは持てなかった．

　数ヶ月後，物理学科長のMarc Kastnerと話をする機会があり，そのとき私は，2年生から弦理論の講義を要望されたことに触れた．Kastnerが即座に熱意のある反応を見せたことから，私はこのアイデアについて真面目に考えることになった．2001年の末に，MITの物理学科の学部のカリキュラムに，この新たな講義が加えられた．そして2002年の春期に私は初めて"学部学生のための弦理論"(String Theory for Undergraduates)と題した講義を行った．本書はその講義ノートを元にして生まれたものである．

　学部の水準で弦理論の教育を考える際に主要な疑問となるのは「この題材を本当にこの水準で説明できるのか？」ということだろう．講義を2回行った結果，私はこの疑問に対する回答が確実にイエスであることを確信するに至った．弦理論を完全に習得するには大学院の水準の教育が必要となるけれども，弦理論の基礎的な部分は，学部の2年生か3年生程度の水準までで得られる限られた知見だけを利用して理解させることが充分に可能である．

　学部の学生にとって，弦理論を学ぶことの価値は何だろう？ 弦理論の講義は，学生たちに対して最先端の概念を提示することにより，彼らの理論物理に対する興奮や熱意を育み，この分野を専攻することに誘うこともあり得るだろう．あるいは学生たちは，弦理論の学習が，物理学科の学部のカリキュラムから得た知見をさらに研ぎ澄ませ，洗練させる機会になることを見いだすことにもなる．これは理論物理を専攻するつもりではない学生にとっても価値のあることである．

　本書は学部上級の学生が理解できるように仕立て上げられている．したがって私は本書がすべての学部の学生にとって弦理論の読みやすい入門書となると信じているし，更には，弦理論の基礎を学びたいと望むすべての物理学者にとっても有用であると考える．

謝　辞

　物理学科長のMarc Kastnerには，新たな講義の開設に関して熱意のある支持と関心を向けてくれてくれたことに謝意を表したい．また教育学科の副学科長Thomas Greytak，理論物理学センター所長Robert Jaffeに対しても，この計画を親切に支援してくれたことに感謝して

いる．
　利発な学部の学生たちのクラスに対して弦理論を教えることは，私にとって刺激的でやり甲斐のある経験となった．最初のクラスに加わってくれた以下の学生たちに感謝している．

Jeffrey Brock	Adam Granich	Trisha Montalbo
Zilong Chen	Markéta Havlíčková	Eugene Motoyama
Blair Connely	Kenneth Jensen	Megha Padi
Ivailo Dimov	Michael Krypel	Ian Parrish
Peter Eckley	Francis Lam	James Pate
Qudsia Ejaz	Philippe Larochelle	Timothy Richards
Kasey Ensslin	Gabrielle Magro	James Smith
Teresa Fazio	Sourav Mandal	Morgan Sonderegger
Caglar Girit	Stefanos Marnerides	David Starr
Donglai Gong		

　彼らは熱意に満ち，陽気で活発であった．私の講義はテープに録音され，Gabrielle Magro, Megha Padi, David Starr の３人がテープの内容と板書した数式に基づく LaTeX のファイルを作成した．私はこの３人の献身と，正確なファイルを作るために費やしてくれた注力に感謝している．彼らは本書の執筆を始めるための出発点を用意してくれた．私はそのファイルに編集作業を施して，講義ノートを作成した．
　夏期の講義に関する追加的なファイルも Gabrielle と Megha によって作成された．それに続く６ヶ月の間に，その講義ノートは本書の草稿になった．2003年の春期に２回目の講義を行い，長い夏の間に草稿の編集と推敲の作業を進めて，2003年の10月に原稿が完成した．
　講義ノートが本の草稿になるまでに，David Starr はそれに注意深く目を通すことを提案してきた．彼はほとんどすべての段落において指摘を行い，説明の改善を提案したり，記述の弱点を見いだすために大変優れた能力を発揮してくれた．彼からの批評によって，私は大幅な書き直しを促された．彼の注力は並々ならぬものであった．本書において如何ほどかの明快さが達成されているとすれば，それに関して彼の努力に感謝すべき部分が少なくない．
　私の友人であり同僚でもある Jeffrey Goldstone からの援助と助言に対しても，ここで謝辞を述べるのは喜ばしいことである．彼は弦理論に対する彼自身の知見を寛大に分け与えてくれた．本書の中のいくつかの節は，文字通り彼のコメントから生まれたものである．彼は２回目の講義のときには講義を手伝ってくれた．そうしてくれる間に，彼はテキスト全体に対して明敏な批評を加えた．彼は多くの練習問題の改善にも貢献し，エレガントな解答を書いてくれた．
　友人であり共同研究者でもある Ashoke Sen からの助言は決定的に重要であった．彼は弦理論を基礎的な水準において教えることが可能であると信じて私を勇気づけてくれた．私は言及すべき題材について何度となく彼に相談し，それを説明するための戦略についても助言を受けた．彼は最初の講義ノート全体に親切に目を通し，本書を形造る上で極めて貴重な助言を与えてくれた．
　多くの人々から助力と関心を頂いたおかげで，本書の執筆作業は大変に快い仕事になった．Chien-Hao Liu と James Stasheff による内容全体にわたる詳細なコメントにも多くを負っている．Alan Dunn と Blake Stacey は，クラスで与えることのできなかった練習問題を試すことに

協力してくれた．Jan Troost は広範囲の意見を集約し，助言と批評を与えてくれた．私は弦理論に携わる同僚たち——Amihay Hanany, Daniel Freedman, Washington Taylor——の知識に全幅の信頼を置いた．Philip Argyres, Andreas Karch, Frieder Lenz には，彼らの学生たちとともに講義ノートを試してくれたことに感謝したい．Juan Maldacena と Samir Mathur は弦の熱力学とブラックホールについて有用な知見を与えてくれた．Boris Körs, Fernando Quevedo, Angel Uranga は，弦の現象論について助言をくれた．Cambridge の編集者 Tamsin van Essen にも，私に対する助言と，編集過程における注意深い作業に感謝している．

最後に妻 Gaby と，子供たち Cecile, Evy, Margaret, Aaron にも感謝したい．作業の各段階において，私は家族の愛情と支援に満たされていた．Cecile と Evy は原稿の一部を読んで，言葉遣いについて助言をくれた．Gaby と Margaret からの弦理論に関する問いかけは，私の説明能力に対する試験になった．幼い Aaron は，弦の上に幽霊が座っている絵が表紙として完璧であると主張したが，我々は運動する弦の様子を表紙絵に据えることにした§．

Barton Zwiebach
Cambridge, Massachusetts, 2003

---

§(訳註) 原書の表紙カバーの図は，訳書では図 19.6 としてテキスト中に入れてある．

第 2 版への前書き

私が本書の初版の原稿を書き終えてから，ほぼ 5 年が経とうとしている．その後，私は MIT で学部向けの弦理論の講義を 3 回行い，全世界の研究者たちからも本書に関するコメントや提案を受けた．私は本書のどの部分が学生たちにとって最も挑戦的な部分であるかを知り，また他の題材も扱ってもらいたいという要望も聞いた．

初版と同様に，本書は第 I 部 (基礎編) と第 II 部 (発展編) から成る§．この第 2 版では，まず基礎編において議論の明確さの観点から多くの修正を施した．基礎編は多くの読者が読むと思われる部分であり，教室とは離れた環境における独習も想定される．原稿の修正は，そのような学習を容易にするために施された．図と練習問題をいろいろ追加して，本文において展開している諸概念の説明を，より良く補えるようにした．基礎編には 5 つの新たな節とひとつの新たな章が挿入されている．新しい節では閉弦の古典的な運動，宇宙弦 (宇宙紐)，オービフォールドが論じられている．基礎編の最後に第 14 章を加え，ここで超弦理論の基礎を概説してある．

発展編にも変更を施してある．章の順序を変えて，発展編の前半の部分で T 双対性の説明を終えるようにした．素粒子物理に関係する記述を第 21 章として独立させ，モデュライ安定化と，弦理論における真空の 景 観(ランドスケープ)に言及する節を新しく設けた．新たに執筆した第 23 章は，強い相互作用と AdS/CFT 対応の説明に充てられている．私はこの活発な研究領域への易しい入門を意図した．本書の章数は 23 章から 26 章に増えたが，これは弦理論に関する書籍を完結する数として相応しい！

Hong Liu と Juan Maldacena には，AdS/CFT 対応に関する有益な知見の提供に感謝したい．Alan Guth にも多大な感謝を捧げたい．彼は 2007 年春期の弦理論の講義を手伝ってくれた．彼は多くの練習問題を試し，テキストに対しても大変価値のある批評をしてくれた．

本書について

本書『初級講座 弦理論』は，特殊相対論，量子力学の基礎，電磁気学，統計物理の入門的な知識さえあれば，誰にでも読むことができる本である．ラグランジアン力学に慣れていればいくらか役に立つが，それは前提として不可欠の知識ではない．

最初の緒論の章を除き，各章には "計算練習" と章末の "問題" がある．計算練習は本文全体の中で様々な箇所に挿入されている．これらは直接的に解ける計算問題である．もし，これが著しく難しく感じるならば，それは本文の理解の程度の不足を示している．章末の問題は，もっと挑戦的な内容を含み，新たな概念を展開するような問題もある．ダガー「†」の付いた問題

---

§(訳註) 邦訳書としては，基礎編と発展編を分冊した 2 巻の構成にしてある．

第2版への前書き

は，その結果が後から本文で言及されるものである．充分な理解のためには，すべての計算練習と，多くの問題を解かねばならない．最低限，章末問題も全て読んでおく必要がある．

本書の多くの部分においては，天下りに受け入れなければならない部分がほとんどないように，題材を自己完結した形で展開してある．ただし第14章，第21章，第22章，第23章では，少数の節において，本書の水準で完全な説明を与えることのできない対象を扱っている．そのような部分では，読者は例外的に，いくらか理に適っていると見なされる事実を額面どおりに受け入れることを要求されるが，それ以外の部分は論理的に展開されており，"完全に"理解できるはずである．難しい題材を扱った少数の節は，上級者向けに書かれているのでは"ない"．

本書は2つの部分から成る．第I部は"基礎編"，第II部は"発展編"である．基礎編は第1章に始まり第14章で終わる．発展編は第15章から始まり第26章で終わる．

第1章は導入部である．第2章は特殊相対性理論の復習であるが，新たな諸概念も導入してある．それは光錐座標，光錐エネルギー，余剰次元のコンパクト化，オービフォールドなどである．第3章では電磁力学と，その相対論的共変性が明白な定式化を復習する．一般相対性理論にもいくらか言及し，次元のコンパクト化のPlanck(プランク)長さへの影響を学ぶ．我々はこの時点で，余剰次元に関する刺激的な可能性を調べることができる．第4章では非相対論的な弦を素材として物理的な直観を養うとともに，ラグランジアン形式による力学の定式化を復習し，これらに関連する術語を導入する．第5章では相対論的な点粒子を題材として，相対論的な弦を導入するための土台を準備する．ラグランジアン形式の威力と優美さ(エレガンス)が，この時点において明らかになる．弦理論への最初の遭遇は第6章で起こる．そこでは相対論的な弦の古典力学を扱う．これは大変重要な章であり，徹底的な理解が必要である．第7章では相対論的な弦の古典的な運動を詳しく学ぶことを通じて，弦の力学(ダイナミクス)への理解を深める．第7章の末尾には宇宙弦(宇宙紐(ひも))に関する節を置いたが，これは理論と実験(観測)との関係の潜在的な可能性を覗わせる話題である．第1章から第7章までによって，古典的な弦理論の短期講座を構成することができる．

第8章から第11章では，相対論的な弦の量子化のための土台を準備する．第8章では，自由な弦の運動量や角運動量のような保存量を計算する方法を学ぶ．第9章では弦の運動方程式の光錐ゲージ解を与え，光錐弦の量子論でも用いられることになる術語を導入する．第10章では量子場と粒子状態に関する基礎を説明するが，そこにおいてスカラー場状態，光子状態，重力子状態を特徴づける自由度の数の取扱いを強調する．第11章では相対論的な粒子の光錐ゲージ量子化を実行する．これらすべてが第12章に必要な前提となるが，この章も，完全な理解が要求される最重要の部分と位置づけられる．ここでは開弦の光錐ゲージ量子化を行う．そこから理論の臨界次元が得られ，また光子状態の出現が示される．第12章にはタキオンの不安定性の問題に言及する節も含まれる．第13章では閉弦の量子化と，そこからの重力子状態の出現を論じる．この章には最も単純なオービフォールドである半直線において量子閉弦を扱う2つの節も含まれている．基礎編の最終章である第14章では，超弦に関する話題を紹介する．開弦のRamond(ラモン)セクターとNeveu-Schwarz(ヌヴー シュワルツ)セクターを説明し，それらを組み合わせて超対称性を備えた理論を得る．この章の章末は，II型の閉弦理論に関する簡単な考察に充ててある．

本書の基礎編の部分は，頂上に弦の量子化を据えた登山道のように特徴づけられる．残りの発展編の部分では上り坂は無くなる．ペースは多少緩やかになり，ここで扱う様々な題材は，基礎編において既に導入してある諸概念を入念に見直す機会を与える．読者は発展編において，基

第2版への前書き

礎編で費やした努力に対する報酬を収穫することになる．

発展編の最初の章である第15章では，D-ブレインの様々な配置の下での開弦の重要な性質を扱う．オリエンティフォールドに関する考察は章末問題で取り上げることにする．第16章では弦のチャージの概念を導入し，開弦の端点が Maxwell(マックスウェル) 電荷を持つことを示す．これに続く4つの章は，魅惑的なT双対性の概念に関係する話題によって構成してある．第17章と第18章では，それぞれ閉弦と開弦のT双対性の性質を説明する．第19章ではT双対性を主要な道具として利用しながら，電場や磁場を持つD-ブレインについて調べる．第20章では非線形電磁力学の一般的な枠組みを導入する．弦理論における電磁場は，点電荷の自己エネルギーが有限値を取る非線形電磁気理論である Born-Infeld(ボルン インフェルト) 理論に支配されることを示す．

素粒子物理に対する弦理論モデルを第21章において考察する．この章では素粒子の標準模型に含まれる粒子について詳しく説明し，交差するD6-ブレインに基礎を置いて現実的な弦モデルを構築するひとつのアプローチについて論じる．この章の末尾では，モデュライ安定化の問題と弦理論における真空モデルの 景観(ランドスケープ) について言及する．

第22章は弦の熱力学から始まり，それを踏まえてブラックホールエントロピーの問題を扱う．弦理論から Schwarzschild(シュワルツシルト) ブラックホールのエントロピーを導く試みを示し，さらに超対称性を備えたブラックホールに関するエントロピー導出の成功について見る．弦理論の強い相互作用への応用を第23章で扱う．Regge(レジェ) 軌跡とクォーク-反クォークポテンシャルの考察の後で，話題をAdS/CFT対応へと転じる．この対応関係についてはAdS時空の幾何的な性質を強調しながら，いくらか詳しく論じてある．クォーク-グルーオンプラズマに関する節も加えた．

第24章では弦の Lorentz(ローレンツ) 共変な量子化に関する入門的な解説を与えてある．Polyakov(ポリヤコフ) 弦作用も導入した．本書の最後の2つの章となる第25章と第26章では，弦の相互作用を扱っている．我々は弦の相互作用過程を表すダイヤグラムが Riemann(リーマン) 面であることを学ぶ．これらの章では，読者に複素変数に馴染んでもらうことを意図しており，数学の色合いが強い．ここでの重要な目的のひとつは，弦理論には紫外発散がないということへの洞察を与えることにある．この事実が，弦理論を量子重力理論の第一候補にしたのである．

本書において私は，学生たちが既に学んでいるであろう概念との関連を強調することを試みた．弦の量子化は，無数の振動子の量子化として記述される．弦のチャージは Maxwell(マックスウェル) 電流のように可視化される．円における Wilson(ウィルソン ライン) 巡回指標の影響は，Aharonov-Bohm(アハロノフ ボーム) 効果と比べられる．円環面(アニュラス)のモデュライは，筒型のキャパシターの静電容量と関係づけられる，等々である．各種の話題の取扱いは概して具体的に行い，形式的な議論は最小限に抑えた．

本書では弦の量子化のために，光錐ゲージを選択した．この量子化のアプローチは，事前にいくらか量子力学を学んでいる学生であれば，細部まで完全に理解できるはずのものである．Lorentz共変な弦の量子化では，事情は同じでは"ない"．すなわち負のノルムを持つ状態を扱わねばならず，ハミルトニアンはゼロになり，量子力学で馴染みのあるような形の Schrödinger(シュレーディンガー) 方程式も存在しない．光錐ゲージによるアプローチは，大抵の物理的な問題を扱うために充分に有用であり，実際に，いくつかの問題については，光錐ゲージを採用することによって，特別に取扱いが簡単になるのである．

教科書としての本書の使用について

本書の基礎編の部分は全体的に緊密な構成を持っている．弦の量子化への理解を妨げることなく省くことのできる部分はほとんどない．発展編の最初の章（D-ブレインの取扱い）は，その後の多くの題材に対しても重要となる．残りの章を取捨選択することは可能である．それぞれの読者や教師は，それぞれ異なる道筋を辿ってよい．

私の経験からすると，本書全体を，学部の水準で通年の講義に充てることができる．年間教育が3回の4半期から構成される学校では，2期の期間に基礎編全体と発展編から4章を選んで充てればよいであろう．年間教育が2期からなる学校では，1期において基礎編と，発展編から2章を充てればよい．どちらの場合でも，発展編からの章の選び方は好みの問題である．第21章，第22章，第23章では弦理論の現在の研究を紹介してある．T双対性とその含意を重視したい教師は，第17-20章からなるべく多くを取り上げればよい．本書を大学院の学生だけを対象とした講義に用いる場合には，ペースをかなり速くすることができるであろう．

本書の記述の正誤表は，http://xserver.lns.mit.edu/~zwiebach/firstcourse.html に更新したものを掲載する．講義担当者は本書の練習問題への解答を solutions@cambridge.org を通じて入手できる．

第 1 章　緒論

　我々は，ここで初めて弦理論 (string theory) に出会う．弦理論が物理学の歴史的な展開とどのように調和し得るのか，また弦理論を我々がどのように利用して，すべての基本的相互作用の統一的な記述を与えることを目論むのかを見てみよう．

1.1　統一理論への道

　歴史を顧みると，物理学の進展は統一という観点によって特徴づけられる．統一とは，異なる現象が互いに関係を持つと認識され，そのような認識を反映した理論が構築されるという事象である．最も重要と見なされる統一のひとつが 19 世紀に起こった．

　歴史上のある時期において，電気と磁気は互いに関係のない物理現象と見られていた．先に研究が始まったのは電気学であった．Henry Cavendish（キャベンディッシュ）による目覚しい実験が 1771 年から 1773 年の間に行われ，それに続く Charles Augustin de Coulomb（クーロン）による研究は 1785 年に完結した．これらの仕事によって静電気の理論，静電気学が成立した．後から電気学とは別に研究の始まった磁気学は，しかしながら電気学との関係を示し始めるようになる．1819 年に Hans Christian Oersted（エルステッド）は，導線に流れる電流が，その近くにある磁針を振らせることを発見した．そのすぐ後に Jean-Baptiste Biot（ビオ）と Felix Savart（サヴァール）(1820) および André-Marie Ampère（アンペール）(1820-1825) が，電流によって磁場の生じる規則を確立した．そして決定的に重要な進展が Michael Faraday（ファラデイ）によってもたらされた (1831)．彼は磁場の変化が電場を生じることを示したのである．これらの現象それぞれを記述する数式は得られたが，それらは互いに整合するものでなかった．式のひとつに新しい項を付け加えることによって，矛盾のない一連の方程式を構築したのは James Clerk Maxwell（マックスウェル）である (1865)．新たに導入された項は，矛盾を除いただけでなく，電磁波の予言をも導いた．この偉大なる洞察に敬意を表して " 電磁気学 "（電磁力学）に用いられる方程式の組は " Maxwell の方程式 " と呼ばれている．この方程式は，電気学と磁気学を矛盾のない総体へと統一している．このエレガントで審美的に好ましい統一は，決して随意のものではなく，必然である．別々の理論としての電気学と磁気学は矛盾をはらんでいるのである．

　2 種類の現象の本質的な統一は，Maxwell の仕事から約 100 年後にあたる 1960 年代の末に，もう一度起こった．この統一は電磁気的な力と素粒子間の弱い相互作用をつかさどる力の間の奥深い関係を明らかにした．この統一の価値を理解するために，まずは Maxwell の時代以降の物理学の発展を概観しておく必要がある．

　物理学における規範（パラダイム）の重要な変更が，Albert Einstein（アインシュタイン）の特殊相対性理論によって引き起こされた．この理論において，元来は別々の概念である空間と時間の統合がなされていることは

印象的である．力の統一とは異なり，空間と時間の時空連続体への統合は，物理現象が起こる"舞台"(アリーナ)の性質に対する新たな認識を表現した．Newton(ニュートン)力学は相対論的力学に置き換えられ，確定した絶対時間の概念は捨てられた．質量とエネルギーが互いに変換可能であることも示された．

もうひとつの，おそらくは更に劇的とも言える規範(パラダイム)の変更は，量子力学の発見によってもたらされた．Ervin Schrödinger(シュレーディンガー)，Werner Heisenberg(ハイゼンベルク)，Paul Dirac(ディラック)その他の人々によって構築された量子論は，微視的な現象を記述するための正しい枠組みであることが証明された．量子力学においては，古典的な観測量が演算子に置き換わる．もし2つの演算子が非可換であれば，対応する観測量同士を同時に正確に測定することはできない．量子力学は，理論というよりもむしろ枠組み(フレームワーク)であり，理論から物理的な予言を導くために用いるべき規則を規定している．

上述の進展に加えて自然界には4つの基本的な力が存在することが認識されるようになった．このことを簡単に見てみよう．

第1の力は重力である．この力は昔から知られていたが，これを最初に正確に記述したのはIsaac Newton(ニュートン)である．重力の理論はAlbert Einsteinの一般相対性理論によって深遠な改変を施された．後者の理論では，特殊相対性理論で導入された時空という舞台それ自身が主体的な役割を獲得し，重力はこの動的(ダイナミック)な時空の曲がり方によって生じるものとされる．Einsteinの一般相対性理論は古典論であって，量子論としての定式化はなされていない．

第2の基本的な力は電磁力である．すでに論じたように，電磁力はMaxwellの方程式によって適正に記述される．電磁気学，すなわちMaxwellの理論も電磁場の古典論として定式化されている．Maxwellの理論はNewton力学とは矛盾しており，これを修正した特殊相対性理論と完全に整合している．

第3の基本的な力は，弱い力である．弱い相互作用は原子核のベータ崩壊，すなわち中性子が陽子と電子と反ニュートリノに崩壊する過程をつかさどる．一般にニュートリノを含む過程は弱い力によって媒介されている．ベータ崩壊は19世紀の末から知られていたが，そこに新たな力が関わっていることは20世紀の中葉にさしかかるまで認識されなかった．この力の強さはFermi(フェルミ)定数によって評価される．弱い相互作用は電磁相互作用に比べて著しく弱い．

最後に，第4の力として強い力がある．これは今日では 色の力(カラー・フォース) とも呼ばれる．この力は中性子，陽子，π中間子その他の強粒子(ハドロン)を構成する要素を互いに束縛する役割を担っている．強粒子の構成要素はクォーク (quark) と呼ばれ，色の力によって非常に強く拘束しあっており，クォークを孤立状態で見ることはできない．

理論の統一の問題に戻ろう．1960年代後半に，弱い相互作用に対するWeinberg-Salam(ワインバーグ・サラム)モデルが現れ，電磁力と弱い力を統一された枠組みに組み込んだ．この統一モデルは，単に単純さや優美さ(エレガンス)の観点だけから要求され正当化されるというものではなかった．弱い相互作用に関する予言が可能で，かつ矛盾のない理論として，統一モデルが必要だったのである．この理論は最初，力を媒介する4種類の質量のない粒子を用いて定式化される．そして対称性の破れを想定することによって，このうちの3種類の粒子W^+, W^-, Z^0に質量が付与される．これらの粒子が弱い力を媒介する．質量を持たずに残る粒子は光子であり，これは電磁力を媒介する．

Maxwellの方程式は，既に述べたように古典電磁気学の方程式であって，量子論にはなっていない．物理学者たちは古典論を量子論——量子力学の原理を用いた計算のできる理論——へ

1.1. 統一理論への道

切り換えるための量子化の方法を見出した．古典電磁気学は送電線のエネルギー伝送や，放送アンテナの輻射パターンなどの計算に用いることができるが，微視的な現象に関しては正確な結果を与えず，理論としても適正ではない．微視的な対象に関する計算には，古典電磁気学を量子化した量子電磁力学 (quantum electrodynamics : QED) が必要である．QED では，電磁場の量子として光子が現れる．弱い相互作用の理論もまた量子論なので，適正な統一理論は量子電弱理論である．

量子化の手続きは，強い力の場合にも成功を導いた．得られた理論は量子色力学 (quantum chromodynamics : QCD) と呼ばれている．色の力を媒介するのは，質量のない8種類の粒子である．これらは色付きのグルーオン (gluon) であり，これらも孤立状態で観測することは不可能である．クォークは色を持つので，グルーオンに応答する．クォークは3種類の色状態を持ち得る．

電弱理論と QCD を合わせて，素粒子物理における標準模型 (Standard Model) が形成されている．標準模型において，電弱理論の部分と QCD の部分に一定の関係が生じる．ある種の素粒子は，両方のタイプの力を感じるからである．しかしそこには，本当の意味で弱い力と色の力の深い部分からの統一は見られない．標準模型は素粒子物理の現在の知見を完全にまとめたものである．実際に，さらなる統一が可能かどうかということは定かではない．

標準模型では，力を媒介する粒子が12種類ある．8種類のグルーオンと W^+, W^-, Z^0 および光子である．これらはすべてボソンであり，その他の基本粒子は物質粒子と見なされるフェルミオンである．基本的な物質粒子はレプトン (lepton) とクォークの2種類に大別される．レプトンとしては電子 e^-，ミュー粒子 μ^-，タウ粒子 τ^- およびそれらに対応するニュートリノ ν_e, ν_μ, ν_τ がある．

レプトン： e^-, μ^-, τ^-, ν_e, ν_μ, ν_τ

それぞれについて反粒子も含めて考える必要があるので，全部で12種類のレプトンがあることになる．クォークは電磁気的な電荷と色電荷を持ち，弱い力も感受する．クォークには6種類があり，その種類は詩的に香り（フレーバー）と呼ばれている．6種類の香りの名は，アップ (up:u)，ダウン (down:d)，チャーム (charm:c)，ストレンジ (strange:s)，トップ (top:t)，ボトム (bottom:b) である．

クォーク： u, d, c, s, t, b

たとえば u と d は異なる電荷を持ち，弱い力への応答も異なる．上に示した6種類の香りそれぞれについて3種類の色を考えると $6 \times 3 = 18$ 種類となる．反粒子を含めれば，全部で36種類のクォークがある．レプトンとクォークを合わせると，全部で48種類の基本的な物質粒子が存在する．物質粒子と力を媒介する粒子を合わせると，標準模型においては総勢60種類の粒子が扱われることになる．

その粒子の種類の多さにもかかわらず，標準模型は充分にエレガントで，かつ極めて強力な理論である．しかしながら物理学の理論としての完全性という観点から，標準模型には2つの重大な欠陥がある．第1に，この模型は重力を含んでいない．第2に，標準模型の枠内からは計算することのできない基礎パラメーターが20個ほどもある．おそらくそのようなパラメーターの例として最も分かりやすいものは，ミュー粒子と電子の質量の比であろう．この無単位のパラメーターの値は約207であるが，この数値は模型に対して手で (恣意的に) 入れなければならない．

標準模型の理論は，完全な物理理論の構築の途上のひとつの段階に過ぎないと，大多数の物理学者は信じている．また多くの物理学者は，電弱力と強い力の大統一理論 (Grand Unified Theory : GUT) への統合が正しいものと証明されるかもしれないと考えている．しかしながら現在では，これらの2つの力の統一の部分を重視するという観点は，ひとつの選択にすぎないようにも見える．

もうひとつの魅力的な可能性として，より完全な段階の標準模型が超対称性を含むものになるという考え方がある．超対称性はボゾンとフェルミオンを関係づける対称性である．既存の確立した理論では，物質粒子がすべてフェルミオンであり，力を媒介する粒子がすべてボゾンなので，この対称性は物質と力を統一するという注目すべきものである．理想的な超対称性の下では，互いに対応するボゾンとフェルミオンが同じ質量を持たねばならない．標準模型に含まれる粒子はこのようになっていないので，仮に元来，自然界に超対称性があるとしても，それは自発的に破られている必要がある．超対称性は理論的に魅力のあるものなので，多くの物理学者たちは，将来，超対称性が発見されるものと信じている．

上述のような標準模型の段階的な拡張が成功するか否かは別として，素粒子物理の枠組みに重力を含めることは，避けて通れない課題である．完全な理論を求めるならば，統一という観点によるかどうかはともかく，それは重力も扱えるものでなければならない．通常の微視的な現象において重力の影響は全く無視してよいものであるけれども，重力の問題は宇宙論で初期の宇宙を考察する際に決定的に重要になる．

しかしながら重力を標準模型に持ち込もうとする試みには，ひとつの大きな問題がある．標準模型は量子論であるが，Einstein の一般相対性理論は古典論である．全体として矛盾のない整合した理論が，その一部は量子論，その一部は古典論によって構築されるという可能性は，完全に不可能とは言い切れないにしても，極めて困難なものと思われる．これまでの量子論の成功により，重力理論も量子論に転換されるべきものと広く信じられている．しかしながら重力を対象とする場合，量子化の手続きを施す試みは，深刻な困難に直面する．量子重力理論は，適正に定義され得ないように見える．当面の現実的な措置としては，多くの状況において，古典重力理論と標準模型を組み合わせて信頼し得る結果を導くことができる．たとえば現在の宇宙の記述において，このような手続きは常套的に為されている．しかしながらビッグバンに極めて近い時間における物理や，ブラックホールのある種の性質を研究するためには，量子重力の理論が必要とされる．重力とその他の力をどちらも含んだ量子論を定式化することは，本質的に不可欠のことと思われる．重力とその他の力を"統一"することが，完全な理論の構築のために必要となるに違いない．

1.2　物理学の統一理論としての弦理論

弦理論は自然界のすべての力を統一する理論の優れた候補である．またそれは印象的な，完全な物理理論のプロトタイプとも言える．弦理論では，すべての力が深い重要な部分において統一される．そして，すべての粒子も統一されるのである．弦理論は量子論であり，同時に重力も含むので，重力の量子論でもある．Einstein の重力を量子論へ転換するためのかつての試みの失敗例とは対照的に，弦理論においては量子重力の部分の整合性を成立させるために，他の

1.2. 物理学の統一理論としての弦理論

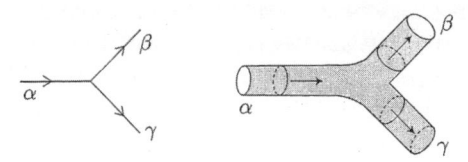

図1.1 崩壊 $\alpha \to \beta + \gamma$ を粒子の過程 (左) と弦の過程 (右) として表現した図.

すべての相互作用も同時に必要となるのである！ 量子重力の効果を直接に観測するのは難しいかもしれないが，弦理論のような量子重力の理論から，他の相互作用に関わる検証可能な予言が導かれる可能性はある.

弦理論は何故，真の統一理論と言えるのだろうか？ その理由は単純で，理論の核心にも直結するものである．弦理論では各々の種類の粒子が，基本となる微視的な弦の特定の振動モードに同定される．楽器との類比が適切であろう．バイオリンの弦は異なるモードで振動することができ，それぞれのモードは異なる音に対応する．それと同様に，基本的な弦の振動モードそれぞれが，既知のそれぞれの種類の粒子と見なされる．弦の振動状態のうちのひとつが重力子 (graviton)，すなわち重力場の量子である．弦は1種類であり，弦の振動としてあらゆる粒子が現れるので，すべての粒子が単一の理論に自然に組み込まれることになる．素粒子 α が素粒子 β と γ に崩壊する $\alpha \to \beta + \gamma$ という過程を考える場合，弦理論においては，まず粒子 α と認識されるような振動をしている単一の弦が，2つの弦に分裂して，それぞれが粒子 β，粒子 γ と認識されるような振動をするという描像を考える (図1.1)．弦の寸法は著しく小さいので，粒子の弦としての性質を直接に観測することは難しい．

弦理論が重力の量子論としても適正だという確証はあるのだろうか？ 完全なものではないが，極めてよい証拠はある．Einstein の理論を量子化しようとする際に起こる問題は，弦理論には現れないように見える.

弦理論のような野心的な理論に対して，かなりの程度，究極的で唯一無比といった性格が望まれることは明白である．すべての相互作用を説明しようとする自己整合した理論の候補が他にもいくつかあるという現状には，いくらか遺憾と思われる向きもあるであろう．弦理論が最も究極的な理論であるという可能性を示す第1の兆候は，恣意的に調整すべき無単位のパラメーターを含まないという点にある．既に言及したように，素粒子の標準模型には，適正な値に調整して入れなければならないパラメーターが20個ほどある．外から調整すべき無単位パラメーターを持つ理論は，真に究極的な理論とは言えない．そのパラメーターを異なる値に設定した場合，質的にも異なる予言を与える別の理論になってしまう可能性があるからである．弦理論は単位を持つ唯一のパラメーターとして，弦の長さ ℓ_s を含む．その値は，粗いイメージとしては，弦の典型的な寸法にあたる§.

弦理論が究極理論である可能性を示すもうひとつの興味深い兆候は，時空次元が理論的に確

---

§ (訳註) ℓ_s は確かに長さの単位を持つ弦理論の基礎パラメーターであり，弦の典型的な長さの目安と見なされるが，これは弦が固定された長さ ℓ_s を持つという意味ではないし，静的平衡状態における弦の固有な長さが有限値 ℓ_s に設定されるという意味でもない．古典論的に弦の静的な状態を考えるならば，弦が引き伸ばされた状態を保持するような境界条件が設定されない限り，弦の長さがゼロまで縮んだ状態が，最もエネルギーの低い安定な状態である (6.7節)．

定するという事実にある．我々の物理的な時空は4次元で，1つの時間次元と3つの空間次元から成る．標準模型では，この情報が理論を構築するための前提として用いられており，理論からの帰結として4次元時空が導かれているわけではない．他方，弦理論では，計算によって時空次元の数が現れる．その答えは4ではなく10である．いくつかの次元が，もし低エネルギーの実験では観測にかからないくらい小さな寸法の空間へと巻き取られていれば，我々にとってよく見える視界からは隠されることになる．弦理論が正しいとすると，何らかの機構によって，観測される時空次元が4次元になることが保証されなければならない．

外から調節すべき無単位パラメーターを含まないという点は，弦理論の究極性を示唆している．このことにより，理論に無単位パラメーターの設定変更による連続的な変更を施すことはできない．しかし連続的な変更によって相互に関係づけることができないような別々の理論が，弦理論として存在し得る．弦理論は何種類あるのだろうか？

弦理論を大局的に大別する2種類の観点から議論を始めよう．まず弦としては，開いた弦（開弦：open string）と閉じた弦（閉弦：closed string）があり得る．開弦は2つの端点を持ち，閉弦は端点を持たない．弦理論としては，閉弦だけを想定するものと，開弦と閉弦の存在を両方想定するものが考えられる．開弦は一般に，閉じて閉弦へと移行できるので，開弦だけが存在する理論を考える必要はない．第2の観点からは，ボソン的弦理論と超弦理論があり得る．ボソンの弦は26次元時空において構築され，すべての振動がボソンに対応する．ボソン的弦理論はフェルミオンを含まないので，現実的ではない．しかしながらボソン的弦理論は超弦理論に比べてはるかに単純で，弦理論における重要な概念の大部分をボソン的弦理論の文脈において説明することができる．超弦理論は10次元時空において構築され，その状態スペクトルはボソンとフェルミオンを両方とも含んでいる．2種類に大別されるこれらの粒子は，互いに超対称性によって関係している．したがって超対称性は，弦理論において重要な要素である．現実的な弦理論はすべて，超弦によって構築される．あらゆる弦理論において，重力は閉弦の振動モードとして現れる．弦理論において重力は不可避の要素である．

1980年代の半ばには，5種類の10次元超弦理論の存在が認知された．その後，これらの理論の間に多くの相互関係が見出された．更に，ひとつの超弦理論の，ある強結合の極限を取ることにより，もうひとつの理論が発見された（1995年）．この理論は11次元の理論であり，よい名前がつかずにM理論と呼ばれている．そして5種類の超弦理論とM理論は，ある"唯一の"理論を基点として異なる極限を取った，ひとつの究極理論の別々の側面にすぎないという証拠が示された！現在のところ，この唯一の理論はまったく神秘的な状況にある．超弦理論の相互連関に対して，さらにボソン的弦理論も接続することになるのか否かは，今のところ不明である．

ここまで弦理論が真の統一理論であり，おそらくは唯一の理論たりうるであろうことを見てきた．弦理論は，Albert Einsteinが一般相対性理論以降に発見を試みていた，物理学における統一理論の候補である．Einsteinが弦理論における量子力学の顕著な役割を見たならば，驚き，おそらくは動揺したであろう．しかし弦理論は一般相対性理論の後継として充分な価値があるように見える．弦理論が新たな時空概念を生み出すことはほとんど確実である．一方，弦理論における量子力学の重要性は，Paul Diracにとって驚きにはならないだろう．彼の量子化に関する著述によれば，彼は深遠な量子論が，古典物理の量子化を通じて得られるものと感じてい

たはずである．これはまさに，弦理論において起こることである．本書は，少なくとも最も簡単な形で，弦理論が古典的な相対論的弦に対する量子力学にほかならないことを詳しく説明するものである．

1.3 弦理論とその検証

最初に，まだ弦理論の検証となるような実験事実はないことを言っておかねばならない．実験による検証を行うためには，弦理論から明確な予言を導くことが必要である．そのような予言を得ることは難しい．弦理論はまだ発展の初期段階にあり，理解の進んでいない理論から予言を導くことは容易ではない．それでも，いくつかの興味深い可能性が現れてきた．

既に言及したように，超弦理論は10次元時空を必要とする．1次元時間と9次元空間である．弦理論が正しいならば，我々がまだそれを確認できていないにしても，空間的な余剰次元が存在していなければならない．このような余剰次元の存在を検証することは可能だろうか？ 余剰次元が Planck 長さ ℓ_P（4次元重力に関わる長さの尺度）程度の寸法であれば，それが直接の観測にかかることは，おそらく将来もあり得ない．$\ell_P \sim 10^{-33}$ cm であり，これは素粒子の加速器で探索の進んできたおおよその最小距離にあたる 10^{-16} cm に比べてまったく桁違いに短い．この筋書きは，ありそうなことと思われた．弦理論において，その基本的な長さの尺度 ℓ_s は Planck 長さに一致するものと仮定された．

しかしながら，その後，弦理論の余剰次元の寸法として，0.1 mm 程度のかなり大きな尺度さえ許容されることが分かったのである！ 驚くべきことだが，それほどの寸法を持つ余剰次元が未検出であり続けた可能性がある．このような状況を想定するならば，弦の長さ ℓ_s は 10^{-18} cm 程度と仮定される．そして我々の3次元空間は，9次元空間の内部に含まれる超面 (hypersurface) として現れる．この超面もしくはそれを含む高次元の膜 (membrane) は D-ブレインと呼ばれる．弦理論において D-ブレインは物理的な実体であり，この想定の下で我々の超面の外の余剰次元を検証し得るのは，D-ブレインに拘束されない重力に関する実験ということになる§．ℓ_P よりもはるかに大きいけれども，日常の尺度に比べるとやはり小さい余剰次元が，素粒子加速器を利用して検出されるかもしれない．仮に余剰次元が検出されれば，それは弦理論の妥当性の強力な証拠となる．この大きな余剰次元の問題は，第3章で論じる予定である．

宇宙弦 (cosmic string：宇宙紐とも呼ばれる) の発見によって，弦理論の検証が印象的に行われるという可能性もある．宇宙の初期の過程から残された宇宙弦が観測可能な宇宙に拡がっていて，それが重力レンズや，もしくはより間接的に重力波の検出を通じて検出されるかもしれない．今日まで宇宙弦は見いだされていないが，精力的な研究が行われてきており，現在もそれが続いている．もし宇宙弦が発見されたならば，それが弦理論から生じる弦であって，従来の素粒子物理から導けるような種類の弦ではないことを詳細に調べて検証する必要がある．宇宙

---

§(訳註) つまりD-ブレインの概念の発見 (1995年) 以降，我々に余剰次元が見えない理由として，それが必ずしも極端に小さく (ℓ_P 程度まで) コンパクト化しているからということではなく，たとえば我々の実効的な世界を構成する要素のほとんど (光子を含む Yang-Mills ボソンやカイラルフェルミオン．開弦の状態として現れる) が，余剰次元方向には拡がりを制限された D-ブレインに拘束されているからだという考え方も可能になったわけである (第21章)．

弦の問題は第7章で論じることにする.

　もうひとつの興味深い可能性は, 超対称性と関係している. 10次元の超弦理論から始めて, 6つの余剰次元のコンパクト化を考えると, 結果として得られる4次元理論は, 多くの場合において超対称性を持つ. 弦理論から導かれる4次元理論の詳細について, 一意的な予言は現れていないが, 超対称性はごく一般的な特徴である. 将来の加速器実験において実験的に超対称性が発見されれば, それは弦理論が正しい道筋にあることを強く支持するものになる.

　新たな現象の予言もさることながら, 弦理論から標準模型を導くことができるかという問題もある. 弦理論はすべての相互作用を統一する理論と想定されているので, それは充分な低エネルギー領域において標準模型に帰着しなければならない. 弦理論が既知の粒子をすべて含むことのできる可能性は充分にあり, それは実に好ましいことではあるが, まだ実際に既知のすべての粒子が現れることを詳細に示した人はいない. 第21章において, 我々はD-ブレインを用いたモデルの実例を調べ, それらが我々が知る世界と奇妙なほどに似たものになり得ることを見る予定である. 実際, ある模型において現れる粒子の構成は"正確に"標準模型と同じになっている (しかし得られる粒子の質量はゼロであり, これらに適正に質量を付与する過程がうまく働くかどうかは明らかではない). 我々の4次元世界は, いくつかのD-ブレインの一部を占めており, それらのD-ブレインは3次元以上の空間次元を持つ. D-ブレインの中の余剰次元は, コンパクト空間に巻き付いている (そんな状況をどのように想像するかを我々は学ぶことになる!). このモデルにおいてゲージボソンと物質粒子は, D-ブレインに端点を接続している開弦の振動から生じる. 後から学ぶことになるが, 開弦の端点はD-ブレインに接続していなければならない. お望みであれば, 楽器との類推を更に進めることもできる. バイオリンの弦が締めネジ（ペッグ）によって張られているように, D-ブレインが開弦の端点を固定しており, 開弦の最低振動モードが標準模型の粒子を表すことになる!

　弦理論は, ある疑わしい特徴をEinsteinの重力理論と共有している. Einsteinの重力方程式は多くの宇宙解を許容するが, "我々が観測する宇宙"はそのうちの唯ひとつだけである. 何によって物理的な解が選ばれるのかを説明するのは容易ではないが, 宇宙論では初期条件, 対称性, 単純さなどを規準とした議論によって, これがなされている. 可能な解の数が少ないほど, 理論の予言能力は高いと言える. 可能な解の組が連続的なパラメーターによって特徴づけられるのであれば, 解を選ぶことはパラメーターの値を選ぶことと等価である. このようにして, 調節可能なパラメーターを必要としない定式化がなされている理論においても, その解を通じて調整パラメーターが生じることはあり得る! 弦理論における解 (弦の真空のモデル) は, 離散的なパラメーターと連続的なパラメーターの両方によって特徴づけられることが明らかに思われる.

　しかしながら, 標準模型を再現するために, 弦の真空モデルが連続パラメーターを含んではならないことは明白である. そのようなパラメーターは, 質量を持たない未知の場の存在を意味してしまう. 連続的なパラメーターを含まない理論を見出すことは容易ではなかったが, 最近これが磁束（フラックス）コンパクト化の文脈において可能となった. これは磁場の類似物を余剰次元に織り込むようなモデルである. そのような真空モデルの解の数は異常に多く, 10^{500}以上にもなることは間違いない. 他の方法で連続パラメーターを避けることが可能となるモデルも存在するかもしれない. 物理学者たちは, 解のあらゆる可能性を視野に入れた広大な"景観（ランドスケープ）"について語っているのである.

このような見地において，現実的な弦モデルに関する研究からの帰結として，どのような可能性があり得るのか興味がもたれる．ひとつの可能な結果 (最悪の場合) として，弦理論全体にわたる景観(ランドスケープ)の中から標準模型を再現する解を見いだせないということもあり得る．こうなれば弦理論は棄てられることになる．もうひとつの可能な結果 (最良の場合) として，何れかひとつの弦モデルが標準模型を再現するということも考えられるであろう．そのモデルは景観(ランドスケープ)全体の中で，他からよく孤立した点を表すことになり，標準模型が含む各パラメーターはここから予言されることになるだろう．景観(ランドスケープ)全体は広大なので，奇妙な可能性も考えられる．それは多くの弦モデルがほとんど同じ性質を持ち，現在知られている精度の範囲内で，そのすべてのモデルが標準模型と整合するという可能性である．このようになれば，理論の予言能力は低くなってしまう．他の可能性もいろいろ考えられる．

弦理論の研究者たちは，弦理論がすでにひとつの"予言"を成功させていると言うことがある．つまり弦理論は重力を予言したというのである！（私はこれを John Schwarz から聞いた．）このような評言には冗談の気味もある——重力は，自然界の力として最も古くから知られているのだから．しかしながら，ここで銘記しておきたい本質的な点がある．弦理論は相対論的な弦に対する量子力学である．如何なる意味においても，重力を手で恣意的に入れてはいない．弦理論から重力が現れることは驚嘆に値する．相対論的な弦の"古典的"な振動に，重力の粒子に対応するようなものは見出せない．重力の粒子が，相対論的な弦の"量子論的"な振動から見出されるということは，本当に注目すべきことである．読者は本書を読み進めるにつれて，このようなことが起こる方法を詳しく見てゆくことになる．弦理論において重力が量子的に生じるということこそが，最も味わい深い予言と言えよう．

1.4　展望と概観

1984年に Michael Green(グリーン) と John Schwarz(シュワルツ) によって，時空次元を10次元とする超弦理論が深刻な内部矛盾を含まないことが示されてから，弦理論は刺激的で活発な研究分野であり続けてきた．それ以降にも，多くの進展があった．

弦理論は，素粒子に関する伝統的な理論，特にゲージ理論を理解するための新しく強力な道具を提供した．ゲージ理論は標準模型を構築するために用いられたものである．ゲージ理論と近い類縁関係にある理論が，弦理論のD-ブレインにおいて現れる．我々はD-ブレインと，そこに現れる理論を第15章の初めにおいて詳しく調べる予定である．また，ある種の4次元ゲージ理論と，閉じた超弦の理論のひとつとの注目すべき等価性 (AdS/CFT対応) を第23章で論じる．そこで説明する予定であるが，この対応は，重イオン衝突型加速器において金の原子核の衝突によって形成されるクォーク-グルーオンプラズマの流体力学的な性質を理解するために利用された．

弦理論は，ブラックホールのエントロピーに対する統計力学的な解釈にも大きく貢献した．我々は Jacob Bekenstein(ベッケンシュタイン) と Stephen Hawking(ホーキング) の先駆的な研究により，ブラックホールがエントロピーと温度を持つことを知っている．これらの性質は統計力学において，系が基本的な構成物の多数の集合体として構築されている場合に現れる．Einstein の重力理論では，ブラックホールは構成物を含むとしても，その数が少ないので，統計力学的な解釈が不可能である．しか

しながら弦理論ではブラックホールを，D-ブレインと弦を制御された方法で集積して構築することが可能である．そのようなブラックホールの描像からは，Bekensteinエントロピーを，構成物としてのD-ブレインと弦からブラックホールを構築する方法を数えることによって予言できる．ブラックホールに対する弦理論による解析は進展を続けている．この重要な進展について，第22章で論じる予定である．

　弦理論は宇宙論において，初期の宇宙を研究するために必要とされるであろう．弦理論は急膨張（インフレーション）——宇宙が最も初期の段階で経験したと推測される劇的な指数関数的膨張の時期——を実現する具体的なモデルを提供するかもしれない．インフレーション理論は，我々の宇宙が，永遠に増殖を続ける空間の中において，成長している泡もしくは領域のひとつであると提案している．泡は永遠に現れ続け，弦理論の景観（ランドスケープ）に現れるすべてのモデルが，どこかの泡において物理的に実現しているかも知れないという指摘もある．インフレーションは，過去の方には際限なく遡れるように見えないので，何らかの始まりを考えることも必要なのかもしれない．この宇宙の最も深い神秘は，古典的な一般相対性理論が破綻する領域の奥に隠されているように見える．弦理論は，我々がこの未知の領域を覗き見ることを可能にするものと期待される．将来，我々は宇宙がどのようにして存在を始めたのか，あるいは宇宙が永遠の過去から如何にして存在を続けてきたのかという問題について，理解できるようになるかも知れない．

　上述のような問題に解答を与えるには，おそらく現在の我々の能力を超えた弦理論への精通が必要であろう．弦理論は，まだ完成されていない理論である．多くのことが明らかにされてはきたが，理論の完全な定式化は実際のところ得られていない．このことはEinsteinの理論と比較すると分かりやすい．一般相対性理論におけるEinsteinの方程式はエレガントでかつ幾何学的である．その基本方程式は理論の概念的な基礎を具体化しており，それによって完全に重力が記述できるように思われる．弦理論におけるそのような基本方程式は未だ知られておらず，理論の概念的な基礎にも未知の部分が多い．弦理論は，まだ中心的な概念が発見されていないというまさにその理由によって，刺激的な研究分野と言えるのである．

　自然を記述し，理論を定式化すること——これらは弦理論によって現在も挑戦が続けられている．もしも幾多の困難が克服されたならば，我々はすべての相互作用を扱うことのできる理論を手中に収め，時空の運命と量子力学的な宇宙の神秘を理解できるようになるかもしれない．多くの物理学者たちが，そのような高い報奨（ステークス）を目指し，究極の解答を求めて弦理論の研究を進めてゆくであろう．

第 2 章　特殊相対性理論・光錐座標系・余剰次元

"相対論的な弦"のように用いられる相対論的 (relativistic) という言葉は，Ein-stein(アインシュタイン) の特殊相対性理論と整合することを意味している．本章では特殊相対性理論を復習し，光錐座標系と光錐エネルギーの概念を導入する．それからコンパクト化した余剰な空間次元の概念を説明し，量子力学の例を用いて，それらが小さければ低エネルギーにおいて，ほとんどその影響が現れないことを示す．

2.1　単位系と理論のパラメーター

単位系は，我々が参照するために決めた諸量以外の何ものでもない．測定 (measurement) は，適切な単位に対して，観測可能な単位のない比の値を見いだす手続きを含んでいる．例として国際単位系 (SI系) における秒の定義を考えてみる．SI単位の秒 (s) は，セシウム133原子における2つの超微細準位間の遷移によって放たれる輻射の9192631770周期分の時間と定義されている．2つの事象 (event) の間の経過時間を計るとき，我々は実際には単位のない数，無単位数を数えているのである．その数とは，2つの事象の間に幾つの秒があてはまるのか，あるいはセシウムからの輻射の何周期分があてはまるのかである．長さについても同様である．メートル (m) と呼ばれる単位は，現在は光が1秒に対するある割合 (正確には1秒の1/299792458) の間に伝わる距離と定義されている．第3の単位となる質量の単位については，フランスのSèvres(セーヴル)にキログラム (kg) の国際原器が安全に保管されている．

単位の解析を行う際には，長さ，時間，質量の単位をそれぞれ L, T, M と記す．これらは基本3単位と呼ばれる．たとえば，力は次の単位を持つ．

$$[F] = MLT^{-2} \tag{2.1}$$

$[X]$ は，量 X の単位を表す．式(2.1) は，物体にかかる力が，その物体の質量と加速度の積に等しいと置く Newton の法則に従って得られる．SI単位系における力の単位はニュートン (N) で，これは $kg \cdot m/s^2$ に等しい．

他の量を記述するために，別の基本単位を必要としないという点は興味深い．例として電荷を考えよう．電荷の量を記述するために新たな単位が必要だろうか？　その必要はない．このことを見るには Gauss(ガウス) 単位系が都合がよい．この単位系において，距離 r を隔てた2つの電荷 q_1 と q_2 の間に働く力 $|\vec{F}|$ を与える Coulomb の法則は，次式で表される．

$$|\vec{F}| = \frac{|q_1 q_2|}{r^2} \tag{2.2}$$

この力の法則において，電荷以外に含まれる量の単位は既知なので，電荷の単位も他の単位から確定する．Gauss単位系における電荷の単位は esu と表され，それぞれ 1 esu の電荷を互いに 1 cm 隔てた位置に置いたときに，両者の間に作用する斥力が 1 dyne になるような電荷量として 1 esu が定義される (dyne は Gauss単位系における力の単位で 10^{-5} N に等しい)．したがって，次の関係が得られる．

$$\mathrm{esu}^2 = \mathrm{dyne \cdot cm^2} = 10^{-5}\,\mathrm{N} \cdot (10^{-2}\,\mathrm{m})^2 = 10^{-9}\,\mathrm{N \cdot m^2} \tag{2.3}$$

上式から，単位については，

$$[\mathrm{esu}^2] = [\mathrm{N \cdot m^2}] \tag{2.4}$$

であり，式(2.1)を用いると，最終的に次の結果が得られる．

$$[\mathrm{esu}] = M^{1/2} L^{3/2} T^{-1} \tag{2.5}$$

esu は本質的に 3 つの基本単位によって表されることが，上式のように表現される．

SI単位系では，電荷量をクーロン (C) で計る．SI単位系における状況は，少しだけ複雑であるが，本質的な点に変わりはない．1 クーロンは，1 アンペア (A) の電流によって 1 秒間に運ばれる電荷量として定義される．電流量 1 アンペアは，1 メートル離れた平行な 2 本の導線にそれぞれこの電流量を流したときに，導線間に働く力が 2×10^{-7} N/m になるような電流量と定義されている．esu の場合とは異なり，クーロンはメートル，キログラム，秒の基本 3 単位によって表されるのではない．Coulombの法則は，SI単位系では次のように表される．

$$|\vec{F}| = \frac{1}{4\pi\epsilon_0} \frac{|q_1 q_2|}{r^2}, \quad \frac{1}{4\pi\epsilon_0} = 8.99 \times 10^9 \frac{\mathrm{N \cdot m^2}}{\mathrm{C^2}} \tag{2.6}$$

定係数因子の中に，C^{-2} が含まれることに注意してもらいたい．各電荷がそれぞれ C を担うので，C は右辺による力の計算において相殺し合う．1 クーロンの電荷を 2 つ，互いに 1 メートルの距離に置いたとき，それぞれの電荷は 8.99×10^9 N の力を感受する．この事実から，読者は 1 クーロンが何 esu であるかを算出できる (問題2.1)．我々はクーロンを他の単位では書かないけれども，これは単なる日常的な便利さのためにすぎない．クーロンと esu は関係しており，後者は 3 つの基本単位によって書き直すことができる．

理論におけるパラメーターに言及する際には，単位を持つパラメーターと無単位のパラメーターを区別すると都合がよい．たとえば，質量がそれぞれ m_1, m_2, m_3 の 3 種類の粒子を含む理論があるとしよう．このとき，単位を持つパラメーターは第 1 粒子の質量 m_1 ひとつだけで，そのほかに 2 つの無単位パラメーター，すなわち質量比 m_2/m_1 および m_3/m_1 があるものと捉えることができる．

弦理論は調整可能なパラメーターを持たない理論と言われる．この声明は，弦理論の定式化において無単位パラメーターが必要ではないことを表明している．しかしながら弦理論には，単位を持つパラメーターがひとつだけある．それは弦の長さ ℓ_s である．このパラメーターは弦の挙動の空間尺度を設定する．1970年代初頭に弦理論が初めて定式化されたときには，弦理論は強粒子(ハドロン)に対する理論と考えられていた．そのとき弦の長さは原子核の大きさの程度と想定された．今日，我々は弦理論を基本的な力と相互作用の理論と考えており，したがって，弦の長さを原子核の尺度よりもはるかに短く想定することになる．

2.2 不変距離とLorentz変換

特殊相対性理論は,あらゆる慣性系の観測者にとって,光の速さ ($c \simeq 3 \times 10^8$ m/s) が同じであるという事実に基礎を置いている.この事実は更にいくつかの驚くべき帰結をもたらす.Newton力学的な絶対時間や同時刻などの直観的概念は修正を余儀なくされる.別々の慣性系にいる観測者 (Lorentz 観測者たち) から見た同じ事象の座標の相互の変換関係を見いだすと,そこでは空間座標と時間座標の混合が起こる.

特殊相対性理論では,事象は4元座標によって,すなわち時間座標 t と3つの空間座標 x, y, z によって特徴づけられる.これらの数をまとめて (ct, x, y, z) と表すと便利である.時間座標は光速によって計られ,4つの座標値がすべて長さの単位を持つ.記号をさらに統一するために,時空座標に次のように添字を設定する.

$$x^\mu = (x^0, x^1, x^2, x^3) \equiv (ct, x, y, z) \tag{2.7}$$

上付きの添字 μ は $0, 1, 2, 3$ の4通りの値を取るものとする.x^μ は時空座標を表す.

ある Lorentz 座標系 S において,2つの事象が座標 x^μ と $x^\mu + \Delta x^\mu$ で表されているものとしよう.そして,別の Lorentz 座標系 S' からは,これらの事象の座標がそれぞれ x'^μ および $x'^\mu + \Delta x'^\mu$ によって記述されるものとする.一般に,座標 x^μ と x'^μ は当然異なっており,座標の差 Δx^μ と $\Delta x'^\mu$ も互いに異なる.しかしながら,両方の観測者から見た2つの事象の間の不変距離 (invariant interval) Δs^2 は一致する.この不変距離は,次のように定義される.

$$-\Delta s^2 \equiv -(\Delta x^0)^2 + (\Delta x^1)^2 + (\Delta x^2)^2 + (\Delta x^3)^2 \tag{2.8}$$

空間的な座標の差の自乗 $(\Delta x^i)^2$ ($i = 1, 2, 3$) が正号で加算されているのに対して,$(\Delta x^0)^2$ には負号が付いていることに注意してもらいたい.この符号の違いが時間と空間座標の基本的な違いを具体化している.不変距離が一致することは,

$$-(\Delta x^0)^2 + (\Delta x^1)^2 + (\Delta x^2)^2 + (\Delta x^3)^2 = -(\Delta x'^0)^2 + (\Delta x'^1)^2 + (\Delta x'^2)^2 + (\Delta x'^3)^2 \tag{2.9}$$

と表されるが,これを簡単に,次のように書いてもよい.

$$\Delta s^2 = \Delta s'^2 \tag{2.10}$$

式 (2.8) の左辺における負号は,2つの事象が"時間的"に隔てられている場合に $\Delta s^2 > 0$ となることを意味する.時間的に隔てられた事象とは,座標の差に次のような不等関係が成立する2つの事象のことである.

$$(\Delta x^0)^2 > (\Delta x^1)^2 + (\Delta x^2)^2 + (\Delta x^3)^2 \tag{2.11}$$

ひとつの粒子の履歴は,時空内においてその粒子が描く曲線,すなわち"世界線"(world-line) によって表される.ひとつの粒子の世界線の上にある任意の2つの事象点は,必ず時間的に隔てられている.それは如何なる粒子も光速を超える速さで動くことができないからで,その時間のあいだに光が伝わる距離は,事象間の空間的な距離よりも必ず遠くなければならない.これが式 (2.11) の含意である.あなたが生まれた時空点と,今,この瞬間にあなたがいる時空点は

時間的に隔たっている．長い時間が経過しているけれども，あなたは光ほど遠くへ移動していない．光子の世界線によって結ばれ得る事象は"光的"（ライトライク）に隔たっていると称される．そのような2つの事象の間では，式(2.11)の両辺が等しくなり，$\Delta s^2 = 0$ となる．すなわち事象間の空間的な距離が，その時間のあいだに光が伝わる距離に一致する．$\Delta s^2 < 0$ となるような2つの事象の組は"空間的"（スペースライク）に隔てられていると言われる．ある Lorentz 座標系において同時に別々の位置で起こる2つの事象は互いに空間的（スペースライク）に隔たっている．この場合，Δs^2 は負になるので，$(\Delta s)^2$ という形には書けない．しかしながら時間的（タイムライク）に隔てられた事象間では，次のように時間的（タイムライク）な距離を定義できる．

$$\Delta s \equiv \sqrt{\Delta s^2} \quad \text{if} \quad \Delta s^2 > 0 \quad \text{(timelike interval)} \tag{2.12}$$

互いに極めて近い2つの事象を考察することが，多くの場合において有用となる．小さな座標の差は，速度の定義のために必要であり，一般相対性理論においても有用である．無限小の座標の差は dx^μ のように書かれ，これに関する不変距離は ds^2 と書かれる．両者の関係は，式(2.8)に従って，

$$-ds^2 = -(dx^0)^2 + (dx^1)^2 + (dx^2)^2 + (dx^3)^2 \tag{2.13}$$

となる．そして不変距離の不変性は，

$$ds^2 = ds'^2 \tag{2.14}$$

と表される．

不変な ds^2 の表現を簡単にするための，便利な記法が望まれる．このために，上付き添字の付いた記号とは別に，下付き添字の付いた記号を，次のように導入する．

$$dx_0 \equiv -dx^0, \quad dx_1 \equiv dx^1, \quad dx_2 \equiv dx^2, \quad dx_3 \equiv dx^3 \tag{2.15}$$

唯一の重要な変更点は，第ゼロ成分に負号を加えたことである．全成分をまとめて次のように書く．

$$dx_\mu = (dx_0, dx_1, dx_2, dx_3) \equiv (-dx^0, dx^1, dx^2, dx^3) \tag{2.16}$$

このようにすると，ds^2 を dx^μ と dx_μ を用いて書き直すことができる．

$$\begin{aligned}-ds^2 &= -(dx^0)^2 + (dx^1)^2 + (dx^2)^2 + (dx^3)^2 \\ &= dx_0 dx^0 + dx_1 dx^1 + dx_2 dx^2 + dx_3 dx^3\end{aligned} \tag{2.17}$$

式(2.13)の右辺にあった負号は不要になった．不変距離は次のように表される．

$$-ds^2 = \sum_{\mu=0}^{3} dx_\mu dx^\mu \tag{2.18}$$

これ以降，本書では Einstein の和の規約を利用することにする．すなわち，同じ項の中で繰り返された添字については，その添字を一緒に，適切な一組の値に変更したものすべての和を自動的に取るものとする．異なる項で同じ添字が使われていても，それに関する和は考えない．たとえば $a^\mu + b^\mu$ や $a^\mu = b^\mu$ において添字に関する和の計算は含意されないが，$a^\mu b_\mu$ では和が含

2.2. 不変距離とLorentz変換

意されている．繰り返して現れる同じ添字は，ひとつの項の中に上付きのものが1回と下付きのものが1回でなければならず，同じ項において3回以上同じ添字が現れてはならない．繰り返して用いる添字として使われる文字の選ばれ方に特に重要な意味はない．したがって $a^\mu b_\mu$ と $a^\nu b_\nu$ は同じものである．このため，繰り返された添字は偽の添字(ダミー)と呼ばれることもある！　この和の規約を採用すると，式(2.18)は次のように書き直される．

$$-ds^2 = dx_\mu dx^\mu \tag{2.19}$$

式(2.12)において有限の座標の差を扱ったように，無限小の時間的(タイムライク)な不変距離に関しても，次の量を定義する．

$$ds \equiv \sqrt{ds^2} \quad \text{if} \quad ds^2 > 0 \quad (\text{timelike interval}) \tag{2.20}$$

不変距離を，Minkowski(ミンコフスキー)計量 $\eta_{\mu\nu}$ を用いて表現することも可能である．次のように書かれる．

$$-ds^2 = \eta_{\mu\nu} dx^\mu dx^\nu \tag{2.21}$$

式(2.21)自体は，計量 $\eta_{\mu\nu}$ を決定するものではない．もしここに，$\eta_{\mu\nu}$ が添字の入れ替えに関して対称であること，すなわち，

$$\eta_{\mu\nu} = \eta_{\nu\mu} \tag{2.22}$$

を要請するならば，式(2.21)は完全に Minkowski 計量と呼ばれる計量を決定する．$\eta_{\mu\nu}$ が対称であるという声明は理に適っている．これから見るように，反対称な項は不要と考えられるからである．

2つの添字を持つ任意の対象 $M_{\mu\nu}$ を考える．これを対称な部分と反対称な部分に分けることは常に可能である．

$$M_{\mu\nu} = \frac{1}{2}(M_{\mu\nu} + M_{\nu\mu}) + \frac{1}{2}(M_{\mu\nu} - M_{\nu\mu}) \tag{2.23}$$

右辺第1項は M の対称な部分であり，添字 μ と ν の入れ替えの下で不変である．右辺第2項は M の反対称な部分であり，添字 μ と ν の入れ替えによって符号を変える．仮に $\eta_{\mu\nu}$ が反対称な部分 $\xi_{\mu\nu} (= -\xi_{\nu\mu})$ を持つとしても，式(2.21)の右辺において，その寄与は現れない．このことは次のように確認される．

$$\xi_{\mu\nu} dx^\mu dx^\nu = (-\xi_{\nu\mu}) dx^\mu dx^\nu = -\xi_{\mu\nu} dx^\nu dx^\mu = -\xi_{\mu\nu} dx^\mu dx^\nu \tag{2.24}$$

初めの式変形には $\xi_{\mu\nu}$ の反対称性を用いた．次の式変形ではダミー添字の付け替えを施した．すなわち μ を ν に，ν を μ に変更した．そして最後に dx^μ と dx^ν の順序を入れ替えた．結果として $\xi_{\mu\nu} dx^\mu x^\nu$ は，それ自身に負号を付けたものと等しいことになり，したがってこれはゼロでなければならない．このように $\eta_{\mu\nu}$ が反対称部分を持たせても役に立つことはないので，我々は簡単に，それがゼロであると決めておく．

繰り返された添字に関して和を取るという規約により，式(2.21)の意味は次のようになる．

$$-ds^2 = \eta_{00} dx^0 dx^0 + \eta_{01} dx^0 dx^1 + \eta_{10} dx^1 dx^0 + \eta_{11} dx^1 dx^1 + \cdots \tag{2.25}$$

これを式 (2.17) と比較し，式 (2.22) を用いると，$\eta_{00} = -1$, $\eta_{11} = \eta_{22} = \eta_{33} = 1$ で，その他の成分はゼロになる．これらの値を行列の形で表してみよう．

$$\eta_{\mu\nu} = \begin{pmatrix} -1 & 0 & 0 & 0 \\ 0 & 1 & 0 & 0 \\ 0 & 0 & 1 & 0 \\ 0 & 0 & 0 & 1 \end{pmatrix} \tag{2.26}$$

上の式では，2つの添字を持つ量を行列形式で表す通常の慣例に従って，η の第1添字である μ が行番号，η の第2添字である ν が列番号を表すものとしている．この Minkowski 計量を"添字を下げる"ために用いることができる．実際，式 (2.15) は次のように書き直される．

$$dx_\mu = \eta_{\mu\nu}\, dx^\nu \tag{2.27}$$

我々が何らかの4元量 b^μ を扱う場合，常に，

$$b_\mu = \eta_{\mu\nu}\, b^\nu \tag{2.28}$$

も定義できる．2つの4元量 a^μ と b^μ が与えられたならば，それらの相対論的な"スカラー積"$a \cdot b$ は，次のように定義される．

$$a \cdot b \equiv a^\mu b_\mu = \eta_{\mu\nu} a^\mu b^\nu = -a^0 b^0 + a^1 b^1 + a^2 b^2 + a^3 b^3 \tag{2.29}$$

これを式 (2.19) に適用すると $-ds^2 = dx \cdot dx$ と書ける．$a^\mu b_\mu = a_\mu b^\mu$ であることにも注意してもらいたい．

$\eta_{\mu\nu}$ の逆行列も導入しておくと便利である．これは慣例により $\eta^{\mu\nu}$ と記されるが，具体的には次のようになる．

$$\eta^{\mu\nu} = \begin{pmatrix} -1 & 0 & 0 & 0 \\ 0 & 1 & 0 & 0 \\ 0 & 0 & 1 & 0 \\ 0 & 0 & 0 & 1 \end{pmatrix} \tag{2.30}$$

これが式 (2.26) の逆行列であることは容易に確認できる．$\eta_{\mu\nu}$ と同様に $\eta^{\mu\nu}$ も行列として捉える際には，第1添字を行番号，第2添字を列番号と見なす．この添字の記法において，逆行列同士の関係は次のように書かれる．

$$\eta^{\nu\rho}\eta_{\rho\mu} = \delta^\nu_\mu \tag{2.31}$$

ここで Kronecker のデルタ δ^ν_μ は，次のように定義されている．

$$\delta^\nu_\mu = \begin{cases} 1 & \text{if } \mu = \nu \\ 0 & \text{if } \mu \neq \nu \end{cases} \tag{2.32}$$

式 (2.31) において，繰り返されている添字 ρ により，適切な行列積の計算が行われることに注意してもらいたい．Kronecker のデルタは，単位行列を添字の形式で表したものと見なされる．上付き添字を持つ計量は"添字を上げる"ために利用できる．式 (2.28) と式 (2.31) を用いて，次の関係が得られる．

$$\eta^{\rho\mu} b_\mu = \eta^{\rho\mu}(\eta_{\mu\nu} b^\nu) = (\eta^{\rho\mu}\eta_{\mu\nu}) b^\nu = \delta^\rho_\nu b^\nu = b^\rho \tag{2.33}$$

2.2. 不変距離とLorentz変換

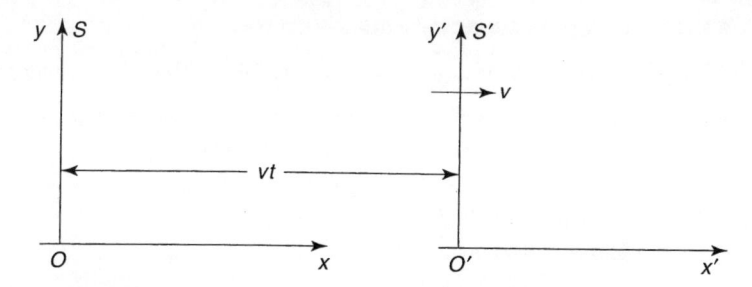

図2.1 等速推進(ブースト)によって互いに関係している2つのLorentz座標系. S' は S に対して $+x$ 方向にブーストパラメーター $\beta = v/c$ で等速推進している.

ここで b_μ の下付き添字 μ は, $\eta^{\rho\mu}$ によって上付き添字 ρ に変更されたわけである. 上式の最後の部分には少々説明が必要である. $\delta^\rho_\nu b^\nu = b^\rho$ となるのは ν に関する和の計算の結果であるが, δ^ρ_ν は $\nu = \rho$ のときだけ1で, それ以外ではゼロである.

Lorentz変換は, 2つの異なる慣性系から見た座標を関係づける変換である. 図2.1のように座標系 S と S' を考え, S' は S に対して x の正の向きに一定速度 v で動いているものとする. 両方の系の座標軸は互いに平行を保つものと仮定し, 共通の時刻 $t = t' = 0$ において両者の原点が一致していたものとする. 我々はこの状況を, S' が x 方向に速度パラメーター $\beta = v/c$ で等速推進(ブースト)していると言うことにする. この場合のLorentz変換は次のように表される.

$$
\begin{aligned}
x' &= \gamma(x - \beta ct) \\
ct' &= \gamma(ct - \beta x) \\
y' &= y \\
z' &= z
\end{aligned}
\tag{2.34}
$$

Lorentz因子 γ は, 次のように与えられる.

$$
\gamma \equiv \frac{1}{\sqrt{1-\beta^2}} = \frac{1}{\sqrt{1-\dfrac{v^2}{c^2}}}
\tag{2.35}
$$

添字の記法を利用し, 初めの2本の式の順序を入れ替えると, 次のようになる.

$$
\begin{aligned}
x'^0 &= \gamma(x^0 - \beta x^1) \\
x'^1 &= \gamma(-\beta x^0 + x^1) \\
x'^2 &= x^2 \\
x'^3 &= x^3
\end{aligned}
\tag{2.36}
$$

上の変換式において, 座標 x^2 と x^3 は変わらない. これらは等速推進(ブースト)の方向に直交する座標である. 逆Lorentz変換では, x 座標の値を x' 座標によって与える. 逆変換の式は, 上の式を x について解くことによって容易に得られる. その結果は, 対称性から要請される通り, x と x' を入れ替えるとともに, β を $(-\beta)$ に入れ替えた形になる.

上の変換において，変換前後の座標には次の関係が成り立つ．

$$(x^0)^2 - (x^1)^2 - (x^2)^2 - (x^3)^2 = (x'^0)^2 - (x'^1)^2 - (x'^2)^2 - (x'^3)^2 \tag{2.37}$$

このことは，直接の計算によって確認できる．これはまさに2つの事象の間の不変距離(の自乗) Δs^2 の不変性の声明にほかならない．すなわち第1の事象点は S と S' の両方において $(0,0,0,0)$ と表され，第2の事象点は S では x^μ，S' では x'^μ と見ればよい．その定義により「Lorentz変換は，式(2.37)の関係を保持する線形変換(1次変換)である．」

一般に，1次の関係式としてのLorentz変換を，

$$x'^\mu = L^\mu{}_\nu x^\nu \tag{2.38}$$

のように書く．$L^\mu{}_\nu$ は1次変換を決める16個の定係数を表している．式(2.36)の等速推進（ブースト）に関しては，次のようになる．

$$[L] = L^\mu{}_\nu = \begin{pmatrix} \gamma & -\gamma\beta & 0 & 0 \\ -\gamma\beta & \gamma & 0 & 0 \\ 0 & 0 & 1 & 0 \\ 0 & 0 & 0 & 1 \end{pmatrix} \tag{2.39}$$

行列 L を $[L] = L^\mu{}_\nu$ と定義するにあたり，我々は第1添字を行番号，第2添字を列番号とする慣例に従っている．このために $L^\mu{}_\nu$ の下付き添字 ν を上付き添字 μ よりも右側に書いてある．

一連の係数 $L^\mu{}_\nu$ は，関係式(2.37)による制約を受ける．この式は，添字の記法によれば，次の要請になる．

$$\eta_{\alpha\beta} x^\alpha x^\beta = \eta_{\mu\nu} x'^\mu x'^\nu \tag{2.40}$$

右辺に式(2.38)を2回適用すると，次式が得られる．

$$\eta_{\alpha\beta} x^\alpha x^\beta = \eta_{\mu\nu} (L^\mu{}_\alpha x^\alpha)(L^\nu{}_\beta x^\beta) = \eta_{\mu\nu} L^\mu{}_\alpha L^\nu{}_\beta x^\alpha x^\beta \tag{2.41}$$

等価的に，次のように式を書き直してもよい．

$$k_{\alpha\beta} x^\alpha x^\beta = 0, \quad \text{with} \quad k_{\alpha\beta} \equiv \eta_{\mu\nu} L^\mu{}_\alpha L^\nu{}_\beta - \eta_{\alpha\beta} \tag{2.42}$$

すべての座標値 x において $k_{\alpha\beta} x^\alpha x^\beta = 0$ が成立しなければならないので，次の関係が見出される．

$$k_{\alpha\beta} + k_{\beta\alpha} = 0 \tag{2.43}$$

これを確認するためには，α と β に関する和を具体的に書いてみればよい．$k_{\alpha\beta}$ は添字の入れ替えの下で対称なので，式(2.43)は実際のところ $k_{\alpha\beta} = 0$ を意味する．すなわち，

$$\eta_{\mu\nu} L^\mu{}_\alpha L^\nu{}_\beta = \eta_{\alpha\beta} \tag{2.44}$$

でなければならない．式(2.44)をもう少し，行列積に近い形に書き直してみる．

$$L^\mu{}_\alpha \eta_{\mu\nu} L^\nu{}_\beta = \eta_{\alpha\beta} \tag{2.45}$$

ν の和については問題ない．これは $\eta_{\mu\nu}$ の列番号であると同時に $L^\nu{}_\beta$ の行番号でもある．しかしながら，μ は $L^\mu{}_\alpha$ の行番号であるが，$\eta_{\mu\nu}$ の行番号と対応させるにはこれは列番号でなけれ

2.2. 不変距離とLorentz変換

ばならない．また α は $L^\mu{}_\alpha$ の列番号であるが，右辺では $\eta_{\alpha\beta}$ の行番号という食い違いもある．このことは $L^\mu{}_\alpha$ の行と列を入れ替えるべきこと，すなわち行列としての転置の必要性を意味している．したがって式(2.45)は，行列の式としては，次のように表される．

$$L^{\mathrm{T}} \eta L = \eta \tag{2.46}$$

η は計量 $\eta_{\mu\nu}$ を成分とする行列である．この簡素な式が，行列 L が Lorentz 変換に対応するための制約である．

Lorentz 変換のひとつの重要な性質が，式(2.46)の両辺それぞれの行列式を取ることによって導かれる．行列積の行列式は，行列式の積なので，次式を得る．

$$(\det L^{\mathrm{T}})(\det \eta)(\det L) = \det \eta \tag{2.47}$$

両辺に共通の $\det \eta$ を省き，転置の操作によって行列式が変更されないことを念頭に置くと，次の結果が得られる．

$$(\det L)^2 = 1 \ \to \ \det L = \pm 1 \tag{2.48}$$

式(2.39)の等速推進(ブースト)では $\det L = 1$ であることを読者は容易に確認できる．$\det L$ がゼロになることはないので，行列 L には必ず逆行列が存在する．したがってあらゆる Lorentz 変換は，逆変換が可能な線形変換である．

一般の Lorentz 変換は，各空間座標方向への等速推進(ブースト)を含む．そしてまた空間座標の回転も含んでいる．原点のまわりの空間的な回転の下で，ある点 (x^0, x^1, x^2, x^3) が (x'^0, x'^1, x'^2, x'^3) に変換されるとすると，まずは時間への影響はないので $x^0 = x'^0$ である．回転の下で原点からの距離は変わらないので，

$$(x^1)^2 + (x^2)^2 + (x^3)^2 = (x'^1)^2 + (x'^2)^2 + (x'^3)^2 \tag{2.49}$$

となる．これと $x^0 = x'^0$ を併せると，式(2.37)が成立する．したがって単なる空間的な回転も，Lorentz 変換と見なされる．

Lorentz 変換の下で x^μ と同じ方法で変換するような4つの量の組は，4元ベクトルもしくは Lorentz ベクトルと呼ばれる．添字の記法を用いて我々が b^μ と書くときには，それは b^μ が4元ベクトルであることを意味する．連立1次式(2.36)の微分を取ると，x' と x を関係づける線形変換と同じ変換によって dx' と dx も関係づけられることが分かる．したがって，微分量 dx^μ も Lorentz ベクトルである．添字の記法の精神において，自由な(フリー)添字を持たない量は，Lorentz 変換の下で不変でなければならない．添字を含まない量や，繰り返される添字だけを含む $a^\mu b_\mu$ のような量は，自由な添字を持たない量にあたる．

4元ベクトル a^μ は，$a^2 = a \cdot a < 0$ であれば時間的な(タイムライク)ベクトル，$a^2 > 0$ であれば空間的な(スペースライク)ベクトル，$a^2 = 0$ であれば零(ヌル)ベクトルと称される．式(2.11)の後の議論を思い起こすと，時間的(タイムライク)に隔たった事象の間の座標の差は，時間的(タイムライク)なベクトルを定義することになる．同様に，空間的(スペースライク)に隔たった事象間の座標の差は 空間的(スペースライク)なベクトルの定義を与え，光的(ライトライク)に隔たった事象間の座標の差は零(ヌル)ベクトルを定義する．

計算練習 2.1 不変量 ds^2 が実際に Lorentz 変換 (2.36) の下で保存されることを証明せよ．

計算練習 2.2 2つのLorentzベクトルa^μとb^μを考える．式(2.36)のように$a^\mu \to a'^\mu$と$b^\mu \to b'^\mu$のLorentz変換の式を書いて見よ．そして，それらの変換の下で$a^\mu b_\mu$が不変であることを証明せよ．

2.3 光錐座標

弦理論の研究において大変有用な座標系となる光錐座標系 (light-cone coordinate system) について論じる．相対論的な弦の量子化は，光錐座標を採用することによって，最も直接的に行うことができる．相対論的な弦の量子化へのアプローチとしては，特別の座標系を用いない別の方法もある．このアプローチはLorentz共変な量子化と呼ばれるが，これについては第24章において簡単に言及する予定である．Lorentz量子化は非常にエレガントであるが，これを完全に論じるためには，背景となる大変に多くの知識が必要とされる．本書では弦の量子化に光錐座標を用いることにする．

時間座標と，空間座標のうちのひとつを選び(慣例に従ってx^1とする)，これらの2つの座標の互いに独立な線形結合によって，2つの光錐座標x^+とx^-を定義する．次のように書かれる．

$$x^+ \equiv \frac{1}{\sqrt{2}}(x^0 + x^1)$$
$$x^- \equiv \frac{1}{\sqrt{2}}(x^0 - x^1) \qquad (2.50)$$

この定義において座標x^2とx^3は何の役割も担わない．光錐座標系では(x^0, x^1)は(x^+, x^-)に入れ替わるが，座標x^2とx^3はそのまま用いられる．したがって，光錐座標の完全な組は(x^+, x^-, x^2, x^3)と表される．

新しい座標x^+とx^-が光錐座標と呼ばれるのは，これらの座標軸が，原点からx^1方向に放射された光線の世界線にあたるからである[§]．x^1の正の向きに進む光線においては$x^1 = ct = x^0$なので$x^- = 0$である．$x^- = 0$の線は，その定義によりx^+軸である(図2.2)．x^1の負の向きに進む光線については$x^1 = -ct = -x^0$なので$x^+ = 0$である．これはx^-軸に一致する．$x^\pm$軸はx^0軸とx^1軸に対して45°の角度を持つ直線である．

我々はx^+もしくはx^-を，新しい時間座標と考えてよいのだろうか？ 答えはイエスである．実際に，両者とも等しく時間座標としての正当性を備えている．しかしこれらは標準的な言葉の意味での時間座標とは異っており，光錐時間は通常の時間と同じものではない．おそらく時間の性質として最も馴染み深いものは，物理的な粒子のいかなる運動においても，時間は増加方向に進むという性質であろう．原点から出発した物理的な粒子の運動は，図2.2において光錐の内部における曲線として表現されており，そのx^0軸からの傾きは必ず45°未満を保つ．このようなあらゆる曲線に沿って矢を辿ってゆく際に，x^+とx^-は両方とも増加してゆく．唯一の

[§](訳註) 'light-cone coordinate'に「光円錐座標」という訳語を充てる文献が少なくないが，ここでは空間座標の中のx^1方向だけを特別扱いして$x^0 - x^1$面内に「錐」を形成し，x^2座標とx^3座標は"横方向"としてそのまま用いるので「光'円'錐座標」と呼ぶのはあまり適切ではない．この訳稿では「光錐座標」とする．

2.3. 光錐座標

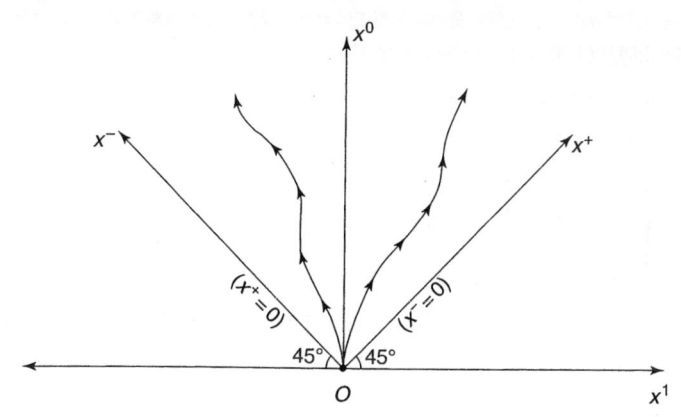

図 2.2 x^1 と x^0 を直交軸として表した時空ダイヤグラム．光錐座標軸 $x^\pm = 0$ を示してある．矢印を伴った曲線は，物理的な粒子が描き得る世界線の例である．

微妙な点は，特別な光線において光錐時間の凍結が起こることである！ 既に言及したように，x^1 の負の向きに伝わる光線において x^+ は一定値を保ち，また x^1 の正の向きに伝わる光線において x^- は一定値を保つことになる．

記述の混乱を避けるために，我々はここで x^+ の方を"光錐時間"の座標と見なすことに決めておく．したがって x^- の方は空間座標と見なされる．もちろんこれらの光錐時間座標と空間座標は，いささか奇妙な性質を持つ．

式 (2.50) の微分を取ると，即座に次の関係が見出される．

$$2dx^+ dx^- = (dx^0 + dx^1)(dx^0 - dx^1) = (dx^0)^2 - (dx^1)^2 \tag{2.51}$$

これにより，不変距離 (2.13) を光錐座標 (2.50) を用いて表すと次式になる．

$$\boxed{-ds^2 = -2dx^+ dx^- + (dx^2)^2 + (dx^3)^2} \tag{2.52}$$

ここで x^+ と x^- の定義の対称性は明白である．ds^2 が与えられて，dx^- や dx^+ を求めるときに，平方根を取ることにはならないという点に注意してもらいたい．第 9 章で示す予定であるが，このことは光錐座標の極めて重要な特徴である．

式 (2.52) を添字の記法でどのように表したらよいだろうか？ やはり 4 つの値を取る添字が必要とされるが，この場合はそれらの値が，

$$+, -, 2, 3 \tag{2.53}$$

となる．式 (2.21) と同様に，次のように書いてみる．

$$-ds^2 = \hat{\eta}_{\mu\nu} dx^\mu dx^\nu \tag{2.54}$$

ここで光錐計量 $\hat{\eta}$ を導入した．これは Minkowski 計量と同様に，添字の入れ替えに関して対称に定義される．上式を展開して式 (2.52) と比較すると，次のようになることが判る．

$$\hat{\eta}_{+-} = \hat{\eta}_{-+} = -1, \quad \hat{\eta}_{++} = \hat{\eta}_{--} = 0 \tag{2.55}$$

$(+,-)$ 部分空間において，光錐計量の対角要素はゼロになり，非対角要素が残る．また，$\hat{\eta}$ は $(+,-)$ 部分空間と $(2,3)$ 部分空間を結合しないことも分かる．

$$\hat{\eta}_{+I} = \hat{\eta}_{-I} = 0, \quad I = 2,3 \tag{2.56}$$

光錐計量を行列表示すると，次のようになる§．

$$\hat{\eta}_{\mu\nu} = \begin{pmatrix} 0 & -1 & 0 & 0 \\ -1 & 0 & 0 & 0 \\ 0 & 0 & 1 & 0 \\ 0 & 0 & 0 & 1 \end{pmatrix} \tag{2.57}$$

任意の Lorentz ベクトル a^μ の光錐座標成分も，式(2.50)と同様に定義される．

$$a^+ \equiv \frac{1}{\sqrt{2}}(a^0 + a^1)$$
$$a^- \equiv \frac{1}{\sqrt{2}}(a^0 - a^1) \tag{2.58}$$

ベクトル間のスカラー積(2.29)を，光錐座標を用いて書き直すと，次のようになる．

$$\boxed{a \cdot b = -a^- b^+ - a^+ b^- + a^2 b^2 + a^3 b^3 = \hat{\eta}_{\mu\nu} a^\mu b^\nu} \tag{2.59}$$

後ろの等式関係は，式(2.57)を用いて繰り返された添字に関する和を実行することで即座に得られる．前の方の等式には少々計算が必要となる．次の関係を確認する必要がある．

$$-a^- b^+ - a^+ b^- = -a^0 b^0 + a^1 b^1 \tag{2.60}$$

これは式(2.58)と，同様の $b^\pm$ に関する式を用いて計算できる．光錐座標系における下付き添字を導入することもできる．$a \cdot b = a_\mu b^\mu$ という関係を考えて，右辺の添字 μ を光錐座標系の添字と見なした和へと展開する．

$$a \cdot b = a_+ b^+ + a_- b^- + a_2 b^2 + a_3 b^3 \tag{2.61}$$

これを式(2.59)と比較すると，次の関係が見出される．

$$a_+ = -a^-, \quad a_- = -a^+ \tag{2.62}$$

Lorentz 座標系においては，第ゼロ添字を上げ下げすると，符号が反転する．これに対して光錐座標系では，初めの 2 つの添字の上げ下げにおいて座標の入れ替えと符号の反転が起こる．

光錐座標を用いた物理の記述は，通常の記述とは異なって見えるものであるが，我々はそれに対する直観を養う必要がある．これを行うために，計算は簡単だが，驚くべき結果をもたらすひとつの例を調べることにしよう．

x^1 軸に沿って，速度パラメーター $\beta = v/c$ で運動している粒子を考える．時刻 $t = 0$ において位置座標 x^1, x^2, x^3 はすべてゼロである．通常の時間を用いるならば，この運動はごく自然な形で表される．

$$x^1(t) = vt = \beta x^0, \quad x^2(t) = x^3(t) = 0 \tag{2.63}$$

§(訳註) 本章では光錐計量にハット付きの $\hat{\eta}_{\mu\nu}$ という記号を充ててあるが，後の方の章では光錐計量にも通常の計量と同じ $\eta_{\mu\nu}$ が用いられる．特に断り書きが無い場合，Minkowski 計量を含む式は，添字を $\mu, \nu = 0, 1, 2, \ldots$ と置いても $\mu, \nu = +, -, 2, \ldots$ と置いてもよい．

2.3. 光錐座標

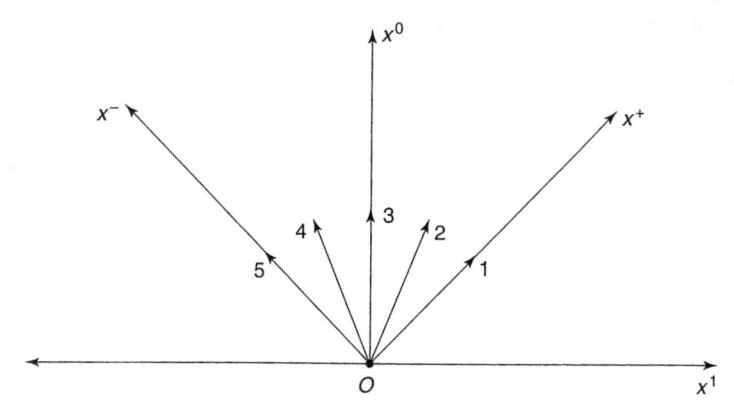

図2.3 いろいろな光錐速度を持つ粒子の世界線. 粒子1は光錐速度がゼロの粒子である. 粒子2, 3, 4, 5の順に光錐速度は速くなっており, 粒子5の光錐速度は無限大である.

この運動は, 光錐座標ではどのように見えるだろうか? x^+ は時間で $x^2 = x^3 = 0$ なので, 座標 x^- は x^+ だけによって表される. 式(2.63)を用いると, 光錐時間 x^+ は,

$$x^+ = \frac{x^0 + x^1}{\sqrt{2}} = \frac{1+\beta}{\sqrt{2}} x^0 \tag{2.64}$$

となり, 光錐座標 x^- は,

$$x^- = \frac{x^0 - x^1}{\sqrt{2}} = \frac{1-\beta}{\sqrt{2}} x^0 = \frac{1-\beta}{1+\beta} x^+ \tag{2.65}$$

と表される. 両者は比例関係を持つので, 次の比,

$$\frac{dx^-}{dx^+} = \frac{1-\beta}{1+\beta} \tag{2.66}$$

を光錐速度と呼ぶことにする. この光錐速度はどのように奇妙なものであろうか? 右側 (x^1 の正の向き) に進行する光 ($\beta = 1$) を対象とすると, この光錐速度はゼロである. 実際, 右側に進行する光においては x^- が全然変わらない. これを図2.3において, 線1によって表している. 次に, 右側へ高速で ($\beta \simeq 1$) 運動している粒子を考える (図中の線2). その光錐速度は遅い. すなわち粒子が x^- 方向に少しだけ動くために, 長い光錐時間の経過を必要とする. おそらく更に興味深いのは, 通常の座標系において静止している粒子が, 光錐座標から見ると高速で運動していることである (線3). $\beta = 0$ のとき, 粒子は単位光錐速度で運動をする. β が負になると, 光錐速度は更に速くなる. すなわち式(2.66)の分母は1を超え, 分子は1より小さくなる. $\beta = -1$ になると (線5), 光錐速度は無限大になる! これは奇妙なことに思われるが, 特殊相対性理論が破綻しているわけではない. 光錐速度という概念の方が普通の速度概念と異なっているのである. 光錐座標系は, 通常の感覚からすると運動が非相対論的に見え, 無限大の速度も許容される座標系である. 光錐座標が, 座標の変更として導入されたもので, Lorentz変換の結果として得られたものではないことに注意されたい. 座標 (x^0, x^1, x^2, x^3) を $(x'^0, x'^1, x'^2, x'^3) = (x^+, x^-, x^2, x^3)$ に移行させるような Lorentz変換は存在しない.

計算練習 2.3 上述の最後の声明が正しいことを自ら確認せよ.

2.4 相対論的なエネルギーと運動量

特殊相対性理論において，点粒子の静止質量 m とその相対論的エネルギー E および相対論的運動量 $\vec{p}$ の間に，次のような基本的な関係がある．

$$\frac{E^2}{c^2} - \vec{p}\cdot\vec{p} = m^2c^2 \tag{2.67}$$

相対論的なエネルギーと運動量は，静止質量と速度を用いて次のように表される．

$$E = \gamma mc^2, \quad \vec{p} = \gamma m\vec{v} \tag{2.68}$$

計算練習 2.4 上の E と $\vec{p}$ の式が式(2.67)を満たすことを証明せよ．

エネルギーと運動量を用いて，次のような運動量4元ベクトルを定義できる．

$$p^\mu = (p^0, p^1, p^2, p^3) \equiv \left(\frac{E}{c}, p_x, p_y, p_z\right) \tag{2.69}$$

式(2.68)を用いると，次のようにも書ける．

$$p^\mu = \left(\frac{E}{c}, \vec{p}\right) = m\gamma(c, \vec{v}) \tag{2.70}$$

式(2.28)を利用して，p^μ の添字を下げることができる．

$$p_\mu = (p_0, p_1, p_2, p_3) = \eta_{\mu\nu}p^\nu = \left(-\frac{E}{c}, p_x, p_y, p_z\right) \tag{2.71}$$

上の p^μ と p_μ の式から，次式を得る．

$$p^\mu p_\mu = -(p^0)^2 + \vec{p}\cdot\vec{p} = -\frac{E^2}{c^2} + \vec{p}\cdot\vec{p} \tag{2.72}$$

ここに式(2.67)を適用すると，次の関係が得られる．

$$p^\mu p_\mu = -m^2c^2 \tag{2.73}$$

$p^\mu p_\mu$ は自由な添字を持たないので，これはLorentzスカラーでなければならない．実際，あらゆるLorentz座標系における観測者にとって，同じ粒子を観測したときの静止質量の評価値は同じものになる．相対論的なスカラー積の記法を用いると，式(2.73)は次のように表される．

$$\boxed{p^2 \equiv p\cdot p = -m^2c^2} \tag{2.74}$$

特殊相対性理論において中心的な概念は"固有時間"(proper time)の概念である．固有時間はLorentz不変な時間の測度である．ひとつの運動する粒子と，その軌跡に沿った2点の事象を考える．異なるLorentz座標系の観測者にとって，事象間の時間間隔は異なる．しかしここで，運動している粒子が時計を持っていると考えてみよう．2つの事象の間の固有時間は，"その時計で"測った2つの事象間の経過時間である．その定義により，固有時間は不変である．同じ時計を見るあらゆる観測者は，その時計自体の経過時間については，一致した値に同意しなければならない．

固有時間は不変距離の計算に自然な形で入ってくる．x軸方向に一定速度で運動する粒子の軌跡に沿った不変距離を考えてみよう．

$$-ds^2 = -c^2dt^2 + dx^2 = -c^2dt^2(1-\beta^2) \tag{2.75}$$

2.4. 相対論的なエネルギーと運動量

この粒子に付随する Lorentz 座標系，すなわちこの粒子が静止して見え，この粒子と一緒に運動している時計によって時間が決まる座標系を用いて，粒子に沿った不変距離を評価する．この座標系では $dx = 0$ で，また $dt = dt_\text{p}$ は経過した固有時間となる．したがって，

$$-ds^2 = -c^2 dt_\text{p}^2 \tag{2.76}$$

である．両辺の負号を相殺して平方根を取ると (式 (2.20) を用いる)，

$$ds = c \, dt_\text{p} \tag{2.77}$$

となる．上の結果は時間的な(タイムライク)不変距離に関して，ds/c が固有時間の間隔に相当することを意味している．また，式 (2.75) の負号を省いて平方根を取ると次式が得られる．

$$ds = c \, dt \sqrt{1 - \beta^2} \;\rightarrow\; \frac{dt}{ds} = \frac{\gamma}{c} \tag{2.78}$$

ds は Lorentz 不変量なので，ある Lorentz ベクトルから，新たな Lorentz ベクトルを構築するために利用できる．たとえば速度 4 元ベクトル u^μ は dx^μ と ds の比を取ることによって得られる．dx^μ は Lorentz ベクトルで，ds は Lorentz スカラーなので，その比も Lorentz ベクトルになる．

$$u^\mu = c \frac{dx^\mu}{ds} = c \left(\frac{d(ct)}{ds}, \frac{dx}{ds}, \frac{dy}{ds}, \frac{dz}{ds} \right) \tag{2.79}$$

因子 c は，u^μ に速度の単位を与えるために付けられている．u^μ の成分は，微分演算の連鎖律と式 (2.78) を用いると簡単にできる．たとえば，

$$\frac{dx}{ds} = \frac{dx}{dt}\frac{dt}{ds} = \frac{v_x \gamma}{c} \tag{2.80}$$

となり，式 (2.79) は，次のように書き直される．

$$u^\mu = \gamma(c, v_x, v_y, v_z) = \gamma(c, \vec{v}) \tag{2.81}$$

これを式 (2.70) と比較すると，運動量 4 元ベクトルは，速度 4 元ベクトルと質量の積であることが分かる．

$$p^\mu = m u^\mu \tag{2.82}$$

これにより，p^μ の成分が 4 元ベクトルを形成するという仮定の正当性が確認されたことになる．任意の 4 元ベクトルは Lorentz 変換の下で x^μ と同じように変換するので，x 方向の等速推進(ブースト)の下での p^μ の変換は，式 (2.36) を流用して次のように与えられる．

$$\begin{aligned}\frac{E'}{c} &= \gamma \left(\frac{E}{c} - \beta p_x \right) \\ p'_x &= \gamma \left(-\beta \frac{E}{c} + p_x \right)\end{aligned} \tag{2.83}$$

2.5 光錐座標系のエネルギーと運動量

運動量Lorentzベクトルの光錐座標系における成分 p^+ と p^- は，変換規則(2.58)に従い，次のように与えられる．

$$p^+ = \frac{1}{\sqrt{2}}(p^0 + p^1) = -p_-$$
$$p^- = \frac{1}{\sqrt{2}}(p^0 - p^1) = -p_+ \tag{2.84}$$

どちらの成分を光錐座標系のエネルギー(光錐エネルギー)と同定すべきであろうか？ 素朴な答えは p^+ になるであろう．任意のLorentz座標系において，時間とエネルギーがそれぞれの4元ベクトルの第ゼロ成分になっている．光錐時間を x^+ と選んだので，光錐エネルギーは p^+ とすればよいように思われる．しかしこれは適切な選択ではない．光錐座標はLorentz座標のように変換しないので，問題を注意深く調べる必要がある．$p^\pm$ は両方とも物理的な粒子に関して正の値を持つので，両方がエネルギー的と言える．実際，$m \neq 0$ と置くと，式(2.67)から，

$$p^0 = \frac{E}{c} = \sqrt{\vec{p}\cdot\vec{p} + m^2c^2} > |\vec{p}| \geq |p^1| \tag{2.85}$$

となるので必ず $p^0 \pm p^1 > 0$ となり，$p^\pm > 0$ が結論される．両方がエネルギーの候補として可能のように見えるが，物理的に都合のよい選択は $-p_+$ となり，これは p^- に一致する．

この選択について説明する前に，まず $p_\mu x^\mu$ を評価しよう．通常の標準的な座標では，

$$p \cdot x = p_0 x^0 + p_1 x^1 + p_2 x^2 + p_3 x^3 \tag{2.86}$$

であるが，光錐座標では，式(2.61)により，

$$p \cdot x = p_+ x^+ + p_- x^- + p_2 x^2 + p_3 x^3 \tag{2.87}$$

となる．通常の座標では $p_0 = -E/c$ が時間 x^0 と一緒に現れる．光錐座標系では p_+ が光錐時間 x^+ とともに現れる．したがって p_+ が，光錐エネルギーの符号を反転させたものに相当すると予想される．

何故，このような組合せが重要なのか？ エネルギーと時間は共役な変数の組である．量子力学で学んでいるように，ハミルトニアン演算子はエネルギーを測り，時間発展をもたらす．エネルギー E，運動量 $\vec{p}$ の点粒子の波動関数は，次式で与えられる．

$$\psi(t, \vec{x}) = \exp\left(-\frac{i}{\hbar}(Et - \vec{p}\cdot\vec{x})\right) \tag{2.88}$$

この波動関数は実際に，次のSchrödinger方程式を満たす．

$$i\hbar \frac{\partial \psi}{\partial x^0} = \frac{E}{c}\psi \tag{2.89}$$

同様に，光錐時間の発展と光錐エネルギー E_{lc} は，次の関係を持たねばならない．

$$i\hbar \frac{\partial \psi}{\partial x^+} = \frac{E_{lc}}{c}\psi \tag{2.90}$$

波動関数の x^+ への依存性を見出すために，まず通常の座標において，

$$\psi(t, \vec{x}) = \exp\left(\frac{i}{\hbar}(p_0 x^0 + \vec{p}\cdot\vec{x})\right) = \exp\left(\frac{i}{\hbar}p \cdot x\right) \tag{2.91}$$

2.6. 余剰次元とLorentz不変性

であることを確認し，式(2.87)を用いると，波動関数は次式となる．

$$\psi(x) = \exp\left(\frac{i}{\hbar}(p_+ x^+ + p_- x^- + p_2 x^2 + p_3 x^3)\right) \tag{2.92}$$

式(2.90)に戻って，これを評価する．

$$i\hbar \frac{\partial \psi}{\partial x^+} = -p_+ \psi \;\rightarrow\; -p_+ = \frac{E_{\mathrm{lc}}}{c} \tag{2.93}$$

これによって，$(-p_+)$ を光錐エネルギーに同定することの妥当性が確認された．$-p_+ = p^-$ なので，負号を避けるために p^- を用いるほうが便利である．

$$\boxed{\;p^- = \frac{E_{\mathrm{lc}}}{c}\;} \tag{2.94}$$

物理学者たちの中には，光錐座標系の諸量を含むいろいろな式を簡単に表すために，添字 $+$ と $-$ を上げ下げすることを好む人もいる．これは便利な場合もあるけれども，間違いを生じやすい．あなたが電話で話しているときに，彼女が「…p-プラス掛ける…」と言ったならば，あなたは「上付きのプラス？下付きのプラス？」と訊き返さなければならない．本書ではこれ以降，$+$ や $-$ を下付き添字としては使わないことにする．これらの添字は必ず上付きで用い，光錐エネルギーを常に p^- と表す．

p^- を光錐エネルギーに同定することは，我々が先ほど光錐速度に関して行った直観的把握とよく整合することを検証しよう．このために光錐速度の遅い粒子が，小さな光錐エネルギーを持つことを確認してみる．$+x^1$ 方向に光速に近い速度で運動している粒子を考えよう．式(2.66)のところで論じたように，この粒子の光錐速度は遅い．p^1 は非常に大きいので，式(2.67)から次式が得られる．

$$p^0 = \sqrt{(p^1)^2 + m^2 c^2} = p^1 \sqrt{1 + \frac{m^2 c^2}{(p^1)^2}} \simeq p^1 + \frac{m^2 c^2}{2 p^1} \tag{2.95}$$

したがって，光錐エネルギーは，

$$p^- = \frac{1}{\sqrt{2}}(p^0 - p^1) \simeq \frac{m^2 c^2}{2\sqrt{2}\, p^1} \tag{2.96}$$

となる．p^1 を増加させると，予想されるように，光錐速度の減少に伴って光錐エネルギーも減少する．

2.6 余剰次元とLorentz不変性

弦理論が正しいならば，時空次元の数が4よりも大きいという可能性を受け入れる必要がある．時間の次元は1次元のままでなければならない——時間次元を2次元以上として矛盾のない理論を構築することは，全く不可能とは言い切れないにしても，極めて困難に思われる．したがって余剰次元は空間的なものと考えねばならない．4次元以上の空間次元を持つ世界においてLorentz不変性を想定できるだろうか？ それは可能である．Lorentz不変性は余剰次元(extra dimensions)を持つ時空へも自然な形で一般化できる概念である．

まず，空間の余剰次元を含むように，不変距離の定義を拡張しよう．たとえば空間次元が5次元の世界では，ds^2 を次のように書ける．

$$-ds^2 = -c^2 dt^2 + (dx^1)^2 + (dx^2)^2 + (dx^3)^2 + (dx^4)^2 + (dx^5)^2 \tag{2.97}$$

そして，Lorentz変換は ds^2 を不変に保つような線形の座標変換として定義される．この変換の下で，6次元時空における異なる慣性系の観測者たちから見て，光速の値が一致することが保証される．次元が増えると，可能なLorentz変換も増える．4次元時空において等速推進の可能な空間方向は x^1, x^2, x^3 の3方向である．また許容される基本的な空間回転は，x^1 と x^2 を混合する回転，x^1 と x^3 を混合する回転，x^2 と x^3 を混合する回転の3通りである．基本的な等速推進（ブースト）の種類と回転の種類の数が等しいことは，4次元時空における特別な性質である．空間次元が5次元であれば，基本的な回転の種類は，等速推進（ブースト）の2倍にあたる10通りとなる．

高次元のLorentz不変性は，低次元のLorentz不変性を包含する．もし余剰次元の方向に何事も起こらなければ，低次元のLorentz変換による制約が適用されることになる．このことは式(2.97)から明らかである．余剰次元の方向の動きのない $dx^4 = dx^5 = 0$ の運動に関しては，ds^2 の式は4次元時空に用いられる形に帰着する．

2.7 コンパクト化した余剰次元

もし空間的な余剰次元が小さな体積しか持たないならば（'コンパクト化'していれば），余剰次元が低エネルギー実験によって検出されないということがあり得る．この節では，コンパクト次元とは何なのかということの理解を試みる．ここでは主として1次元の場合を考察することにする．2.10節において，コンパクト次元の検出が難しい理由を説明する予定である．

1次元世界，すなわち無限に伸びる直線を考えよう．この線に沿った座標を x とする．この直線上の各点 P に関して実数 $x(P)$ が一意的に決まるものとする．これを点 P の x 座標と呼ぶ．この直線上で定義された座標が，よい座標であるためには，次の2つの条件を満たす必要がある．

- 2つの異なる点 $P_1 \neq P_2$ は，必ず異なる座標の値を持つ．すなわち $x(P_1) \neq x(P_2)$．
- 点と座標値の対応関係は連続的である．すなわち互いに極めて近い点は，ほとんど等しい座標値を持つ．

この無限に伸びている直線上において原点を設定すれば，その原点からの距離を，よい座標の定義に利用できる．直線上の各点に対して，原点からの距離に，原点からどちら側かに応じて符号を付けた値を座標値とすればよい．

空間次元が1次元しかない世界にあなたが存在しているものと仮想してもらいたい．あなたが直線世界に沿って歩いていて，ある奇妙なパターンに気づいたと仮定しよう．距離 $2\pi R$ 進むごとに，同じ風景が繰り返されるのである．R はある決まった値である．もしあなたが友達のフィルに1回会ったならば，さらにそこから距離 $2\pi R, 4\pi R, 6\pi R, \cdots$ のところでもフィルの複製（クローン）を見る(図2.4)．複製（クローン）が直線上に等間隔で無限に配置されているということになる．

上述のような奇妙な性質を持つ無限に長い線を，円周 $2\pi R$ の円と区別する方法はない．実際，この奇妙な線が円であると言うことで，この特別な性質を"説明"できる――フィルの複製（クローン）は本当は存在せず，あなたは円を巡るごとに，同じフィルに繰り返し出会うだけである！

図 2.4 距離 $2\pi R$ ごとに同じパターンを繰り返す 1 次元世界．友達フィルのコピーを示した．

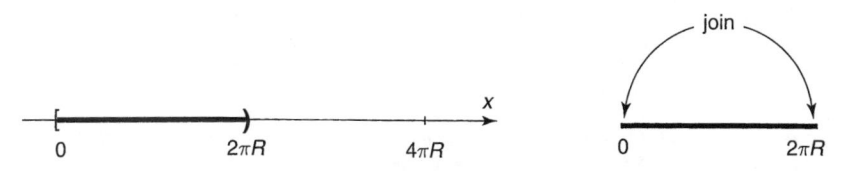

図 2.5 区間 $0 \leq x < 2\pi R$ は，式 (2.99) の同一視を導入した線の基本領域である．同一視された空間は半径 R の円である．

この状況は数学的にどのように表されるだろうか？ 我々は，ある種の"同一視"(identification) を導入した終端のない直線のことを，円と捉え直してもよい．この同一視とは，座標が相互に $2\pi R$ だけ異なる点は同じ点であると決めてしまうことである．より正確には，これは 2 つの点の座標が互いに $2\pi R$ の整数倍だけ異なっていれば，その 2 点は同じ点であるという言明である[‡]．

$$P_1 \sim P_2 \leftrightarrow x(P_1) = x(P_2) + 2\pi R n, \quad n \in \mathbf{Z} \tag{2.98}$$

上の記法は正確だが，いささか丁寧すぎて煩わしい．簡単に次のように書いても誤解を招く恐れはない．

$$x \sim x + 2\pi R \tag{2.99}$$

この表記を「互いに $2\pi R$ だけ座標値が異なる任意の 2 点を同一視する」という意味に読み取ることにする．このような同一視を導入すると，終端のない直線は実質的に円と同じものになる．このような同一視によって，コンパクトでない次元をコンパクトな次元へ移行させることができる．読者は，このように直線に同一視を導入する手続きは，円を考える方法を複雑にしているにすぎないものと思うかも知れない．しかし後から見るように，コンパクト次元を同一視を導入した拡がった次元と捉えることによって，多くの物理的な問題が，より明確になるのである．

区間 $0 \leq x < 2\pi R$ は，同一視 (2.99) の"基本領域"(fundamental domain) と呼ばれる (図 2.5 参照)．全空間の中で，以下の 2 つの条件を満たすような部分集合が基本領域にあたる．

1. 基本領域の内部の異なる 2 点が同一視されることはない．

2. 全空間の中の任意の点は，基本領域内にあるか，もしくは基本領域内の 1 点と，同一視によって関係づけられる．

[‡] (訳註) $\mathbf{Z}$ はすべての整数から成る集合を意味する (独語 zahlen に由来)．後から出てくる $\mathbf{R}$ は実数 (real number)，$\mathbf{C}$ は複素数 (complex number) の集合である．

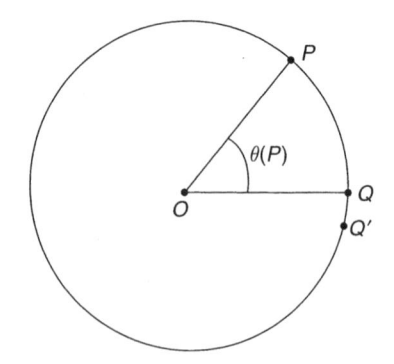

図 2.6 円における座標を定義するために,角度 θ を用いる.基準点 Q を角度ゼロに対応させて $\theta(Q) = 0$ とする.座標 θ は自然に多価になってしまう.

基本領域には,ここでも行ったように,なるべく連続した領域が選ばれる.同一視によって示唆される閉じた空間を構築するためには,基本領域と"併せて"その境界を考え,境界において同一視を実施する.ここで見ている例では,基本領域とその境界を合わせたものが,線分 $0 \leq x \leq 2\pi R$ である.この線分において,点 $x = 0$ と点 $x = 2\pi R$ が同一視される.

半径 R の円は,2次元面において,円の中心と呼ばれる 1 点から等距離にある点の集合として表すことができる.しかし上述の作業によって得られた円は,それを収容するための 2 次元空間の助けを借りずに直接に構築されていることに注意してもらいたい.我々が得た円に関しては,円の中心にあたる点は何処にも存在しない.我々は比喩的に円の半径という言葉を使うけれども,この場合の半径とは,その 2π 倍が円の全長になるような量という以上の意味を持たない§.

円において,座標 x は,よい座標ではない.座標 x は多価になるか,もしくは不連続を持ってしまう.これは円における如何なる座標にも生じる問題である.単位円に座標を充てるために,角度を用いることを考えてみよう (図 2.6).円上において,ある点 Q を参照点として選ぶ.円の中心を O とする.そして円上の任意の点 P に対して,座標値として角度 $\theta(P) = \angle POQ$ を充てる.この角度は自然に多価になってしまう.たとえば基準点 Q を見ると,$\theta(Q) = 0°$ でもあり $\theta(Q) = 360°$ でもある.もし角度の値をたとえば $0° \leq \theta < 360°$ に制約して 1 価になることを強いれば,座標値の不連続が生じる.たとえば Q とそれに近接する Q' の角度座標が

---

§(訳註) 便宜的に"円" (circle) という呼称が使われ,コンパクト空間に関わる形容として"巻き取る"(curl up),"巻き付く"(wrap around) といった表現も用いられるけれども,空間が文字通りの意味で丸まっているわけではないので,平坦な空間の有効範囲がコンパクト化のために $2\pi R$ の区間 (基本領域) で実効的に途切れている,というイメージの方がむしろ適切となる場合も少なくない.この後に言及されるトーラスなども,もちろん抽象的な意味での位相構造を無視することはできない (示性数 [genus] すなわち '穴' の数には顕著な意味が伴う) が,曲面によって形成される具体的なドーナツ型のイメージには必ずしも固執せず,単純に空間内の 2 方向に有効範囲の制限 (基本領域) が設定されていると考えたほうがよいかも知れない (第 21 章,図 21.1).x 方向の同一視と y 方向の同一視の順序によって,別のものが形成されるわけではないし,同一視が導入されても,それだけで空間内の計量が変わることはない.

2.7. コンパクト化した余剰次元

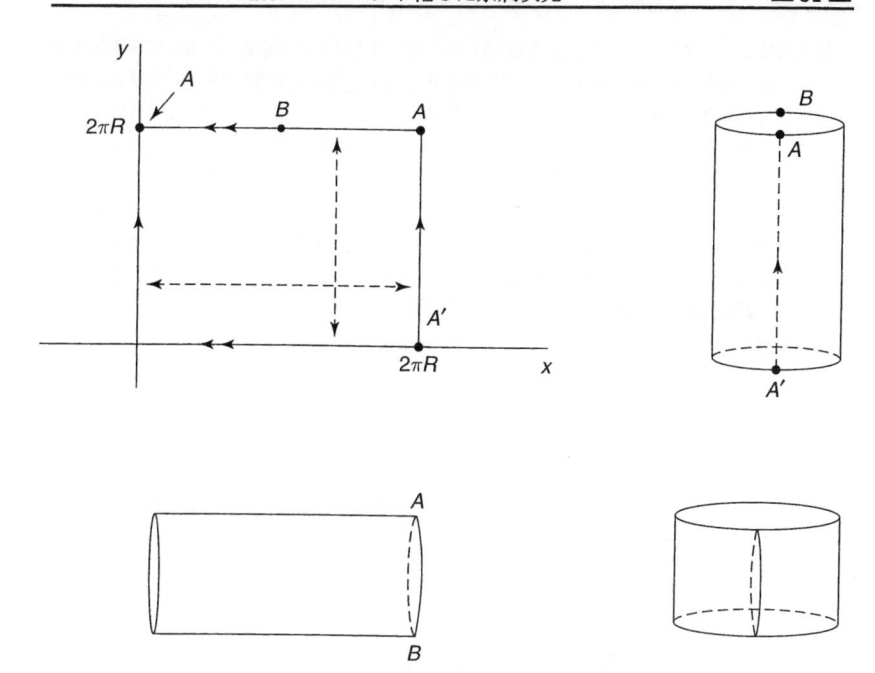

図2.7 同一視を導入した面における矩形領域の範囲を破線の矢印で示してある．結果として得られる曲面はトーラス(輪環面)である．矩形領域の左右の辺を同一視すると，右上に示す円筒が形成される．この円筒を横に倒すと左下のように表され，両端を接続するとトーラスが形成される．

$\theta(Q) = 0$, $\theta(Q') \sim 360°$ という大きく異なる値を取ってしまう．不連続な座標よりも，多価の座標を採用するほうが便利である．

我々がいくつかの次元を持つ世界を考える際に，たとえばそのうちのひとつの次元に対して式(2.99)の同一視を適用し，その他の次元に対しては何も行わないという扱い方もできる．その場合，x によって記述される次元は円になり，他の次元は開いたままである．もちろん2つ以上の次元をコンパクト化して考えることも可能である．例として (x,y) 面を考え，同一視条件を"2つ"設定する．

$$x \sim x + 2\pi R, \quad y \sim y + 2\pi R \tag{2.100}$$

おそらく両方の座標を同時に示したほうが，より分かりやすいであろう．次のように書いてもよい．

$$(x,y) \sim (x+2\pi R, y) \tag{2.101}$$
$$(x,y) \sim (x, y+2\pi R) \tag{2.102}$$

第1の同一視は，我々の関心の対象を $0 \leq x < 2\pi R$ に制約してよいことを示し，第2の同一視は，関心の対象を $0 \leq y < 2\pi R$ に制約してよいことを示す．したがって矩形領域 $0 \leq x, y < 2\pi R$

を基本領域として選ぶことができる(図2.7). 同一視の導入によって含意される空間を構築するために, 基本領域とその境界を合わせた矩形全域 $0 \leq x, y \leq 2\pi R$ を残し, 同一視の措置を実行する. 左右の辺に含まれる点は $(0, y)$ および $(2\pi R, y)$ と表され, これらは式(2.101)によって同一視される. 上下の辺に含まれる点は $(x, 0)$ および $(x, 2\pi R)$ と表され, これらは式(2.102)によって同一視される. 結果的に形成されるのは, 2次元トーラス(輪環面)である. このトーラスを可視化して考えるには, まず基本領域(と, その境界)を採り, 左右の辺を同一視の要請によって接続する. そうすると図2.7の右上のような円筒になる(接続した部分を破線で示してある). この円筒の上下の円は, 元の矩形基本領域の上下の辺にあたるので, さらにこれらを互いに接続する必要がある. 紙を用いてこれを行おうとするならば, 円筒を平坦につぶしてから, 両端の開口部を合わせるように紙を曲げて接続しなければならない. その結果は, つぶれたドーナツのような形になる. 紙ではなく曲がりやすいゴム管の断片を利用して両端の開口部を互いに接続すれば, よく見慣れたトーラスの絵の通りの曲面が得られる.

ここまで, 座標に対して同一視を導入してコンパクト化するひとつの方法を見てきた. コンパクト空間を構築するための別の方法もいくつかある. しかしながら弦理論では, 同一視によって形成されるコンパクト空間が特に利用しやすい. 本書全体を通じて, このようなコンパクト空間に注意を向けてゆくことになる.

計算練習2.5 面 (x, y) において, 次の同一視を考える.

$$(x, y) \sim (x + 2\pi R, y + 2\pi R) \tag{2.103}$$

上の同一視の結果として, どのような空間が構築されるか? [ヒント: 直線 $x + y = 0$ が境界となるような基本領域を用いると, この空間を最も分かりやすく示すことができる.]

2.8 オービフォールド

同一視の方法によっては, 固定点(fixed point)と呼ばれる, 同一視によってそれ自身と関係づけられるような特別な点が生じる場合もある. 例として, 実数座標 x を設定された直線において, $x \sim -x$ という同一視を考える. 点 $x = 0$ がこの同一視における唯一の固定点である. 基本領域を $x \geq 0$ の半直線に選ぶことができる(図2.8). 境界点 $x = 0$ を基本領域に含めなければならないことに注意してもらいたい. 上述の同一視によって形成される空間は, まさに基本領域 $x \geq 0$ そのものである. これが"オービフォールド"(orbifold[§]), すなわち同一視によっ

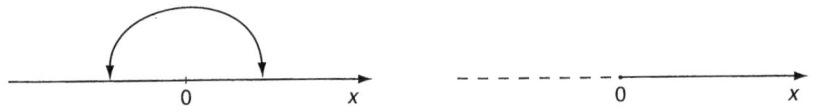

図2.8 実数の直線における同一視 $x \sim -x$ によって, 半直線が形成される. これは $\mathbf{R}^1/\mathbf{Z}_2$ オービフォールドである.

[§](訳註) 'orbifold' は '軌道体' と訳される場合もあるが, 'fold' の含意は '折り重ね' である. 13.6節を見ると "軌道の折り重ねをもたらす空間構造" といったニュアンスを把握できる.

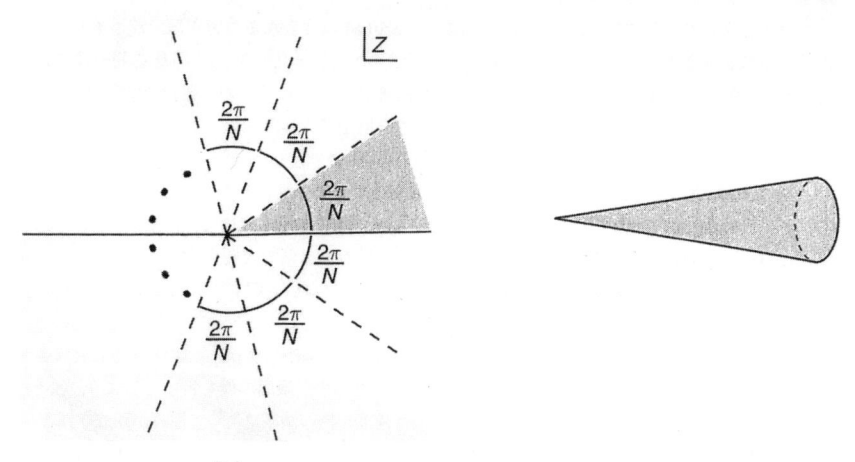

図2.9 同一視 $z \sim e^{\frac{2\pi i}{N}} z$ に関する基本領域を灰色で示す．この同一視によって円錐，すなわち $\mathbf{C}/\mathbf{Z}_N$ オービフォールドが得られる．

て得られる固定点を持つ基本領域空間の最も簡単な例である．オービフォールドは固定点において特異性を持つ．半直線 $x \geq 0$ は $x > 0$ に対する通常の1次元の多様体 (manifold) であるが，$x = 0$ の近傍は特殊な部分になる．このオービフォールドは $\mathbf{R}^1/\mathbf{Z}_2$ オービフォールドと呼ばれる．ここで $\mathbf{R}^1$ は1次元の実数線を表し，$\mathbf{Z}_2$ は同一視を変換 $x \to -x$ と見なした場合の基本的な性質を記述する．すなわちこの変換を2回施すと，元の座標に戻る．

オービフォールドとして，2次元円錐を得ることもできる．(x, y) 面において，すべての点を，原点のまわりに角度 $2\pi/N$ だけ回転させた位置の点と同一視する．ただし $N \geq 2$ は整数である．複素座標 $z = x + iy$ を用いると，この同一視を簡単に記述できる．

$$z \sim e^{\frac{2\pi i}{N}} z \tag{2.104}$$

上の同一視の表記は，想定どおりの意味を持つ．任意の複素数に対して位相因子 $e^{i\alpha}$ (α は実数) を掛けると，その複素数を角度 α だけ回転させることになるからである．この同一視は $\mathbf{Z}_N$ 型である．すなわち変換 $z \to e^{\frac{2\pi i}{N}} z$ を N 回行うと，元の座標へと戻る．面内の任意の点は，この変換を繰り返して得られる $N-1$ 個の像(イメージ)すべてと同一視されねばならない．この $\mathbf{Z}_N$ 変換における唯一の固定点は，原点 $z = 0$ である．式(2.104)の同一視に関する基本領域は，この後に説明するように，次の制約を満たす点 z によって与えられる．

$$0 \leq \arg(z) < \frac{2\pi}{N} \tag{2.105}$$

超弦理論では，平坦な10次元時空内の理論が出発点になるが，それを現実の物理に結び付けるためには，たとえば余剰次元6次元を矛盾のないように'上手に'処理して，その結果として得られる実効的な4次元時空において，素粒子モデル構築のために望ましい水準のゲージ対称性と超対称性を実現しなければならない．これを試みる手段として，単純な円やトーラスへのコンパクト化だけでなく，複雑な構造を持つオービフォールド空間 (たとえば問題2.6を参照) や，特別な微分幾何学的性質を持つ Calabi-Yau (カラビ-ヤウ) 空間が形成されるようなモデルも考察の対象となるわけである．21.5節参照．

ここで r と θ を実数とすると,$z = re^{i\theta}$ に関して $\arg(z) = \theta$ となることを思い起こそう. この基本領域を図2.9に示す. $\arg(z) = 0$ の半直線と $\arg(z) = 2\pi/N$ の半直線を同一視の式(2.104)を通じて接続すると,図の右側のような円錐が得られる.この円錐は $\mathbf{C}/\mathbf{Z}_N$ オービフォールドと呼ばれる.$\mathbf{C}$ は複素面,すなわち複素座標を導入した元の2次元面を表す.この円錐は頂点 $z = 0$ が,その曲率の発散する特異点となっている.

式(2.105)によって定義される領域が基本領域となる理由を説明しよう.この領域に対して変換 $z \to e^{\frac{2\pi i}{N}}z$ を繰り返して施すと,元の領域とその $N-1$ 個の像(コピー)によって,複素平面全体が余すところなく覆われる.元の領域における各点は正確に $N-1$ 個の複製をその外部に持ち,また元の領域の内部に含まれる2つの点が同一視されることはない.$\mathbf{C}$ において元の領域の外にある任意の点は,必ず $N-1$ 個の複製の何れかに含まれており,したがってその点は必ず元の領域内に像を持つ.我々の議論において,N が整数であるという事実を利用していることに注意されたい.たとえば仮に N が無理数であれば,任意の点が必ず無限個の像を持ってしまう.我々の行った手続きによれば,頂角が 2π を整数で割った角度を持つ領域によって円錐が形成される.それ以外の角度の頂角を持つ領域からも円錐をつくることはできるが,それはオービフォールドにはならない.N を有理数にした場合について,問題2.7において調べることにする.また,他のオービフォールドの例を問題2.5,2.6および2.10において考察する.

特異性を持つ空間における物理学は一般に複雑であり,矛盾を含む場合もある.しかしオービフォールドは,少なくとも弦理論に関わるものについて見るならば,扱いやすい特異点だけを含む空間である.オービフォールドにおける量子弦の物理は,第13章で見るように完全に正則である.何故なら,元々は特異性のない空間に同一視を適用してオービフォールドを得ているからである.そのようなオービフォールドにおける弦も,単純な性質を保持している.

2.9 量子力学と矩形井戸

Planck定数(ブランク) $\hbar$ は,光子のエネルギー E と角振動数 ω を関係づける比例係数として現れる.

$$E = \hbar\omega \tag{2.106}$$

ω は時間の逆数の単位を持つので,$\hbar$ はエネルギーと時間の積の単位を持つ.エネルギーの単位は ML^2T^{-2} なので,

$$[\hbar] = [\text{エネルギー}] \times [\text{時間}] = ML^2T^{-1} \tag{2.107}$$

となる.Planck定数の値は $\hbar \simeq 1.055 \times 10^{-27}$ erg·s である.

量子力学において,定数 $\hbar$ は基本的な交換関係に現れる.位置と運動量の演算子は,次の交換関係を満たす.

$$[x, p] = i\hbar \tag{2.108}$$

空間次元が2次元以上であれば,交換関係は,

$$[x^i, p_j] = i\hbar\delta^i_j \tag{2.109}$$

2.9. 量子力学と矩形井戸

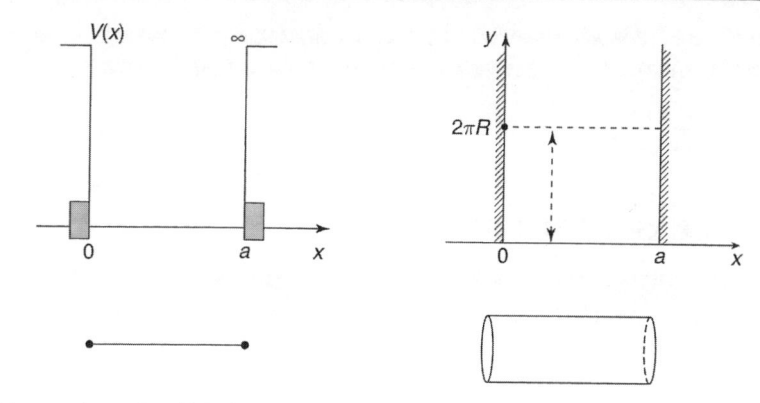

図2.10 左：1次元空間の矩形井戸．粒子は線分の上に存在する．右：(x,y) 面において，粒子は $0 < x < a$ の領域内にある．y 方向は $y \sim y + 2\pi R$ という同一視が導入されている．粒子は円筒の面の上に存在する．

となる．Kroneckerのデルタは，ここでも式(2.32)と同様に定義されている．

$$\delta^i_j = \begin{cases} 1 & \text{if } i = j \\ 0 & \text{if } i \neq j \end{cases} \tag{2.110}$$

3次元空間の場合，添字 i と j は1から3までの値を取る．量子力学を高次元へ一般化する方法は直接的である．空間次元が d であれば，式(2.109)において添字が d 通りの可能な値を取り得るように見なせばよい．

小さな余剰次元に対する解析の準備として，標準的な量子力学の問題を復習しよう．時間に依存しない Schrödinger 方程式，

$$-\frac{\hbar^2}{2m}\nabla^2 \psi(x) + V(x)\psi(x) = E\psi(x) \tag{2.111}$$

を，両側に無限に高い障壁を持つ1次元矩形井戸ポテンシャルの問題に適用する．

$$V(x) = \begin{cases} 0 & \text{if } x \in (0, a) \\ \infty & \text{if } x \notin (0, a) \end{cases} \tag{2.112}$$

$x \notin (0, a)$ ではポテンシャルが無限大なので $\psi(x) = 0$ であり，$\psi(0) = \psi(a) = 0$ である．これは図2.10の左に示すような，"線分" の中の粒子に関する量子力学にすぎない．

$x \in (0, a)$ のとき，Schrödinger方程式は，

$$-\frac{\hbar^2}{2m}\frac{d^2\psi}{dx^2} = E\psi \tag{2.113}$$

となり，境界条件を満たす解は，次のように与えられる．

$$\psi_k(x) = \sqrt{\frac{2}{a}} \sin\left(\frac{k\pi x}{a}\right), \quad k = 1, 2, \ldots, \infty \tag{2.114}$$

$k=0$ とすると，波動関数全体がゼロになるので，この解は物理的には許容されない．上の波動関数を式(2.113)に代入すると，波動関数 ψ_k に付随するエネルギー E_k が得られる．

$$E_k = \frac{\hbar^2}{2m}\left(\frac{k\pi}{a}\right)^2 \tag{2.115}$$

2.10 余剰次元を伴う矩形井戸

ここで矩形井戸問題において，余剰次元を加えてみよう (語義に他意はない！)．x の他に，次元 y を加えるが，後者は半径 R にまでコンパクト化しているものとする．言い換えると，次の同一視が導入されている．

$$(x,y) \sim (x,y+2\pi R) \tag{2.116}$$

最初から存在する次元 x に変更はない (図2.10参照)．y 方向が円周 $2\pi R$ の円になっているので，粒子が動く空間は"円筒"であり，この円筒の長さは a，周は $2\pi R$ である．ポテンシャル $V(x,y)$ は式(2.112)のままで，y には依存しないものとする．

R が小さい限りにおいて，そして低エネルギー領域だけを考える限りにおいて，線分における粒子の量子力学と，上述のような円筒における量子力学はよく似ている．元の矩形井戸問題における唯一の距離尺度は，線分の長さ a である．したがって R が小さいということは，$R \ll a$ を意味する．

Schrödinger 方程式(2.111)は，2次元では次のようになる．

$$-\frac{\hbar^2}{2m}\left(\frac{\partial^2 \psi}{\partial x^2} + \frac{\partial^2 \psi}{\partial y^2}\right) = E\psi \tag{2.117}$$

この偏微分方程式を解くために，変数分離法を利用する．$\psi(x,y) = \psi(x)\phi(y)$ と置くと，方程式は次の形になる．

$$-\frac{\hbar^2}{2m}\frac{1}{\psi(x)}\frac{d^2\psi(x)}{dx^2} - \frac{\hbar^2}{2m}\frac{1}{\phi(y)}\frac{d^2\phi(y)}{dy^2} = E \tag{2.118}$$

この式において x 依存項と y 依存項は，それぞれ独立に定数になる必要がある．$\psi_{k,l}(x,y) = \psi_k(x)\psi_l(y)$ という形の基本解は，以下の関数によって構成される．

$$\psi_k(x) = c_k \sin\left(\frac{k\pi x}{a}\right) \tag{2.119}$$

$$\phi_l(y) = a_l \sin\left(\frac{ly}{R}\right) + b_l \cos\left(\frac{ly}{R}\right) \tag{2.120}$$

x 方向に関しては，やはり線分の両端において波動関数がゼロにならなければならず，この方向の物理に変更はない．それゆえ式(2.119)は式(2.114)と同じ形を取り，$k = 1, 2, \ldots$ というモードがある．$\phi_l(y)$ の方の境界条件は同一視 $y \sim y+2\pi R$ から生じる．y と $y+2\pi R$ は同じ点を表す座標となるので，波動関数はこれらの2通りの引数のところで同じ値を取らなければならない．

$$\phi_l(y) = \phi_l(y+2\pi R) \tag{2.121}$$

2.10. 余剰次元を伴う矩形井戸

$\psi_k(x)$ とは異なり関数 $\phi_l(y)$ は，どの y の値においてもゼロにならなければならないという制約はない．その結果，式(2.120)に示した一般的な周期解には正弦関数と余弦関数が両方とも含まれている．余弦関数も含まれることにより，ゼロでない"定数値"の解が許容される．すなわち $l=0$ では $\psi_0(y)=b_0$ となる．小さな余剰次元が低エネルギーの物理にあまり影響を及ぼさないことを理解するためには，この解の存在が鍵になる．

$\psi_{k,l}$ のエネルギー固有値は，次のように与えられる．

$$E_{k,l} = \frac{\hbar^2}{2m}\left[\left(\frac{k\pi}{a}\right)^2 + \left(\frac{l}{R}\right)^2\right] \tag{2.122}$$

このエネルギーは $l \neq 0$ のときには2重縮退状態に対応する．式(2.120)は2つの互いに線形独立な解を含むからである．余剰次元はスペクトル構造を劇的に変えている．しかしながら $R \ll a$ であれば，スペクトルの最初の部分はほとんど変わらない．全体的なスペクトルは変わるけれども，"低エネルギーにおいて"この変更は顕在化しない．

$l=0$ は許容されるので，エネルギー準位 $E_{k,0}$ は，余剰次元を導入する前のエネルギー準位 E_k に一致する！ 余剰次元を加えた新しい系は，元の系のエネルギー準位をすべて含んでいるけれども，それ以外のエネルギー準位も加わる．"新しい"エネルギー準位のうちで，最も低いものは何だろう？ エネルギーを最低にするためには，式(2.122)の各項をできるだけ小さくする必要がある．$k=0$ は許容されないので $k=1$ と置く．$l=0$ は元々存在する準位なので $l=1$ において新たなエネルギー準位の中で最低の準位が現れる．これは，次式で与えられる．

$$E_{1,1} = \frac{\hbar^2}{2m}\left[\left(\frac{\pi}{a}\right)^2 + \left(\frac{1}{R}\right)^2\right] \tag{2.123}$$

$R \ll a$ の場合，第1項に比べて第2項の方が遥かに大きくなるので，次の近似が成り立つ．

$$E_{1,1} \sim \frac{\hbar^2}{2m}\left(\frac{1}{R}\right)^2 \tag{2.124}$$

このエネルギーは，元の1次元問題における k 状態のエネルギーと，次の条件下で同等になる．

$$\frac{k\pi}{a} \sim \frac{1}{R} \rightarrow k \sim \frac{1}{\pi}\frac{a}{R} \tag{2.125}$$

R は a に比べて極めて小さいので，k は非常に大きな数になる．したがって最初の新しいエネルギー準位は，元の1次元問題の低エネルギー領域の準位に比べると，遥かに高い準位として現れる．したがって余剰次元が充分に小さいと想定する限りにおいて，余剰次元の効果は通常のエネルギー水準における実験において隠されているものと結論される．実験で利用できるエネルギーを充分に高くできるならば，そこで初めて余剰次元が観測されることになる．

奇妙なことに，弦の量子力学では，新たな特徴が見出される．弦の長さ ℓ_s 自体も充分に短いけれども，それよりも更に"著しく"小さい余剰次元を考えるならば，新しい低エネルギー準位が生じるように見える！ そのような準位は，余剰次元に巻き付いた弦の状態に対応する．この状態は点粒子の量子力学において類例のないものであるが，第17章において詳しく論じる予定である．しかし結局，弦理論においても，小さい余剰次元によって新しい低エネルギー状態が加わるわけではないということになるのであるが，それは，弦理論では余剰次元が ℓ_s に比べて実効的に小さくなり得ないという但し書きが加わるからである．第17章で見る予定であるが，弦理論においては，半径が ℓ_s よりも小さいひとつのコンパクト次元の影響と，半径が ℓ_s よりも大きいもうひとつのコンパクト次元の影響を区別することはできない．

問題

2.1 単位系に関する訓練.

(a) クーロン (C) と esu の関係を見いだせ.

(b) 温度の測定に用いられる単位 K (ケルヴィン) の意味と,基本的な長さ,質量,時間の単位との関係を説明せよ.

(c) 電子の電荷 e (Gauss 単位系で定義されたもの), $\hbar$, c を用いて無単位量を構築し,評価せよ. (Heaviside-Lorentz 単位系では Gauss 単位系の e^2 が $\frac{e^2}{4\pi}$ に置き換わる.)

2.2 光錐座標に対する Lorentz 変換.
座標系 $x^\mu = (x^0, x^1, x^2, x^3)$ と,それに対応する光錐座標系 (x^+, x^-, x^2, x^3) を考える.以下に示す Lorentz 変換を光錐座標で書いてみよ.

(a) x^1 の向きの速度パラメーター β の等速推進(ブースト).

(b) $x^1 - x^2$ 面内の角度 θ の回転.

(c) x^3 の向きの速度パラメーター β の等速推進(ブースト).

2.3 Lorentz 変換,偏微分,量子力学の演算子について.

(a) ベクトルの成分 a_μ の,x^1 に沿った等速推進(ブースト)の下での Lorentz 変換を与えよ.

(b) $\frac{\partial}{\partial x^\mu}$ という演算子が x^1 に沿った等速推進(ブースト)の下で,(a) において考察した a_μ と同じように変換することを示せ.これは,ある例において,上付き添字を持つ座標 x^μ に関する偏微分演算が,下付き添字を持つ4元ベクトル成分 a_μ と同じ変換性を持つとの確認である.これが $\frac{\partial}{\partial x^\mu}$ を ∂_μ と書いてもよい理由である.

(c) 量子力学におけるエネルギーと運動量の演算子を,簡単に $p_\mu = \frac{\hbar}{i}\frac{\partial}{\partial x^\mu}$ と書けることを示せ.

2.4 行列として見た Lorentz 変換.
式 (2.46) を満たす行列 L は Lorentz 変換を表す.以下のことを示せ.

(a) L_1 と L_2 が Lorentz 変換であれば,$L_1 L_2$ も Lorentz 変換である.

(b) L が Lorentz 変換であれば,逆行列 L^{-1} も Lorentz 変換である.

(c) L が Lorentz 変換であれば,その転置行列 L^T も Lorentz 変換である.

2.5 簡単なオービフォールドの構築.

(a) 実数の直線に同一視 $x \sim x + 2$ を導入して得た円 S^1 を考える.基本領域として $-1 < x \leq 1$ を選ぶ.円は,$-1 \leq x \leq 1$ の空間において $x = \pm 1$ を同一視したものにあたる.オービフォールド $S^1/\mathbf{Z}_2$ は,この円において,いわゆる $\mathbf{Z}_2$ 同一視 $x \sim -x$ を導入することで定義される.この円上の同一視の作用を述べよ.この $\mathbf{Z}_2$ の操作の下で固定される点が2つ存在することを示せ.この2つの同一視に関する基本領域を見いだせ.オービフォールド $S^1/\mathbf{Z}_2$ を簡単な言葉で記述してみよ.

(b) (x,y) 面に同一視 $x \sim x+2$ と $y \sim y+2$ を導入して得たトーラス T^2 を考える。基本領域として $-1 < x, y \leq 1$ を選ぶ。オービフォールド $T^2/\mathbb{Z}_2$ は、$\mathbb{Z}_2$ 同一視 $(x, y) \sim (-x, -y)$ を課することによって定義される。この $\mathbb{Z}_2$ 変換の下で、トーラス上に 4 つの固定点が存在することを示せ。このオービフォールド $T^2/\mathbb{Z}_2$ はトポロジー的に、角を縫い合わせた枕カバーのような 2 次元面として表現されることを示せ。

2.6 $T^2/\mathbb{Z}_3$ オービフォールドの構築.

複素平面 $z = x + iy$ において、以下の 2 つの同一視を導入する。

$$z \sim T_1(z) = z + 1, \quad \text{and} \quad z \sim T_2(z) = z + e^{i\pi/3}$$

(a) 基本領域と境界を合わせたものは、平行四辺形で表される。その角 (頂点) が $z = 0, 1, e^{i\pi/3}$ にあるとすると、4 番目の角は何処か？ 図を描いて境界に課すべき同一視を示せ。得られる空間は斜トーラス (oblique torus) である。

(b) ここに "更に" $\mathbb{Z}_3$ 同一視を導入する。

$$z \sim R(z) = e^{2\pi i/3} z$$

この同一視が斜トーラスに対してどのように作用するかを理解するために、トーラスを 2 つの二等辺三角形に分割する短い対角線を引く。2 つの三角形各々に対する $\mathbb{Z}_3$ の作用を注意深く述べよ (R の後に、T_1, T_2 やこれらの逆変換を任意に施してよいことを念頭に置くこと)。

(c) このトーラスにおける $\mathbb{Z}_3$ 変換の下での 3 つの固定点を見いだせ。このオービフォールド $T^2/\mathbb{Z}_3$ がトポロジー的に、固定点の角を縫い合わせた三角の枕カバーのように表現されることを示せ。

2.7 より一般的な円錐の構築？

(x, y) 面を、複素座標 $z = x + iy$ によって考える。我々は既に、同一視 $z \sim e^{\frac{2\pi i}{N}} z$ (N は 2 以上の整数) によって円錐が構築されることを見ている。

ここで、新たな同一視を考えてみる。

$$z \sim e^{2\pi i \frac{M}{N}} z, \quad N > M \geq 2$$

M と N は互いに素な整数 (両者の最大公約数は 1) である。基本領域が $0 \leq \arg(z) < 2\pi \frac{M}{N}$ を満たす z によって与えられると推測する人もいるかも知れない。M と N に具体的に小さな数をあてはめてみて、この推測が正しく "ない" ことを自ら納得せよ。そして、この同一視に関する基本領域を見いだせ。[ヒント：以下の結果を用いること。互いに素の 2 つの整数 a と b が与えられると、$ma + nb = 1$ を満たすような整数 m と n が存在する。Euclid のアルゴリズムを使わないと、m と n を見いだすのは容易ではない。たとえば $187m + 35n = 1$ を満たす整数 m と n を見いだしてみよ。]

2.8 時空ダイヤグラムと Lorentz 変換.

Lorentz 座標系 S の x^0 を縦軸、x^1 を横軸で表した時空ダイヤグラムを考える。S と式

(2.36)を通じて関係している Lorentz 座標系 S' の x'^0 軸と x'^1 軸が，元の時空ダイヤグラムにおいて斜めの軸として現れることを示せ．プライム付きの軸とプライムなしの軸の角度を求めよ．$\beta > 0$ の場合と $\beta < 0$ の場合それぞれについて，座標軸と座標値の増加方向を詳しく示せ．

2.9 光的<ruby>（ライトライク）</ruby>なコンパクト化．

同一視 $x \sim x + 2\pi R$ は，x が半径 R の円にコンパクト化されたという声明にあたる．この同一視において，時間の次元は何も操作されていない．ここでは奇妙な"光的<ruby>（ライトライク）</ruby>"コンパクト化を考察してみよう．位置座標と時間座標によって指定される事象に関して，次の同一視を導入する．

$$\begin{pmatrix} x \\ ct \end{pmatrix} \sim \begin{pmatrix} x \\ ct \end{pmatrix} + 2\pi \begin{pmatrix} R \\ -R \end{pmatrix} \tag{1}$$

(a) この同一視を，光錐座標を用いて書き直せ．

(b) (ct, x) に対して，速度パラメーター β の等速推進<ruby>（ブースト）</ruby>で関係づけられる座標系 (ct', x') を考える．上の同一視を，このプライム付きの座標で表現してみよ．

式(1)を物理的に解釈するために，次のような同一視のグループを考える．

$$\begin{pmatrix} x \\ ct \end{pmatrix} \sim \begin{pmatrix} x \\ ct \end{pmatrix} + 2\pi \begin{pmatrix} \sqrt{R^2 + R_s^2} \\ -R \end{pmatrix} \tag{2}$$

R_s は長さのパラメーターであるが，これを最終的にゼロにすれば，式(2)が式(1)に帰着する．

(c) 式(2)の同一視が，標準的な同一視（空間座標だけに同一視が導入される）へ移行するような等速推進<ruby>（ブースト）</ruby>する座標系 S' が存在することを示せ．S に対する S' の速度パラメーターと，Lorentz 座標系 S' におけるコンパクト化の半径を求めよ．

(d) (c)で得た答えを時空ダイヤグラムで表してみよ．同一視(2)によって関係づけられる2つの点と，コンパクト化が標準的になる Lorentz 座標系 S' の空間座標軸と時間座標軸を示せ．

(e) 以下の声明における空欄を埋めよ：半径 R の光的<ruby>（ライトライク）</ruby>なコンパクト化は，半径 $\ldots$ の標準的なコンパクト化を施した系を，Lorentz 因子 $\gamma \sim R/\ldots$ で等速推進<ruby>（ブースト）</ruby>させて，その $\ldots \to 0$ の極限を取ることによって得られる．

2.10 2次元における時空オービフォールド．

座標 x^0 と x^1 で表される2次元世界を考える．x^1 軸に沿った速度パラメーター β の等速推進<ruby>（ブースト）</ruby>は，式(2.36)の第1式と第2式によって記述される．ここで，

$$(x^0, x^1) \sim (x'^0, x'^1) \tag{1}$$

という同一視の下で現れる2次元空間を考えてみたい．我々は等速推進<ruby>（ブースト）</ruby>によって関係づけられている時空点を同一視しようとしている！

問題 (第2章)

(a) 問題2.2(a)の結果を用いて，式(1)を次のように書き直す.
$$(x^+, x^-) \sim (e^{-\lambda}x^+, e^{\lambda}x^-), \quad \text{where} \quad e^{\lambda} \equiv \sqrt{\frac{1+\beta}{1-\beta}} \tag{2}$$
λ の範囲はどうなるか？ オービフォールドの固定点は？ ここでは $\beta > 0$ を仮定するので $\lambda > 0$ である.

(b) 時空ダイヤグラムにおいて x^+ 軸と x^- 軸を示し，次式で与えられる曲線群を描け．
$$x^+x^- = a^2 \tag{3}$$
$a > 0$ は実定数で，各曲線のラベルになる．どれが a の小さい曲線で，どれが a の大きい曲線かを示せ. a の各値において，式(3)は2つの相互に分離している曲線を表す．式(2)の同一視によって，分離した2つの各々の曲線上の点が関係づけられることを示せ．

(c) 不変距離を与える式 $-ds^2 = -2dx^+dx^-$ を用いて，式(3)によって与えられる任意の曲線が空間的(スペースライク)であることを示せ．

(d) ある固定した a の値の下で $x^+x^- = a^2$ の2つの曲線を考える．同一視(2)によって，それぞれの曲線が円になる．隣接する同一視される点の間で，適切に ds^2 の平方根を積分することにより，この円の不変な円周を求めよ．得られた答えを a と λ によって表せ．解答: $\sqrt{2}a\lambda$.

粗く言うと，時間を負の無限大から正の無限大にすると，パラメーター a は無限大からゼロになって再び無限大に戻る．このオービフォールドは空間が円の宇宙を表す．大きな円から始まり，寸法ゼロにまで縮み，再び拡がってゆく．このオービフォールドはひとつの病理(パソロジー)を持つ：曲線 $x^+x^- = -a^2$ は閉じた時間的(タイムライク)な円になる．

2.11 余剰次元と統計力学.
2.10節で扱った量子力学系の統計力学的分配関数 $Z(a,R)$ を表す2重和の式を書け．$Z(a,R) = Z(a)\tilde{Z}(R)$ のように分解できることに注意せよ．

(a) 高温極限 ($\beta = \frac{1}{kT} \to 0$) において $Z(a,R)$ を具体的に計算せよ．この分配関数が，辺 a と $2\pi R$ を持つ2次元の"箱"の中の粒子の分配関数と一致することを証明せよ．これは，高温において余剰次元の効果が顕在化することを表す．

(b) $R \ll a$ と仮定し，箱の寸法 a から見ると高温だけれども，余剰次元から見ると低温にあたるという温度領域が存在するものとする．このような状況を設定する不等式を，kT と他の諸定数を用いて書け．この領域において $Z(a,R)$ を評価せよ．ただし小さな余剰次元による最初の補正も含めること．

第 3 章 様々な次元における電磁気学と重力

すべての相互作用を説明する理論の候補である弦理論は，Maxwell(マックスウェル)の電磁力学とその非線形な類似物，および重力を含んでいる．我々は4次元の電気力学の相対論的な定式化を復習し，そこから別の次元数における電磁気学を定義する方法を与える．Einstein(アインシュタイン)の重力理論の簡単な説明を行い，そのNewton(ニュートン)力学極限を利用してPlanck(プランク)長さと重力定数の関係を，いろいろな次元に関して論じる．コンパクト化の重力定数への影響を調べ，仮に比較的大きな余剰次元が存在していても，それが観測から逃れ得ることを説明する．

3.1 古典電磁力学

Newton力学とは異なり，古典電磁力学は相対論的な理論である．実際，Einsteinは電磁力学を考察することによって，特殊相対性理論の定式化に導かれたのである．電磁力学には，理論の相対論的な性質が明白に表現されるようなエレガントな定式化の方法がある．この相対論的な定式化によって，理論の高次元への拡張が可能になる．相対論的な定式化を論じる前に，まずはMaxwellの方程式を復習しなければならない．この方程式は電場と磁場の力学(ダイナミクス)を記述する．

今日，大学や大学院で行われる講義の大部分では国際単位系 (SI単位系) が用いられているが，相対論や余剰次元を含んだ議論には，Heaviside(ヘヴィサイド)-Lorentz単位系を用いる方がはるかに都合がよい．Maxwellの方程式は，この単位系で次のように書かれる．

$$\nabla \times \vec{E} = -\frac{1}{c}\frac{\partial \vec{B}}{\partial t} \tag{3.1}$$

$$\nabla \cdot \vec{B} = 0 \tag{3.2}$$

$$\nabla \cdot \vec{E} = \rho \tag{3.3}$$

$$\nabla \times \vec{B} = \frac{1}{c}\vec{j} + \frac{1}{c}\frac{\partial \vec{E}}{\partial t} \tag{3.4}$$

上の方程式では，$\vec{E}$と$\vec{B}$が"同じ"単位で測られることが含意されている．最初の2本の式は源の項を含まない方程式である．後の2本の式には源が含まれる．電荷密度ρは単位体積あたりの電荷の単位を持ち，電流密度$\vec{j}$は単位面積あたりの電流の単位を持つ．荷電粒子の相対論的運動量の時間変化率を与えるLorentz力の法則は，次の形を取る．

$$\frac{d\vec{p}}{dt} = q\left(\vec{E} + \frac{\vec{v}}{c} \times \vec{B}\right) \tag{3.5}$$

磁場 $\vec{B}$ は発散成分を持たないので，ベクトル場の回転 (curl) の形で書ける．このベクトル場は，よく知られているベクトルポテンシャル $\vec{A}$ である．

$$\vec{B} = \nabla \times \vec{A} \tag{3.6}$$

静電気学において電場 $\vec{E}$ は回転成分を含まないので，スカラー場の勾配 (に負号を付けたもの) の形で書ける．このスカラー場は，よく知られているスカラーポテンシャル Φ である．電気力学では，式 (3.1) が示すように，$\vec{E}$ の回転が常にゼロになるわけではない．式 (3.6) を式 (3.1) に代入すると，$\vec{E}$ と，$\vec{A}$ の時間微分 (時間に関する導関数) の線形結合が，回転を持たないことが見いだされる．

$$\nabla \times \left(\vec{E} + \frac{1}{c} \frac{\partial \vec{A}}{\partial t} \right) = 0 \tag{3.7}$$

括弧の中が $-\nabla \Phi$ に等しいものと設定すると，電場 $\vec{E}$ はスカラーポテンシャルとベクトルポテンシャルによって，次のように表される．

$$\vec{E} = -\frac{1}{c} \frac{\partial \vec{A}}{\partial t} - \nabla \Phi \tag{3.8}$$

上で導入されたポテンシャル $(\Phi, \vec{A})$ は，電場や磁場を表すための単なる補助的な量のようにも見えるけれども，我々は量子力学おいて，本当はポテンシャルのほうが $\vec{E}$ や $\vec{B}$ の場よりも基本的な量であることを学んでいる．荷電粒子の運動を記述するためのハミルトニアンには，電場や磁場ではなく，ポテンシャルが用いられる．したがって，ポテンシャルの定義における曖昧さの可能性を調べておくことが妥当である．今から示すように，$\vec{E}$ と $\vec{B}$ の組を決めても，それを表すためのポテンシャルは一意的ではない．

時空内の任意関数 ϵ を利用して，ベクトルポテンシャル $\vec{A}$ を $\vec{A}' = \vec{A} + \nabla \epsilon$ に変更すると，このポテンシャル変更後の磁場 $\vec{B}'$ は，変更前の磁場と変わらない．

$$\vec{B}' = \nabla \times \vec{A}' = \nabla \times \vec{A} + \nabla \times \nabla \epsilon = \vec{B} \tag{3.9}$$

勾配の回転は常にゼロになるからである．一方，式 (3.8) を見ると $\vec{A}$ の変更が $\vec{E}$ を変えることは明らかである．しかしながら同時に Φ の方も変更することで，$\vec{E}$ も不変にすることができる．実際には，

$$\begin{aligned} \Phi &\to \Phi' = \Phi - \frac{1}{c} \frac{\partial \epsilon}{\partial t} \\ \vec{A} &\to \vec{A}' = \vec{A} + \nabla \epsilon \end{aligned} \tag{3.10}$$

とすることで，$\vec{B}$ も $\vec{E}$ も変わらなくなる．上式によるポテンシャル変換は "ゲージ変換" (gauge transformation) と呼ばれ，ϵ はゲージパラメーターと呼ばれる．

計算練習 3.1 式 (3.8) によって与えられる $\vec{E}$ が，ゲージ変換 (3.10) の下で不変であることを証明せよ．

ゲージ変換によって関係づけられる2組のポテンシャル $(\Phi, \vec{A})$ と $(\Phi', \vec{A}')$ は "物理的には" 互いに等価である．物理的に等価なポテンシャルの組は，同じ電場と磁場を与える．しかしながら，ポテンシャルの組 $(\Phi, \vec{A})$ と $(\Phi', \vec{A}')$ が同じ電場と磁場を与えるけれども，両者の間に式

(3.10)を成立されるようなϵが見いだせないということも起こり得る．その場合，ポテンシャルはゲージ的に等価ではなく，$\vec{E}$と$\vec{B}$が同じであるにもかかわらず，両者は物理的に異なるものと考える必要がある！　この驚くべき状況は，コンパクト化した空間次元を伴う時空において生じ得るものであり，我々が後からD-ブレインを学ぶ際に重要な役割を演じることになる(18.3節)．このようなことはMinkowski空間では起こらない．

コンパクトな空間次元が存在すると，それに関連して微妙な問題が起こる．ある$\vec{E}$と$\vec{B}$を指定したときに，式(3.6)と式(3.8)を満たし，コンパクト化した空間全体で定義可能なポテンシャルΦと$\vec{A}$が存在しない可能性がある．そこでゲージ変換が我々の助けになる．コンパクト空間全体において一意的に定義されたポテンシャル$(\Phi, \vec{A})$は，厳密には不可欠のものではない．コンパクト空間全体を継ぎはぎして覆うように，いくつも設定したポテンシャルの組を用意しても，それらが継ぎはぎの重なり合う領域においてゲージ変換で互いに関係づけられるのであれば，そのような扱い方が"許容される"．量子力学においてポテンシャルが必要とされるというの声明の下で，我々は，許容されるポテンシャルから生じ得ないような$\vec{E}$と$\vec{B}$の組合せを論じることはできないと結論しなければならない．

ポテンシャルを導入することによって，Maxwellの方程式のうち源の項を含まない式(3.1)と式(3.2)は自動的に満たされる．式(3.3)と式(3.4)は追加の情報を含んでおり，これらを用いてΦと$\vec{A}$が導かれる．

3.2　3次元時空の電磁気学

3次元時空における電磁気学とは何だろう？　3次元の電磁気学をつくる方法のひとつとして，4次元時空の理論から始めて，空間次元をひとつ消すというやり方がある．この手続きは次元低減§と呼ばれている．

4次元時空において，電場と磁場はそれぞれ3つの空間成分を持ち，(E_x, E_y, E_z)および(B_x, B_y, B_z)と表される．z座標が省かれた世界への次元低減には，電場と磁場のz成分を無くすることが必要と思えるかも知れない．意外なことに，この措置はうまくいかない！　Maxwellの方程式とLorentz力の法則に対して，そのような措置は不可能である．

矛盾のない3次元理論を構築するために，力学が，消去したい次元であるzの方向に依存しないことを保証する必要がある．運動が起こるならば，それは(x, y)面に制約されなければならない．したがって「あらゆる量がz依存性を持つべきではない」という要請を課するのが自然である．このことは必ずしもzの添字を持つ諸量を無くすることを意味して"いない"．

Lorentz力の法則(3.5)は，低次元の理論を構築するための有用な手引きになる．まず磁場がない状況を想定してみよう．そうすると，運動量のz成分をゼロに保つために，$E_z = 0$としなければならない．すなわち電場のz成分を消さなければならない．しかし磁場が存在する場合には，より驚くべき結果になる．電場はゼロと仮定しよう．粒子の速度ベクトルが(x, y)面内にあるならば，磁場に面内の成分があれば，それはベクトル積を通じてz方向に力を生じさせる．他方において，磁場のz成分は，(x, y)面内に力を生じる！　したがってB_xとB_yはゼロ

---

§(訳註) dimensional reduction．"次元縮小"や"次元還元"という訳語を充てる文献もある．

に設定しなければならず，B_z だけを保持できるという結論になる．まとめると，

$$E_z = B_x = B_y = 0 \tag{3.11}$$

である．残された場 E_x, E_y, B_z は x と y だけに依存してよい．座標 t, x, y によって表される 3 次元時空の世界において，B_z の添字 z は，もはやベクトル成分の添字ではない，したがって，この次元低減の施された世界において，B_z は Lorentz スカラーのように振舞う (より正確には，これは擬スカラーと呼ばれるものである)．結局，我々は 2 次元ベクトル $\vec{E}$ とスカラー場 B_z を扱うことになる．

式 (3.1) の x 成分と y 成分を調べることによって，上述のような変数削減措置の整合性を検証できる．

$$\frac{\partial E_z}{\partial y} - \frac{\partial E_y}{\partial z} = -\frac{1}{c}\frac{\partial B_x}{\partial t}$$
$$\frac{\partial E_x}{\partial z} - \frac{\partial E_z}{\partial x} = -\frac{1}{c}\frac{\partial B_y}{\partial t} \tag{3.12}$$

右辺は，我々の変数削減措置によってゼロになるので，左辺もゼロになる必要があるが，実際にそのようになる．左辺の各項は，E_z もしくは z による微分演算を含むので，すべてゼロである．読者は残りの式の整合性を，問題 3.3 において検証することになる．

3 次元の電磁力学を構築することは難しくないが，5 次元の電磁力学を推測することは，はるかに困難である．次節で見るように，Maxwell の方程式を相対論的な性質が明白に表現される形で定式化することにより，他の次元への適切な一般化が直接的に得られるようになる．

3.3 相対論的な電磁力学

Maxwell の方程式の相対論的な定式化において，電場も磁場も 4 元ベクトルの成分にはならない．むしろ，4 元ベクトルはスカラーポテンシャル Φ とベクトルポテンシャル $\vec{A}$ を組み合わせることによって得られる．

$$A^\mu = (\Phi, A^1, A^2, A^3) \tag{3.13}$$

これに対応する下付き添字を持つ量は，次のように表される．

$$A_\mu = (-\Phi, A^1, A^2, A^3) \tag{3.14}$$

A_μ から，電磁的な"場の強度"$F_{\mu\nu}$ と呼ばれる量が形成される．

$$\boxed{F_{\mu\nu} = \partial_\mu A_\nu - \partial_\nu A_\mu} \tag{3.15}$$

ここで $\partial_\mu \equiv \frac{\partial}{\partial x^\mu}$ である．式 (3.15) の形から，$F_{\mu\nu}$ は反対称になっている．

$$F_{\mu\nu} = -F_{\nu\mu} \tag{3.16}$$

この性質により，$F_{\mu\nu}$ のすべての対角成分はゼロになる．

$$F_{00} = F_{11} = F_{22} = F_{33} = 0 \tag{3.17}$$

3.3. 相対論的な電磁力学

$F_{\mu\nu}$ に含まれるいくつかの量を計算してみよう．添字 i は空間方向の成分を表し，1, 2, 3 の値を取るものとする．式(3.15)と式(3.8)により，次の関係が見いだされる．

$$F_{0i} = \frac{\partial A_i}{\partial x^0} - \frac{\partial A_0}{\partial x^i} = \frac{1}{c}\frac{\partial A^i}{\partial t} + \frac{\partial \Phi}{\partial x^i} = -E_i \tag{3.18}$$

同様にして，F_{12} を計算することもできる．

$$F_{12} = \partial_1 A_2 - \partial_2 A_1 = \partial_x A_y - \partial_y A_x = B_z \tag{3.19}$$

最後の等式は $\vec{B} = \nabla \times \vec{A}$ による．このような計算を続けて，行列 $F_{\mu\nu}$ のすべての成分を計算できる．

$$F_{\mu\nu} = \begin{pmatrix} 0 & -E_x & -E_y & -E_z \\ E_x & 0 & B_z & -B_y \\ E_y & -B_z & 0 & B_x \\ E_z & B_y & -B_x & 0 \end{pmatrix} \tag{3.20}$$

電場 $\vec{E}$ と磁場 $\vec{B}$ が，場の強度 $F_{\mu\nu}$ に含まれることを見て取れる．

3.1節で論じたゲージ変換(3.10)は，添字の記法を用いると，簡単に表される．

$$A_\mu \to A'_\mu = A_\mu + \partial_\mu \epsilon \tag{3.21}$$

A_μ と A'_μ はゲージ変換で関係づけられるポテンシャルの組であり，前と同様に，ゲージパラメーター $\epsilon(x)$ は時空座標を引数とする任意関数である．

計算練習 3.2 元のゲージ変換の式(3.10)が，式(3.21)によって，まとめて正確に表されることを証明せよ．

ゲージ変換の下で $\vec{E}$ と $\vec{B}$ は不変なので，場の強度 $F_{\mu\nu}$ も "ゲージ不変" となっている．証明は容易である．

$$\begin{aligned} F_{\mu\nu} \to F'_{\mu\nu} &\equiv \partial_\mu A'_\nu - \partial_\nu A'_\mu \\ &= \partial_\mu(A_\nu + \partial_\nu \epsilon) - \partial_\nu(A_\mu + \partial_\mu \epsilon) \\ &= F_{\mu\nu} + \partial_\mu \partial_\nu \epsilon - \partial_\nu \partial_\mu \epsilon \\ &= F_{\mu\nu} \end{aligned} \tag{3.22}$$

最後の行の導出には，偏微分の演算が可換であることを用いた．

ここで，$\vec{E}$ と $\vec{B}$ を与えるポテンシャルを利用することにより，Maxwellの方程式のうち，源の項を含まない式(3.1)と式(3.2)が自動的に満たされることを思い出そう．これらの式は，場の強度 $F_{\mu\nu}$ を用いると，どのように書かれるだろう？ それらの式は，式(3.15)の下で自動的に成立するように書かれなければならない．場の強度によって表される次の量を考えよう．

$$T_{\lambda\mu\nu} \equiv \partial_\lambda F_{\mu\nu} + \partial_\mu F_{\nu\lambda} + \partial_\nu F_{\lambda\mu} \tag{3.23}$$

式(3.15)により，$T_{\lambda\mu\nu}$ は恒等的にゼロになる．

$$\partial_\lambda(\partial_\mu A_\nu - \partial_\nu A_\mu) + \partial_\mu(\partial_\nu A_\lambda - \partial_\lambda A_\nu) + \partial_\nu(\partial_\lambda A_\mu - \partial_\mu A_\lambda) = 0 \tag{3.24}$$

上式でも偏微分演算の可換性を用いた．$T_{\lambda\mu\nu}$ をゼロにする一連の条件式，

$$\partial_\lambda F_{\mu\nu} + \partial_\mu F_{\nu\lambda} + \partial_\nu F_{\lambda\mu} = 0 \tag{3.25}$$

が，場の強度の挙動を制約する連立微分方程式となる．これらの方程式は，Maxwell の方程式のうち，源の項を含まない式と正確に同じものである．このことを明示するために，まず $T_{\lambda\mu\nu}$ が反対称条件を満たすことに注意する．

$$T_{\lambda\mu\nu} = -T_{\mu\lambda\nu}, \quad T_{\lambda\mu\nu} = -T_{\lambda\nu\mu} \tag{3.26}$$

これらの等式は式(3.23)と，場の強度の反対称性 $F_{\mu\nu} = -F_{\nu\mu}$ から導かれる．上式は，T が任意の隣接する添字の入れ替えによって符号を変えることを表している．

計算練習 3.3 式(3.26)の等式関係を証明せよ．

添字がたくさん付いている量でも，隣接する添字の入れ替えによって符号が変わるならば，"任意の" 2 つの添字の入れ替えの下でも符号が変わる．任意の 2 つの添字の入れ替えを実現するためには，必ず隣接する添字を奇数回入れ替える必要がある(何故か分かりますか？)．任意の 2 つの添字の入れ替えの下で符号だけを変えるような量は "完全反対称" (totally antisymmetric) な量と呼ばれる．したがって T は完全反対称である．

T は完全反対称なので，2 つ以上の添字が同じ値の成分はすべてゼロである．つまり 3 つの添字がそれぞれ異なる値を持つ成分だけがゼロ以外になり得る．3 つの添字の順序だけが異なる成分同士は，互いに等しいか符号だけ異なるかの何れかである．我々は T をゼロに設定するので，結局 3 つの添字の順序を変更しても，新たな条件を与えることにはならない．時空座標は 4 つあるので，そこから 3 つを選んで添字にする方法は，実質的に 4 通りだけである —— 4 つの座標のうち，どれを省くかを決めればよい．このような事情により，T をゼロと置くことから，4 本の自明ではない式が与えられる．これらの 4 本の式は，式(3.1)の 3 つの成分に関する式と，式(3.2)である．たとえば T_{012} をゼロと置いた式は，次式になる．

$$\partial_0 F_{12} + \partial_1 F_{20} + \partial_2 F_{01} = \frac{1}{c}\frac{\partial B_z}{\partial t} + \frac{\partial E_y}{\partial x} - \frac{\partial E_x}{\partial y} = 0 \tag{3.27}$$

これは式(3.1)の z 成分の式にあたる．3 つの添字を他の組合せに選ぶことで，残りの 3 つの式も導かれる (問題3.2)．

今，扱っている枠組みにおいて，Maxwell の方程式の後半の式(3.3)と式(3.4)はどのように記述されるだろう？　これらの方程式は源の項を持つので，"カレント 4 元ベクトル" を導入する必要がある．

$$j^\mu = (c\rho, j^1, j^2, j^3) \tag{3.28}$$

ρ は電荷密度，$\vec{j} = (j^1, j^2, j^3)$ は電流密度である．また，場の強度の添字を上げて，上付き添字を持つ場の強度テンソルを得る．

$$F^{\mu\nu} = \eta^{\mu\alpha}\eta^{\nu\beta} F_{\alpha\beta} \tag{3.29}$$

計算練習 3.4 以下の関係を示せ．

$$F^{\mu\nu} = -F^{\nu\mu}, \quad F^{0i} = -F_{0i}, \quad F^{ij} = F_{ij} \tag{3.30}$$

3.3. 相対論的な電磁力学

式(3.29)と$F_{\mu\nu}$の定義により,

$$F^{\mu\nu} = \eta^{\mu\alpha}\eta^{\nu\beta}(\partial_\alpha A_\beta - \partial_\beta A_\alpha) = \eta^{\mu\alpha}\partial_\alpha(\eta^{\nu\beta}A_\beta) - \eta^{\nu\beta}\partial_\beta(\eta^{\mu\alpha}A_\alpha) \tag{3.31}$$

となる.ここでは計量の成分が定数であることから,微分演算との順序の入れ替えを行っている.偏微分の演算子にも添字の上げ下げの規則を適用することが通例となっており,$\partial^\mu \equiv \eta^{\mu\alpha}\partial_\alpha$と書ける.その結果,次式が得られる.

$$F^{\mu\nu} = \partial^\mu A^\nu - \partial^\nu A^\mu \tag{3.32}$$

式(3.30)と式(3.20)により,$F^{\mu\nu}$を具体的に書くと,次のようになる.

$$F^{\mu\nu} = \begin{pmatrix} 0 & E_x & E_y & E_z \\ -E_x & 0 & B_z & -B_y \\ -E_y & -B_z & 0 & B_x \\ -E_z & B_y & -B_x & 0 \end{pmatrix} \tag{3.33}$$

この式と,カレントベクトルの式(3.28)を用いると,Maxwellの方程式における式(3.3)と式(3.4)を,次のようにまとめて表すことができる(問題3.2).

$$\boxed{\frac{\partial F^{\mu\nu}}{\partial x^\nu} = \frac{1}{c}j^\mu} \tag{3.34}$$

源がない場合には,この式は,

$$\partial_\nu F^{\mu\nu} = 0 \ \rightarrow \ \partial_\nu \partial^\mu A^\nu - \partial^2 A^\mu = 0 \tag{3.35}$$

となる.ここで$\partial^2 = \partial^\mu \partial_\mu$という表記を用いた.

式(3.25)と式(3.34)を合わせたものは,4次元時空(3次元空間)におけるMaxwellの方程式と等価である.我々はこれらの式を,任意次元におけるMaxwell理論を"定義"するために利用する.空間がd次元の場合も,LorentzベクトルA^μの成分は$(\Phi, \vec{A})$であるが,ここでの$\vec{A}$はd次元空間のベクトルである.

たとえば3次元時空では,行列$F_{\mu\nu}$は3行3列の反対称行列で,これは式(3.20)の行列から最後の行と最後の列を省くことによって得られる.

$$F_{\mu\nu} = \begin{pmatrix} 0 & -E_x & -E_y \\ E_x & 0 & B_z \\ E_y & -B_z & 0 \end{pmatrix} \tag{3.36}$$

これはそのまま3.2節の主要な結果の再現となっている.すなわちB_x, B_yおよびE_zがゼロに設定される.

式(3.33)を動機付けの根拠として,我々はF^{0i}を電場E_iと見なす.

$$E_i \equiv F^{0i} = -F_{0i} \tag{3.37}$$

電場は空間的なベクトルである.式(3.18)は,次元に依らず次式が成り立つことを含意する.

$$\vec{E} = -\frac{1}{c}\frac{\partial \vec{A}}{\partial t} - \nabla\Phi \tag{3.38}$$

磁場は場の強度の F^{ij} 成分に同定される．4次元時空では F^{ij} は3行3列の反対称行列である．その中の3つの独立な量が，磁場ベクトルの3成分となっている (式(3.33) 参照)．4次元以外の時空では，磁場はもはや空間的なベクトルにはならない．3次元時空における磁場は，単一の成分を持つ量である．5次元時空では，磁場は4行4列の反対称行列の中に現れることになり，独立な成分の数は6個になる．このように多くの成分を持つ量は，空間的なベクトルには適合しない．

我々の次の目標は，空間次元数を任意に設定した際に，点電荷によって生成される電場を決めることである．このために，まずは高次元における球面の大きさを計算する方法を知らなければならない．次節でこれを見てみる．

3.4 高次元の球面

我々は様々な次元数の空間を扱いたいので，そのような空間における球や，その大きさについて語る際に，錯誤が生じないようにしておく必要がある．日常的な感覚で我々が話すときには，数学的に正確な定義の観点から見て，球面 (sphere) と "球体" を混同してしまう傾向がある．あなたが「半径 R の球の体積は $\frac{4}{3}\pi R^3$ である」と言うときには，本当は「... 3次元球体 (three-ball) B^3 — 2次元球面 (two-sphere) S^2 に囲まれた3次元空間 — の体積は ...」と言うべきである．座標 x_1, x_2, x_3 を持つ3次元空間 $\mathbf{R}^3$ における3次元球体は，次のように定義された領域と規定される．

$$B^3(R): \quad x_1^2 + x_2^2 + x_3^2 \leq R^2 \tag{3.39}$$

この領域は，次の2次元球面に囲まれている．

$$S^2(R): \quad x_1^2 + x_2^2 + x_3^2 = R^2 \tag{3.40}$$

B や S に付けてある上付き添字は，対象として考える空間の次元を表す．引数 R の表記を省いてある場合には，$R=1$ を意味するものとしておく．次元数をひとつ減らした例も分かりやすい．B^2 は2次元円板を — $\mathbf{R}^2$ において，半径1の円周 S^1 によって囲まれた領域である．任意次元の空間において，$\mathbf{R}^d$ の部分空間としての球体と球面を定義することができる．

$$B^d(R): \quad x_1^2 + x_2^2 + \cdots x_d^2 \leq R^2 \tag{3.41}$$

上の球体の領域は，次の球面 $S^{d-1}(R)$ に囲まれている．

$$S^{d-1}(R): \quad x_1^2 + x_2^2 + \cdots + x_d^2 = R^2 \tag{3.42}$$

最後にもうひとつだけ術語に関する注意をしておく．混乱を避けるために，低次元の有限空間の大きさの呼称として，体積 (volume) という術語を一貫して用いることにする．空間が1次元ならば，その体積とは長さを意味する．2次元空間では，体積を面積の意味で用いる．あらゆる高次元空間が体積を持つものとする．1次元球面と2次元球面の体積は，次のように表される．

$$\mathrm{vol}(S^1(R)) = 2\pi R$$
$$\mathrm{vol}(S^2(R)) = 4\pi R^2 \tag{3.43}$$

3.4. 高次元の球面

あなたが他の球面(スフェア)を，これまで扱ったことがないならば，おそらく S^3 の体積について見当がつかないであろう．

体積は，空間次元数で長さの冪(べき)を取った単位を持つので，半径 R の球面(スフェア)の体積は，半径 1 の球面(スフェア)の体積と，次の関係を持つ．

$$\mathrm{vol}(S^{d-1}(R)) = R^{d-1}\mathrm{vol}(S^{d-1}) \tag{3.44}$$

体積の半径依存性は容易に決まるので，次のように半径 1 の単位球面(ユニットスフェア)の体積だけを記しておけば充分である．

$$\mathrm{vol}(S^1) = 2\pi$$
$$\mathrm{vol}(S^2) = 4\pi \tag{3.45}$$

球面(スフェア) S^{d-1} の計算を始めよう．この目的のために，座標 $x_1, x_2, \cdots x_d$ を持つ $\mathbf{R}^d$ を考え，r を動径座標とする．

$$r^2 = x_1^2 + x_2^2 + \cdots + x_d^2 \tag{3.46}$$

次の積分を 2 通りの方法で評価することによって，球面(スフェア)の体積を見いだすことにする．

$$I_d = \int_{\mathbf{R}^d} dx_1\, dx_2\, \ldots\, dx_d\, e^{-r^2} \tag{3.47}$$

まず，直接的な計算を行う．式(3.46)を指数関数因子において用いてあるので，この積分は d 個の Gauss 積分の積になる．

$$I_d = \prod_{i=1}^{d} \int_{-\infty}^{\infty} dx_i\, e^{-x_i^2} = \left(\sqrt{\pi}\right)^d = \pi^{d/2} \tag{3.48}$$

次に間接的な計算を考える．すなわち $\mathbf{R}^d$ を薄い球殻に分割して積分を行う．定数 r の空間は球面(スフェア) $S^{d-1}(r)$ であり，r と $r+dr$ の間の球殻の体積は，$S^{d-1}(r)$ の体積に dr を掛けたものに等しい．したがって，次のようになる．

$$I_d = \int_0^\infty dr\, \mathrm{vol}(S^{d-1}(r))\, e^{-r^2} = \mathrm{vol}(S^{d-1}) \int_0^\infty dr\, r^{d-1} e^{-r^2}$$
$$= \frac{1}{2}\mathrm{vol}(S^{d-1}) \int_0^\infty dt\, e^{-t} t^{\frac{d}{2}-1} \tag{3.49}$$

ここでは式(3.44)を利用し，最後の部分では積分変数を $t=r^2$ に変更した．右辺の最後の積分は，ガンマ関数によって表すことができる．これは大変有用な特殊関数である．正の x に関して，ガンマ関数 $\Gamma(x)$ は次式で定義される．

$$\Gamma(x) = \int_0^\infty dt\, e^{-t} t^{x-1}, \quad x > 0 \tag{3.50}$$

$x > 0$ でなければ，積分は $t=0$ の付近で収束しない．この定義により，式(3.49)は次のように表される．

$$I_d = \frac{1}{2}\mathrm{vol}(S^{d-1})\, \Gamma\!\left(\frac{d}{2}\right) \tag{3.51}$$

最初の直接的な評価結果(3.48)と比較すると，次の結果が得られる．

$$\text{vol}(S^{d-1}) = \frac{2\pi^{d/2}}{\Gamma\left(\frac{d}{2}\right)} \tag{3.52}$$

$\Gamma(d/2)$ の値の計算が残っている．d は整数なので，整数もしくは半整数を引数としたときのガンマ関数の値を決める必要がある．まず $\Gamma(1/2)$ を求めるために，定義式(3.50)において $t = u^2$ と置く．

$$\Gamma\left(\frac{1}{2}\right) = \int_0^\infty dt\, e^{-t} t^{-1/2} = 2\int_0^\infty du\, e^{-u^2} = \sqrt{\pi} \tag{3.53}$$

同様に，

$$\Gamma(1) = \int_0^\infty dt\, e^{-t} = 1 \tag{3.54}$$

となる．引数が大きいときのガンマ関数の計算は，漸化式によって簡単になる．漸化式を得るために，まず，

$$\Gamma(x+1) = \int_0^\infty dt\, e^{-t} t^x, \quad x > 0 \tag{3.55}$$

を，次のように書き直す．

$$\Gamma(x+1) = -\int_0^\infty dt \left(\frac{d}{dt} e^{-t}\right) t^x = -\int_0^\infty dt \left(\frac{d}{dt}(e^{-t} t^x) - x e^{-t} t^{x-1}\right) \tag{3.56}$$

$x > 0$ であれば境界項はゼロになるので，次の漸化式が得られる．

$$\Gamma(x+1) = x\Gamma(x), \quad x > 0 \tag{3.57}$$

この漸化式を利用して，たとえば次のような計算ができる．

$$\Gamma\left(\frac{3}{2}\right) = \frac{1}{2}\cdot\Gamma\left(\frac{1}{2}\right) = \frac{1}{2}\sqrt{\pi}, \quad \Gamma\left(\frac{5}{2}\right) = \frac{3}{2}\cdot\Gamma\left(\frac{3}{2}\right) = \frac{3}{4}\sqrt{\pi} \tag{3.58}$$

引数が整数の場合，ガンマ関数は階乗と関係づけられる．

$$\Gamma(5) = 4\cdot\Gamma(4) = 4\cdot 3\cdot\Gamma(3) = 4\cdot 3\cdot 2\cdot\Gamma(2) = 4\cdot 3\cdot 2\cdot 1\cdot\Gamma(1) = 4!$$

したがって，$n \in \mathbf{Z}$ で，$n \geq 1$ のとき，

$$\Gamma(n) = (n-1)! \tag{3.59}$$

である．$0! = 1$ であることを思い出しておこう．公式(3.52)を，我々に馴染みのある例について試してみると，

$$\text{vol}(S^1) = \text{vol}(S^{2-1}) = \frac{2\pi}{\Gamma(1)} = 2\pi$$

$$\text{vol}(S^2) = \text{vol}(S^{3-1}) = \frac{2\pi^{3/2}}{\Gamma\left(\frac{3}{2}\right)} = 4\pi \tag{3.60}$$

のように，既知の結果と一致する．S^3 は次のようになる．

$$\text{vol}(S^3) = \text{vol}(S^{4-1}) = \frac{2\pi^2}{\Gamma(2)} = 2\pi^2 \tag{3.61}$$

計算練習 3.5 $\text{vol}(B^d) = \pi^{d/2}/\Gamma\left(1+\frac{d}{2}\right)$ を証明せよ．

3.5 高次元における電場

本節ではd次元空間を持つ世界において,点電荷によって生じる電場を計算する.dを3と置けば,その答えは我々がよく知っているものであるし,dを3未満に設定してもよい.しかし我々の主要な関心の対象は$d>3$の場合にある.この計算を行うために,空間次元を任意の次元数へ一般化したMaxwellの方程式を利用する.容易に想像されるように,点電荷によって形成される電場は放射状になる.我々の計算は,電場の動径座標への依存性と規格化を与えることになる.その結果に少し修正を施せば,d次元空間における点粒子による重力場に関する情報も得ることができる.

我々の計算は,式(3.34)の第ゼロ成分に基礎を置く.

$$\frac{\partial F^{0i}}{\partial x^i} = \rho \tag{3.62}$$

$F^{0i} = E_i$なので(式(3.37)参照),この式はGaussの法則である.

$$\nabla \cdot \vec{E} = \rho \tag{3.63}$$

Gaussの法則は,あらゆる次元数において妥当するのである! 式(3.63)を利用して,点電荷による電場を決定できる.最初に,馴染み深い3次元空間において,どのように電場が決まっているかを復習しよう.

点電荷qについて,その電荷を中心とする半径rの2次元球面(スフェア)$S^2(r)$と,その2次元球面を境界に持つ3次元球体(ボール)$B^3(r)$を考える.式(3.63)の両辺を,この3次元球体(ボール)の領域で積分する.

$$\int_{B^3} d(\text{vol})\, \nabla \cdot \vec{E} = \int_{B^3} d(\text{vol})\, \rho \tag{3.64}$$

左辺には発散定理を適用できる.右辺の体積積分は全電荷を与えるので,次式を得る.

$$\int_{S^2(r)} \vec{E} \cdot d\vec{a} = q \tag{3.65}$$

$\vec{E}$の強さ$E(r)$は2次元球面(スフェア)の上で一定なので,次式を得る.

$$\text{vol}(S^2(r))\, E(r) = q \tag{3.66}$$

2次元球面(スフェア)の体積とは,球の表面積$4\pi r^2$のことなので,

$$E(r) = \frac{q}{4\pi r^2} \tag{3.67}$$

となる.これは3次元空間において点電荷が形成する電荷としてよく知られている結果である.電場の強さは電荷からの距離に応じて$1/r^2$のように低下する.

3次元より高次元でも,出発点として式(3.63)に問題はない.そこで発散定理が成立するかを問わねばならない.結論としては成立することになる.まずd次元空間における定理を明示し,それからその妥当性を論じることにする.

$\mathbf{R}^d$の中のd次元部分集合V^dを考え,V^dの境界を∂V^dと記す.そして$\vec{E}$が,$\mathbf{R}^d$の中のベクトル場を表すものとしよう.発散定理は次のようになる.

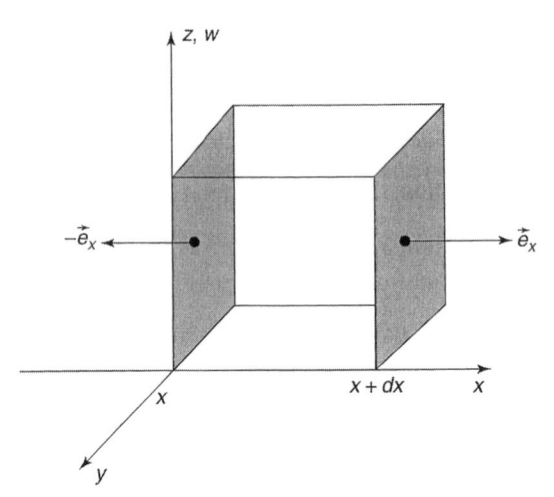

第3章 様々な次元における電磁気学と重力

図3.1 4次元の超立方体を表現するための試み．xを固定した2つの面（影を付けた部分）と，そこから外側を向いている法線ベクトル．

$$\int_{V^d} d(\text{vol}) \nabla \cdot \vec{E} = [\partial V^d を通過する \vec{E} の流束] = \int_{\partial V^d} \vec{E} \cdot d\vec{v} \tag{3.68}$$

最後の右辺には少々説明が必要である．∂V^d の上の任意の点において，空間 ∂V^d は局所的に，そこに正接する $(d-1)$ 次元の超平面によって近似される．この点付近の ∂V^d の素片に対して，これに関係するベクトル $d\vec{v}$ は，その超平面に垂直で，V^d の占める領域からその外側へ出る方向を向いており，そのベクトルの大きさは，考えている素片の体積である．この説明は $\mathbf{R}^3$ において，$d\vec{v}$ が表面ベクトル要素 $d\vec{a}$ になるという既知の知識と整合していることに注意してもらいたい．

4次元空間の場合について，発散定理の妥当性を確認してみよう．初等的な教科書で行われる説明と同様に，小さな超立方体に関して発散定理を証明すればそれで充分である——一般の部分空間に関する結果は，それを多くの細かい超立方体に分割して考えることによって導かれる．4次元の超立方体を想像することは簡単ではないので，3次元の絵を4次元の記号を付けて用いることにする（図3.1）．デカルト座標 x, y, z, w を用い，対象とする超立方体は，その各面が，何れかの座標が定数となるように選ばれているものとする．定数 x のひとつの面に対して，その反対側の面を定数 $x+dx$ の面としよう．外側を向く法線ベクトルは，$x+dx$ の面においては $\vec{e}_x$，x の面においては $(-\vec{e}_x)$ である．これらそれぞれの面の体積は $dy\,dz\,dw$ と表される．dy，dz，dw は，dx とともに，この超立方体の辺の長さにあたる．任意の電場 $\vec{E}(x,y,z,w)$ の下で，これらの2つの面を通る流束（フラックス）に寄与を持つのは x 成分だけである．その寄与は，

$$\left[E_x(x+dx, y, z, w) - E_x(x, y, z, w) \right] dy\,dz\,dw \simeq \frac{\partial E_x}{\partial x} dx\,dy\,dz\,dw \tag{3.69}$$

となる．他の3つの面の組合せに関しても同様の式が成立する．したがって，この小さな超立

3.5. 高次元における電場

方体から流れ出す正味の流束の総量は、次のようになる。

$$[\vec{E}\text{の流束}] = \left(\frac{\partial E_x}{\partial x} + \frac{\partial E_y}{\partial y} + \frac{\partial E_z}{\partial z} + \frac{\partial E_w}{\partial w}\right) dx\,dy\,dz\,dw = \nabla \cdot \vec{E}\,d(\text{vol}) \tag{3.70}$$

この結果は、我々の期待通りに、発散定理の式(3.68)を無限小の超立方体に適用したものと正確に一致している。

d次元空間の点電荷による電場の計算に戻ろう。点電荷qに関して、その位置を中心とする半径rの球面(スフェア)$S^{d-1}(r)$と、その球面を境界とする球体(ボール)$B^d(r)$を考える。再び式(3.63)の両辺を、球体(ボール)$B^d(r)$において積分する。

$$\int_{B^d} d(\text{vol})\,\nabla \cdot \vec{E} = \int_{B^d} d(\text{vol})\,\rho \tag{3.71}$$

右辺の体積積分は、全電荷を与える。そして発散定理(3.68)によって、左辺は流束積分に関係づけられる。

$$[S^{d-1}(r)\text{ を通過する }\vec{E}\text{ の流束}] = q \tag{3.72}$$

流束は電場の強さと$S^{d-1}(r)$の体積の積に等しいので、次式を得る。

$$E(r)\,\text{vol}(S^{d-1}(r)) = q \tag{3.73}$$

式(3.52)を用いると、次の結果が得られる。

$$E(r) = \frac{\Gamma\left(\frac{d}{2}\right)}{2\pi^{d/2}}\frac{q}{r^{d-1}} \tag{3.74}$$

これがd次元空間において点電荷によって形成される電場の値である。$d=3$と置くと、電場が距離の自乗に反比例する関係が復元される。より高次元では、長距離における電場の減衰が速くなる。空間次元をひとつ加えるごとに、電場の動径依存性に因子$1/r$が追加される。

計算練習 3.6 式(3.74)において$d=3$と置くと、式(3.67)に一致することを示せ。

計算練習 3.7 電場$\vec{E}$の中の試験電荷qに働く力は$\vec{F}=q\vec{E}$である。いろいろな次元数の空間における電荷の単位はどのようになるか？

静電ポテンシャルΦも関心の対象となる。式(3.38)により、時間に依存しない場に関しては、

$$\vec{E} = -\nabla\Phi \tag{3.75}$$

である。この式とGaussの法則から、Poisson(ポワソン)方程式が得られる。

$$\nabla^2 \Phi = -\rho \tag{3.76}$$

この方程式は、分布した電荷によって形成されるポテンシャルの計算に利用される。上の2つの式は、勾配とラプラシアンを適切に定義することにより、あらゆる次元数において成立する。

3.6 重力と Planck 長さ

　Einstein の一般相対性理論は重力の理論である．このエレガントな理論においては，力学変数が時空の幾何に書き直される．重力場が充分に弱く，対象とする物体の運動速度が充分に遅い場合には，Newton の重力理論でも充分に正確であり，一般相対性理論の複雑な機構に関わる必要はない．我々は Newton の重力理論を用いて，各種次元数における Planck 長さの定義と，その重力定数との関係を理解することができる．これらの興味深い問題を，ここから本章の残りの部分で説明する．しかしながら重力が弦理論に現れる際には，それは Einstein の一般相対性理論の言語を通じて現れることになる．相対論的な弦の量子振動から重力が現れることを理解するためには，読者はもう少し一般相対性理論の言語に親しむ必要がある．ここでは，この目覚しい重力理論に含まれる諸概念も初見することにしよう．

　大多数の物理学者は，極めて短い距離や，極端に強い重力場の下で，一般相対性理論の成立を予想していない．この領域こそが，弦理論——重力の量子論の最初の重要な候補である——が必要とされる領域であろう．一般相対性理論は弦理論の，長距離かつ重力の弱い極限にあたるべきものである．弦理論は一般相対性理論を，量子力学との整合性を持つ理論に"修正"しなければならない．この修正に必要とされる概念的な枠組みは，まだ明らかにされていない．我々が今後，弦理論をよりよく理解することによって，その枠組みが現れてくるであろうことは間違いない．

　特殊相対性理論の時空，すなわち Minkowski 時空は，重力場が"存在しない"物理学の舞台である．Minkowski 時空の性質は，計量の式 (2.21) によって表される．これは互いに近接する事象を隔てる不変距離を与える．

$$-ds^2 = \eta_{\mu\nu}\,dx^\mu dx^\nu \tag{3.77}$$

Minkowski 計量 $\eta_{\mu\nu}$ は，時空座標に依存しない定数の計量であり，対角要素 $(-1,1,\ldots,1)$ を持つ行列によって表される．Minkowski 空間は平坦な空間と称される．重力場が存在すると，計量は動的なものになり，次のように書かれる．

$$\boxed{-ds^2 = g_{\mu\nu}(x)\,dx^\mu dx^\nu} \tag{3.78}$$

計量として定数の $\eta_{\mu\nu}$ の代わりに $g_{\mu\nu}(x)$ が導入されている．重力場が存在する場合，計量は一般に時空座標を引数に持つ自明ではない関数になる．計量 $g_{\mu\nu}$ は対称な形で定義される．

$$g_{\mu\nu}(x) = g_{\nu\mu}(x) \tag{3.79}$$

慣例として，$g_{\mu\nu}(x)$ の逆行列として $g^{\mu\nu}(x)$ も定義される．

$$g^{\mu\alpha}(x)g_{\alpha\nu}(x) = \delta^\mu_\nu \tag{3.80}$$

　多くの物理現象において，重力の影響は大変弱いので，計量として Minkowski 計量に極めて近い計量を選ぶことができる．次のように書くことにしよう．

$$g_{\mu\nu}(x) = \eta_{\mu\nu} + h_{\mu\nu}(x) \tag{3.81}$$

$h_{\mu\nu}(x)$ は，Minkowski 計量からの小さな揺らぎと見なされる．このような展開は，たとえば重力波の研究において用いられる．重力波は，Minkowski 計量の上に生じた小さな"さざなみ"

3.6. 重力とPlanck長さ

を表している.重力場に対するEinsteinの方程式を,時空計量 $g_{\mu\nu}(x)$ を用いた形で書くことができる.その方程式は,物質やエネルギーが時空多様体を曲げる効果を持つ源となることを含意する.弱い重力場に関しては,Einsteinの方程式を,式(3.81)を用いて $h_{\mu\nu}$ の冪で展開できる.源がない場合に得られる線形化された $h_{\mu\nu}$ の式は,次のようになる.

$$\partial^2 h^{\mu\nu} - \partial_\alpha(\partial^\mu h^{\nu\alpha} + \partial^\nu h^{\mu\alpha}) + \partial^\mu \partial^\nu h = 0 \tag{3.82}$$

ここで $h^{\mu\nu} \equiv \eta^{\mu\alpha}\eta^{\nu\beta}h_{\alpha\beta}$, $h \equiv \eta^{\mu\nu}h_{\mu\nu} = -h_{00}+h_{11}+h_{22}+h_{33}$ である.式(3.82)は,電磁場の源がない場合のMaxwell場を記述する方程式(3.35)に相当する,重力場に関する類似物である.ただし式(3.35)は正確な式だが,式(3.82)は重力場が弱い場合だけに近似として成立する.後者は元々非線形な方程式を線形化して, h の2次以上の高次項を省いた近似式である.

電磁場との類似性は,ゲージ変換が存在するという性質にまで及ぶ.Einsteinの重力にもゲージ変換がある.この変換性は,異なる座標系の下で,等価な重力物理の記述が要請されるという事情から生じている.本書において弦理論を学んでゆくと,読者は運動する弦によって形成される面の上で座標を選択する自由度の価値を認識することになるだろう.一般相対性理論において,座標系の無限小の変更,

$$x^{\mu\prime} = x^\mu + \epsilon^\mu(x) \tag{3.83}$$

を計量 $g_{\mu\nu}$ の無限小の変更と捉えることができるが,式(3.81)に依れば,それは揺らぎの場 $h^{\mu\nu}$ の変更にあたる.この変更は,次のようになることが示される.

$$\delta h^{\mu\nu} = \delta_0 h^{\mu\nu} + \mathcal{O}(\epsilon,h), \quad \text{with} \quad \delta_0 h^{\mu\nu} \equiv \partial^\mu \epsilon^\nu + \partial^\nu \epsilon^\mu \tag{3.84}$$

上に示したように無限小の変更 $\delta h^{\mu\nu}$ は, $\delta_0 h^{\mu\nu}$ と補正項の和として表されるが,後者は ϵ にも揺らぎ h 自身にも比例するので $\mathcal{O}(\epsilon\cdot h)$ と書ける.ゲージ変換 $\delta h^{\mu\nu}$ の下で,非線形な全運動方程式の不変性を要請するならば,線形化された運動方程式(3.82)の $\delta_0 h^{\mu\nu}$ の下での不変性が要請される.実際に,式(3.82)の h の各項を $\delta_0 h^{\mu\nu}$ を用いて変化させると, ϵ に関して線形で h の方は含まない項が生じる.それらの項は完全に相殺し合って消えなければならない.何故なら他のすべての変化は h をひとつ以上含むからである.このことは式(3.82)において $\mathcal{O}(\epsilon\cdot h)$ によって表される変化を考えても,さらに完全な運動方程式において h の2次以上の項の変化をすべてを考えても明らかである.我々は式(3.82)の変換 $\delta_0 h^{\mu\nu}$ の下での不変性を第10章において確認する予定である.Maxwell理論ではゲージパラメーターが添字を持たないが,一般相対性理論におけるゲージパラメーターはベクトル添字を持つ.

既に言及したように,Newtonの重力は,一般相対性理論から,重力場が弱く運動速度が遅い場合の近似として導かれる.多くの応用に関して,Newtonの重力理論は充分に有用である.本章これ以降ではNewtonの重力理論を用いて,各種次元におけるPlanck長さの定義を理解し,またいくつかの空間次元がコンパクト化して巻き取られた際に,重力定数がどのように振舞うかを調べることにする.ここで得られる結果は,完全な一般相対性理論においても成立する.

4次元時空におけるNewtonの重力の法則によれば,距離 r を隔てて存在する2つの質量 m_1 と m_2 の間に働く力は,次のように与えられる.

$$|\vec{F}^{(4)}| = \frac{Gm_1m_2}{r^2} \tag{3.85}$$

G は 4 次元における Newton 定数を表す．この重力定数 G の単位は，

$$[G] = [\text{力}] \frac{L^2}{M^2} = \frac{ML}{T^2} \frac{L^2}{M^2} = \frac{L^3}{MT^2} \tag{3.86}$$

である．定数 G の数値は，実験的に決定されている．

$$G = 6.674 \times 10^{-11} \frac{\text{m}^3}{\text{kg} \cdot \text{s}^2} \tag{3.87}$$

$[c] = L/T$, $[\hbar] = ML^2/T$ なので，$G, c, \hbar$ が 3 つの基本定数になる．

$$G = 6.674 \times 10^{-11} \frac{\text{m}^3}{\text{kg} \cdot \text{s}^2}, \quad c = 2.998 \times 10^8 \frac{\text{m}}{\text{s}}, \quad \hbar = 1.055 \times 10^{-34} \frac{\text{kg} \cdot \text{m}^2}{\text{s}} \tag{3.88}$$

重力の研究において，"Planck 単位系"が便利となる場合がある．我々は長さ，時間，質量から成る 3 つの基本単位を手にしているので，3 つの基本定数 $G, c, \hbar$ の数値がすべて 1 になるような新しい単位系を見いだすことができる．そのように決めた単位系における長さと時間と質量の単位量は，それぞれ Planck 長さ ℓ_P, Planck 時間 t_P, Planck 質量 m_P と呼ばれる．これらの単位量を用いると，

$$G = 1 \cdot \frac{\ell_\text{P}^3}{m_\text{P} t_\text{P}^2}, \quad c = 1 \cdot \frac{\ell_\text{P}}{t_\text{P}}, \quad \hbar = 1 \cdot \frac{m_\text{P} \ell_\text{P}^2}{t_\text{P}} \tag{3.89}$$

となり，式(3.88)と違って数値定数が不要になる．上式を解くことにより，$\ell_\text{P}, t_\text{P}, m_\text{P}$ を $G, c, \hbar$ によって表すことができる[§]．

$$\ell_\text{P} = \sqrt{\frac{G\hbar}{c^3}} = 1.616 \times 10^{-33} \text{ cm} \tag{3.90}$$

$$t_\text{P} = \frac{\ell_\text{P}}{c} = \sqrt{\frac{G\hbar}{c^5}} = 5.391 \times 10^{-44} \text{ s} \tag{3.91}$$

$$m_\text{P} = \sqrt{\frac{\hbar c}{G}} = 2.176 \times 10^{-5} \text{ g} \tag{3.92}$$

これらの数値は，相対論的な量子重力効果が重要になる尺度を表す．Planck 長さは極端に短く，Planck 時間も信じられないくらい短い時間——光が Planck 長さを進む時間である！Einstein の重力理論も比較的短い距離や，宇宙の歴史の比較的早い時期にまで適用できるとはいえ，Planck 長さ程度の距離における重力や，生まれてから Planck 時間程度しか経っていない宇宙を研究するためには，弦理論のような量子重力理論が必要となる．

[§] (訳註) c と $\hbar$ が弦理論の構築以前の前提として定まっている基礎定数である (と仮定される) のに対し，G はこれらと同等に基礎的な定数という位置づけのものではない．まず，本章これ以降で扱われるように，G は時空次元に依存して定義され，余剰次元の体積に依存するということがある．また，弦理論の総体的な構想によれば，G は '力学的に' ディラトン場の解 → 弦の結合定数 g → 重力定数 G という順序で従属的に決まるべき数値と見なされ (13.4 節)，ある意味で '被調整的' な性格を伴う．したがって，G を利用して定義される Planck 単位系にも，G に (もしくは g に) '合わせて' 決めてある可変の単位系という意味合いがある ($G \propto g^2$ なので $\ell_\text{P} \propto g, t_\text{P} \propto g, m_\text{P} \propto 1/g$)．22.6 節の後半を参照．

Planck長さを決めるための，もうひとつの等価な方法がある．ℓ_P は G, c, $\hbar$ の冪"だけ"を用いて一意的に構築できる長さである．したがって，

$$\ell_P = (G)^\alpha (c)^\beta (\hbar)^\gamma \tag{3.93}$$

と置いて，右辺が長さの単位を持つように α, β, γ を決定すればよい．

計算練習 3.8 上の条件から一意的に $\alpha = \gamma = 1/2$, $\beta = -3/2$ と決まり，式(3.90)の結果が再現されることを示せ．

m_P は，日常的な尺度からすると大した質量ではないにしても，素粒子物理の観点からは大変に大きな質量である．m_P は陽子質量のおおよそ 10^{19} 倍にあたる．自然界の基礎的な理論が，定数 G, c, $\hbar$ に基礎を置くとするならば，これらの基礎定数から自然に構築される質量 m_P に比べて，現実の素粒子の質量がはるかに軽いことは大きな謎である．この謎は "階層性(hierarchy)の問題" と呼ばれている．

Planck質量について，もう少し見通しを得るために，次の問題を考えよう．2個の陽子の間に働く電気的な斥力が重力によって相殺されるためには，陽子の質量 M をどのくらいにする必要があるだろう？ 電気力と重力が仮に等しいものと置くと，次のようになる．

$$\frac{GM^2}{r^2} = \frac{e^2}{4\pi r^2} \rightarrow GM^2 = \frac{e^2}{4\pi} \tag{3.94}$$

両辺を $\hbar c$ で割って，式(3.92)を利用すると，次の関係が見いだされる．

$$\frac{GM^2}{\hbar c} = \frac{e^2}{4\pi \hbar c} \simeq \frac{1}{137} \rightarrow \frac{M^2}{m_P^2} \simeq \frac{1}{137} \tag{3.95}$$

すなわち $M \simeq m_P/12$，陽子質量はPlanck質量の約 1/12 と極めて重くなければならない．無単位の比 $e^2/(4\pi \hbar c)$ は微細構造定数と呼ばれる．この数値はHeaviside-Lorentz単位の電荷素量 $e = \sqrt{4\pi}\, 4.8 \times 10^{-10}$ esu を用いて算出される(問題2.1(c)参照)．

計算練習 3.9 電子の質量は $m_e = 0.9109 \times 10^{-27}$ g であり，これと等価なエネルギーは $m_e c^2 = 0.5110$ MeV である．Planck質量と等価なエネルギーが $m_P c^2 = 1.221 \times 10^{19}$ GeV $(1\,\text{GeV} = 10^9\,\text{eV})$ となることを示せ．これはPlanckエネルギーと呼ばれる．

3.7 重力ポテンシャル

我々は，4次元以外の次元数を持つ時空における重力の記述を試みる際に，重力定数 G に何が起こるかを学ぼうとしている．これを見いだすために，Newton理論の重力ポテンシャルを調べてみる．本節では重力ポテンシャルを，質量を収容している任意に指定された時空次元と関係づける式を得る．その過程において，重力定数を定義する方法を見ることになる．次節において，任意次元におけるPlanck長さを，その適正に決められた重力定数によって定義する．

単位質量に及ぼす力によって定義される重力場 $\vec{g}$ を導入する．この定義は，試験電荷に及ぼす力から電場を定義する方法とよく似ている．すなわち重力場が $\vec{g}$ の位置に試験質量 m を置い

たときに，その試験質量が受ける力が $m\vec{g}$ と与えられる，という形で重力場が定義されている．この $\vec{g}$ を，重力ポテンシャル V_g の勾配に負号を付けた量に等しいものと置く．

$$\vec{g} = -\nabla V_g \tag{3.96}$$

我々はこの式が，任意次元空間において成り立つものと見なす．式(3.96)は次のことを含意する．静的な重力場の中で，あなたが粒子を閉ループに沿って1巡させるときに，あなたが重力場に対して行う正味の仕事はゼロである．

計算練習 3.10 上の命題を証明せよ．

重力ポテンシャルの単位は何だろう？ 式(3.96)により，次のようになる．

$$[\vec{g}] = \frac{[力]}{M} = \frac{[V_g]}{L} \rightarrow [V_g] = \frac{[エネルギー]}{M} \tag{3.97}$$

重力ポテンシャルは"任意の"次元において，エネルギーを単位質量で割った単位を持つ．4次元時空における質点による重力ポテンシャル $V_g^{(4)}$ は次式で与えられる．

$$V_g^{(4)} = -\frac{GM}{r} \tag{3.98}$$

重力ポテンシャルが満たすべき式を見いだすために，電磁気学からの類推を利用する．既に我々は電磁気学において，任意次元で成立する静電ポテンシャルの式を見た．それは式(3.76)である．

$$\nabla^2 \Phi = -\rho \tag{3.99}$$

点電荷 q による4次元スカラーポテンシャルは，

$$\Phi^{(4)} = \frac{q}{4\pi r} \tag{3.100}$$

であり，これは式(3.99)において電荷密度分布 ρ を点電荷とした式を満たす．このことからの類推で，式(3.98)の4次元重力ポテンシャルは，次式を満たす．

$$\nabla^2 V_g^{(4)} = 4\pi G \rho_m \tag{3.101}$$

ρ_m は物質の質量密度である．この式は4次元時空において正しいけれども，他の次元に関しては少々修正が必要となる．左辺は任意の次元数において同じ単位を持つことに注意してもらいたい．V_g の単位は常に同じであり，ラプラシアンは単位としては常に長さの自乗による除算である．したがって右辺も次元数に依らず同じ単位を持たねばならない．ρ_m は質量密度なので，異なる次元において異なる単位を持つ．その結果，G の単位も次元の変更によって変わる必要がある．そこで上の式を，D次元時空における式として書き直す．

$$\nabla^2 V_g^{(D)} = 4\pi G^{(D)} \rho_m \tag{3.102}$$

上付き添字として付ける括弧付きの整数は"時空"の次元を表す．我々は $G^{(4)}$ を，4次元時空の Newton 定数 G に同定する．一般的に D によって時空の次元数を表し，d によって空間の次元数を表すことにする．必然的に $D = d + 1$ である．

式(3.102)は，任意次元における Newton 重力の定義を与えている．点電荷による電場と同様に，d次元空間における質点による重力場も，距離に応じて $1/r^{d-1}$ のように弱まる．その結果，距離 r を隔てて位置する2つの質点の間に働く重力も，距離に対して $1/r^{d-1}$ の依存を示す．3次元空間では，お馴染みの逆自乗則が得られる．もし $D = 6$ であれば(すなわち余剰次元が2つ加わった世界を考えれば)，重力は距離に対して $1/r^4$ のような弱まり方をする．

3.8 次元と Planck 長さ

4次元時空の場合と同様の方法で，任意次元数における Planck 長さを定義する．Planck 長さは，3つの定数 $G^{(D)}$, c, $\hbar$ の冪"だけ"によって一意的に構築される長さである．Planck 長さを算出するためには，$G^{(D)}$ の単位を決めなければならない．このことは $G^{(D)}\rho_m$ (式(3.102) の右辺) が，次元に依らず同じ単位を持つことを念頭に置けば，容易に行える．

例として，5次元と4次元を比べてみよう．

$$[G^{(5)}]\frac{M}{L^4} = [G]\frac{M}{L^3} \rightarrow [G^{(5)}] = L[G] \tag{3.103}$$

$[G^{(5)}]$ の単位は，$[G]$ よりも，ひとつ余計に長さの因子を含む．式(3.90)を用いて，G の単位を長さと c と $\hbar$ の単位に読み替える．

$$[G] = \frac{[c]^3 L^2}{[\hbar]} \tag{3.104}$$

そうすると，式(3.103)により，次のようになる．

$$[G^{(5)}] = \frac{[c]^3 L^3}{[\hbar]} \tag{3.105}$$

Planck 長さは重力定数と c と $\hbar$ から一意的に構築されるので，上式の括弧を外して，L を5次元時空の Planck 長さ $\ell_\mathrm{P}^{(5)}$ に置き換えることができる．

$$\left(\ell_\mathrm{P}^{(5)}\right)^3 = \frac{\hbar G^{(5)}}{c^3} \tag{3.106}$$

4次元時空の Planck 長さを再び導入する．

$$\left(\ell_\mathrm{P}^{(5)}\right)^3 = \left(\frac{\hbar G}{c^3}\right)\frac{G^{(5)}}{G} \rightarrow \left(\ell_\mathrm{P}^{(5)}\right)^3 = (\ell_\mathrm{P})^2 \frac{G^{(5)}}{G} \tag{3.107}$$

4次元と5次元における重力定数は同じ単位を持たないので，直接の比較はできない．しかしながら Planck 長さ同士の比較は可能である．もし Planck 長さが4次元と5次元で等しいならば，$G^{(5)}/G = \ell_\mathrm{P}$ となる．すなわちこのとき4次元と5次元の重力定数は，共通の Planck 長さの因子ひとつ分だけ異なる．

上の式を D 次元時空へ一般化することも，難しくない．

計算練習 3.11 式(3.106)と式(3.107)を一般化すると，次式になることを示せ．

$$\boxed{\left(\ell_\mathrm{P}^{(D)}\right)^{D-2} = \frac{\hbar G^{(D)}}{c^3} = (\ell_\mathrm{P})^2 \frac{G^{(D)}}{G}} \tag{3.108}$$

3.9 重力定数とコンパクト化

もし弦理論が正しいならば，我々の世界は本当は4次元よりも高次元の時空のはずである．基礎的な重力理論も高次元世界において，高次元の Planck 長さの値を用いて規定されることになる．我々が見ているのは4次元時空にすぎないので，その他の余剰次元は縮んで (巻き取られ

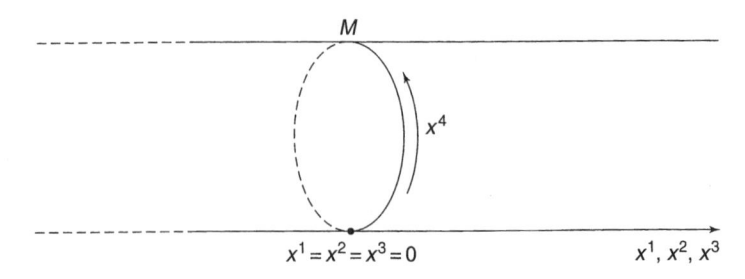

図3.2 4次元空間において，そのうちのひとつの次元 x^4 が半径 R の円にコンパクト化している．全質量 M の輪が，このコンパクト次元に巻き付いている．

て)，小さな体積しか持たないコンパクト空間を形成しているものと考えられる．そうすると次の問いが生じる．4次元時空における実効的なPlanck長さとは何なのか？ これから示すように，4次元時空の実効的なPlanck長さは，元々の高次元のPlanck長さの値と，余剰次元の体積に依存して決まる．

上述の観点から，4次元時空の世界における実効的なPlanck長さ――よく知られているように，およそ 10^{-33} cm である――は，元々の高次元理論におけるPlanck長さと一致していないという可能性が出てくる．基本的なPlanck長さは，よく知られている4次元時空のそれよりもはるかに長いということはあり得るだろうか？ この問題に対する回答は次節において与える．本節では，重力定数に対するコンパクト化の影響を調べる．

仮に，5次元時空における重力定数が与えられたとして，そこから4次元時空における重力定数をどのように計算したらよいだろう？ まず，実効的な4次元時空を得るために，ひとつの空間次元が巻き取られていることを想定しなければならない．これから見るように，余剰次元の寸法が，重力定数の間の関係に影響する．この問題を具体的に調べるために，5次元時空において，ひとつの次元が半径 R の小さな円を形成している状況を考える．$G^{(5)}$ が与えられており，そこから $G^{(4)}$ を計算する．

無限に拡がった空間次元を (x^1, x^2, x^3) によって表し，円周 $2\pi R$ にコンパクト化された空間次元を x^4 によって表すことにする (図3.2)．位置 $x^1 = x^2 = x^3 = 0$ に，全質量が M の均一な輪を置いてみる．これは x^4 次元に沿った一様な質量の分布と見なされる．我々の関心の対象は，そのような質量分布によって生じる重力ポテンシャル $V_g^{(5)}$ である．輪の代わりに，ある決まった x^4 の位置に点粒子を置いてみてもよいが，その計算はもっと複雑になる (問題3.10)．ここで考えるような輪の場合，$V_g^{(5)}$ は x^4 には依存しない．輪の全質量 M を，次のように表すこともできる．

$$[全質量] = M = 2\pi R m \tag{3.109}$$

m は単位長さあたりの質量である．

この5次元時空の世界における質量密度はどうなるだろう？ ゼロでない値を持つのは $x^1 = x^2 = x^3 = 0$ の位置に限られる．このような質量密度を表すために，デルタ関数を用いる．デルタ関数 $\delta(x)$ は，$x=0$ 以外における値はゼロであり，かつその積分が $\int_{-\infty}^{\infty} dx\, \delta(x) = 1$ となる

3.9. 重力定数とコンパクト化

ような特異な関数であることを思い出そう．この積分は，もし x が長さの単位を持つならば，$\delta(x)$ は長さの逆数の単位を持つことも含意している．5次元時空において，質量は $x^1 = x^2 = x^3 = 0$ に集中しているので，質量密度分布の式が3つのデルタ関数の積 $\delta(x^1)\delta(x^2)\delta(x^3)$ を含むことは理に適っている．次のように置いてみよう．

$$\rho^{(5)} = m\,\delta(x^1)\delta(x^2)\delta(x^3) \tag{3.110}$$

まず単位の整合性を調べてみる．質量密度 $\rho^{(5)}$ は M/L^4 の単位を持たなければならない．m は単位長さあたりの質量であり，3つのデルタ関数は L^{-3} の因子となるので，単位に問題はない．しかし式(3.110)には，まだ無単位の因子，たとえば2などが付け加わる可能性もあり得る．最終的な検証として，$\rho^{(5)}$ を全空間で積分してみる．その結果，全質量が得られる．

$$\int_{-\infty}^{\infty} dx^1 dx^2 dx^3 \int_0^{2\pi R} dx^4 \rho^{(5)}$$
$$= m \int_{-\infty}^{\infty} dx^1 \delta(x^1) \int_{-\infty}^{\infty} dx^2 \delta(x^2) \int_{-\infty}^{\infty} dx^3 \delta(x^3) \int_0^{2\pi R} dx^4$$
$$= m 2\pi R \tag{3.111}$$

これは，まさに式(3.109)で与えた全質量である．実効的な4次元時空の観測者にとって，**質量は質点のように見え，その位置は $x^1 = x^2 = x^3 = 0$ である**．そこで，この観測者は，質量密度を次のように書く．

$$\rho^{(4)} = M\,\delta(x^1)\delta(x^2)\delta(x^3) \tag{3.112}$$

次の関係が得られたことに注意してもらいたい．

$$\rho^{(5)} = \frac{1}{2\pi R}\rho^{(4)} \tag{3.113}$$

上の情報を重力ポテンシャルの式において利用してみよう．式(3.102)の5次元時空版と式(3.113)を用いて，次式を得る．

$$\nabla^2 V_g^{(5)}(x^1, x^2, x^3) = 4\pi G^{(5)}\rho^{(5)} = 4\pi \frac{G^{(5)}}{2\pi R}\rho^{(4)} \tag{3.114}$$

先ほど言及したように $V_g^{(5)}$ は x^4 には依存しないので，上式のラプラシアンは実質的には4次元時空におけるラプラシアンと同じである．$V_g^{(5)}$ を4次元時空における実効的な重力ポテンシャルと見なせば，上式は4次元時空における重力方程式の形をしており，右辺の 4π と $\rho^{(4)}$ の間の因子が4次元時空の重力定数にあたる．したがって，次の関係が示されたことになる．

$$G = \frac{G^{(5)}}{2\pi R} \rightarrow \boxed{\frac{G^{(5)}}{G} = 2\pi R \equiv \ell_C} \tag{3.115}$$

ℓ_C は余剰コンパクト次元の長さを表す．これが我々の求めていた結果である．すなわち重力定数間の関係が，余剰次元の寸法を用いて与えられた．

余剰次元が2つ以上ある場合への式(3.115)の一般化も，直接的に行うことができ，次の結果が得られる．

$$\frac{G^{(D)}}{G} = (\ell_C)^{D-4} \tag{3.116}$$

ここでは各余剰次元が共通の長さ ℓ_C を持つものとしている。各余剰次元が異なる長さに巻き取られている場合には、右辺がそれぞれの余剰次元寸法の積に置き換わる。この積は余剰次元全体の体積なので、結果を次式にまとめることができる。

$$\boxed{\frac{G^{(D)}}{G} = V_C} \tag{3.117}$$

3.10 大きな余剰次元

前節までで、我々は基礎的な準備を済ませたことになる。3.8節において、任意次元におけるPlanck長さと重力定数の関係を見いだした。3.9節では重力定数とコンパクト化との関係を明らかにした。これでコンパクト化を伴う高次元理論における基本的なPlanck長さが、実効的な4次元理論におけるPlanck長さとどのように関係づけられるかを調べるための準備は整った。

手始めに、Planck長さ $\ell_P^{(5)}$ の5次元世界において、空間次元がひとつだけ、円周 ℓ_C の円に巻き取られている状況を考える。これらの長さと ℓ_P との関係はどうなるだろう？ 式(3.107)と式(3.115)から、次式が得られる。

$$\left(\ell_P^{(5)}\right)^3 = (\ell_P)^2 \frac{G^{(5)}}{G} = (\ell_P)^2 \ell_C \tag{3.118}$$

これを ℓ_C について解く。

$$\ell_C = \frac{\left(\ell_P^{(5)}\right)^3}{(\ell_P)^2} \tag{3.119}$$

この関係に基づき、この世界は本当は5次元時空であり、基本的なPlanck長さ $\ell_P^{(5)}$ は 10^{-33} cm よりも遥かに長いという可能性を仮想できる。もちろん $\ell_P \sim 10^{-33}$ cm でなければならない。結局これは実効的な4次元時空におけるPlanck長さであって、その値は式(3.90)に与えてある。
現在の加速器実験によって調べられているのは、10^{-16} cm 程度までの物理である。仮に基本的な距離尺度が、これよりもいくぶん短いものと考えて、$\ell_P^{(5)} \sim 10^{-18}$ cm としてみよう。ℓ_C はどのくらいになるだろうか？ $\ell_P^{(5)} \sim 10^{-18}$ cm で、$\ell_P \sim 10^{-33}$ cm であれば、式(3.119)により $\ell_C \sim 10^{12}$ cm $\sim 10^7$ km である。これは地球から月までの距離の20倍を超える。仮にこのような大きな余剰次元が存在していれば、とっくの昔に検知されているはずである。

5次元では現実的な筋書きを作ることができなかったので、次に6次元時空を考えよう。任意の D において、式(3.108)と式(3.116)により、

$$\left(\ell_P^{(D)}\right)^{D-2} = (\ell_P)^2 \frac{G^{(D)}}{G} = (\ell_P)^2 (\ell_C)^{D-4} \tag{3.120}$$

であり、これを ℓ_C について解くと、次のようになる。

$$\ell_C = \ell_P^{(D)} \left(\frac{\ell_P^{(D)}}{\ell_P}\right)^{\frac{2}{D-4}} \tag{3.121}$$

$D = 6$ において、$\ell_P^{(6)} \sim 10^{-18}$ cm と置いてみると、

3.10. 大きな余剰次元

$$\ell_C = \frac{\left(\ell_P^{(6)}\right)^2}{\ell_P} \sim 10^{-3} \text{ cm} \tag{3.122}$$

となる．これは5次元時空の場合よりも遥かに興味深い！　ここで便利な長さの単位はミクロン，すなわち $\mu m = 10^{-6}$ m である．1ミリメートルの $\frac{1}{10}$ は $100\,\mu m$ である．我々は $\ell_C \sim 10\,\mu m$ を得たことになる．余剰次元が10ミクロンの拡がりを持つことができるだろうか？　これは光学顕微鏡でも見える程度の尺度であり，読者はまだ大きすぎると考えるかも知れない．それに先ほども述べたように，加速器実験はすでに 10^{-16} cm のオーダーまでに及んでいる．しかし驚くべきことに，このような"大きな余剰次元"が存在し，それを我々が未だ観測できていないという可能性が考えられるのである．

余剰次元が存在するならば，2つの質点の間にはたらく重力の法則を調べることによってそれを確認できるかもしれない．コンパクト化の尺度 ℓ_C よりも遥かに長い距離尺度では，世界は実効的に4次元と見なされ，2つの質点の間に働く重力の距離依存性は正確に Newton の逆自乗則に従う．他方，ℓ_C よりも短い距離を考えると，世界は実効的にも高次元になり，重力の法則が変わる．2つの余剰次元が加わるならば，2つの質点間に働く力は，質点の距離を r とすると，$1/r^4$ のような依存性を示すようになると考えられる．

短距離における重力を実験的に調べることは極めて困難である．重力自体は著しく弱く，余計な電気力の影響も正確に考慮して重力の寄与だけを調べる必要がある．大きな余剰次元の可能性の検証を主要な動機として，物理学者たちは1ミリメートル未満の距離において逆自乗則の検証を始めた．机上実験では振り振り子（ねじ）や，開放端側に試験質量のあるマイクロマシンの片持ち針（カンチレバー）が利用される．2007年までの実験からは，約50ミクロンの近距離にいたるまで，逆自乗則からの逸脱は見出されていない．これは，仮に余剰次元が存在するとしても，それが50ミクロンよりも小さいことを意味する．式(3.122)で想定されたような10ミクロンほどのコンパクト次元の存在は，実験結果と抵触しない．

重力以外の力はどうなのかと読者は考えるであろう．電磁気学は極めて短い距離まで検証されており，電気力は正確に逆自乗則に従うことが知られている．たとえばアルファ粒子が原子核によって散乱される Rutherford 散乱（ラザフォード）により，逆自乗則が 10^{-11} cm まで確認されている．電気力の距離依存性が余剰次元の寸法以下で変更を受けるべきものと考えれば，これは大きな余剰次元の可能性を排除する事実のように見える．しかしながら弦理論では，大きな余剰次元が存在する可能性が依然として残る．拡がった空間次元は余剰次元に対して横方向の3次元超平面として捉えられる．この超平面は D3-ブレインと呼ばれる．D3-ブレインは3つの空間次元を持つ D-ブレインである[§].

開弦は，その端点が D-ブレインに接続していなければならないという注目すべき性質を持っている．弦理論において構築された多くの現象論モデルでは，開弦の振動としてレプトンやクォークやゲージ場が現れ，そのゲージ場には Maxwell のゲージ場が含まれる．これらの場は D3-ブレインに束縛されており，余剰次元を"感知しない"．この Maxwell 場が D-ブレイン内に存在するならば，電荷から発する電気力線も D-ブレインだけを伝い，余剰次元には入らない．力の法則は短い距離尺度でも変更を受けないことになる．これに対して閉弦は D-ブレインに束縛さ

[§](訳註) あるいは，実効的な3次元空間を，複数の Dp-ブレイン（$p > 3$）の交差部分とする考え方もある（第21章）．

れておらず，閉弦の振動として現れる重力は，余剰次元の影響を受ける．

Planck長さ ℓ_P は，4次元時空において重要な距離尺度であるが，もし大きな余剰次元が存在しているならば，本当の基本的なPlanck長さは実効的な4次元時空におけるPlanck長さよりも遥かに長いものであろう．大きな余剰次元の可能性は，少しばかり不自然である——余剰次元は何故，基本的な長さの尺度に比べて遥かに大きくなければならないのか？ これは新しい問題ではなく，素粒子の階層性の問題を別の側面から捉えたものである．3.6節の末尾において，素粒子物理では，Planck質量と現実の素粒子の質量が大きく隔たっているという階層性の問題に直面していることに言及した．大きな余剰次元の筋書きにおいて，階層性は，余剰次元が基本的な距離尺度よりもはるかに大きいことから生じるものと仮定される．ともあれ真に興味をそそる事実は，現在までの実験が大きな余剰次元の可能性を排除していないことである．余剰次元が発見されることがあれば，それは革命的な発見である．

余剰次元が $\ell_P \sim 10^{-33}$ cm に比べれば遥かに大きいけれども，やはりかなり小さいという可能性ももちろんある．時空が10次元であれば，式(3.121)において $D=10$, $\ell_P^{(10)} \sim 10^{-18}$ cm と置くと $\ell_C \sim 10^{-13}$ cm となり，これは机上の重力実験において検出するには短すぎる寸法である．このような寸法以下の余剰次元を実験的に調べるには，素粒子加速器を用いる必要がある．

問題

3.1 電磁場内の粒子の運動のLorentz共変性．†

Lorentz力の式(3.5)は，相対論的な形で，

$$\frac{dp_\mu}{ds} = \frac{q}{c} F_{\mu\nu} \frac{dx^\nu}{ds} \tag{1}$$

と書ける．p_μ は4元運動量である．この式が，μ が空間次元の添字の場合に式(3.5)を再現することを確認せよ．$\mu = 0$ と置いたときには，式(1)はどのようになるか？ それは意味を持つか？ 式(1)はゲージ不変な式になっているか？

3.2 4次元のMaxwell方程式．

(a) $T_{\mu\lambda\nu} = 0$ からMaxwellの方程式の源を含まない式が再現されることを示せ．

(b) 式(3.34)からMaxwellの方程式が再現されることを示せ．

3.3 3次元の電磁気学．

(a) 4次元におけるMaxwellの方程式と力の法則から始めて，仮説(3.11)を用い，場が z に依存しなくなるものと仮定して次元低減を施し，3次元におけるMaxwellの方程式を導け．

(b) 3次元の電磁気学の解析を，Lorentz共変な形式を出発点にして繰り返せ．$A^\mu = (\Phi, A^1, A^2)$ と置き，$F_{\mu\nu}$ と，Maxwellの方程式(3.34)と，問題3.1に取り上げた相対論的な形式の力の法則を調べてみよ．

問題 (第3章)

3.4 点電荷による電場とポテンシャル.

(a) 時間に依存しない場に関して，Maxwellの方程式 $T_{0ij} = 0$ は $\partial_i E_j - \partial_j E_i = 0$ を含意することを示せ．この条件が $\vec{E} = -\nabla\Phi$ によって満たされる理由を説明せよ．

(b) d次元空間の点電荷 q によるポテンシャル Φ が，次式で与えられることを示せ．
$$\Phi(r) = \frac{\Gamma\left(\frac{d}{2}-1\right)}{4\pi^{d/2}} \frac{q}{r^{d-2}}$$

3.5 高次元における発散の計算．

$\mathbf{R}^d$ におけるベクトル場 $\vec{f} = f(r)\hat{\mathbf{r}}$ を考える．$\hat{\mathbf{r}}$ は原点からの動径方向の単位ベクトル，r は動径距離を表す．半径 r，厚さ dr の球殻に対して発散定理を適用することにより，$\nabla \cdot \vec{f}$ の式を求めよ．得られた結果が $d=3$ において $\nabla \cdot \vec{f} = f'(r) + \frac{2}{r}f(r)$ に帰着することを確認せよ．

3.6 ガンマ関数に対する解析接続.†

ガンマ関数の定義式において，引数 z が正の実部を持つ複素数であると考える．
$$\Gamma(z) = \int_0^\infty dt\, e^{-t} t^{z-1}, \quad \Re(z) > 0$$
$\Re(z) > 0$ において，次式を証明せよ．
$$\Gamma(z) = \int_0^1 dt\, t^{z-1}\left(e^{-t} - \sum_{n=0}^N \frac{(-t)^n}{n!}\right) + \sum_{n=0}^N \frac{(-1)^n}{n!}\frac{1}{z+n} + \int_1^\infty dt\, e^{-t} t^{z-1}$$
上の右辺が $\Re(z) > -N-1$ において数学的に定義可能となる理由を述べよ．右辺は $\Gamma(z)$ を $\Re(z) > -N-1$ へ解析接続した式にあたる．このガンマ関数が $0, -1, -2, \ldots$ において極を持つことを説明し，$z = -n$ (n は正の整数) における留数を求めよ．

3.7 単純な量子重力効果は小さい.†

(a) 電子が重力によって陽子に束縛されているような水素原子を仮想すると，"重力的Bohr半径"はいくらになるか？ 通常のBohr半径は $a_0 = \frac{\hbar^2}{me^2} \simeq 5.29 \times 10^{-9}$ cm である．

(b) $G, c, \hbar$ を1に設定した"単位系"において，ブラックホールの温度は $kT = \frac{1}{8\pi M}$ と与えられる．この式に $G, c, \hbar$ の因子を挿入せよ．そして太陽の100万倍の質量を持つブラックホールの温度を評価せよ．温度が室温になるようなブラックホールの質量はどれくらいか？

3.8 真空エネルギーに関係する距離尺度．

観測によれば現在，宇宙の膨張は加速しているが，それはおそらく真空エネルギー密度に因るものである．このエネルギーに対応する質量密度は近似的に $\rho_{\text{vac}} = 7.7 \times 10^{-27}$ kg/m³ である．一部の物理学者たちは，重力理論の修正によって宇宙の加速膨張の理解を試みている．その場合に，どのような距離尺度が重要となるかを知ることは有用である．関係するパラメーターが $\rho_{\text{vac}}, \hbar, c$ だけであると仮定するならば，長さのパラメーター ℓ_{vac} を，これらの冪の掛け算によって構築できる．
$$\ell_{\text{vac}} = \rho_{\text{vac}}^\alpha \hbar^\beta c^\gamma$$

上式における α, β, γ の値はどのように決まるか？ $\ell_{\rm vac}$ の数値はいくらか？ 得られた結果を μm で表せ．$1\,\mu{\rm m} = 10^{-6}\,{\rm m}$ である．

3.9 4 次元もしくはそれ以上の次元における惑星の運動．

重い恒星のまわりを，平面内の円軌道に沿って巡る惑星を，我々の 4 次元時空と，余剰の空間次元を持つ時空において考える．そのような軌道の，軌道面内における摂動の下での安定性を調べたい．そのような摂動は，たとえば同じ軌道面を持つ隕石が惑星に衝突し，角運動量を変えることによって生じる．

4 次元時空における惑星の円軌道は，そのような摂動の下で安定であるが，5 次元以上の時空では不安定になることを示せ．[ヒント：中心力場内の運動に対する有効ポテンシャルを用いることが役に立つかも知れない．]

3.10 コンパクト化した 5 次元時空の世界における質点の重力場．

5 次元時空の空間座標を (x, y, z, w) とする．まずコンパクト化していない空間を考え，質点 M が原点 $(x, y, z, w) = (0, 0, 0, 0)$ にあるものとする．

(a) 重力ポテンシャル $V_g^{(5)}(r)$ を求めよ．答えを M, $G^{(5)}$ および $r = (x^2 + y^2 + z^2 + w^2)^{1/2}$ によって表せ．[ヒント：$\nabla^2 V_g^{(5)} = 4\pi G^{(5)} \rho_m$ と発散定理を用いること．]

次に，図 3.3 に示すように w を半径 a にコンパクト化し，質点は同じ位置にとどめる．

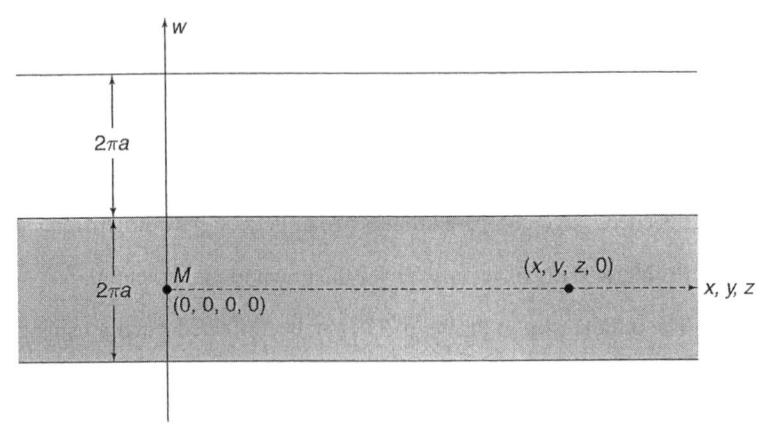

図 3.3 1 つの次元をコンパクト化した 5 次元時空における質点 M．

(b) 重力ポテンシャル $V_g^{(5)}(x, y, z, 0)$ の正確な式を書け．このポテンシャルは $R \equiv (x^2 + y^2 + z^2)^{1/2}$ の関数であり，無限級数の形で与えられる．

(c) $R \gg a$ において，この重力ポテンシャルは 4 次元時空の重力ポテンシャルの形になり，Newton 定数 $G^{(4)}$ が $G^{(5)}$ を用いて式 (3.115) のように与えられることを示せ．[ヒント：無限級数を積分にする．]

これらの結果は，4次元と5次元の Newton 定数のコンパクト化を通じた関係と，コンパクト寸法に比べて大きな距離において4次元ポテンシャルが現れることの確認になっている．

3.11 重力ポテンシャルの正確な解答．

問題 3.10 の無限級数は，次の恒等式を用いて正確な評価ができる．

$$\sum_{n=-\infty}^{\infty} \frac{1}{1+(\pi n x)^2} = \frac{1}{x} \coth\left(\frac{1}{x}\right)$$

(a) コンパクト化した理論における重力ポテンシャル $V_g^{(5)}(x,y,z,0)$ を与える厳密な閉じた形の式を見いだせ．

(b) 得られた式を展開して，$R \gg a$ における重力ポテンシャルの主要な"補正項"を計算せよ．R/a がどれくらいで補正が1%程度になるか？

(c) (a)の厳密な式を $R \ll a$ において展開する．最初の2項を与えよ．主要項を認識できるか？

第4章 非相対論的な弦

相対論的な弦理論の巧妙さの真価を完全に認識するためには，その前提として，非相対論的な弦の基本的な物理に対する理解が必要である．非相対論的な弦は質量と張力を持ち，縦方向にも横方向にも振動することができる．我々は非相対論的な弦の運動方程式を学び，その力学に対するラグランジアンによるアプローチを展開する．

4.1 横方向の振動に関する運動方程式

張られた弦の横方向のゆらぎの問題から考察を始める．弦に沿った方向を縦方向，弦に直交する方向を横方向と呼ぶ．記述を簡単にするために，横方向が1方向だけ限られる場合を考える――別の横方向を加える一般化は，直接的に行える．

(x,y) 面の中で，端点を $(0,0)$ と $(a,0)$ に持つ非相対論的な古典弦を考える．静的な状態としては，この弦は2つの端点の間で引き伸ばされていて，それらを結ぶ x 軸に沿った位置を占める．横方向の振動において，弦の上のどの点も，その x 座標は時間に依存しない．弦上の点の横方向の変位は y 座標によって与えられる．x 方向が縦方向，y 方向が横方向にあたる．均一な弦の古典力学を記述するために，2つの情報が必要である．それは張力 T_0 と，単位長さあたりの質量 μ_0 である．弦の全質量は $M = \mu_0 a$ となる．

単位について簡単に見てみよう．張力は力の単位を持つので，

$$[T_0] = [力] = \frac{[エネルギー]}{L} \tag{4.1}$$

である．弦を無限小の長さ dx だけ引き伸ばすとき，その引き伸ばしを行う間，張力は近似的に一定を保ち，弦のエネルギーの変化は，弦に対して行った仕事 $T_0 dx$ に等しい．弦の全質量は変わらない．しかし相対論的な弦を考える場合には，エネルギーの高くなった弦は，その静止質量も重くなる．式(4.1)を用いて，エネルギーの単位が質量と速度の自乗の積に等しいことと，μ_0 が質量を長さで割った単位を持つことに注意すると，次式を得る．

$$[T_0] = \frac{M}{L}[v]^2 = [\mu_0][v]^2 \tag{4.2}$$

非相対論的な弦に関しては，T_0 と μ_0 が両方とも調整可能なパラメーターであり，右辺の速度は横方向振動の速度にあたる．相対性理論においては c が規準速度となるので，上式によって，相対論的な弦では弦の張力 T_0 と線形質量密度 μ_0 の関係が $T_0 = \mu_0 c^2$ になるであろうことが示唆される．第6章において，これが実際に相対論的な弦における適正な関係となることを見る予定である．

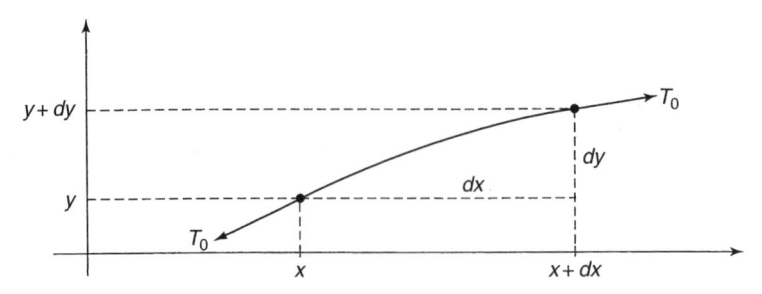

図4.1 横方向に振動している非相対論的な古典弦の素片 (短い部分). 両端の傾斜が異なると, 正味の力がこの部分にかかる.

非相対論的な弦に話を戻して, 運動方程式を考えよう. 静的な弦において $y=0$, x から $x+dx$ までの小さな部分を考える. この素片が横方向 (y 方向) に振動しているときの様子を図4.1に示す. 時刻 t での弦の横方向の変位を, x において $y(t,x)$, $x+dx$ において $y(t,x+dx)$ と書く. 小さい振動を仮定して, 弦の上のすべての点において, 全時間にわたり,

$$\left|\frac{\partial y}{\partial x}\right| \ll 1 \tag{4.3}$$

であるものとする. このことから弦の横方向変位が, 弦の長さに比べて小さいことが保証される. 弦の長さはほとんど変化せず, 張力 T_0 は一定であると仮定してよい.

弦の傾斜は x と $x+dx$ において少し異なる. この傾斜の違いは, 張力が働く方向が両端で違っており, 間の部分に正味の力が加わることを意味している. 横方向の弱い振動に関しては, 垂直方向の正味の力だけを計算すればよく, 水平方向の力を無視できる (問題4.1). 点 $(x+dx, y+dy)$ における垂直方向の力としては, T_0 に, $x+dx$ における $\partial y/\partial x$ を乗じた力が上向きにかかる. 同様に点 (x,y) では T_0 に x における $\partial y/\partial x$ を乗じた力が下向きにかかる. したがって, 垂直方向の正味の力 dF_v は次のようになる.

$$dF_v = T_0 \frac{\partial y}{\partial x}\bigg|_{x+dx} - T_0 \frac{\partial y}{\partial x}\bigg|_x \simeq T_0 \frac{\partial^2 y}{\partial x^2} dx \tag{4.4}$$

この x から $x+dx$ までの弦の素片の質量 dm は, 質量密度 μ_0 と dx の積によって与えられる. Newtonの法則により, 垂直方向の正味の力は, 質量と垂直方向の加速度の積に等しい. したがって, 単純に次のように書ける.

$$T_0 \frac{\partial^2 y}{\partial x^2} dx = (\mu_0 dx) \frac{\partial^2 y}{\partial t^2} \tag{4.5}$$

両辺の dx を相殺して式変形を施すと, 次式が得られる.

$$\boxed{\frac{\partial^2 y}{\partial x^2} - \frac{\mu_0}{T_0}\frac{\partial^2 y}{\partial t^2} = 0} \tag{4.6}$$

これは波動方程式そのものである! 通常の波動方程式,

$$\frac{\partial^2 y}{\partial x^2} - \frac{1}{v_0^2}\frac{\partial^2 y}{\partial t^2} = 0 \tag{4.7}$$

において，パラメーター v_0 は波の速度である．よって我々が考えている弦における横波の速度は，

$$v_0 = \sqrt{T_0/\mu_0} \tag{4.8}$$

と与えられる．張力が強いほど，あるいは弦が軽いほど波は速くなる．

4.2 境界条件と初期条件

式(4.6)は空間微分と時間微分を含む偏微分方程式なので，解を決めるためには一般に，境界条件と初期条件を両方とも設定する必要がある．境界条件 B.C. (boundary condition) は系の境界において解に制約を与え，初期条件は指定された運動開始時刻における解に制約を与える．最もよく用いられる2つの型の境界条件として，Dirichlet境界条件（ディリクレ）と Neumann境界条件（ノイマン）がある．

今，考察している弦に関して言えば，Dirichlet境界条件は弦の端点の位置を特定する境界条件である．たとえば弦の両端をそれぞれ壁に固定するならば(図4.2,左側)，それは次のようなDirichlet境界条件を課していることになる．

$$y(t, x=0) = y(t, x=a) = 0, \quad \text{Dirichlet境界条件} \tag{4.9}$$

弦の両端を固定する代わりに，両端それぞれに質量のない小さな輪をつけて，摩擦のない支柱に通し，端点がそれぞれの支柱に沿ってずれることを許容するならば，Neumann境界条件を課していることになる．この弦に対して，Neumann境界条件は両端における $\partial y/\partial x$ の値を特定している．端点の輪が質量を持たず，支柱に摩擦がないので，$\partial y/\partial x$ は $x = 0, a$ においてゼロにならなければならない(図4.2,右側)．仮に支柱において弦の傾斜がゼロでない値を持つならば，弦の張力の成分は輪を y 方向に加速する．輪が質量を持たなければその加速は無限大になるが，それは起こりえないことなので，実効的に次のNeumann境界条件が課されていることになる．

$$\frac{\partial y}{\partial x}(t, x=0) = \frac{\partial y}{\partial x}(t, x=a) = 0, \quad \text{Neumann境界条件} \tag{4.10}$$

Neumann境界条件は，両端が y 方向に自由に動く弦に適用される．

与えられた初期条件の下で，波動方程式を解く方法を見てみよう．式(4.6)の一般解は，次の形を持つ．

$$y(t, x) = h_+(x - v_0 t) + h_-(x + v_0 t) \tag{4.11}$$

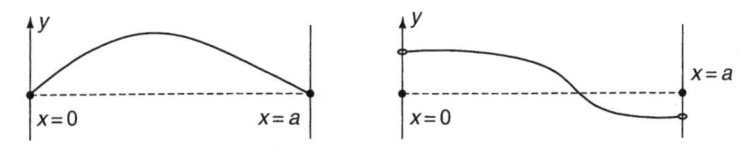

図4.2 左：両端に Dirichlet境界条件を課した弦．右：両端に Neumann境界条件を課した弦．

h_+ と h_- は"単一の"変数を引数とする任意関数である．この解は，右側へ動く波 h_+ と左側へ動く波 h_- の 2 つの波の重ね合わせを表している．$t=0$ における y と $\partial y/\partial t$ の初期値が分かっているものと仮定しよう．式 (4.11) を用いると，この初期情報は次のように表される．

$$y(0,x) = h_+(x) + h_-(x) \tag{4.12}$$

$$\frac{\partial y}{\partial t}(0,x) = -v_0\, h'_+(x) + v_0\, h'_-(x) \tag{4.13}$$

左辺は既知の関数であり，プライム (') は引数に関する微分演算を意味する．式 (4.12) を利用して h_- を h_+ を用いて表すことができる．これを式 (4.13) に代入すると，h_+ に関する 1 階の常微分方程式が得られる．ここから (適切な境界条件で) h_+ を解けば，それを再び式 (4.12) に適用して，h_- も求めることができる．h_+ と h_- が分かれば，運動方程式 (波動方程式) の解は，式 (4.11) によって与えられる．

4.3 横方向振動の振動数

弦において，各点が位相を揃えて y 方向に正弦的に振動している状況を仮定する．これは $y(t,x)$ が次の形を持つという意味である．

$$y(t,x) = y(x)\sin(\omega t + \phi) \tag{4.14}$$

ω は振動運動の角振動数，ϕ は定数 (各点共通) の位相である．我々の目的は，許容される振動数を見いだすことである．式 (4.14) を式 (4.6) に代入して，共通する時間依存因子を相殺すると，次式が得られる．

$$\frac{d^2 y(x)}{dx^2} + \omega^2 \frac{\mu_0}{T_0} y(x) = 0 \tag{4.15}$$

これは振動形状関数 $y(x)$ に関する 2 階の常微分方程式である．この方程式と境界条件によって，許容される振動数が選択される．ω, μ_0, T_0 は定数なので，この微分方程式の解を三角関数を用いて与えることができる．Dirichlet 境界条件 (4.9) を採用すると，次の非自明な解が求まる．

$$y_n(x) = A_n \sin\left(\frac{n\pi x}{a}\right), \quad n = 1, 2, \ldots \tag{4.16}$$

A_n は任意の定数である．$n=0$ は弦が振動しない状態なので除外する．$y_n(x)$ を式 (4.15) に代入すると，許容される振動数 ω_n が見いだされる．

$$\omega_n = \sqrt{\frac{T_0}{\mu_0}}\left(\frac{n\pi}{a}\right), \quad n = 1, 2, \ldots \tag{4.17}$$

これらが Dirichlet 弦の振動数である．バイオリンの弦は Dirichlet 弦である．バイオリンの弦の振動数を適正値に合わせるには，弦の張力を調節する必要がある．式 (4.17) から予言されるように，張力が強いほどピッチが上がる．Neumann 境界条件 (4.10) を採用した場合には，振動形状として次の解を得る．

$$y_n(x) = A_n \cos\left(\frac{n\pi x}{a}\right), \quad n = 0, 1, 2, \ldots \tag{4.18}$$

今度は $n=0$ の解も自明というわけではない．弦は形を変えないけれども，そのまま $y(t,x) = A_0$ へ移動する．式(4.18)を式(4.15)に代入して得られる振動数は，式(4.17)と同じなので，振動数は Neumann 問題でも Dirichlet 問題でも共通する．ただし Neumann 問題の場合には，弦の振動に関する最初の仮定(4.14)には含まれない解がひとつ余計に許容される．すなわち弦が一定速度で移動するような解である．実際，a と b を任意定数として，$y(t,x) = at + b$ という解は境界条件も元の波動方程式(4.7)も満足する．

4.4 より一般的な弦の振動

ここまでの考察に関連する問題について簡単に言及しておく．たとえば，質量密度が位置の関数 $\mu(x)$ になっている弦について考える．式(4.6)の形は局所的な考察から導かれているので変わらない．考察の対象とする弦の素片が充分に短いものとすれば，その部分の密度は近似的に一定であると見なすことができる．したがって，次式が得られる．

$$\frac{\partial^2 y}{\partial x^2} - \frac{\mu(x)}{T_0} \frac{\partial^2 y}{\partial t^2} = 0 \tag{4.19}$$

横方向の振動に関しては，仮説(4.14)を利用すると，次式が見いだされる．

$$\frac{d^2 y}{dx^2} + \frac{\mu(x)}{T_0} \omega^2 y(x) = 0 \tag{4.20}$$

この方程式を解くことはもはや簡単ではない．関数 $\mu(x)$ を特定しなければ，解を詳しく調べることはできない．問題4.3と問題4.7において，読者はいくつかの具体的な質量分布を考察し，変分法を利用して最低振動数の上限に関する制約を見いだすことになる．

ここまで弦の振動が横方向の場合だけを考察してきた．通常の弦では縦方向の振動も考えられる(ただし相対論的な弦では縦方向の振動は許容されない)．弦が x 方向に引き伸ばされて張られていて，その平衡状態において位置 x から $x+dx$ までに位置する無限小の素片のことを考える．時刻 t に，この部分の両端が弦の縦方向に変位し，その変位量がそれぞれ $\eta(t,x)$ および $\eta(t,x+dx)$ になったとしよう．これらが等しくなければ，この弦の素片は縮められているか，もしくは引き伸ばされていることになる．この系に関する運動方程式も，横方向振動の場合とよく似た方法で得られる．この場合は，弦全体において張力が一定と仮定することができない．横方向の振動では，弦の素片にかかる正味の力が，その両端にかかる張力の方向の違いによって生じていて，張力の大きさは同じであった．しかし弦が常に x 軸に沿っているならば，素片に正味の力がかかるためには，その両端にかかる張力の大きさが違わなければならない．したがって縦方向に振動する弦は張力波を伴う(問題4.2)．

4.5 ラグランジアン力学の復習

系のラグランジアン L は，次式で定義される．

$$L = T - V \tag{4.21}$$

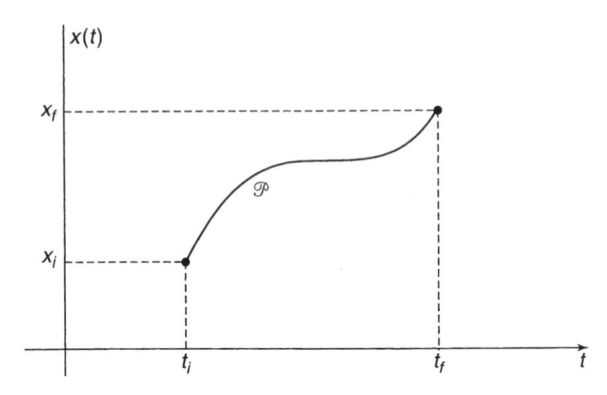

図4.3 時間区間 $[t_i, t_f]$ における1粒子の1次元運動 $x(t)$ を表す径路 $\mathcal{P}$.

T は系の運動エネルギー，V はポテンシャルエネルギーである．質量 m の点粒子が，時間に依存しないポテンシャル $V(x)$ の影響下で x 方向に運動している場合，非相対論的なラグランジアンは次の形を取る．

$$L(t) = \frac{1}{2}m\big(\dot{x}(t)\big)^2 - V\big(x(t)\big), \quad \dot{x}(t) \equiv \frac{dx(t)}{dt} \tag{4.22}$$

ラグランジアンは，間接的には時間に依存するが，直接の時間依存性を持つ関数ではないという点を強調しておきたい．ラグランジアンの時間依存は，位置 $x(t)$ の時間依存を通じて生じている．作用 (action) S は次式で定義される．

$$S = \int_{\mathcal{P}} L(t)\,dt \tag{4.23}$$

$\mathcal{P}$ は，初めの時刻 t_i における始点位置 x_i と最後の時刻 t_f $(t_f > t_i)$ における終点位置 x_f を結ぶような任意の径路 (path) $x(t)$ を表す．径路の例を図4.3に示す．

作用は " 汎関数 " (functional) である．通常の関数は，変数の数値 (引数) が入力されて，それに対して数値の出力を返すが，汎関数は " 関数 " が入力されることによって，それに対する数値を出力する．通常の関数は，無限に多くの変数値におけるそれぞれの値として定義されるので，汎関数のことを，無数の変数を持つ関数と捉えることもできる．今，扱っている例では，作用の汎関数に対する入力が関数 $x(t)$ であり，この入力関数は粒子の径路 $\mathcal{P}$ を決めている．S の入力を強調するために，$S[x]$ という表記を採用する．ここで $[x]$ は関数 $x(t)$ 全体を表している．もしこれを $S[x(t)]$ と書くと，S が t の関数であるかのような誤解を招く恐れがある．S は t に依存する関数ではない．

より具体的に書くと，任意の径路 $x(t)$ に対して，作用は次式で与えられる．

$$S[x] = \int_{t_i}^{t_f} \left\{\frac{1}{2}m\big(\dot{x}(t)\big)^2 - V\big(x(t)\big)\right\} dt \tag{4.24}$$

重要な点を強調しておきたい．作用 S は任意に決めた径路 $x(t)$ に関して計算できる量であり，作用の汎関数の入力としての径路は，物理的に実現される運動径路だけに限られるものではな

4.5. ラグランジアン力学の復習

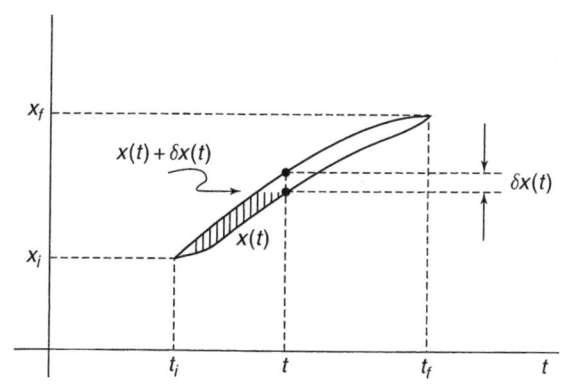

図4.4 径路 $x(t)$ と，それに無限小の変更を施した径路 $x(t)+\delta x(t)$．変分 $\delta x(t)$ は $t=t_i$ と $t=t_f$ においてゼロとする．

い．任意に設定したあらゆる径路に関して S を計算できるからこそ，これが物理的に実現される径路を見いだすための強力な道具になるのである．

Hamilton の原理によれば，系において物理的に実現される径路 $\mathcal{P}$ は，作用 S が定常的になるような径路である．正確に言うと，その径路 $\mathcal{P}$ に無限小の変更を施しても，作用はその変分に対して1次の変化をしない．径路を特定する関数 $x(t)$ を用いて説明すると，無限小の変更を施した径路は $x(t)+\delta x(t)$ という形で書かれる．図4.4 を見てもらいたい．任意の時刻 t において，変分 $\delta x(t)$ は，元の径路と変化を与えた径路の縦方向の距離として表されている．この図のように，我々はここで始点 $x_i=x(t_i)$ と終点 $x_f=x(t_f)$ だけは変更されないような変分を考える．

$$\delta x(t_i) = \delta x(t_f) = 0 \tag{4.25}$$

変更された径路 $x+\delta x(t)$ に関する作用 $S[x+\delta x]$ を計算する．

$$\begin{aligned} S[x+\delta x] &= \int_{t_i}^{t_f}\left\{\frac{m}{2}\left(\frac{d}{dt}\bigl(x(t)+\delta x(t)\bigr)\right)^2 - V\bigl(x(t)+\delta x(t)\bigr)\right\}dt \\ &= S[x] + \int_{t_i}^{t_f}\left\{m\dot{x}(t)\frac{d}{dt}\delta x(t) - V'\bigl(x(t)\bigr)\delta x(t)\right\}dt + \mathcal{O}\bigl((\delta x)^2\bigr) \end{aligned} \tag{4.26}$$

右辺の計算では，V を $x(t)$ の近傍で Taylor 展開した．$(\delta x)^2$ の項や更に高次の項は，作用が定常的か否かを決めるためには不要なので，それらの具体的な計算は示さずに $\mathcal{O}\bigl((\delta x)^2\bigr)$ と記しておいた．この新たな作用を $S+\delta S$ と書くことにする．δS は δx に関して1次の部分である．上の式により，δS は次のように与えられる．

$$\delta S = \int_{t_i}^{t_f}\left\{m\dot{x}(t)\frac{d}{dt}\delta x(t) - V'\bigl(x(t)\bigr)\delta x(t)\right\}dt \tag{4.27}$$

運動方程式を見いだすために，変分 δS を，$\delta S = \int dt\,\delta x(t)\{\cdots\}$ という形に書き直す必要がある．δx に対して微分演算子が作用してはならない．部分積分によって，このような書き直しが

できる.

$$\begin{aligned}\delta S &= \int_{t_i}^{t_f}\Big\{\frac{d}{dt}\big(m\dot{x}(t)\delta x(t)\big) - m\ddot{x}(t)\delta x(t) - V'\big(x(t)\big)\delta x(t)\Big\}dt \\ &= m\dot{x}(t_f)\delta x(t_f) - m\dot{x}(t_i)\delta x(t_i) + \int_{t_i}^{t_f}\delta x(t)\Big(-m\ddot{x}(t) - V'\big(x(t)\big)\Big)dt \end{aligned} \quad (4.28)$$

式(4.25)を用いると,この変分は次式になる.

$$\delta S = \int_{t_i}^{t_f}\delta x(t)\Big(-m\ddot{x}(t) - V'\big(x(t)\big)\Big)dt \quad (4.29)$$

あらゆる径路の変分 $\delta x(t)$ に対して δS がゼロになるならば,作用は定常的であると言える.これが起こるためには,被積分関数において $\delta x(t)$ に掛けられている因子がゼロになる必要がある.

$$m\ddot{x}(t) = -V'\big(x(t)\big) \quad (4.30)$$

上式は,Newtonの第2法則を,ポテンシャル場 $V(x)$ の中の粒子の運動に適用した式と一致している.作用が径路の変分に対して定常的であるという要請から,運動方程式を再現することができた.

我々が始点 x_i から終点 x_f に至る径路を決定できたものと仮定しよう.既に見たように,そのような径路は,最初の時刻と最後の時刻だけは変分がゼロとなる任意の径路の変分の下で,作用が定常的になっている.t_i における始点や,t_f における終点の位置を変更した場合も作用は定常的になるだろうか? 一般に,その答えはノーである.これは式(4.28)から判る.積分の項は,仮定により消える.しかし $\delta x(t_f) \neq 0$ であれば右辺第1項は,最後の時刻における粒子の運動量 $m\dot{x}(t_f)$ がゼロにならない限り消えない.$\delta x(t_i) \neq 0$ に関しても状況はこれに似ている.

Hamiltonの原理は,古典的な運動の解に関する作用が定常的であるという命題である.古典的な解は,常に作用の極小点にあたるわけではない.解が作用を表す汎関数の鞍点にあたるような簡単な例を構築することも可能である.すなわちその場合は,ある径路変分に関しては作用が増加し,別のある径路変分に関しては作用が減少するということになる.詳細については問題4.6を見てもらいたい.

4.6 非相対論的な弦のラグランジアン

再び弦の例に戻ろう.弦は均一な質量密度 μ_0 と一定の張力 T_0 を持ち,両端が $x = 0$ と $x = a$ に固定されている.運動エネルギーは,弦を構成するすべての素片が持つ運動エネルギーの総和なので,次のように書ける.

$$T = \int_0^a \frac{1}{2}(\mu_0\,dx)\Big(\frac{\partial y}{\partial t}\Big)^2 \quad (4.31)$$

ポテンシャルエネルギーは,素片を引き伸ばすために行われた仕事によって生じる.弦の平衡状態において $(x,0)$ から $(x+dx,0)$ までの位置を占める無限小の素片を考える.この弦の要素

4.6. 非相対論的な弦のラグランジアン

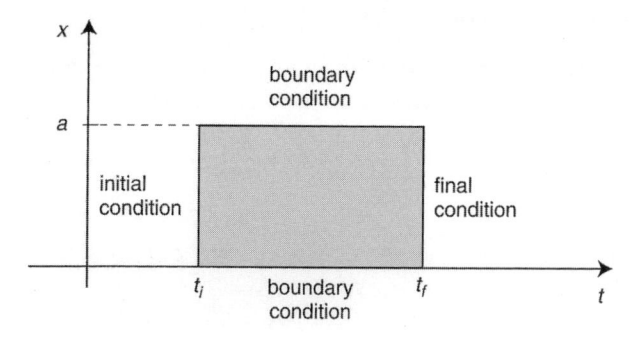

図 4.5 弦の運動は，領域 $t \in [t_i, t_f]$，$x \in [0, a]$ における関数 $y(t, x)$ によって定義される．境界条件は $x = 0$ と $x = a$ において，全時間域 $t \in [t_i, t_f]$ にわたって適用される．始条件 (初期条件) と終条件は，それぞれ $t = t_i$ と $t = t_f$ において，$x \in [0, a]$ 全域で指定される．

の両端が，図 4.1 (p.72) のように，ある瞬間に (x, y) と $(x + dx, y + dy)$ になるように引き伸ばされた状態であったならば，この部分の長さの変化 Δl は次式で与えられる．

$$\Delta l = \sqrt{(dx)^2 + (dy)^2} - dx = dx\left(\sqrt{1 + \left(\frac{\partial y}{\partial x}\right)^2} - 1\right) \simeq dx \frac{1}{2}\left(\frac{\partial y}{\partial x}\right)^2 \tag{4.32}$$

上式では小さい振動の近似 (4.3) を採用して，平方根の展開における高次の項を省いた．各々の弦の素片に対して為された仕事は $T_0 \Delta l$ なので，弦全体のポテンシャルエネルギーは次式になる．

$$V = \int_0^a \frac{1}{2} T_0 \left(\frac{\partial y}{\partial x}\right)^2 dx \tag{4.33}$$

弦のラグランジアンは，$T - V$ によって与えられる．

$$L(t) = \int_0^a \left[\frac{1}{2}\mu_0 \left(\frac{\partial y}{\partial t}\right)^2 - \frac{1}{2}T_0 \left(\frac{\partial y}{\partial x}\right)^2\right] dx \equiv \int_0^a \mathcal{L} dx \tag{4.34}$$

ここで導入した関数 $\mathcal{L}$ は "ラグランジアン密度" と呼ばれる．

$$\mathcal{L}\left(\frac{\partial y}{\partial t}, \frac{\partial y}{\partial x}\right) = \frac{1}{2}\mu_0 \left(\frac{\partial y}{\partial t}\right)^2 - \frac{1}{2}T_0 \left(\frac{\partial y}{\partial x}\right)^2 \tag{4.35}$$

したがって，弦の作用は次式で与えられる．

$$S = \int_{t_i}^{t_f} L(t)\, dt = \int_{t_i}^{t_f} dt \int_0^a dx \left[\frac{1}{2}\mu_0 \left(\frac{\partial y}{\partial t}\right)^2 - \frac{1}{2}T_0 \left(\frac{\partial y}{\partial x}\right)^2\right] \tag{4.36}$$

この作用において "径路" にあたるのは関数 $y(t, x)$ である．この "弦の径路" を表す関数は，図 4.5 に灰色で示したような (t, x) 時空間内の領域において定義される．

運動方程式を見いだすために，$y(t, x) \to y(t, x) + \delta y(t, x)$ としたときの作用の変分を調べる必要がある．粒子の場合と似た計算を行うと，次式が得られる．

$$\delta S = \int_{t_i}^{t_f} dt \int_0^a dx \left[\mu_0 \frac{\partial y}{\partial t} \frac{\partial (\delta y)}{\partial t} - T_0 \frac{\partial y}{\partial x} \frac{\partial (\delta y)}{\partial x}\right] \tag{4.37}$$

計算練習 4.1 式 (4.37) を証明せよ．

変分 δy に対して微分演算が掛かってはならないので，上式の各項を，全微分 (全因子の一括微分) から，変分に対する微分演算のない項を差し引いたものに書き直そう．

$$\delta S = \int_{t_i}^{t_f} dt \int_0^a dx \left[\frac{\partial}{\partial t}\left(\mu_0 \frac{\partial y}{\partial t}\delta y\right) - \mu_0 \frac{\partial^2 y}{\partial t^2}\delta y + \frac{\partial}{\partial x}\left(-T_0 \frac{\partial y}{\partial x}\delta y\right) + T_0 \frac{\partial^2 y}{\partial x^2}\delta y \right] \tag{4.38}$$

時間微分の項は t_i と t_f における評価に帰着し，空間微分の項は弦の両端の評価となる．

$$\delta S = \int_0^a \left[\mu_0 \frac{\partial y}{\partial t}\delta y\right]_{t=t_i}^{t=t_f} dx + \int_{t_i}^{t_f} \left[-T_0 \frac{\partial y}{\partial x}\delta y\right]_{x=0}^{x=a} dt$$
$$- \int_{t_i}^{t_f} dt \int_0^a dx \left(\mu_0 \frac{\partial^2 y}{\partial t^2} - T_0 \frac{\partial^2 y}{\partial x^2}\right)\delta y \tag{4.39}$$

上の最終的な δS の式は 3 つの項から成っている．それぞれが独立にゼロでなければならない．たとえば，第 3 項は $x \in (0,a)$, $t \in (t_i, t_f)$ における弦の運動によって決まる．この領域で $\delta y(t,x)$ は境界条件にも始条件・終条件にも制約を受けないので δy に掛かっている因子をゼロと置くことになり，運動方程式 (4.6) が再現される．第 1 項は t_i と t_f における弦の状態と仮想変分によって決まる．もし我々が最初と最後の弦の状態を任意に指定するのであれば，それは実効的に $\delta y(t_i, x)$ と $\delta y(t_f, x)$ をゼロに設定していることになる．これによって第 1 項は消える．我々は自由粒子の場合とよく似た状況に遭遇した．

第 2 項は目新しい項である．これをあらわに書き直すと，

$$\int_{t_i}^{t_f} \left[-T_0 \frac{\partial y}{\partial x}(t,a)\delta y(t,a) + T_0 \frac{\partial y}{\partial x}(t,0)\delta y(t,0)\right] dt \tag{4.40}$$

であり，弦の両端の $y(t,0)$ と $y(t,a)$ の運動に関係している．上式の 2 つの項それぞれに対して境界条件が必要である．弦の端点の x 座標を x_* と書くことにしよう．x_* は 0 もしくは a の値を取り得る．端点を選ぶということは，x_* の値を固定することを意味する．Dirichlet 境界条件または Neumann 境界条件の何れかを課することによって，式 (4.40) の各々の項を消すことが可能である．端点 x_* と，式 (4.40) においてこれに関係する方の項を考える．もし Dirichlet 境界条件を課することにするならば，その端点の位置は全時間にわたり変位を起こさないように固定されるので，変分 $\delta y(t, x_*)$ をゼロと置くことになる．これにより，この端点に関する項は消える．他方，端点が自由に動けるものと仮定するならば，変分 $\delta y(t, x_*)$ がゼロに制約されることはない．このような端点に関する項は，次の条件を課することによってゼロになる．

$$\boxed{\frac{\partial y}{\partial x}(t, x_*) = 0, \quad \text{Neumann 境界条件}} \tag{4.41}$$

Dirichlet 境界条件も，Neumann 境界条件との類似性が明白な形で書くことができる．弦の端が固定されているならば，端の座標の時間微分 (導関数) がゼロでなければならない．

$$\boxed{\frac{\partial y}{\partial t}(t, x_*) = 0, \quad \text{Dirichlet 境界条件}} \tag{4.42}$$

4.6. 非相対論的な弦のラグランジアン

式(4.41)との類似性は注目に値する．違いは空間微分が時間微分に置き換わっていることだけである．この形でDirichlet境界条件を書くならば，我々はさらに固定端における座標の値を指定しなければならない．境界条件の物理的な重要性に対する理解を深めるために，弦が運動量p_yを持つ状況を考えよう．弦の運動がy方向だけに制約されるものと仮定しているので，他の運動量成分はない．弦の運動量は，弦を構成する各々の素片の運動量の総和である．

$$p_y = \int_0^a \mu_0 \frac{\partial y}{\partial t} dx \tag{4.43}$$

運動量が保存するならば，次式がゼロになる．

$$\frac{dp_y(t)}{dt} = \int_0^a \mu_0 \frac{\partial^2 y}{\partial t^2} dx = \int_0^a T_0 \frac{\partial^2 y}{\partial x^2} dx = T_0 \left[\frac{\partial y}{\partial x}\right]_{x=0}^{x=a} \tag{4.44}$$

上式では式(4.6)を利用した．Neumann境界条件(4.41)を両端に適用するならば，運動量が保存することを見て取れる．Dirichlet境界条件の下では，一般に運動量が保存しない！ 実際，弦の端点が壁に固定されていれば，壁は弦に対して力を及ぼし続ける．たとえばDirichlet弦の最低の規準モードにおいて，正味の運動量は$\pm y$方向の振動を続ける．

何故，このことが弦理論において重要なのか？ 弦理論の研究者たちは長い間，Dirichlet境界条件のことを真剣に考えていなかった．運動量が保存しなくなるような状況が，物理的とは思えなかったのである．それに開弦の端点は，いったい何に付くというのか？ その答えはD-ブレイン——拡がりを持った新しい種類の力学的な対象である．弦の端がD-ブレインに接続しているならば，Dirichlet条件の下でも総体的な運動量は保存する——弦が失う運動量は，D-ブレインによって吸収されるのである．変分によって導入される空間的境界条件の詳しい解析は，弦理論におけるD-ブレインの可能性を理解するために決定的に重要である．

より一般的な弦の運動方程式の導出方法を提示して，本章を締めくくることにしよう．式(4.35)を用いて，作用を次のように書く．

$$S = \int_{t_i}^{t_f} dt \int_0^a dx \mathcal{L}\left(\frac{\partial y}{\partial t}, \frac{\partial y}{\partial x}\right) \tag{4.45}$$

そして，新たに次の2つの量を定義する．

$$\mathcal{P}^t \equiv \frac{\partial \mathcal{L}}{\partial \dot{y}}, \quad \mathcal{P}^x \equiv \frac{\partial \mathcal{L}}{\partial y'} \tag{4.46}$$

ここで$y' = \partial y/\partial x$である．上の2つの量は，それぞれ$\mathcal{L}$の第1引数および第2引数に関する微分(導関数)にあたる．具体的には，次のようになる．

$$\mathcal{P}^t = \mu_0 \frac{\partial y}{\partial t}, \quad \mathcal{P}^x = -T_0 \frac{\partial y}{\partial x} \tag{4.47}$$

弦の運動をδyだけ変更するときの作用の変分は，次のように与えられる．

$$\delta S = \int_{t_i}^{t_f} dt \int_0^a dx \left[\frac{\partial \mathcal{L}}{\partial \dot{y}} \delta \dot{y} + \frac{\partial \mathcal{L}}{\partial y'} \delta y'\right] = \int_{t_i}^{t_f} dt \int_0^a dx \left[\mathcal{P}^t \delta \dot{y} + \mathcal{P}^x \delta y'\right] \tag{4.48}$$

常套的な式の変形により，次の結果が得られる．

$$\delta S = \int_0^a \left[\mathcal{P}^t \delta y\right]_{t=t_i}^{t=t_f} dx + \int_{t_i}^{t_f} \left[\mathcal{P}^x \delta y\right]_{x=0}^{x=a} dt - \int_{t_i}^{t_f} dt \int_0^a dx \left(\frac{\partial \mathcal{P}^t}{\partial t} + \frac{\partial \mathcal{P}^x}{\partial x}\right) \delta y \tag{4.49}$$

第4章 非相対論的な弦

計算練習 4.2 式(4.49)を導出せよ．

計算練習 4.3 式(4.49)が式(4.39)に一致することを確認せよ．

式(4.49)の変分をゼロとする条件から，次の運動方程式が得られる．

$$\frac{\partial \mathcal{P}^t}{\partial t} + \frac{\partial \mathcal{P}^x}{\partial x} = 0 \tag{4.50}$$

式(4.47)を用いれば，これが波動方程式(4.6)であることを容易に確認できる．

式(4.47)に与えた $\mathcal{P}^t$ は，式(4.43)の被積分関数である運動量密度に一致していることに注意してもらいたい．これは偶然ではない．ラグランジアンの力学において，ラグランジアンを速度について微分した量は正準運動量である．弦では $\dot{y}$ が速度の役割を担うので，ラグランジアン密度を $\dot{y}$ について微分した $\mathcal{P}^t$ が運動量密度にあたる．

弦の端点が自由に動く場合には，δS をゼロにするために，端点において $\mathcal{P}^x = 0$ とする必要があることにも注意を促しておく．式(4.47)から分かるように，これは Neumann 境界条件である．Dirichlet 境界条件(4.42)を採用する場合には，端点において $\mathcal{P}^t$ がゼロになる．これらの事実に関する詳しい解析を第8章で与える予定である．そこでは $\mathcal{P}^t$ と $\mathcal{P}^x$ に対する興味深い2次元的な解釈を示すことになる．

問 題

4.1 弦の小さな横方向振動の取扱いの無矛盾性．

4.1節の横方向振動の解析を再考する．図4.1 (p.72) に示したような弦の素片にかかる水平方向の力 dF_h を計算せよ．小さい振動に関して，この力は横方向振動を起こす垂直方向の力 dF_v に比べて著しく弱いことを示せ．

4.2 弦における縦方向の波．

均一な質量密度 μ_0 を持つ弦が，$x = 0$ と $x = a$ の間に張られている．平衡状態における張力を T_0 とする．弦の伸び縮みに伴って張力が変化するならば，縦方向の波が生じ得る．平衡状態における弦の素片の長さを L として，その長さの小さな変化 ΔL には，張力の小さな変化 ΔT が伴うものとすると，

$$\frac{1}{\tau_0} \equiv \frac{1}{L}\frac{\Delta L}{\Delta T}$$

のように与えた τ_0 は単位引き伸ばしの張力係数である．弦における小さな縦方向の振動を支配する方程式を見いだせ．その波の速度を求めよ．

4.3 連結した2本の弦．

張力 T_0 の弦が $x = 0$ と $x = 2a$ の間に張られている．この弦の $x \in (0, a)$ の部分の質量密度は μ_1，残りの $x \in (a, 2a)$ の部分の質量密度は μ_2 である．基準振動モードを決める微分方程式(4.20)を考える．

(a) $x = a$ において $y(x)$ と $\frac{dy}{dx}(x)$ に，どのような境界条件が課されるか？

(b) 可能な振動数を決定するための条件を書け．

(c) $\mu_1 = \mu_0$, $\mu_2 = 2\mu_0$ の場合の最低振動数を計算せよ．

4.4 開弦の時間発展．
張力 T_0，質量密度 μ_0，波の速度 $v_0 = \sqrt{T_0/\mu_0}$ の弦が $(x,y) = (0,0)$ から $(x,y) = (a,0)$ に張られている．弦の両端は固定されており，y 方向の振動が可能である．

(a) $y(t,x)$ を式(4.11)のように書いて，Dirichlet境界条件が，次の関係を意味することを証明せよ．

$$h_+(u) = -h_-(-u) \quad \text{and} \quad h_+(u) = h_+(u+2a) \tag{1}$$

ここで $u \in (-\infty, \infty)$ は，関数 $h_\pm$ の引数に用いるダミー変数である．

この弦に対して初期値を設定する．$t=0$ において弦全体の横方向変位をゼロと置き，この時刻における初期速度を次のように与える．

$$\frac{\partial y}{\partial t}(0, x) = v_0 \frac{x}{a}\left(1 - \frac{x}{a}\right), \quad x \in (0, a) \tag{2}$$

(b) $u \in (-a, a)$ において $h_+(u)$ を計算せよ．これで全ての u で $h_+(u)$ が定義されたことになるか？

(c) 次のように定義される領域 D において，$y(t,x)$ を計算せよ．

$$D = \{(x, v_0 t) | 0 \leq x \pm v_0 t < a\}$$

$x - v_0 t$ 平面において，領域 D を示せ．

(d) $t=0$ において中点 $x = a/2$ が，弦全体のすべての点の中で最大の速度を持つ．この中点の速度が時刻 $t_0 = a/(2v_0)$ においてゼロになり，そのとき $y(t_0, a/2) = a/12$ となることを示せ．これが弦の垂直方向への最大変位である．

4.5 閉弦の運動．
非相対論的な閉弦は，大きな円周 $2\pi R$ を持つ円筒の周囲に，閉じた弦の輪をはめてあり，弦が張力 T_0 で張られた状態によって正確に記述される．弦は円筒の表面を摩擦なしで動けるものと仮定する．x を円筒の周囲に沿った座標 $x \sim x + 2\pi R$ とし，それに直交する座標（円筒の軸と平行方向）を y とする．予想されるように，この閉弦の横方向の運動の一般解の形は，次のように与えられる．

$$y(x,t) = h_+(x - v_0 t) + h_-(x + v_0 t)$$

$h_+(u)$ と $h_-(v)$ は，それぞれ単一の変数 u および v $(-\infty < u, v < \infty)$ を引数とする任意関数である．弦の単位長さあたりの質量は μ_0 であり，$v_0 = \sqrt{T_0/\mu_0}$ とする．

(a) x に適用した同一視に伴う $y(x,t)$ の周期条件を述べよ．"導関数"の $h'_+(u)$ と $h'_-(v)$ が，それぞれ u と v の周期関数であることを示せ．

(b) $h_\pm$ を，次のように書けることを示せ．

$$h_+(u) = \alpha u + f(u), \quad h_-(v) = \beta v + g(v)$$

f と g は周期関数，α と β は定数である．(a)から得られる α と β の関係を示せ．

(c) この閉弦の y 方向の全運動量を計算せよ．全運動量は保存するか？

4.6 定常的な作用：極小点と鞍点．

x 方向に調和運動をする粒子によって，古典的な運動の解が常に作用汎関数の極小点に対応するわけではないことを示せる．この粒子に関する作用は，

$$S[x] = \int_0^{t_f} L\, dt = \int_0^{t_f} dt \frac{1}{2} m\left(\dot{x}^2 - \bar{\omega}^2 x^2\right)$$

と表される．m は粒子の質量，$\bar{\omega}$ は振動運動の角振動数である．$t \in [0, t_f]$ の時間の粒子の運動を考え，古典的な径路の解を $\bar{x}(t)$，その変分を $\delta x(t)$ とする．変分は $t=0$ と $t=t_f$ においてゼロである．

(a) 作用の変分は次式によって "正確に" 与えられることを示せ．

$$\Delta S[\delta x] \equiv S[\bar{x} + \delta x] - S[\bar{x}] = \frac{1}{2} m \int_0^{t_f} dt \left\{ \left(\frac{d\delta x}{dt}\right)^2 - \bar{\omega}^2 \delta x^2 \right\}$$

ΔS は δx だけに依存し，$\bar{x}$ が残らないことは注目に値する．

(b) $t=0$ と $t=t_f$ においてゼロになる可能な軌道の変分に関する完全系は，次の形を取る．

$$\delta_n x = \sin \omega_n t, \quad \omega_n = \frac{\pi n}{t_f}, \quad n = 1, 2, \ldots, \infty$$

$t=0$ と $t=t_f$ においてゼロになるような一般の変分 δx は，$\delta_n x$ それぞれに任意の係数 b_n を付けた線形の重ね合わせとして表される．$\Delta S[\delta x]$ を計算せよ．（答えは $\omega_n = \bar{\omega}$ においてゼロでなければならない．）次式を証明せよ．

$$\Delta S\left[\sum_{n=1}^{\infty} b_n \delta_n x\right] = \sum_{n=1}^{\infty} \Delta S[b_n \delta_n x]$$

(c) $t_f < \frac{\pi}{\bar{\omega}}$ のとき，すべての $n \geq 1$ について $\Delta S[\delta_n x] > 0$ となることを示せ．このことが，古典解の作用の極小点への対応を保証する理由を説明せよ．$\frac{\pi}{\bar{\omega}} < t_f < \frac{2\pi}{\bar{\omega}}$ のときには，すべての $\delta_n x$ に関して $\Delta S > 0$ にはならず，$\delta_1 x$ だけは $\Delta S < 0$ となることを示せ．この場合，古典解は作用の鞍点に対応する．すなわち作用を増やすような軌道の変分も，作用を減らすような軌道の変分もあり得る．t_f を大きくすると，作用を減らすような $\delta_n x$ の数が増えてゆく．

4.7 弦に関する変分法の問題．

$x=0$ から $x=a$ に張られている弦を考える．張力は T_0，質量密度は位置に依存し $\mu(x)$ と表される．弦の両端は固定されており，残りの部分は y 方向に振動する．式(4.20)によって振動数 ω_i と，弦の振動形状 $\psi_i(x)$ が決定される．

(a) 最低振動数 ω_0 の上限に制約を与える変分法の手続きを構築せよ．（これは粗く言えば量子力学の変分法と同様に実行できる．ハミルトニアン H の系の基底エネルギー E_0 は $E_0 \leq (\psi, H\psi)/(\psi, \psi)$ を満たす．）第1段階として，内積，

$$(\psi_i, \psi_j) \equiv \int_0^a \mu(x) \psi_i(x) \psi_j(x) dx$$

を考え，これが $\omega_i \neq \omega_j$ のときにゼロになることを示せ．あなたの変分法の手続きが機能する理由を説明せよ．

(b) $\mu(x) = \mu_0 \frac{x}{a}$ の場合を考える．あなたの変分法の手続きを用いて，最低振動数に対する制約を見いだせ．その答えを，固有値問題の直接の数値解として得られる $\omega_0^2 \simeq (18.956)\frac{T_0}{\mu_0 a^2}$ と比較せよ．

4.8 Euler-Lagrange方程式の導出.[†]

(a) 力学変数 $q(t)$ に関する作用を考える．

$$S = \int dt\, L(q(t), \dot{q}(t); t) \tag{1}$$

座標の変分 $\delta q(t)$ の下での作用の変分 δS を計算せよ．$\delta S = 0$ の条件から，座標 $q(t)$ の運動方程式 (Euler-Lagrange方程式) を見いだせ．

(b) 力学的な場の変数 $\phi(t, \vec{x})$ に関する作用を考える．場は空間と時間の関数であるが，これを簡単に，時空座標 x の関数 $\phi(x)$ と表記する．作用は，ラグランジアン密度 $\mathcal{L}$ を時空積分することによって得られる．ラグランジアン密度は，場と，場の時空微分 (導関数) の関数である．

$$S = \int d^D x\, \mathcal{L}\big(\phi(x), \partial_\mu \phi(x)\big) \tag{2}$$

ここで $d^D x = dt\, dx^1 \ldots dx^d$, $\partial_\mu \phi = \partial \phi / \partial x^\mu$ である．場の変分 $\delta \phi(x)$ の下での作用の変分 δS を計算せよ．$\delta S = 0$ の条件から，場 $\phi(x)$ の運動方程式 (Euler-Lagrange方程式) を見いだせ．

第 5 章 相対論的な点粒子

物理系の力学を定式化するために，運動方程式を書くこともできるが，その代わりに作用を書いてもよい．相対論的な点粒子を扱う場合には，運動方程式を扱う方が容易である．しかしながら作用による定式化は著しく物理的かつ幾何的な性格を持っており，それ自体の価値のために，その定式化を試みる意義がある．さらに重要なことは，相対論的な弦の運動方程式を推測することは難しいけれども，相対論的な弦の作用は，本章で学ぶ相対論的な粒子の作用からの自然な一般化によって得られるという事情である．本章の最後では，相対論的な荷電粒子の運動を論じる．

5.1 相対論的な点粒子の作用

本節では，静止質量 $m > 0$ を持つ自由な点粒子の運動を記述する相対論的な理論の定式化の方法を学ぶ．自由粒子とは，力を受けていない粒子のことである．まず，単位系と非相対論的な粒子に関して，いくつかの予備的な注意点から議論を始める．

如何なる力学系においても，作用はラグランジアンを時間で積分することによって得られる．ラグランジアンはエネルギーの単位を持つので，作用はエネルギーと時間の積の単位を持つ．

$$[S] = M\frac{L^2}{T^2}T = \frac{ML^2}{T} \tag{5.1}$$

作用が $\hbar$ と同じ単位を持つことは注意に値する．量子力学では，不確定性原理として，エネルギーと時間の積が $\hbar$ 程度以上になることが知られている．

"非相対論的な"自由粒子の作用 $S_{\rm nr}$ は，運動エネルギーの時間積分の形で，次のように与えられる．

$$S_{\rm nr} = \int L_{\rm nr}\, dt = \int \frac{1}{2}mv^2(t)\, dt, \quad v^2 \equiv \vec{v}\cdot\vec{v}, \quad \vec{v} = \frac{d\vec{x}}{dt}, \quad v = |\vec{v}| \tag{5.2}$$

Hamilton の原理に従い，運動方程式は，

$$\frac{d\vec{v}}{dt} = 0 \tag{5.3}$$

となる．自由粒子は一定速度の運動を続ける．"相対論的な"自由粒子も一定速度で運動するが，作用 $S_{\rm nr}$ が相対論的に正しくないことは，どのようにして判るだろう？ おそらく最も簡単な答えは，この作用によれば，粒子は"任意の"一定速度を持つことができ，それが光速を超えるこ

とも許容されてしまうというものであろう．この作用の式に光速は含まれておらず，S_{nr} は相対論的な点粒子の作用ではあり得ない．

自由な点粒子の相対論的な作用 S を構築しよう．まず，経験に基づく推測によって作用の式を作り，それからその式が適正であることを示す．相対論的な物理が関心の対象となるので，粒子の運動を"時空"において表現すると都合がよい．時空において粒子が辿った径路は，その粒子の"世界線"(world-line)と呼ばれる．静止している粒子であっても，時間が常に流れ続けるために，世界線として直線を描くことになる．

物理的に矛盾を含まない作用は，Lorentz不変な運動方程式を導かなければならない．このことを入念に考えてみる．ある特定のLorentz座標系にいる観測者があなたに「観測している粒子が運動方程式にしたがって運動している」，すなわち「粒子が物理的な運動をしている」と告げたと仮定しよう．そうすると，あなたは他の任意のLorentz座標系の観測者も，その粒子が「物理的な運動をしている」と言うことを予想すべきである．ひとりの観測者にとって，ある運動が許容され，もうひとりの別の観測者にとって，その同じ運動が禁じられるということになれば整合性が保たれない．ある固定されたLorentz座標系において運動方程式が成立するならば，あらゆるLorentz座標系において，その同じ運動方程式が成立しなければならない．運動方程式のLorentz不変性とは，このような意味である．

我々は今，作用の式を書き下そうとしており，運動方程式を見いだすために，我々自身の時間を採用しようとしている．Lorentz不変な運動方程式を導くような作用に対して適正な制約を課する方法はあるだろうか？ もちろんある．我々は作用がLorentzスカラーであることを要請する．すなわちすべてのLorentz座標系の観測者が，"任意の"同じ粒子の世界線について同じ作用の値を算出しなければならない．作用は時空添字を持たないので，これは理に適った要請である．もし作用がLorentzスカラーであれば，運動方程式はLorentz不変になる．その理由は単純かつ確実なものである．あるLorentz座標系の観測者が，ある与えられた世界線について，作用が世界線の任意の変分に対して定常的であると主張したとしよう．すべてのLorentz座標系の観測者にとって，任意の世界線に関する作用の値が一致しなければならないので，今，問題にしている世界線の作用が定常的であることにも，すべての観測者が同意しなければならない．Hamiltonの原理により，作用を定常的にするような世界線は運動方程式を満たすので，上述のような世界線に関しては，すべての観測者が，運動方程式を満たしていることに同意する．

作用に対するLorentz不変性の要請は，式の形に強い制約を与える．実際，その作用に対する制約は強すぎるのではないかと懸念すべき正当な理由もある．たとえば非相対論的な作用(5.2)は，Galilei等速推進（ガリレイブースト）$\vec{v} \to \vec{v} + \vec{v}_0$（$v_0$ は一定）の下で不変では"ない"．運動方程式(5.3)の方はこのような不変性を"備えている"ので，Galilei変換の不変性は理論が持つべき不変性のはずである．このことからすると，相対論的な点粒子の運動方程式はLorentz不変であるが，作用はLorentz不変ではないという事態も可能性として考えられるわけである．しかし幸い，そのような面倒な状況はここでは現れない．我々はLorentz不変性を持った満足すべき作用の式を見いだすことになる．

計算練習 5.1 等速推進（ブースト）の下での作用 S_{nr} の変分を具体的に計算せよ．

我々は作用が汎関数であることを知っている——それは世界線を記述する関数を入力すると，出

5.1. 相対論的な点粒子の作用

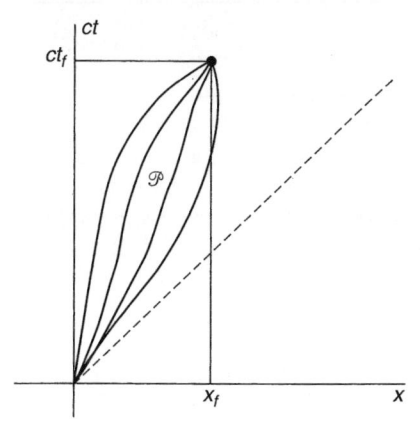

図5.1 時空の原点と (ct_f, x_f) を結ぶ世界線の時空ダイヤグラムの例.

力として S の値を与える．時空において原点から始まり，$(ct_f, \vec{x}_f)$ に終端を持つ粒子の軌道を考えよう．図5.1に示すように，指定された始点と終点を結ぶような軌道はたくさんある (図では空間次元を簡単にひとつにして描いてある)．我々は，任意の世界線に関して，すべてのLorentz座標系の観測者が同じ作用の値を算出するような状況を望んでいる．ひとつの世界線を $\mathcal{P}$ と表すことにしよう．$\mathcal{P}$ に関係するどのような量に対して，すべてのLorentz座標系の観測者が一致した値を見いだせるだろうか？ 世界線上で経過する固有時間はこれにあたる！ すべての観測者は，動いている粒子が一緒に運んでいる時計の刻む時間について同意することになる．そこで，世界線 $\mathcal{P}$ の作用が，その世界線に付随する固有時間に比例するものと置いてみる．

この考え方を定式化するために，まず不変距離のことを思い起こそう．

$$-ds^2 = -c^2 dt^2 + (dx^1)^2 + (dx^2)^2 + (dx^3)^2 \tag{5.4}$$

そして，無限小の固有時間は ds/c である (不変距離が時間的(タイムライク)なので，$ds^2 = (ds)^2$ となる)．(ds/c) を径路 $\mathcal{P}$ に沿って積分したものは，$\mathcal{P}$ の上で経過する固有時間となる．固有時間は時間の単位を持つので，作用の適正な単位を得るためには，エネルギーの単位を持つ因子を乗じる必要がある．エネルギーの単位は，質量と速度の自乗の積の単位と言い替えられる．既に推測した因子 (ds/c) の Lorentz 不変性を保持するために，これに掛け合わせる因子も Lorentz 不変とするべきである．質量としては，粒子の静止質量 m を使うことができ，速度としては相対性理論において基本的な速度である光速 c の利用が考えられる．粒子の速度は Lorentz 不変ではないので，ここに用いることはできない．そうすると固有時間に掛け合わせるべき因子は mc^2 と考えられるが，これは粒子の静止質量である．したがって我々の推測の結果，相対論的な自由粒子の作用は $mc^2(ds/c) = mcds$ の積分の形で与えられる．もちろん，まだ無単位の数値因子が足りていないという可能性は残っている．負号を加える必要があることが，この後に判明するが，実は，それ以外の数値因子は不要である．そこで我々は，正しい作用の式が，次のようになると主張してみよう．

$$S = -mc \int_{\mathcal{P}} ds \tag{5.5}$$

点粒子の作用は，静止エネルギーと固有時間の積に負号を付けたものに等しい．この作用は，見た目があまりに単純すぎるので，読者は戸惑いを感じるかもしれない．読者が今までに見てきた作用の式とは全く違うように見えるであろう．ここで特定の Lorentz 座標系を選んで，この作用をラグランジアンの時間積分の形にすれば，その内容により馴染みやすくなる．式(5.4)を利用して，ds を dt に関係づけることができる．

$$ds = c\,dt\sqrt{1 - \frac{v^2}{c^2}} \tag{5.6}$$

これにより，作用の式(5.5)を，時間の積分の形に直せる．

$$S = -mc^2 \int_{t_i}^{t_f} dt \sqrt{1 - \frac{v^2}{c^2}} \tag{5.7}$$

t_i と t_f はそれぞれ世界線 $\mathcal{P}$ の始点と終点の時刻である．この式から，自由な点粒子の相対論的なラグランジアンが，次のようになることが判る．

$$L = -mc^2 \sqrt{1 - \frac{v^2}{c^2}} \tag{5.8}$$

このラグランジアンは，静止エネルギーに相対論因子を掛けて負号を付けたものである．この式は $v > c$ では実数でなくなるので意味を成さない．このように粒子の最高速度に対する制約が自然に含意されている．これは予想できることであろう．固有時間は，光速を超えない運動に関してのみ定義される．図5.1に示した径路はすべて，粒子の速度が光速を超えない運動を表している．そのような径路だけに対して作用が定義される．これらの径路上の任意の点において，径路に対する正接ベクトルは時間的な（タイムライク）ベクトルである．

このラグランジアンが，低速の極限において見慣れた物理に帰着することを示すために，$v \ll c$ を仮定して平方根を展開する．展開の第1項までを残すと，次式になる．

$$L \simeq -mc^2 \left(1 - \frac{1}{2}\frac{v^2}{c^2}\right) = -mc^2 + \frac{1}{2}mv^2 \tag{5.9}$$

ラグランジアンにおける定数項は運動方程式に影響を与えないので，ここでの目的に関しては $-mc^2$ を無視してよい．その次に現れる最初の項は非相対論的な自由粒子のラグランジアン(5.2)と一致しており，よく知られている非相対論的な物理が現れている．この結果は，先ほど推測した相対論的なラグランジアンが適正に規格化されていることも同時に示している§．

正準運動量は，ラグランジアンを速度について微分したものである．式(5.8)により，次のようになる．

---

§(訳註) 変分原理の観点から，低速極限の自由粒子は運動径路として全体的に v^2 をなるべく小さくするような径路を選ぶわけだが，式(5.5)まで戻って考えれば，粒子は相対論的な固有時間をなるべく長くするような径路を選ぶものと捉え直せる．

$$\vec{p} = \frac{\partial L}{\partial \vec{v}} = -mc^2\left(-\frac{\vec{v}}{c^2}\right)\frac{1}{\sqrt{1-v^2/c^2}} = \frac{m\vec{v}}{\sqrt{1-v^2/c^2}} \tag{5.10}$$

これは点粒子の相対論的な運動量そのものである．ハミルトニアンはどうなるだろう？ 次のように与えられる．

$$H = \vec{p}\cdot\vec{v} - L = \frac{mv^2}{\sqrt{1-v^2/c^2}} + mc^2\sqrt{1-v^2/c^2} = \frac{mc^2}{\sqrt{1-v^2/c^2}} \tag{5.11}$$

ここでは変数を正準運動量に変更せず，粒子速度を変数として残した式にしてある．予想される通りに，結果は点粒子の相対論的エネルギー(2.68)に一致している．

結局，我々は相対論的な自由粒子の作用の式(5.5)から，見慣れた日常の物理を再現することができた．この作用の式は大変エレガントである．幾何的な量 ds を用いて書かれており，それは固有時間という物理的に明確な解釈を伴う．そして，その作用によって記述される物理のLorentz不変性を明白に保証している．

5.2 パラメーター付け替え不変性

本節では，点粒子の作用(5.5)の重要な性質を探求する．その性質はパラメーター付け替え不変性 (reparameterization invariance) と呼ばれる．作用の積分を評価するために，観測者は対象とする粒子の世界線にパラメーターを付けることが有用と考えるであろう．作用のパラメーター付け替え不変性とは，作用の値が，それを計算するために採用したパラメーター付けのやり方に依存しないことを意味する．式(5.5)は実際，パラメーター付けには依存しないように定義されているので，この不変性は必然であろう．積分は $\mathcal{P}$ を短い径路片に分割し，各々の径路片の $mcds$ の値を取ることによって計算できる．これを行うためにパラメーター付けは不要である．しかし現実的に世界線はパラメータ付けが施された線として記述されるので，作用を計算する際に，そのパラメーター付けが"利用される"ことになる．

点粒子の世界線 $\mathcal{P}$ を，τ によってパラメーター付けしよう (図5.2)．このパラメーターは，世界線に沿って始点 x_i^μ から終点 x_f^μ に向かうときに増加を続けなければならないが，それ以外に制約はない．τ の範囲 $[\tau_i, \tau_f]$ において，その粒子の運動が記述される．世界線にパラメーター付けがなされているということは，粒子の座標 x^μ が τ の関数として表されることを意味している．

$$x^\mu = x^\mu(\tau) \tag{5.12}$$

そして，次の条件が要請される．

$$x_i^\mu = x^\mu(\tau_i), \quad x_f^\mu = x^\mu(\tau_f) \tag{5.13}$$

時間の座標 x^0 もパラメーター付けされていることに注意してもらいたい．通常，我々は時間をパラメーターとして採用し，位置座標を時間の関数として記述する．これが5.1節で行ったことである．しかしながら空間座標と時間座標を同等に扱いたいのであれば，我々は新たなパラメーター τ を導入して，両者に対してパラメーター付けを行う必要がある．

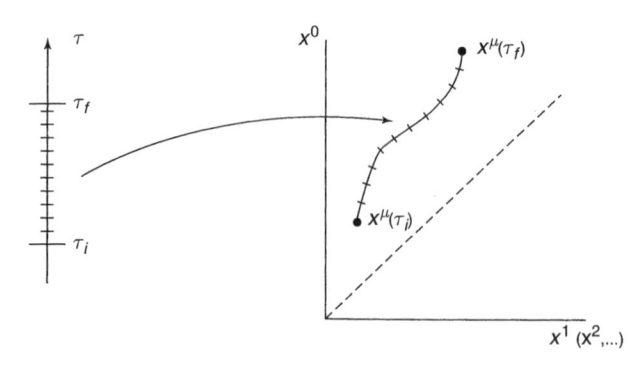

図5.2 世界線が τ でパラメーター付けされている。すべての時空座標 x^μ が τ の関数である。

被積分関数 ds を，パラメーター付けを施した世界線を用いて表現し直してみよう。この目的のために，$ds^2 = -\eta_{\mu\nu} dx^\mu dx^\nu$ を利用して，次のように書く．

$$ds^2 = -\eta_{\mu\nu} \frac{dx^\mu}{d\tau} \frac{dx^\nu}{d\tau} (d\tau)^2 \tag{5.14}$$

光速を超えない速度の運動に関しては $ds^2 = (ds)^2$ であり，したがって作用 (5.5) は次の形になる．

$$S = -mc \int_{\tau_i}^{\tau_f} \sqrt{-\eta_{\mu\nu} \frac{dx^\mu}{d\tau} \frac{dx^\nu}{d\tau}} \, d\tau \tag{5.15}$$

これが，τ によって径路がパラメーター付けされた場合における作用の具体的な式である．

既に，すべての Lorentz 座標系の観測者から見て，作用の値が共通であることを説明してある．今，観測者の座標系を固定することを考える．その観測者が，あるパラメーター τ を用いて作用を計算するものとしよう．作用の値はパラメーターの選び方に依存するだろうか？そのようなことはない．その観測者が世界線に対するパラメーターの付け替えを行っても，計算される作用の値は変わらない．したがって S は "パラメーター付け替え不変" (reparameterization invariant) である．このことを見るために，パラメーターを τ から τ' へ変更することを想定する．そうすると，連鎖律により，

$$\frac{dx^\mu}{d\tau} = \frac{dx^\mu}{d\tau'} \frac{d\tau'}{d\tau} \tag{5.16}$$

が成り立つ．これを式 (5.15) に代入すると，

$$S = -mc \int_{\tau_i}^{\tau_f} \sqrt{-\eta_{\mu\nu} \frac{dx^\mu}{d\tau'} \frac{dx^\nu}{d\tau'} \frac{d\tau'}{d\tau}} \, d\tau = -mc \int_{\tau_i'}^{\tau_f'} \sqrt{-\eta_{\mu\nu} \frac{dx^\mu}{d\tau'} \frac{dx^\nu}{d\tau'}} \, d\tau' \tag{5.17}$$

となり，再び式 (5.15) と同じ形に帰着する．すなわちこれで，パラメーター付け替え不変性が確認された．この性質の証明は全く単純なので，式 (5.15) はパラメーター付け替え不変性が "明白である" と言ってよい．

5.3 運動方程式

運動方程式の議論に移ろう．このために，粒子の世界線が微小量 $\delta x^\mu(\tau)$ の変更を受けたときの作用 (5.5) の変分 δS を計算しなければならない．τ はその世界線に沿った任意のパラメーターである．作用の変分は簡単に，次のように与えられる．

$$\delta S = -mc \int \delta(ds) \tag{5.18}$$

ds の変分は，$ds^2 = (ds)^2$ から見いだすことができる．式 (5.14) の両辺の変分を取ると，次式が得られる．

$$2ds\,\delta(ds) = -2\eta_{\mu\nu}\delta\left(\frac{dx^\mu}{d\tau}\right)\frac{dx^\nu}{d\tau}(d\tau)^2 \tag{5.19}$$

右辺の因子 2 は，対称性により $\frac{dx^\mu}{d\tau}$ と $\frac{dx^\nu}{d\tau}$ の変分が同じ結果を与えることから生じている．速度の変分は，座標の変分に対する時間微分 (導関数) に等しいので，

$$\delta\left(\frac{dx^\mu}{d\tau}\right) = \frac{d(\delta x^\mu)}{d\tau} \tag{5.20}$$

となる．これを利用して，式 (5.19) を更に少々簡単にすると，次式を得る．

$$\delta(ds) = -\eta_{\mu\nu}\frac{d(\delta x^\mu)}{d\tau}\frac{dx^\nu}{ds}d\tau = -\frac{d(\delta x^\mu)}{d\tau}\frac{dx_\mu}{ds}d\tau \tag{5.21}$$

上式では $\eta_{\mu\nu}$ を dx^ν の添字を下げるために用いた．ここから，式 (5.18) により作用の変分を調べよう．

$$\delta S = mc\int_{\tau_i}^{\tau_f}\frac{d(\delta x^\mu)}{d\tau}\frac{dx_\mu}{ds}d\tau \tag{5.22}$$

ここで積分の下限と上限を導入した．τ_i と τ_f は，それぞれ世界線における始点と終点でのパラメーターの値を表す．さらに，次の関係に注意する．

$$mc\frac{dx_\mu}{ds} = mu_\mu = p_\mu \tag{5.23}$$

これにより，作用の変分は次の形になる．

$$\delta S = \int_{\tau_i}^{\tau_f}\frac{d(\delta x^\mu)}{d\tau}p_\mu d\tau \tag{5.24}$$

運動方程式を得るためには，被積分関数として δx^μ と何らかの因子の掛け算の形を得る必要がある——運動方程式は，その因子をゼロに等しいと置くことによって得られる．上式では δx^μ に微分が作用しているので，被積分関数を全体の微分と δx^μ が因子として現れる付加項との差の形に書き直す．

$$\delta S = \int_{\tau_i}^{\tau_f}d\tau\frac{d}{d\tau}\left(\delta x^\mu p_\mu\right) - \int_{\tau_i}^{\tau_f}d\tau\,\delta x^\mu(\tau)\frac{dp_\mu}{d\tau} \tag{5.25}$$

第 1 項は $\delta x^\mu p_\mu$ の世界線の境界 (始点・終点) における評価を与える．座標を境界において固定すれば，この項は消える．第 2 項が任意の径路変分 $\delta x^\mu(\tau)$ に対してゼロになる必要があるので，ここから次の運動方程式が得られる．

$$\frac{dp_\mu}{d\tau} = 0 \tag{5.26}$$

$dp^\mu/d\tau$ もゼロになることは明らかである．この運動方程式は，世界線に沿って点粒子の運動量 p_μ（もしくは p^μ）が一定となるべきことを表している．これはパラメーター付けには依存しない声明である．もちろんそこには，運動量が時間に対して定数となることも含意される．ある関数が，ある世界線に沿って定数を保つならば，その世界線に付与される任意のパラメーターに関するその関数の微分（導関数）はゼロになる．実際，運動方程式(5.26)におけるパラメーター τ は任意である．我々はこの運動方程式を，完全に相対論的な記法を利用し，点粒子に関する相対論的な作用の変分を通じて得た．

計算練習 5.2 式(5.26)は，任意のパラメーター $\tau'(\tau)$ に関して，

$$\frac{dp_\mu}{d\tau'} = 0 \tag{5.27}$$

を自ずから含意することを示せ．τ が適正なパラメーターである場合に τ' も適正なパラメーターとなるために $d\tau'/d\tau$ に対してどのような条件が必要か？

世界線に対して，固有時間 s によってパラメーター付けをすると，式(5.26)は次式になる．

$$\frac{dp^\mu}{ds} = 0 \tag{5.28}$$

式(5.23)を用いて，運動量を位置の固有時間に関する導関数に置き換えると，次式が得られる．

$$\frac{d^2 x^\mu}{ds^2} = 0 \tag{5.29}$$

これも運動方程式と等価な式である．dx^μ/ds が一定であることは，径路を固有時間の経過が等しい区間によって分割すると，どの区間においても，そこでの x^μ の変化が同じであることを意味する．式(5.29)は，s を任意のパラメーター τ に置き換えると"成立しない"．このことは理に適っている．任意のパラメーターを導入してしまうと，そのパラメーターによって等分割した各区間は，固有時間としては等間隔ではなくなるので，それら各々における x^μ の変化は同じにはならない．式(5.29)を，任意のパラメーターを用いて，少し複雑にはなるがパラメーター付け替え不変性が明白な形に書き直すことも可能である（問題5.2）．

本節における我々の目的は達せられた．すなわち Lorentz 不変な作用(5.5)から出発して，物理的に予想される運動方程式(5.29)（または式(5.26)）の導出方法を示した．前に説明したように，得られた運動方程式については Lorentz 不変性が保証されている．このことを具体的に確認してみよう．

Lorentz 変換の下で，座標 x^μ は式(2.38)のように変換する．つまり $x'^\mu = L^\mu{}_\nu x^\nu$ である．一連の変換係数 $L^\mu{}_\nu$ は，正則な行列 L の形で表すことができる．あらゆる Lorentz 座標系から見て ds は同じなので，プライム付きの座標に関する運動方程式は，式(5.29)において x^μ を x'^μ に置き換えた式になる．

$$0 = \frac{d^2 x'^\mu}{ds^2} = \frac{d^2}{ds^2}(L^\mu{}_\nu x^\nu) = L^\mu{}_\nu \frac{d^2 x^\nu}{ds^2} \tag{5.30}$$

L は逆行列を持つので，上式は式(5.29)を意味する．すなわちプライム付きの座標系で運動方程式が成立するならば，プライム無しの座標系においても運動方程式が成立する．これが運動方程式の Lorentz 不変性である．

5.4　電荷を持つ相対論的な粒子

ここまで考察してきた点粒子は，一定の4元速度，あるいは一定の4元運動量で運動する自由粒子であった．もし点粒子が電荷を持っており，電磁場が存在する場合には，粒子は電磁場から力を受けることになり，4元運動量は一定にはならない．読者も実際に電磁場中の荷電粒子が時間の経過とともにどのように運動量を変化させるかを知っているはずである．その時間微分は，Lorentz 力の式(3.5)に支配される．これは相対論的な記法では，問題 3.1 に示したように表される．

$$\frac{dp_\mu}{ds} = \frac{q}{c} F_{\mu\nu} \frac{dx^\nu}{ds} \tag{5.31}$$

これは場の強度と粒子の4元速度を含んだ少々複雑な式である．ds が両辺に現れるので，この式は実際には，一般のパラメーター τ に関して成立する．

$$\frac{dp_\mu}{d\tau} = \frac{q}{c} F_{\mu\nu} \frac{dx^\nu}{d\tau} \tag{5.32}$$

本章で示してきた解析の精神に則って，変分原理によって上式が与えられるような作用を書くことを試みてみよう．

点粒子と Maxwell 場は，その粒子の世界線 $\mathcal{P}$ に沿って結合するので，作用の式(5.5)に対して，粒子と電磁場の相互作用を表す $\mathcal{P}$ に沿った積分の項を加える必要がある．その積分項は Lorentz 不変でなければならず，式(5.32)の形から粒子の4元速度が含まれるものと考えられる．4元速度は時空添字をひとつ持つので，Lorentz スカラーを得るには，ひとつの添字を持つもうひとつの量と掛け合わせなければならない．その自然な候補として，ゲージポテンシャル A_μ がある．作用における相互作用項が，次式になると考えてみよう．

$$\frac{q}{c} \int_\mathcal{P} d\tau\, A_\mu\bigl(x(\tau)\bigr) \frac{dx^\mu}{d\tau}(\tau) \tag{5.33}$$

q は粒子の電荷を表し，積分は任意のパラメーター τ が付けられた世界線 $\mathcal{P}$ に沿って行われる．各々の τ の値において，ベクトル $(dx^\mu/d\tau)$ と，粒子の位置 $x(\tau)$ において評価されたゲージポテンシャル A_μ とのスカラー積が取られる．被積分関数を，因子 $d\tau$ を相殺して，より簡単に $A_\mu dx^\mu$ と書くこともできる．この形にすると，相互作用がパラメーター付けに依らないことは明白である．粒子の世界線自体は1次元であり，粒子と Lorentz 不変な形で結合する自然な場は，ひとつの添字を持つような場である．このことは，後から弦の運動を考察する際に，興味深い一般化がなされることになる．弦は1次元なので，時空における弦の軌跡は世界面を形成する．そこで弦と自然に結合する場は，2つの Lorentz 添字を持つような場になるのである！

電荷を持つ点粒子の全作用は，式(5.5)に式(5.33)を加えることによって得られる．

$$S = -mc\int_{\mathcal{P}} ds + \frac{q}{c}\int_{\mathcal{P}} A_\mu(x) dx^\mu \tag{5.34}$$

この Lorentz 不変な作用は，単純かつエレガントである．運動方程式(5.32)は，粒子の世界線の変更 δx^μ の下での S の変分をゼロと設定することによって得られる．私は，この重要な結果を自ら導くことに伴うはずの満足感を読者から奪おうとは思わない．そこで問題5.5として，作用(5.34)の変分を取って運動方程式を導く作業を残しておくことにする．

問題

5.1 点粒子の運動方程式とパラメーターの付け替え．
点粒子の径路に付けるパラメーターとして固有時間を選ぶ場合，運動方程式は式(5.29)である．新たなパラメータ $\tau = f(s)$ を考える．式(5.29)が同時に，
$$\frac{d^2 x^\mu}{d\tau^2} = 0$$
を含意するような最も一般的な関数 f の形を見いだせ．

5.2 パラメータ付けが任意な粒子の運動方程式．
点粒子の作用(5.15)に変分を施し，パラメーター付け替え不変性が"明白な"形の自由粒子の運動方程式を見いだせ．

5.3 荷電粒子による電流密度．
電荷 q を持つ点粒子が $D = d+1$ 次元時空の中を運動し，その運動が τ をパラメーターとした関数 $x^\mu(\tau) = \{x^0(\tau), \vec{x}(\tau)\}$ によって記述される．運動する粒子は電流密度 $j^\mu = (c\rho, \vec{j})$ を生じる．

(a) デルタ関数を用いて，電流密度成分 $j^0(\vec{x}, t)$ と $j^i(\vec{x}, t)$ を書け．

(b) (a)の答えが，次の積分式から得られることを示せ．
$$j^\mu(t, \vec{x}) = qc\int d\tau\, \delta^D\left(x - x(\tau)\right) \frac{dx^\mu(\tau)}{d\tau}$$
ここで $\delta^D(x) \equiv \delta(x^0)\delta(x^1)\ldots\delta(x^d)$ である．

5.4 非相対論的な荷電粒子のハミルトニアン．[†]
質量 m，電荷 q を持ち，電磁場と結合している非相対論的な粒子の作用は，式(5.34)の第1項を，自由な点粒子の非相対論的な作用に置き換えることによって得られる．
$$S = \int \frac{1}{2} m v^2 dt + \frac{q}{c}\int A_\mu(x) \frac{dx^\mu}{dt} dt$$
第2項の積分において，時間をパラメーターに選んである．

(a) この作用 S をポテンシャル $(\Phi, \vec{A})$ と通常の速度 $\vec{v}$ を用いて書き直せ．ラグランジアンはどのようになるか？

(b) 粒子の位置に共役な正準運動量 $\vec{p}$ を計算し，$\vec{p} = m\vec{v} + \dfrac{q}{c}\vec{A}$ となることを示せ．

(c) 荷電粒子のハミルトニアンが次式となることを示せ．
$$H = \frac{1}{2m}\left(\vec{p} - \frac{q}{c}\vec{A}\right)^2 + q\Phi$$

5.5 荷電点粒子の運動方程式．
粒子軌道の変分 $\delta x^\mu(x)$ の下で，作用 (5.34) の変分を考える．第1項の変分は 5.3 節で既に得ている．第2項（より具体的には式 (5.33)）の変分を取り，運動方程式が式 (5.32) になることを示せ．次式を説明することから始めて，計算を遂行せよ．
$$\delta A_\mu\big(x(\tau)\big) = \frac{\partial A_\mu}{\partial x^\nu}\big(x(\tau)\big)\,\delta x^\nu(\tau)$$

5.6 ひとつの荷電粒子を伴う電磁場の力学．†
荷電点粒子と電磁場の"両方"の力学を扱うための作用は，次式で与えられる．
$$S' = -mc\int_{\mathcal{P}} ds + \frac{q}{c}\int_{\mathcal{P}} A_\mu(x)\,dx^\mu - \frac{1}{4c}\int d^D x\, F_{\mu\nu} F^{\mu\nu}$$

ここで $d^D x = dx^0 dx^1 \ldots dx^d$ である．この作用 S' が混成型であることに注意してもらいたい．最後の項は時空全体にわたる積分であるが，第1項と第2項は粒子の世界線に沿った積分である．完全を期するために第1項も書いたが，当面の問題に関して，この項は役割を持たない．ゲージポテンシャルの変分 δA_μ の下での S' の変分を計算することにより，荷電粒子が存在する場合の電磁場の運動方程式を導け．答えは式 (3.34) にならねばならず，そこでの電流密度は問題 5.3 で計算されたものになる．[ヒント：世界線の作用において $A_\mu(x)$ の変分を取るために，積分をデルタ関数を利用して全時空積分の形に書き直すことが有効である．]

5.7 曲がった空間における点粒子の作用．
3.6 節において，計量 $g_{\mu\nu}(x)$ を持つ曲がった空間での不変距離 $ds^2 = -g_{\mu\nu}(x)\,dx^\mu dx^\nu$ について考察した．曲がった空間における質量 m の点粒子の運動は，次の作用によって扱われる．
$$S = -mc\int ds$$

世界線の変分によって得られる運動方程式が，次のようになることを示せ．
$$\frac{d}{ds}\left[g_{\mu\rho}\frac{dx^\mu}{ds}\right] = \frac{1}{2}\frac{\partial g_{\mu\nu}}{\partial x^\rho}\frac{dx^\mu}{ds}\frac{dx^\nu}{ds}$$

上式は測地線方程式 (geodesic equation) と呼ばれる．計量が定数の場合には，自由な点粒子の運動方程式が再現される．

第 6 章　相対論的な弦

本章では，相対論的な古典弦の学習を始める——それは多くの面で，第4章で考察した非相対論的な弦よりもはるかにエレガントな弦である．点粒子に関する考察からの類推により，我々は時空において弦がたどる面に注意を向けて，この面の固有面積を作用として利用する．これが南部 - 後藤作用である．この作用におけるパラメーターの付け替え (reparameterization) に関する性質を調べ，弦の張力を同定し，運動方程式を見いだす．開弦に関して，その端点の運動に注目して，D-ブレインの概念を導入する．最後に，物理的な運動は弦に対して横方向のものに限られることを見る．

6.1　空間内の面に関する面積汎関数

相対論的な弦の作用は，時空内における弦の"軌道"の汎関数でなければならない．時空において粒子の軌道が線で表されたように，弦の軌道は時空内の面として表される．時空において粒子が辿った線は世界線と呼ばれる．時空において弦が辿った面は"世界面"(world-sheet)と呼ぶのが妥当であろう．たとえば閉弦は時空において管を描き，開弦は長い布を描く．これらの2次元の世界面は，時空ダイヤグラムにおいて図6.1のように示される．これらの面において，一定の x^0 によって指定される線が弦にあたる．観測者が決まった時刻 x^0 に見る対象は，このような弦である．開弦の時間発展を表す世界面は開いた面となり (図の左側)，閉弦の世界面は閉じた面になる (右側)．

第5章において，点粒子の作用が，その点粒子の世界線における固有時間に比例することを学んだ．固有時間に c を掛けたものは，Lorentz不変な世界線の"固有長さ"である．弦に関しては，我々は世界面の"固有面積"を定義する．相対論的な弦の作用は，この固有面積に比例し，南部 - 後藤作用 (Nambu-Goto action) と呼ばれる．

面積汎関数 (area functional) は，他の応用においても有用なものである．たとえば2つの輪の間をつなぐシャボンの膜は，自ずから両者の輪を最小面積でつなぐような形状を形成する (図6.2)．弦の世界面と，2つの輪の間のシャボンの膜面は，まったく違う種類の面である．任意に指定された時刻において，Lorentz座標系の観測者には，シャボンの膜が形成している2次元面全体が見える．しかしながら観測者が，ある時刻に世界面を観測しても，そこには1本の弦が見えるにすぎない．シャボンの膜が，ある座標系において静的であると想定しよう．この場合，時間は膜の記述に関係せず，この膜は"空間面"(spatial surface)，すなわち2次元の空間次元を持って拡がっている面である．任意の時刻において，その面全体が存在する．我々はまず，

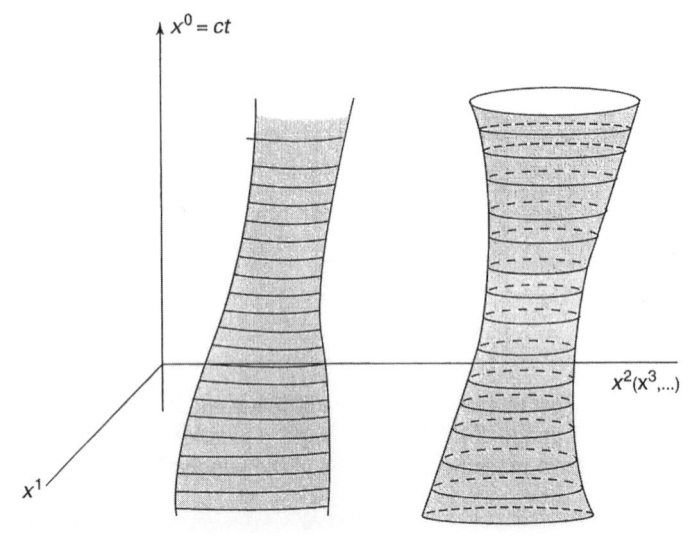

図6.1 開弦(左)と閉弦(右)がたどる世界面.

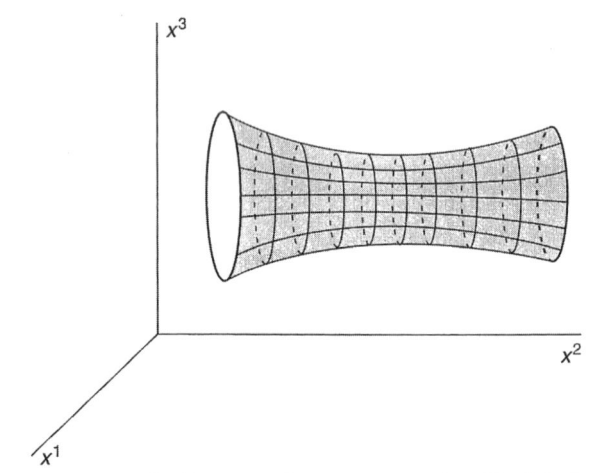

図6.2 2つの輪の間で引き伸ばされている空間面. 面がシャボンの膜であれば, それは最小面積になるような面を形成する.

この馴染み深い面について学び, それからその知見を時空における面へ応用することを考える.

空間における1本の線には, パラメーターをひとつ与えれば充分である. 空間における面は2次元なので, 面に対しては2つのパラメーター ξ^1 と ξ^2 が必要になる. パラメーター付けがなされた面が与えられれば, その面の上に, ξ^1 がいろいろな一定値を持つ一連の線と, ξ^2 がいろ

6.1. 空間内の面に関する面積汎関数

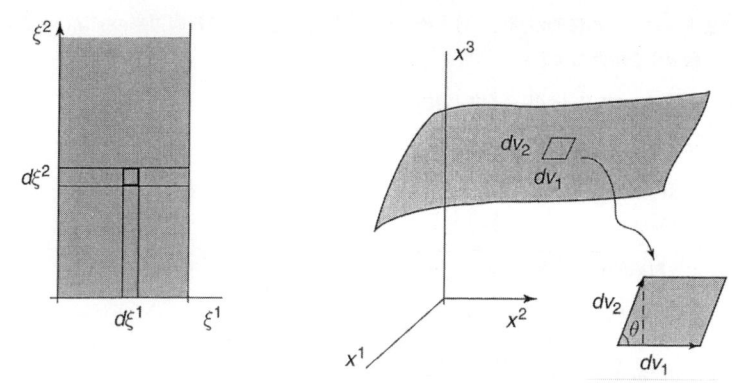

図6.3 左側：パラメーター空間において小さな正方領域を選ぶ．右側：標的空間における面の上に，その小さな正方領域の像として，辺 $d\vec{v}_1$ と $d\vec{v}_2$ を持つ平行四辺形が見いだされる (引出し矢印の先にその部分を拡大して表示).

いろな一定値をもつ一連の線を描くことができる．これらの線は，面を格子状に覆うことになる．この2次元面を含んで存在している世界のことを，"標的空間"(target space) と呼ぶ．3次元空間におけるシャボンの膜の場合，標的空間にあたるのは x^1, x^2, x^3 によって張られる3次元空間である．パラメーターが付けられた面は，次のような関数の組によって記述される．

$$\vec{x}(\xi^1, \xi^2) = \left(x^1(\xi^1, \xi^2), x^2(\xi^1, \xi^2), x^3(\xi^1, \xi^2)\right) \tag{6.1}$$

パラメーター ξ^1 と ξ^2 の範囲によって，パラメーター空間が定義される．たとえば $\xi^1, \xi^2 \in [0, \pi]$ とすると，そのパラメーター空間は正方形の領域である．物理的な面は，写像 $\vec{x}(\xi^1, \xi^2)$ によって形成されるパラメーター空間の像であり，これは標的空間における面である．見方を変えると，パラメーター ξ^1 と ξ^2 を，物理的な面における"座標"と捉えることもできる (少なくとも局所的には)．物理的な面は $\vec{x}$ の逆写像によってパラメーター空間に移る．この写像は局所的には1対1であり，面の上の各点が2つの座標値，すなわちパラメーター ξ^1 と ξ^2 によって指定される．

我々は，標的空間における面の小さな要素の面積を計算したい．パラメーター空間における無限小の正方領域の考察から始めよう．この正方形の辺を $d\xi^1$ および $d\xi^2$ と記す．この小さな正方領域の標的空間における像の面積 dA を求めたい．図6.3に示すように，これはパラメーター空間における無限小の正方領域に対応する，物理的な面の素片の面積である．

もちろん，標的空間における無限小の要素領域も正方形でなければならない理由はない．一般には，それは平行四辺形になる．この平行四辺形の辺を $d\vec{v}_1$ および $d\vec{v}_2$ と表す．これらはそれぞれ，パラメーター空間におけるベクトル $(d\xi^1, 0)$ および $(0, d\xi^2)$ の，写像 $\vec{x}$ による像である．これらを次のように書くことができる．

$$d\vec{v}_1 = \frac{\partial \vec{x}}{\partial \xi^1} d\xi^1, \quad d\vec{v}_2 = \frac{\partial \vec{x}}{\partial \xi^2} d\xi^2 \tag{6.2}$$

上式の意味は分かりやすい．たとえば $\partial \vec{x}/\partial \xi^1$ は標的空間座標のパラメーター ξ^1 に対する変化率を表している．これにパラメーター空間における小さな正方領域の水平方向の辺の長さ $d\xi^1$

を掛けると，この辺の標的空間における像の長さになる．ここで平行四辺形の面積の公式を用いて，面積 dA を計算しよう．

$$\begin{aligned} dA &= |d\vec{v}_1||d\vec{v}_2||\sin\theta| = |d\vec{v}_1||d\vec{v}_2|\sqrt{1-\cos^2\theta} \\ &= \sqrt{|d\vec{v}_1|^2|d\vec{v}_2|^2 - |d\vec{v}_1|^2|d\vec{v}_2|^2\cos^2\theta} \end{aligned} \tag{6.3}$$

θ は $d\vec{v}_1$ と $d\vec{v}_2$ の角度である．空間ベクトルのスカラー積を用いるならば，これは次のように表される．

$$dA = \sqrt{(d\vec{v}_1 \cdot d\vec{v}_1)(d\vec{v}_2 \cdot d\vec{v}_2) - (d\vec{v}_1 \cdot d\vec{v}_2)^2} \tag{6.4}$$

式 (6.2) を用いると，最終的に次式が得られる．

$$dA = d\xi^1 d\xi^2 \sqrt{\left(\frac{\partial \vec{x}}{\partial \xi^1} \cdot \frac{\partial \vec{x}}{\partial \xi^1}\right)\left(\frac{\partial \vec{x}}{\partial \xi^2} \cdot \frac{\partial \vec{x}}{\partial \xi^2}\right) - \left(\frac{\partial \vec{x}}{\partial \xi^1} \cdot \frac{\partial \vec{x}}{\partial \xi^2}\right)^2} \tag{6.5}$$

これがパラメーターを付けた空間内の曲面の面積要素を表す一般的な式である．全面積 A は次式で与えられる．

$$A = \int d\xi^1 d\xi^2 \sqrt{\left(\frac{\partial \vec{x}}{\partial \xi^1} \cdot \frac{\partial \vec{x}}{\partial \xi^1}\right)\left(\frac{\partial \vec{x}}{\partial \xi^2} \cdot \frac{\partial \vec{x}}{\partial \xi^2}\right) - \left(\frac{\partial \vec{x}}{\partial \xi^1} \cdot \frac{\partial \vec{x}}{\partial \xi^2}\right)^2} \tag{6.6}$$

積分は関心の対象となるパラメーター ξ^1 と ξ^2 の範囲全体において行われる．空間における面の面積を最小にする問題に対する答えは，汎関数 A を最小にする関数 $\vec{x}(\xi^1, \xi^2)$ という形で与えられる．

6.2 面積のパラメーター付け替え不変性

前節で見たように，空間における面に対してパラメーター付けを施すことにより，その面積の式を具体的な形で書くことができるようになる．面全体の面積も，面の中の小さな部分の面積も，それを計算するためのパラメーターの付け方に依存してはならない．これが面積のパラメーター付け替え不変性ということの意味である．

この後すぐに我々は相対論的な弦の作用を，ある種の固有面積の概念と結びつける予定なので，相対論的な弦の作用もパラメーター付け替え不変となる．このことは我々が，背後にある物理を変更することなしに，最も便利なパラメーター付けを施せるということを意味する．よいパラメーターを選べば，相対論的な弦の運動方程式をエレガントな方法で解くことが可能になる．

このようにパラメーター付け替え不変性は重要な概念なので，完璧に理解する必要がある．この目的のために，式を利用して，明白に表現することを試みる．以下に示す解析の目的は，このことを如何にして行い得るかを示すことにある．

次の問いから議論を始めよう．式 (6.6) の面積汎関数 A は，パラメーター付け替え不変性を持っているだろうか？ これは期待されるべき性質である．実際，式の形を一見しただけで，これはパラメーターの付け替えに関して明白に不変である．もしパラメーターを $\tilde{\xi}^1(\xi^1)$ および $\tilde{\xi}^2(\xi^2)$ に変更するならば，連鎖律から生じる微分係数と元の積分要素において適正な相殺が成立し，同じ面積の式が導かれる．

6.2. 面積のパラメーター付け替え不変性

計算練習 6.1 上述の命題を証明せよ．すなわち $\tilde{\xi}^1 = \tilde{\xi}^1(\xi^1)$ および $\tilde{\xi}^2 = \tilde{\xi}^2(\xi^2)$ として，式 (6.6) をパラメーター $(\tilde{\xi}^1, \tilde{\xi}^2)$ によって完全に書き直し，その結果が式 (6.6) と同じ形に帰着することを示せ．

上のパラメーターの付け替えは，しかしながら完全に一般的なものではない．すなわち ξ^1 と ξ^2 の混合が考慮されていない．そこで代わりに $\tilde{\xi}^1(\xi^1, \xi^2)$ および $\tilde{\xi}^2(\xi^1, \xi^2)$ という形のパラメーターの付け替えを考えよう．今度は計算に少々手間がかかるが，やはり式 (6.6) の形が不変となることを示せる．しかしながらこの不変性は，もはや直観に訴えるものではない．式 (6.6) のパラメーター付け替え不変性を明白に示すために，この面積汎関数を異なる方法で書き直す必要がある．

積分の測度が，どのように変換するかという問題から考察を始める．変数変更の定理により，次の関係がある．

$$d\xi^1 d\xi^2 = \left|\det\left(\frac{\partial \xi^i}{\partial \tilde{\xi}^j}\right)\right| d\tilde{\xi}^1 d\tilde{\xi}^2 = |\det M| d\tilde{\xi}^1 d\tilde{\xi}^2 \tag{6.7}$$

ここで $M = [M_{ij}]$ は，$M_{ij} = \partial \xi^i/\partial \tilde{\xi}^j$ のように定義される行列である．同様に，

$$d\tilde{\xi}^1 d\tilde{\xi}^2 = \left|\det\left(\frac{\partial \tilde{\xi}^i}{\partial \xi^j}\right)\right| d\xi^1 d\xi^2 = |\det \tilde{M}| d\xi^1 d\xi^2 \tag{6.8}$$

である．$\tilde{M} = [\tilde{M}_{ij}]$ は $\tilde{M}_{ij} = \partial \tilde{\xi}^i/\partial \xi^j$ と定義される．式 (6.7) と式 (6.8) を合わせると，次の関係が得られる．

$$|\det M||\det \tilde{M}| = 1 \tag{6.9}$$

ここで，標的空間におけるある面 $\mathcal{S}$ が，写像関数 $\vec{x}(\xi^1, \xi^2)$ によって記述されているものとしよう．面に正接するベクトル $d\vec{x}$ が与えられ，その長さが ds であるとする．このとき，次のように書ける．

$$ds^2 \equiv (ds)^2 = d\vec{x} \cdot d\vec{x} \tag{6.10}$$

ここで考えている空間内の面に関しては，ds^2 の前に負号を"付けない"のが慣例である (式 (2.21) と比較せよ)．ベクトル $d\vec{x}$ を，ξ^1 と ξ^2 の偏微分によって表すことができる．

$$d\vec{x} = \frac{\partial \vec{x}}{\partial \xi^1} d\xi^1 + \frac{\partial \vec{x}}{\partial \xi^2} d\xi^2 = \frac{\partial \vec{x}}{\partial \xi^i} d\xi^i \tag{6.11}$$

繰り返された添字 i については，その可能な値 1 と 2 についての和の計算を含意する．式 (6.10) に戻ると，

$$ds^2 = \left(\frac{\partial \vec{x}}{\partial \xi^i} d\xi^i\right) \cdot \left(\frac{\partial \vec{x}}{\partial \xi^j} d\xi^j\right) = \frac{\partial \vec{x}}{\partial \xi^i} \cdot \frac{\partial \vec{x}}{\partial \xi^j} d\xi^i d\xi^j \tag{6.12}$$

となる．これを簡単にまとめて，

$$ds^2 = g_{ij}(\xi) d\xi^i d\xi^j \tag{6.13}$$

と書く．$g_{ij}(\xi)$ は次式で定義される．

$$g_{ij}(\xi) \equiv \frac{\partial \vec{x}}{\partial \xi^i} \cdot \frac{\partial \vec{x}}{\partial \xi^j} \tag{6.14}$$

$g_{ij}(\xi)$ は $\mathcal{S}$ の上に "誘導された計量" (induced metric) である．これが計量と呼ばれる理由は，式(6.13)が，我々が一般的な計量の概念を導入した式(3.78)と，符号を除いて同じ形をしているからである．$\mathcal{S}$ の上の計量と称するのは，ξ^i が $\mathcal{S}$ の上で座標の役割を持ち，式(6.13)が $\mathcal{S}$ の上における距離を決定するからである．$\mathcal{S}$ の上の距離を決定するために，$\mathcal{S}$ を含んでいる空間の計量を用いているので，$\mathcal{S}$ の上に "誘導された" という言い回しになっている．実際，式(6.14)に現れている積の計算は，$\mathcal{S}$ を含んでいる空間の中で実行されており，その空間における計量が前提として想定されている．我々が扱うパラメーターは ξ^1 と ξ^2 の 2 つだけなので，g_{ij} の行列全体は次の形で表される．

$$g_{ij} = \begin{pmatrix} \dfrac{\partial \vec{x}}{\partial \xi^1} \cdot \dfrac{\partial \vec{x}}{\partial \xi^1} & \dfrac{\partial \vec{x}}{\partial \xi^1} \cdot \dfrac{\partial \vec{x}}{\partial \xi^2} \\ \dfrac{\partial \vec{x}}{\partial \xi^2} \cdot \dfrac{\partial \vec{x}}{\partial \xi^1} & \dfrac{\partial \vec{x}}{\partial \xi^2} \cdot \dfrac{\partial \vec{x}}{\partial \xi^2} \end{pmatrix} \tag{6.15}$$

これで大変都合のよいことが分った！ g_{ij} の行列式は，面積の式(6.6)の平方根の中の量と全く同じものである．そこで，

$$g \equiv \det(g_{ij}) \tag{6.16}$$

と書くと，次の公式が得られる．

$$A = \int d\xi^1 d\xi^2 \sqrt{g} \tag{6.17}$$

これは空間における面の面積を，誘導された計量の行列式によって表すエレガントな公式である．式(6.6)においてパラメーター付け替え不変性の理解を試みる代わりに，これと等価で単純な式(6.17)を考察の対象とする．

我々は面積の不変性を，計量 g_{ij} の変換の性質によって理解できるところに来た．考え方の鍵は，式(6.13)の中にある．長さの自乗 ds^2 はベクトル $d\vec{x}$ の幾何的な属性であり，それを計算するためのパラメーター付けに依存してはならない．もうひと組のパラメーター $\tilde{\xi}$ とその計量 $\tilde{g}(\tilde{\xi})$ に関して，次式が成立する必要がある．

$$g_{ij}(\xi) d\xi^i d\xi^j = \tilde{g}_{pq}(\tilde{\xi}) d\tilde{\xi}^p d\tilde{\xi}^q \tag{6.18}$$

連鎖律を利用して，$d\tilde{\xi}$ を $d\xi$ によって書き直す．

$$g_{ij}(\xi) d\xi^i d\xi^j = \tilde{g}_{pq}(\tilde{\xi}) \frac{\partial \tilde{\xi}^p}{\partial \xi^i} \frac{\partial \tilde{\xi}^q}{\partial \xi^j} d\xi^i d\xi^j \tag{6.19}$$

上式は任意の微分量 $d\xi$ の下で成立するべきなので，座標 ξ と $\tilde{\xi}$ の計量の関係が得られる．

$$g_{ij}(\xi) = \tilde{g}_{pq}(\tilde{\xi}) \frac{\partial \tilde{\xi}^p}{\partial \xi^i} \frac{\partial \tilde{\xi}^q}{\partial \xi^j} \tag{6.20}$$

式(6.8)の下の $\tilde{M}$ の定義を用いて，上式を次のように書き直す．

$$g_{ij}(\xi) = \tilde{g}_{pq} \tilde{M}_{pi} \tilde{M}_{qj} = (\tilde{M}^{\mathrm{T}})_{ip} \tilde{g}_{pq} \tilde{M}_{qj} \tag{6.21}$$

行列の記法では，右辺は3つの行列の積になる．両辺の行列式を取り，式(6.16)を用いると，次式を得る．

$$g = (\det \tilde{M}^{\mathrm{T}}) \tilde{g} (\det \tilde{M}) = \tilde{g} (\det \tilde{M})^2 \tag{6.22}$$

平方根を取ると，

$$\sqrt{g} = \sqrt{\tilde{g}} \, |\det \tilde{M}| \tag{6.23}$$

となる．計量の行列式の平方根の変換式が得られた．

最終的に，式(6.17)のパラメーター付け替え不変性を確認するための準備は整った．式(6.7)，(6.23)，(6.9)を用いると，次式が得られる．

$$\int d\xi^1 d\xi^2 \sqrt{g} = \int d\tilde{\xi}^1 d\tilde{\xi}^2 |\det M| \sqrt{\tilde{g}} \, |\det \tilde{M}| = \int d\tilde{\xi}^1 d\tilde{\xi}^2 \sqrt{\tilde{g}} \tag{6.24}$$

これで面積汎関数のパラメーター付け替え不変性が証明された．慣れた人の目から見ると，式(6.17)は"明白に"パラメーター付け替え不変性を備えている．すなわち一旦，計量が変換する方法を知れば，不変性の確認は容易であり，面倒な計算をする必要もない．

計算練習 6.2 $\partial \xi^i / \partial \xi^j = \delta^i_j$ と連鎖律を用いて，

$$M\tilde{M} = 1 \tag{6.25}$$

を示せ．同様に $\tilde{M}M = 1$ も成立することを示せ．ここでは，式(6.9)よりも強い制約として $\det M \det \tilde{M} = 1$ が得られていることに注意せよ．

6.3　時空内の面に関する面積汎関数

我々の関心の対象となる"時空"における面の場合に話を移そう．時空において弦の履歴を表すことにより，そのような面が得られる．これは粒子の履歴によって時空内の世界線が得られたことと同様の事情である．弦の場合には2次元の面が得られ，これを弦の世界面と呼ぶ．弦の世界面のような時空における面は，前節で考察した空間における面と全く性質が異なるわけではない．面自体はやはり2次元であり，2つのパラメーターを必要とする．パラメーターを ξ^1 と ξ^2 と置く代わりに，ここでは特別に τ と σ を充てる．

通常の時空座標 $x^\mu = (x^0, x^1, \cdots, x^d)$ が与えられており，対象とする面は，

$$x^\mu(\tau, \sigma) \tag{6.26}$$

という形の写像関数によって記述されるものとする．この写像によって，(τ, σ)-パラメーター空間のある領域が，時空内のある2次元領域に移される．弦理論における標準的な慣例に従い，記号を変更して，上の写像関数を大文字によって表すことにする．

$$X^\mu(\tau, \sigma) \tag{6.27}$$

関数の意味に違いはない．パラメーター空間において固定点 (τ, σ) が与えられると，この点は，次の時空座標へ写像される．

$$\bigl(X^0(\tau, \sigma), X^1(\tau, \sigma), \ldots, X^d(\tau, \sigma)\bigr) \tag{6.28}$$

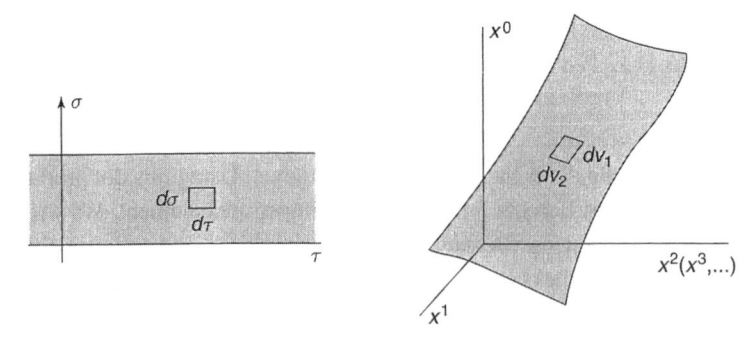

図6.4 左側:パラメーター空間 (τ, σ) において小さな矩形領域を指定する.右側:標的時空における面と,小さな矩形領域の像にあたる平行四辺形の領域.その辺はベクトル dv_1^μ と dv_2^μ である.

何故 X を大文字にするのか? 時空座標と写像関数に同じ記号を用いることを仮想してみよう.それでもそれらを x^μ および $x^\mu(\tau,\sigma)$ と書いて区別することは可能だが,引数 (τ,σ) を省略することは許されなくなる.他方において,写像関数を X^μ と書いておけば,引数 (τ,σ) を省略したとしても,それが弦の写像関数を意味することが判る.X^μ のことを"弦座標"(string coordinates) と呼ぶ.

前節と同様に,パラメーター τ と σ を,少なくとも局所的には,世界面上の座標と見なすことができる.X^μ の逆写像は世界面をパラメーター空間へ移し,局所的には面における各点が2つの座標値,すなわち2つのパラメーター τ と σ の値によって指定される.混乱を招く恐れのあることであるが,物理学者たちは X^μ によって世界面に移されるような2次元パラメーター空間に対しても世界面という呼称を用いている! 本書では特に断らない限り,時空内の面に対してだけ世界面という術語を用いることにする.図6.4では開弦について,左側にはパラメーター空間を,右側には時空における面を示してある.パラメーター空間は,σ については有限の区間に限定されているけれども,τ は負の無限大から正の無限大まで拡がっている.τ は粗く言うと弦の時間に関係しており——このことについては後から更に考察する——σ は粗く言うと弦に沿った位置に関係している.弦の端点が描く世界線は一定の σ の値を持ち,その線上の点は,パラメーター τ だけによって指定できる.τ の増加は時間の経過に対応するものと考えられる.したがって,少なくとも端点では,

$$\left.\frac{\partial X^0}{\partial \tau}\right|_{\text{endpoint}} \neq 0 \tag{6.29}$$

となるであろう.我々は他の σ の値についても上式が成立するものと仮定する.

面積要素を求めるために,前節の空間における面の場合と同様の手続きを進めるが,ここでは相対論的な表記を用いて図6.4の状況を考える.パラメーター空間における辺 $d\tau$ と $d\sigma$ を持つ小さな長方形の領域は,時空における平行四辺形の形をした面積要素へと移る.その四辺形の辺がベクトル dv_1^μ と dv_2^μ によって表されるものとすると,

6.3. 時空内の面に関する面積汎関数

$$dv_1^\mu = \frac{\partial X^\mu}{\partial \tau}d\tau, \quad dv_2^\mu = \frac{\partial X^\mu}{\partial \sigma}d\sigma \tag{6.30}$$

となる．これは空間の面に関する式(6.2)と類似の式である．そこで類推により，面積要素 dA の候補として，式(6.4)に対応する形を考えてみよう．

$$dA \stackrel{?}{=} \sqrt{(dv_1 \cdot dv_1)(dv_2 \cdot dv_2) - (dv_1 \cdot dv_2)^2} \tag{6.31}$$

ここでは「 $\cdot$ 」が相対論的なスカラー積を意味する．この措置により，面積要素のLorentz不変性が保証される．これは固有面積の要素である．上式で等号の上に疑問符を書いたのは，ひとつ問題があるからである．我々にとって未だ明白ではないが，平方根の中身の符号は負である．平方根の計算を可能とするためには，平方根の中の引き算の順序を入れ替える必要がある．この符号の変更は，Lorentz不変性には影響しない．このようにして，更に式(6.30)を用いると，固有面積の式が次式で与えられる．

$$A = \int d\tau d\sigma \sqrt{\left(\frac{\partial X^\mu}{\partial \tau}\frac{\partial X_\mu}{\partial \sigma}\right)^2 - \left(\frac{\partial X^\mu}{\partial \tau}\frac{\partial X_\mu}{\partial \tau}\right)\left(\frac{\partial X^\nu}{\partial \sigma}\frac{\partial X_\nu}{\partial \sigma}\right)} \tag{6.32}$$

相対論的なスカラー積を利用すると，次のように書き直される．

$$A = \int d\tau d\sigma \sqrt{\left(\frac{\partial X}{\partial \tau}\cdot\frac{\partial X}{\partial \sigma}\right)^2 - \left(\frac{\partial X}{\partial \tau}\right)^2\left(\frac{\partial X}{\partial \sigma}\right)^2} \tag{6.33}$$

上式において符号が適正であることを理解するためには，弦の世界面における任意の点において，根号の中の量がゼロ以上であることを自らに納得させなければならない§．

弦が辿った時空内の面を局所的に特徴づける性質は何だろう？　その答えは極めて興味深い．世界面の上のひとつの点において，世界面に対して正接するすべてのベクトルを考える．これらのベクトルは2次元ベクトル空間を形成する．我々は，このベクトル空間において，一方は空間的、もう一方は時間的な2つのベクトルによって構成される基底(basis)が存在するということを主張しよう．このことは世界面の各点において，時間的な正接方向と空間的な正接方向が両方あることを意味する．但しここで少々警告が必要である．時間を固定して見た弦の上において，世界面への正接方向が時間的なベクトルを含まない例外的な有限個の点が存在し得る．そのような点では，これから見るように，弦のその部分が局所的に光速で動いている．

我々が定義しようとしている弦では，"有限の"寸法を持つ部分が光速で動くことはできない．すなわち弦において時間的な正接を持たないような点が連続無限個になるようなことはない．例として x 方向に直線をなす弦(の素片)が y 方向へ光速で移動している状況を想像しよう．この弦の上の任意の点において，世界面に正接するベクトルは，ある特定方向の零ベクトルを例外として，すべて空間的になってしまう．このことを理解するために，図6.5を考察する．すなわち，この弦を空間内で，短い時間間隔で連続して見てみる．点 P における正接ベクトルは，"世界面"において P とその近傍にある事象点 P' を結ぶベクトルによって近似できる．P と P' は

---

§(訳註) 単純な例を念頭に置いて粗い言い方をすると，根号の中の後ろの $(\partial X/\partial \sigma)^2$ は弦の素片の空間的な長さ，$-(\partial X/\partial \tau)^2$ は固有時間に対応する部分となり，両者の積の部分(の平方根の $d\tau d\sigma$ 倍)が世界面の素片の固有面積に対する近似にあたる．根号の中の最初の $(\partial X/\partial \tau \cdot \partial X/\partial \sigma)^2$ は τ-σ 非直交性のために生じている補正項である．第9章以降では補正項がゼロになるようなパラメーター付けの方法を選ぶことで，具体的な計算の簡略化が行われる．

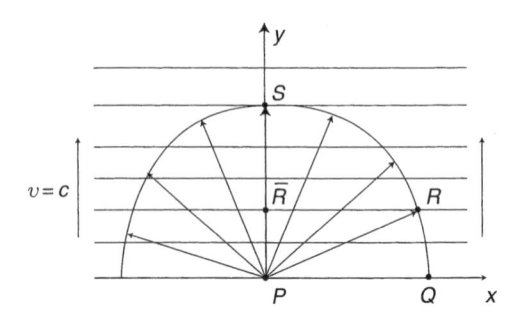

図6.5 x 方向に沿った弦が，光速で y 方向に動いている．これは許容される運動ではない．弦の上の任意の点 P における世界面に対する正接ベクトルは，空間的(スペースライク)なベクトルか零(ヌル)ベクトルのどちらかである．

一般に，同じ弦の中の異なる時間における点であり，その正接ベクトルの空間成分は，空間内の図において P から P' に引いた矢印によって表される．この図において，P を中心とする半円上に終点を持つようなすべての矢を考えよう．P において世界面に正接する任意の方向は，これらの矢の中のひとつによって表現されている．P と Q は同時刻なので，PQ に対応する正接ベクトルは明らかに空間的(スペースライク)である．PR に対応するような典型的な正接も依然として空間的(スペースライク)である．同じ経過時間において P は光速で $\bar{R}$ へ移動できるが，R に到達するには光速を超えなければならないからである．すべての正接方向は空間的(スペースライク)である．但し PS に対応する方向だけは唯一の例外となるが，これは零(ヌル)ベクトルになる．したがって P において時間的(タイムライク)な正接は存在しない．P は元の弦 (の素片) における一般的な点なので，このような弦の上に，世界面への正接が時間的(タイムライク)なベクトルを持つような部分は存在しないが，これは先程の我々の主張に抵触する．

世界面の任意の点において空間的(スペースライク)な方向は必ず存在する．そのことは容易に視覚化して考えられる．あなたがある時刻に弦の写真を撮ったとすると，弦の長さに沿った方向の正接ベクトルは空間的(スペースライク)である．実際にあなたの座標系において，弦を構成する各事象点は同時刻に存在し，かつ互いに空間的に互いに隔たっている．

世界面上の正則 (regular) な点における時間的(タイムライク)ベクトルの必要性を理解するために，まず点粒子の世界線を考察する．世界線に対する正接ベクトルは時間的(タイムライク)である．この世界線上の各点において，そのような正接ベクトルを用いて，その粒子が静止しているように見える瞬時の Lorentz 座標系を記述することができる．世界線に対して空間的(スペースライク)な正接ベクトルを考えるのは非物理的である．そのような世界線は光速を超える粒子の運動の記述となってしまう．弦の場合になると，弦の上の個別の点がどのように動くかが分からないので問題は少々微妙になる．後から充分に明らかになるが，弦は，その各部の動きを辿れるような連続体ではないのである (例外：開弦の端点の動きを辿ることだけは可能である)．指定された点における世界面への時間的(タイムライク)な正接も，その点が静止して見えるような瞬時の Lorentz 座標系の記述を可能にする．ある点において時間的(タイムライク)な正接が存在するなら，それは多数もしくは連続無限個存在する．これらの時間的(タイムライク)な正接それぞれが，その点が静止しているような瞬時の Lorentz 座標系を規定できる．このことは，我々が弦の上の点の動きを曖昧さのない方法で辿ることができないという事実と整合する．

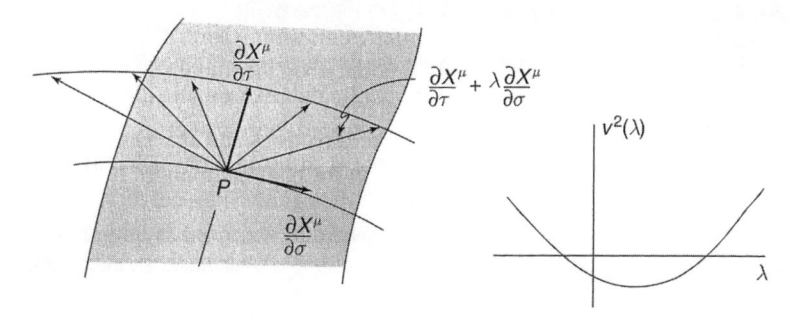

6.3. 時空内の面に関する面積汎関数

図6.6 左側：世界面上の点 P における正接ベクトル $v(\lambda)$ の集合．右側：λ の関数として $v^2(\lambda)$ を描いたグラフ．λ の値により，ベクトル $v(\lambda)$ は時間的（タイムライク）にも空間的（スペースライク）にもなる．

我々が近接した別の時刻に続けて弦を見たとしても，どの点が何処へ動いたかを言うことはできない．ただ，終状態の弦の各点 p に対して，始状態の弦において，そこへ光速以下の運動によって到達できるような点 p' を見いだすことは可能でなければならない．

世界面上の正則な任意の点において，時間的な方向（タイムライク）と 空間的な方向（スペースライク）が両方存在することは，物理的な運動に関する我々の判定規準となる．このことによって式 (6.33) が意味をなす．

命題：時間的な方向（タイムライク）と 空間的な方向（スペースライク）が両方とも存在するような世界面上の任意の点 P において，式 (6.33) の平方根の中に現れる量は正になる．

$$\left(\frac{\partial X}{\partial \tau} \cdot \frac{\partial X}{\partial \sigma}\right)^2 - \left(\frac{\partial X}{\partial \tau}\right)^2 \left(\frac{\partial X}{\partial \sigma}\right)^2 > 0 \tag{6.34}$$

証明：次の形で与えられる P における正接ベクトル v^μ の集合を考える．

$$v^\mu(\lambda) = \frac{\partial X^\mu}{\partial \tau} + \lambda \frac{\partial X^\mu}{\partial \sigma} \tag{6.35}$$

$\lambda \in (-\infty, \infty)$ はベクトルを選ぶパラメーターである．$\partial X^\mu/\partial \tau$ と $\partial X^\mu/\partial \sigma$ は互いに線形独立な正接ベクトルなので，λ を変更することにより，P におけるすべての方向の正接ベクトルを（ベクトルの大きさは異なるけれども）表すことができる．$\lambda \to \infty$ の極限まで考えれば，$\partial X^\mu/\partial \sigma$ も含まれる（図6.6）．ベクトルの大きさの違いは，そのベクトルが時間的（タイムライク）か 空間的（スペースライク）かの区別には影響しない．$v^\mu(\lambda)$ が時間的か空間的かを決めるために，自乗を評価する．

$$v^2(\lambda) = v^\mu(\lambda)v_\mu(\lambda) = \lambda^2 \left(\frac{\partial X}{\partial \sigma}\right)^2 + 2\lambda \left(\frac{\partial X}{\partial \tau} \cdot \frac{\partial X}{\partial \sigma}\right) + \left(\frac{\partial X}{\partial \tau}\right)^2 \tag{6.36}$$

最後の右辺に現れるスカラー積は単なる数になるので，これは λ の2次式である．P において時間的な正接ベクトル（タイムライク）と 空間的な正接ベクトル（スペースライク）が両方とも存在するためには，λ を変更することによって $v^2(\lambda)$ が正にも負にもなる必要がある．言い換えると，$v^2(\lambda) = 0$ が2つの実数解を持つ必要がある．これが起こるためには，2次方程式 $v^2(\lambda) = 0$ の判別式が正でなければならない．式 (6.36) により，この判別式は次式になる．

$$\left(\frac{\partial X}{\partial \tau} \cdot \frac{\partial X}{\partial \sigma}\right)^2 - \left(\frac{\partial X}{\partial \sigma}\right)^2 \left(\frac{\partial X}{\partial \tau}\right)^2 > 0 \tag{6.37}$$

上式は正確に，証明しようとした条件式(6.34)そのものである．

我々は常に空間的な正接を持つので，図6.6における$v^2(\lambda)$のグラフは$v^2(\lambda) > 0$の領域を含む必要がある．世界面上の点Pにおいて，すべての正接ベクトルが，零ベクトルの方向を除いて空間的であると考えてみよう．そうするとv^2がゼロになるλの値のところだけを除き，$v^2(\lambda) > 0$になる．方程式$v^2(\lambda) = 0$は単独の解を持たねばならず，その判別式はゼロである．したがって，作用の式(6.33)における平方根の中身は，Pにおいてゼロになる．弦のPにおける可能な運動は，Pにおける世界面の正接の方向だけである．空間的な方向の運動は非物理的なので，零ベクトルだけが許容される答えになる．すなわち弦においてPは光速で運動している．

6.4 南部-後藤作用

式(6.33)の固有面積汎関数が適正に定義されていることを確認できたので，相対論的な弦に関する作用を導入できる．この作用は世界面の固有面積に比例する．作用の単位を持たせるために，面積汎関数に対して，いくつか適切な定数を掛け合わせる必要がある．

式(6.33)の面積汎関数は，想定されるように，長さの自乗の単位を持っている．X^μは長さの単位を持ち，平方根の中の各項は4つのXを含む．τとσの単位は残らない．平方根の中の各項は2つのσによる導関数と2つのτによる導関数を含む．これらは積分要素の単位と相殺する．しかしながら，我々はσが長さの単位を持ち，τが時間の単位を持つものと見なす．これはτと時間の関係，およびσと弦の上の位置の関係を予想した措置である．まとめると，

$$[\tau] = T, \quad [\sigma] = L, \quad [X^\mu] = L, \quad [A] = L^2 \tag{6.38}$$

である．SはML^2/Tの単位を持ち，AはL^2の単位を持つので，固有面積に対してM/Tの単位を持つ量を掛ける必要がある．弦の張力T_0は力の単位を持ち，力を速度で割った量は，ここで必要とされるM/Tの単位を持つ．そこで固有面積にT_0/cを掛けて，作用の単位を持つ量を得ることにする．すなわち式(6.33)を利用して，相対論的な弦の作用を次のように置く．

$$S = -\frac{T_0}{c} \int_{\tau_i}^{\tau_f} d\tau \int_0^{\sigma_1} d\sigma \sqrt{(\dot{X} \cdot X')^2 - (\dot{X})^2 (X')^2} \tag{6.39}$$

$\sigma_1 > 0$は定数である．また上式では次のような微分演算の記法を導入してある[§]．

$$\dot{X}^\mu \equiv \frac{\partial X^\mu}{\partial \tau}, \quad X^{\mu\prime} \equiv \frac{\partial X^\mu}{\partial \sigma} \tag{6.40}$$

[§] (訳註) 同様の記法で点粒子の作用(5.15)を書くと $S = -mc \int d\tau \sqrt{-(\dot{x})^2}$ である．自然単位系(第9章．ここでは単にcを省けばよい)に移行して，これを式(6.39)と比べると，質量m(自然単位L^{-1})が点粒子の世界線に対して持つ役割とよく似た役割を，張力T_0(自然単位L^{-2})が弦の世界面に対して持つことが判る．弦理論で扱われる相対論的な弦では，第4章の非相対論的な弦とは異なって弦の空間的な長さや質量として何らかの有限規準値が設定されることはなく，弦の力学を決める先験的なパラメーターはT_0だけと見なされる．つまり'相対論的な弦'は，単に特殊相対論に従う弦という意味ではなく，そのように'定義'されているのである．

6.5. 運動方程式, 境界条件, D-ブレイン

もちろん, まだ我々は弦の作用の式で用いる T_0 が, 張力という解釈に正確に適合するかを確認していない. この考察は6.7節で行う. また, そこでは右辺全体に付けてある負号が妥当であることも確認する予定である. この作用 S の式が, 相対論的な弦に関する南部 - 後藤作用‡と呼ばれるものである.

作用のパラメーター付け替え不変性は, 決定的に重要である. 空間内の面を扱ったときと同様の手続きにより, 南部 - 後藤作用をパラメーター付け替え不変性が明白な形に書き直せる. ここでは,

$$-ds^2 = dX^\mu dX_\mu = \eta_{\mu\nu} dX^\mu dX^\nu = \eta_{\mu\nu} \frac{\partial X^\mu}{\partial \xi^\alpha} \frac{\partial X^\nu}{\partial \xi^\beta} d\xi^\alpha d\xi^\beta \tag{6.41}$$

となる. $\eta_{\mu\nu}$ は標的空間の Minkowski 計量である. 添字 α と β は, 2つの値1と2を取るものとし, $\xi^1 = \tau$, $\xi^2 = \sigma$ と見なすことにする. 空間の面の場合と同様に, 世界面の上に誘導された計量 $\gamma_{\alpha\beta}$ を定義する.

$$\gamma_{\alpha\beta} \equiv \eta_{\mu\nu} \frac{\partial X^\mu}{\partial \xi^\alpha} \frac{\partial X^\nu}{\partial \xi^\beta} = \frac{\partial X}{\partial \xi^\alpha} \cdot \frac{\partial X}{\partial \xi^\beta} \tag{6.42}$$

より具体的に書くと, 2行2列の行列 $\gamma_{\alpha\beta}$ は次のように表される.

$$\gamma_{\alpha\beta} = \begin{bmatrix} (\dot{X})^2 & \dot{X} \cdot X' \\ \dot{X} \cdot X' & (X')^2 \end{bmatrix} \tag{6.43}$$

この計量を利用すると, 南部 - 後藤作用を, パラメーター不変性が明白な形で書くことができる.

$$\boxed{S = -\frac{T_0}{c} \int d\tau d\sigma \sqrt{-\gamma}, \quad \gamma = \det(\gamma_{\alpha\beta})} \tag{6.44}$$

6.2節で行った, 空間内の面に関するパラメーター付け替え不変性の解析は, この場合にもそのまま成立する. 作用の式(6.44)はパラメーター付け替え不変性が明白なだけではなく, 式(6.39)よりも簡潔でもある. この形であれば, 南部-後藤作用を, 弦よりも多くの次元を持つ物体の力学へと一般化することも容易である. この種の作用は, D-ブレインの力学に対する第1近似として有用である.

6.5 運動方程式, 境界条件, D-ブレイン

本節では, 弦の作用の変分から, 弦の運動方程式を得る. そうすることにより, 開弦の端点に課することのできる様々な境界条件を論じる機会も持つことになる. Dirichlet 境界条件は, D-ブレインの存在によって生じ得るものと解釈される.

南部-後藤作用(6.39)を, ラグランジアン密度 $\mathcal{L}$ の2重積分として書くことから始めよう.

$$S = \int_{\tau_i}^{\tau_f} d\tau L = \int_{\tau_i}^{\tau_f} d\tau \int_0^{\sigma_1} d\sigma \mathcal{L}(\dot{X}^\mu, X^{\mu\prime}) \tag{6.45}$$

‡(訳註) 南部陽一郎 (1970年, 1972年) と後藤鉄男 (1971年) に因む. 南部は Veneziano 振幅 (25.8節) を説明するための強粒子模型として1969年に初めて弦模型に言及したが, それから両者はそれぞれ独立に, パラメーター付け替え不変性が自明な作用汎関数を見出した.

第6章 相対論的な弦

$\mathcal{L}$ は次式で与えられる.

$$\mathcal{L}(\dot{X}^\mu, X^{\mu\prime}) = -\frac{T_0}{c}\sqrt{(\dot{X}\cdot X')^2 - (\dot{X})^2(X')^2} \tag{6.46}$$

作用(6.45)の変分をゼロと置くことによって,相対論的な運動方程式が得られる.

$$\delta S = \int_{\tau_i}^{\tau_f} d\tau \int_0^{\sigma_1} d\sigma \left[\frac{\partial \mathcal{L}}{\partial \dot{X}^\mu} \frac{\partial (\delta X^\mu)}{\partial \tau} + \frac{\partial \mathcal{L}}{\partial X^{\mu\prime}} \frac{\partial (\delta X^\mu)}{\partial \sigma} \right] \tag{6.47}$$

ここでは,次式を用いた.

$$\delta \dot{X}^\mu = \delta \left(\frac{\partial X^\mu}{\partial \tau} \right) = \frac{\partial (\delta X^\mu)}{\partial \tau} \tag{6.48}$$

$\delta X^{\mu\prime}$ についても,同様の関係を想定する.

$\partial \mathcal{L}/\partial \dot{X}^\mu$ と $\partial \mathcal{L}/\partial X^{\mu\prime}$ は,今後の議論において頻繁に現れるので,これらに対して新しい記号を導入しておくと便利である.これと同様のことは,非相対論的な弦に関して4.6節で既に行っている.ここでは次のようにすればよい.

$$\mathcal{P}_\mu^\tau \equiv \frac{\partial \mathcal{L}}{\partial \dot{X}^\mu} = -\frac{T_0}{c} \frac{(\dot{X}\cdot X')X_\mu' - (X')^2 \dot{X}_\mu}{\sqrt{(\dot{X}\cdot X')^2 - (\dot{X})^2(X')^2}} \tag{6.49}$$

$$\mathcal{P}_\mu^\sigma \equiv \frac{\partial \mathcal{L}}{\partial X^{\mu\prime}} = -\frac{T_0}{c} \frac{(\dot{X}\cdot X')\dot{X}_\mu - (\dot{X})^2 X_\mu'}{\sqrt{(\dot{X}\cdot X')^2 - (\dot{X})^2(X')^2}} \tag{6.50}$$

計算練習6.3 式(6.49)と式(6.50)を証明せよ.

この記法を用いると,変分 δS の式(6.47)は次のようになる.

$$\delta S = \int_{\tau_i}^{\tau_f} d\tau \int_0^{\sigma_1} d\sigma \left[\frac{\partial}{\partial \tau} \left(\delta X^\mu \mathcal{P}_\mu^\tau \right) + \frac{\partial}{\partial \sigma} \left(\delta X^\mu \mathcal{P}_\mu^\sigma \right) - \delta X^\mu \left(\frac{\partial \mathcal{P}_\mu^\tau}{\partial \tau} + \frac{\partial \mathcal{P}_\mu^\sigma}{\partial \sigma} \right) \right] \tag{6.51}$$

右辺の第1項は τ に関する全体の微分であり,$\delta X^\mu(\tau_f, \sigma)$ および $\delta X^\mu(\tau_i, \sigma)$ に比例する項を与える.τ の増加は時間の流れを意味するので,我々は弦の始状態と終状態を特定して,変分に $\delta X^\mu(\tau_f, \sigma) = \delta X^\mu(\tau_i, \sigma) = 0$ という制約を与えることを想像できる.常にこのような変分を仮定するので,これらの項のことは忘れてよい.そうすると作用の変分は次のようになる.

$$\delta S = \int_{\tau_i}^{\tau_f} d\tau \left[\delta X^\mu \mathcal{P}_\mu^\sigma \right]_0^{\sigma_1} - \int_{\tau_i}^{\tau_f} d\tau \int_0^{\sigma_1} d\sigma\, \delta X^\mu \left(\frac{\partial \mathcal{P}_\mu^\tau}{\partial \tau} + \frac{\partial \mathcal{P}_\mu^\sigma}{\partial \sigma} \right) \tag{6.52}$$

右辺第2項が,あらゆる変分 δX^μ の下でゼロにならなければならないので,次のように置く.

$$\boxed{\frac{\partial \mathcal{P}_\mu^\tau}{\partial \tau} + \frac{\partial \mathcal{P}_\mu^\sigma}{\partial \sigma} = 0} \tag{6.53}$$

これが相対論的な弦の運動方程式であり,開弦にも閉弦にもこの式を適用できる.式(6.49)と式(6.50)の定義式を一見すると,この方程式は信じ難いほど複雑に感じられる.解を導くための鍵となるのは,南部-後藤作用のパラメーター付け替え不変性である.賢明なパラメーターの選択により,解法は格段に簡単になる.

6.5. 運動方程式, 境界条件, D-ブレイン

式(6.52)の右辺第1項は, 弦の端点に関係している. これは実際には, 添字 μ の各値に対して2つの項を含んでいる. 具体的に書くと,

$$\int_{\tau_i}^{\tau_f} d\tau \, \big(\delta X^0(\tau, \sigma_1) \mathcal{P}_0^\sigma(\tau, \sigma_1) - \delta X^0(\tau, 0) \mathcal{P}_0^\sigma(\tau, 0)$$

$$+ \delta X^1(\tau, \sigma_1) \mathcal{P}_1^\sigma(\tau, \sigma_1) - \delta X^1(\tau, 0) \mathcal{P}_1^\sigma(\tau, 0)$$

$$\vdots \qquad \vdots \qquad \vdots \qquad \vdots$$

$$+ \delta X^d(\tau, \sigma_1) \mathcal{P}_d^\sigma(\tau, \sigma_1) - \delta X^d(\tau, 0) \mathcal{P}_d^\sigma(\tau, 0) \big) \tag{6.54}$$

であり, 上式の"それぞれの"項に対して境界条件が必要とされる. したがって, 境界条件は全部で $2D = 2(d+1)$ 個ある.

ひとつの項を取り上げよう. すなわち μ を指定し, 端点の一方を選ぶ. 選んだ方の端点の座標を σ_* と記すことにする. すなわち σ_* はゼロか σ_1 のどちらかに等しい. 端点を選ぶということは, σ_* の値の指定を意味する. 以前と同様に, 端点に課することのできる自然な境界条件が2通りある. 第1のものは Dirichlet 境界条件であり, 弦の運動において弦の端点は固定される.

$$\boxed{\text{Dirichlet 境界条件}: \quad \frac{\partial X^\mu}{\partial \tau}(\tau, \sigma_*) = 0, \quad \mu \neq 0} \tag{6.55}$$

τ が変化すると時間が変化するので (式(6.29)参照), $\mu = 0$ は除外しておく必要がある. Dirichlet 境界条件は空間方向だけに課することができる. τ に関して一定ということが, 時間に依存しないことを意味するものと考えれば, 式(6.55)は, ここで選んでいる弦の端点が時間に依存して動かないように固定されていることを含意する. τ に関する微分(導関数)がゼロになることを要請する代わりに, 簡単に $X^\mu(\tau, \sigma_*)$ を定数と置いてもよい. 弦の端点が固定されていれば, そこでは変分もゼロと設定され, $\delta X^\mu(\tau, \sigma_*) = 0$ となる. したがって, 式(6.54)の中で, この境界条件を課した各項はゼロになる.

第2の可能な境界条件は, 自由な端点の条件である.

$$\boxed{\text{自由端点}: \quad \mathcal{P}_\mu^\sigma(\tau, \sigma_*) = 0} \tag{6.56}$$

この条件も, 必要とされる通りに, 式(6.54)の中の各項をゼロにする. これが自由端点の条件と呼ばれる理由は, 端点における弦の変分 $\delta X^\mu(\tau, \sigma_*)$ に制約を課さないからである. 作用の変分をゼロにできる限りにおいて, 端点は自由に如何ようにも動ける. $\mu = 0$ には, 自由端点の境界条件が適用されねばならない.

$$\boxed{\mathcal{P}_0^\sigma(\tau, \sigma_1) = \mathcal{P}_0^\sigma(\tau, 0) = 0} \tag{6.57}$$

非相対論的な弦の場合, 自由端点の境界条件は $\mathcal{P}^x$ がゼロになることを含意し (式(4.47)参照), 弦の座標に対して Neumann 境界条件が課された. 我々は最終的には式(6.56)も Neumann 境界条件の観点から理解したい. また Dirichlet 境界条件(6.55)が, 弦の端点において $\mathcal{P}_\mu^\tau$ をゼロにすることも示す予定である.

境界条件(6.55)と(6.56)を課する方法はいろいろある. 各々の空間次元に関して, それぞれの端点に対して, Dirichlet 境界条件と自由端点の境界条件のどちらかを選ぶことができる. 閉

第6章 相対論的な弦

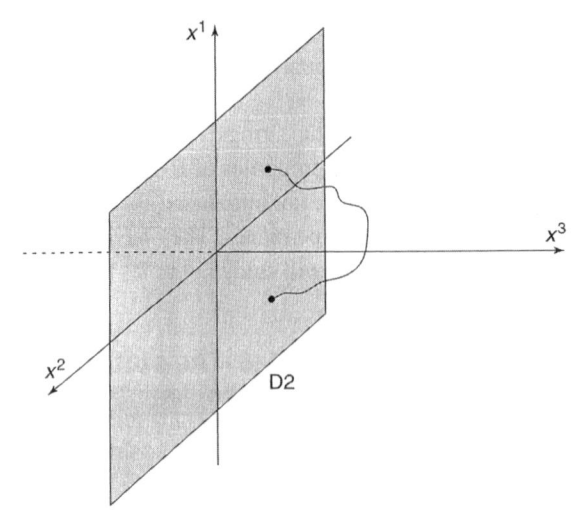

図6.7 $D2$-ブレインが (x^1, x^2) 面に拡がっている．開弦の端点はこの面の上を自由に動けるけれども，面に接した状態を維持しなければならない．端点の座標 x^3 は全時間にわたりゼロになる．これが弦の X^3 座標に対する Dirichlet 境界条件である．

弦は端点を持たないので，境界条件を必要としない．

　Dirichlet 境界条件のことを考えてみよう．非相対論的な弦の考察から，Dirichlet 境界条件が，弦の端点が何らかの物理的な対象に取り付けられているときに成立する条件であることは明らかである．図4.2 (p.73) の例を考える．左側の図では弦の両端が2つの点に取り付けられている．右側の図では，弦の端点が自由に上下に動くことができる．ここでは端点が1次元の直線上にあることが強いられ，端点の水平方向の運動は禁じられている．開弦の端点が接し続けるべき対象は，その次元によって特徴づけられる．より正確には，その対象が持つ空間次元の数によって特徴が決まる．このような対象のことを D-ブレイン (D-brane) と呼ぶ．D は Dirichlet を意味する．図4.2の左側で，弦の端点を固定している対象はゼロ次元である．これは D0-ブレインと呼ばれる．右側の図で弦の端点の動きを制約している対象は，1次元の線である．これは D1-ブレインと呼ばれる．

　Dp-ブレインは，p 次元空間を持つ物体である§．弦の端点がこの Dp-ブレインのところに存

---

§(訳註) 物理的な粒子は我々に見えている3次元空間内を自由に動けるので，開弦の振動モードを物理的な粒子に対応させるような理論モデルを考える場合に，定在的な D-ブレインとして想定されるのは，拡がった3次元空間を含むような $p \geq 3$ の Dp-ブレインである．このようなモデルにおいては，弦の端点に対する Dirichlet 型の拘束はコンパクト空間内の方向だけについて考えることになる (第21章)．$D0 \sim D2$-ブレインや，コンパクト化方向だけの空間次元を持っていて実効空間における拡がりのない Dp-ブレインも理論要素として用いられるが，その場合は (超弦理論では) D-ブレイン自身が，全空間に拡がる開弦起因の無質量場 (Maxwell 場を一般化した概念) と結合する 'チャージ' の担体になるという観点も重要となる (16.4節, 22.7節)．
　本書では D-ブレインの性質やその応用が紹介されるが，そもそも「D-ブレインとは何か？」

6.6. 静的ゲージ

在しなければならないことから，Dirichlet境界条件の組が特定される．3次元空間における平坦なD2-ブレインに関しては，ひとつの条件，例えば $x^3 = 0$ が特定される (図6.7)．これは，このD2-ブレインが (x^1, x^2) 面に拡がっていることを意味する．このDirichlet境界条件は弦の座標 X^3 に適用されることになるので，X^3 は弦の端点においてゼロでなければならない．開弦の端点はブレインに沿った方向には自由に動けるので，弦の座標 X^1 と X^2 は自由境界条件を満たす．もし開弦の端点が全空間次元の方向に自由に動けるとしても，D-ブレインを想定することはできるが，それは"全空間を満たした"D-ブレインである．このD-ブレインは空間全体に拡がっており，開弦の端点がD-ブレインに属するということは，すなわち端点が完全に自由であるということになる．

(量子力学的な) 相対論的弦に関しては，Dirichlet境界条件の無矛盾性の考察から，D-ブレインの性質を見いだすことが可能となる．D-ブレインは弦理論において物理的に存在する実体であり，恣意的に導入されるものではない．D-ブレインは無限に拡がっている必要はなく，必ずしも超平面でなくてもよい．それ自体のエネルギー密度の計算が可能で，多くの注目すべき特徴を持っている．第15章以降において，D-ブレインの詳細を調べる予定である．

6.6 静的ゲージ

相対論的な弦の作用に関する理解を進展させるためには，世界面に対するパラメーター付けを，利用しやすい方法で行う必要がある．弦の作用はパラメーター付け替え不変性を備えているので，我々は自由にパラメーターを選ぶことが許される．弦理論におけるパラメーター付け替え不変性は，電磁力学におけるゲージ不変性と類似するものである．Maxwell方程式はゲージ変換の下での不変性を備えており，同じ電磁場 $\vec{E}$ と $\vec{B}$ を表現するために異なるポテンシャル A_μ を用いることが許容される．そして，ゲージを適切に選択することにより，物理的な見通しがよくなるということがあり得る．同様に，我々は弦の同じ物理的な運動を記述するために，世界面上にいろいろ異なった方法で座標の格子を描き，それらを用いることが可能である．適切な格子の描き方を選ぶならば，その後の作業は極めて容易になる．よいパラメーターの選択は，相対論的な点粒子に対しても有用である——軌道を固有時間によってパラメーター付けしたときに，その運動方程式は最も簡単な形になる．

本節では，世界面上の部分的なパラメーター付けだけを論じる．τ をある選ばれたLorentz座標系における時間座標 $X^0 = ct$ に関係づけることによって，τ が一定となる線を固定する．

標的空間において，時刻が一定値の超平面 $t = t_0$ を考える (図6.8)．弦の世界面と，この平面の交わる部分は曲線を描く．これは我々が選んだLorentz座標系から見える"時刻 t_0 におけ

ということの説明は与えられないので，この問題の詳細については他の文献にあたる必要がある．D-ブレインは，弦の場の理論において古典的に見いだされる安定なソリトン解である．つまり局所的に (次元の限定された領域に) 高いエネルギーを持って安定している '弦の場' の状態のことであるが，粗雑なイメージとしては，多数の弦が凝集しているような物体と言ってもよいであろう．摂動的に弦を扱うアプローチからはD-ブレインそのものを導くことはできず，1995年にJ. Polchinski (ポルチンスキー) が理論的にD-ブレイン (の意味) を発見してから，超弦理論は新たな段階を迎えた．

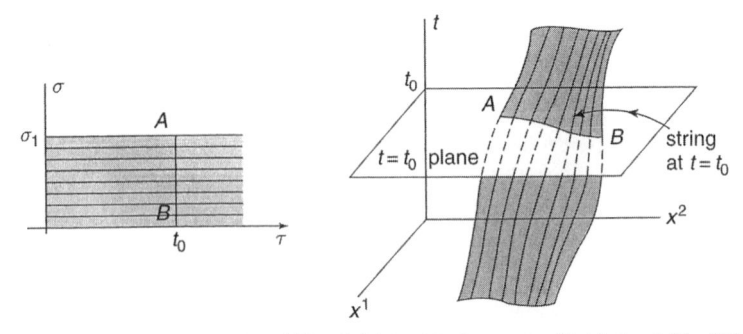

図6.8 左側：開弦のパラメーター空間．垂直な辺 AB は $\tau = t_0$ の線である．右側：標的空間における開弦の世界面．$t = t_0$ における弦は，超平面 $t = t_0$ における世界面の断面にあたる．静的ゲージを採用すると，時刻 $t = t_0$ における弦は，パラメーター空間における $\tau = t_0$ の辺 AB を標的空間に映した像である．

る弦"である．この曲線を，τ が一定 $\tau = t_0$ の曲線であると決めることにする．この規定を全時刻 t に拡張して，世界面上の任意の点 Q において，

$$\tau(Q) = t(Q) \tag{6.58}$$

と置く．このパラメーター τ の選び方は"静的ゲージ"(static gauge) と呼ばれる．τ が定数の線は，選択した Lorentz 座標系における"時間を止めた静的な弦"にあたるからである．

ここでは σ に関して特別に洗練されたパラメーターの選択を試みることはしない．開弦において，世界面の一方の端（縁）を $\sigma = 0$ の曲線と見なし，一方の端を $\sigma = \sigma_1$ の曲線と見なす．

$$\sigma \in [0, \sigma_1] \quad \text{開弦} \tag{6.59}$$

世界面上に σ が一定の曲線群を描く方法は，それらが滑らかで互いに交差せず，両端の2本の曲線と整合するならば，全く任意である（図6.8）．σ が一定の曲線群を描くことは，弦全体に対して σ の具体的なパラメーターを与えることと等価である．閉弦に対しても同じ考え方を適用できるが，ここには重要な但し書きが必要となる．(τ, σ) パラメーター空間において同一視を導入しなければならない．すなわち σ 方向に関して円を形成し，(τ, σ) パラメーター空間を円筒にする．閉弦の世界面は，トポロジー的には円筒だからである．σ 方向の円周を σ_c と記すことにすると，同一視条件は，次のように表される．

$$(\tau, \sigma) \sim (\tau, \sigma + \sigma_c) \tag{6.60}$$

パラメーター空間において，上記の関係によって同一視される点同士は，閉じた弦の世界面の上の同じ点に写像される．閉弦には，長さ σ_c を持つ任意の σ の区間を用いてパラメーター付けを施すことができる．たとえば，

$$\sigma \in [0, \sigma_c] \quad \text{閉弦} \tag{6.61}$$

という区間を利用する．我々が行った τ の選択の含意を少し調べてみよう．式(6.58)を次のように書くことができる．

$$X^0(\tau, \sigma) \equiv ct(\tau, \sigma) = c\tau \tag{6.62}$$

もしくは，より簡単に，

$$\tau = t \tag{6.63}$$

と書いてもよい．したがって，弦が持つ座標 X^μ を，

$$X^\mu(\tau, \sigma) = X^\mu(t, \sigma) = \{ct, \vec{X}(t, \sigma)\} \tag{6.64}$$

と記すことができる．ベクトル $\vec{X}$ は空間座標を表す．ここから次式が得られる．

$$\begin{aligned}
\frac{\partial X^\mu}{\partial \sigma} &= \left(\frac{\partial X^0}{\partial \sigma}, \frac{\partial \vec{X}}{\partial \sigma}\right) = \left(0, \frac{\partial \vec{X}}{\partial \sigma}\right) \\
\frac{\partial X^\mu}{\partial \tau} &= \left(\frac{\partial X^0}{\partial t}, \frac{\partial \vec{X}}{\partial t}\right) = \left(c, \frac{\partial \vec{X}}{\partial t}\right)
\end{aligned} \tag{6.65}$$

見て分かるように，この τ のパラメーター付けの下では，座標の時間成分と空間成分の役割が明確に分離される．

我々は τ 座標を選択したので，ここで南部-後藤作用 (6.39) の平方根の中の符号が正しいかどうか簡単な試験を行うことができる．速度がゼロの弦の素片を想像しよう．動いていないので $\partial \vec{X}/\partial t = 0$ である．そして式 (6.65) を用いると，式 (6.39) の平方根の部分は，

$$\sqrt{0 - \left(\frac{\partial \vec{X}}{\partial \sigma}\right)^2 (-c^2)} \tag{6.66}$$

となる．期待どおりに平方根の中の量は正になっている．読者が弦の作用における根号の中の符号を忘れたときには，この方法で素早く確認すればよい．

6.7 弦の張力とエネルギー

南部-後藤作用を用いた計算を行ってみよう——これは最初の弦理論の計算である！ 我々は本節において，引き伸ばされた静的な相対論的弦の解析を実施しようとしている．弦の端点は $x^1 = 0$ と $x^1 = a > 0$ において固定されており，他の空間次元の座標はゼロになっているものとする．したがって弦の端点を $(0, \vec{0})$ および $(a, \vec{0})$ と書くことができる．$(d-1)$ 次元ベクトル $\vec{0}$ が一緒に含まれていることは，弦が第1の空間次元の方向だけに伸びていることを表す．

この弦の作用を，静的ゲージ $X^0 = c\tau$ を用いて評価する．これは $x^1 = 0$ から $x^1 = a$ まで伸びている静的な弦なので，次のように書ける．

$$X^1(t, \sigma) = f(\sigma), \quad X^2 = X^3 = \cdots = X^d = 0 \tag{6.67}$$

ここで，

$$f(0) = 0, \quad f(\sigma_1) = a \tag{6.68}$$

であり，$f(\sigma)$ は区間 $\sigma \in [0, \sigma_1]$ において単調増加する連続関数である．この状況を図 6.9 に描いてある．弦に沿った各点をそれぞれ一意的な σ 座標の値に対応させるために，f は単調増加関数でなければならない．

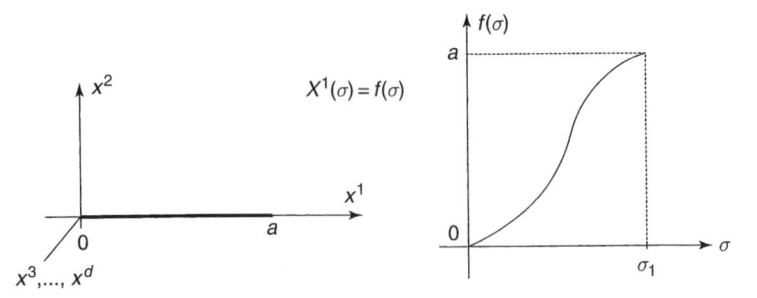

図6.9 x^1 軸に沿った長さ a の弦. $X^1(t,\sigma) = f(\sigma)$ のようにパラメーター付けされている.

弦の座標の導関数は,

$$\dot{X}^\mu = (c, 0, \vec{0}), \quad X'^\mu = (0, f', \vec{0}) \tag{6.69}$$

と表され, $f' = df/d\sigma > 0$ である. したがって,

$$(\dot{X})^2 = -c^2, \quad (X')^2 = (f')^2, \quad \dot{X} \cdot X' = 0 \tag{6.70}$$

である. これで作用の式(6.39)を計算できる.

$$S = -\frac{T_0}{c} \int_{t_i}^{t_f} dt \int_0^{\sigma_1} d\sigma \sqrt{0 - (-c^2)(f')^2} = -T_0 \int_{t_i}^{t_f} dt \int_0^{\sigma_1} d\sigma \frac{df}{d\sigma} \tag{6.71}$$

被積分関数は σ による微分なので,

$$S = -T_0 \int_{t_i}^{t_f} dt \left(f(\sigma_1) - f(0) \right) = \int_{t_i}^{t_f} dt (-T_0 a) \tag{6.72}$$

となる. ここでは式(6.68)を用いた. この作用の値は, 弦にパラメーター付けをするための関数 f に依存しないことに注意してもらいたい. このことは, 弦の作用のパラメーター付け替え不変性の具体的な確認になっている.

得られた結果を解釈してみる. 作用がラグランジアン L の時間積分であることを思い出そう. 運動エネルギーがゼロのときには $L = -V$ と表され, V はポテンシャルエネルギーである. 我々は静的な弦を考察しているので,

$$S = \int_{t_i}^{t_f} dt (-V) \tag{6.73}$$

となる. これを式(6.72)と比較すると, 次の関係が結論される.

$$V = T_0 a \tag{6.74}$$

弦のポテンシャルエネルギーは丁度 $T_0 a$ である. これは何を意味するだろうか? 静的な弦の張力が T_0 であれば, 長さ a の弦を用意するために, エネルギー $T_0 a$ を費やす必要がある. 無限小の寸法を持つ弦から始めて, あなたがそれを引き伸ばすことを想像してもらいたい. この仕

事を行うときに，あなたは弦にエネルギーを与え，弦において静止エネルギーを，すなわち静止質量を生じせしめることになる．単位長さあたりの静止質量は，

$$\mu_0 c^2 = \frac{V}{a} = T_0 \rightarrow \mu_0 = \frac{T_0}{c^2} \tag{6.75}$$

となる．弦の質量（もしくは静止エネルギー）は，弦が張力を持つことによってのみ生じており，あらかじめ弦自体に固有の質量が付与されているということではない．このことから相対論的な弦は，質量のない弦と言われることもある．上述の計算は T_0 を弦の張力に同定することを支持しており，また作用の式(6.39)に付けてある負号の必要性の確認にもなっている——負号がなければ弦のポテンシャルエネルギーが負になってしまう．

ここまでで我々は，問題をひとつ誤魔化している．上の解析において式(6.67)が弦の運動方程式を満たすものと仮定した．これが成立しなければ，そもそも弦がこのような形になることは物理的にあり得ない．運動方程式が満たされるかどうかを調べてみる．

まず式(6.69)により，$\dot{X}^\mu$ も $X^{\mu\prime}$ も τ に依存しないことに注意しよう．したがって $\mathcal{P}^\tau$ も $\mathcal{P}^\sigma$ も τ には依存しない（式(6.49), (6.50)参照）．この場合，運動方程式(6.53)は次式に帰着する．

$$\frac{\partial \mathcal{P}_\mu^\sigma}{\partial \sigma} = 0 \tag{6.76}$$

ここから $\mathcal{P}_\mu^\sigma$ が σ に依存しないことが要請される．再び式(6.50)に戻り，式(6.70)を用いると，次式が得られる．

$$\mathcal{P}_\mu^\sigma = -\frac{T_0}{c} \frac{c^2 X_\mu'}{\sqrt{c^2 (f')^2}} = -T_0 \frac{X_\mu'}{f'} \tag{6.77}$$

ゼロ以外になり得るのは $\mu = 1$ の成分だけで，$X_1' = f'$ なので，$\mathcal{P}^\sigma$ は実際に σ に依存しない．したがって運動方程式は満たされている．6.5節で論じたように，端点が Dirichlet 境界条件を満たすような弦において，弦の座標自体に対する適否の条件は存在しない．したがって，ここで扱っている問題に関しては，空間座標に関してこれ以上に確認すべき条件は存在しない．第0座標に関しては，式(6.57)により，境界条件として $\mathcal{P}_0^\sigma = 0$ が要請される．式(6.77)において，これも満たされている．

6.8 横方向速度から見た作用

我々は世界面に対する部分的なパラメーター付けを，$X^0 = ct = c\tau$ という条件を課することによって行った．この選択に伴い，世界面において τ が一定の線は，我々が選んだ Lorentz 座標系の観測者が $t = \tau$ において見る弦に対応することになる．

弦において，速度のようなものを定義できるであろうか？ $\vec{X}(t, \sigma)$ の成分は弦の空間座標なので，導関数 $\partial \vec{X}/\partial t$ が速度に最も近い量のように思われる．しかしこの速度は σ の選択に依存する．たとえばその方向は σ が一定の方向に沿う．σ はまったく任意に選べるので，微分において恣意的な σ という量が一定に保たれるという性質が，物理的に特に重要でないことは明らかである！

弦は内部構造を持たない対象なので，物理的に σ のパラメーター付けを固定することは微妙な問題である．ひとつの弦を近接する2つの時刻において見て比較した場合，弦上のある特定

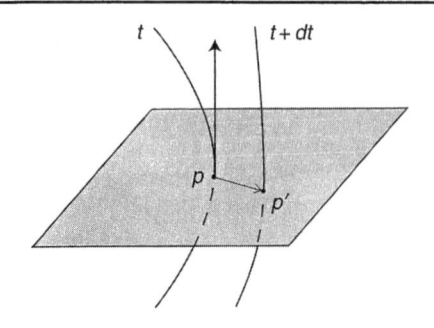

図6.10 時刻 t における弦と，弦の上の点 p において弦に垂直な面．時刻 $t+dt$ において，この面と弦は p' において交わる．横方向速度を定義するために，p が p' へ移動するものと仮定する．

の点が，次に何処の特定の点に移行したかを決めることはできない．弦の上の点について言及する際には σ のパラメーター付けが必要であり，またパラメーター付け替え不変性により，このパラメーター付けが一意的でないことも既に明らかになっている．このことから弦の縦方向の運動は，物理的に意味が深いとは考え難い．

弦においてパラメーター付け替え不変な速度というものを定義することができる．これは"横方向"の速度 (*transverse* velocity) である．弦の運動を"空間"において考え，弦の上の各点がそれぞれ弦に垂直に動くことを想像しよう (図6.10)．ある指定された時刻 t において，弦の上の点 p を選ぶことにする．そして p において弦に垂直に交わる超平面を描く．無限小の時間 dt だけ後の時刻 $t+dt$ には，弦が移動して，この超平面と弦との交点は p' に移る．横方向の速度とは，点 p が点 p' へ動いたと仮定した場合の速度である．この速度を決めるために，弦のパラメーター付けは必要でない．

弦の時間発展を論じるときに，2種類の面を考えることができる．ひとつは世界面，すなわち時空において弦の履歴を示す面である．もうひとつは"空間"における面である．"空間面" (spatial surface) は，全時間において観測される弦を空間内で重ね合わせることによって構築される面であり，弦が動くときに，その跡を空間に残すならば，そのようにして描かれる面が空間面にあたる．弦の上の任意の点における横方向速度 $\vec{v}_\perp$ は，弦に対して垂直であり，弦の空間面に対して正接となる．$\vec{v}_\perp$ はパラメーター付け替え不変な速度概念なので，この量が弦の作用の評価に自然に入ってくることが予想される．

横方向速度 $\vec{v}_\perp$ を定義するために，弦に正接する単位ベクトルを用意しておくと都合がよい．この目的のために，ほとんど任意なパラメーター σ の代わりに，パラメーター s を導入する．s は弦に沿った長さを測るパラメーターである．ある"指定された"時刻において弦を考え，$s(\sigma)$ を区間 $[0,\sigma]$ の中での弦の長さと定義する．したがって，たとえば $s(0) = 0$ であり，$s(\sigma_1)$ は開弦全体の長さである．ds は弦に沿った無限小区間 $d\sigma$ に対応する無限小ベクトル $d\vec{X}$ の長さなので，次式を得る．

$$ds = |d\vec{X}| = \left|\frac{\partial \vec{X}}{\partial \sigma}\right||d\sigma| \tag{6.78}$$

ここで $\partial \vec{X}/\partial s$ という量を考えよう．これは弦の長さに対する $\vec{X}$ の変化率である．まず，これ

6.8. 横方向速度から見た作用

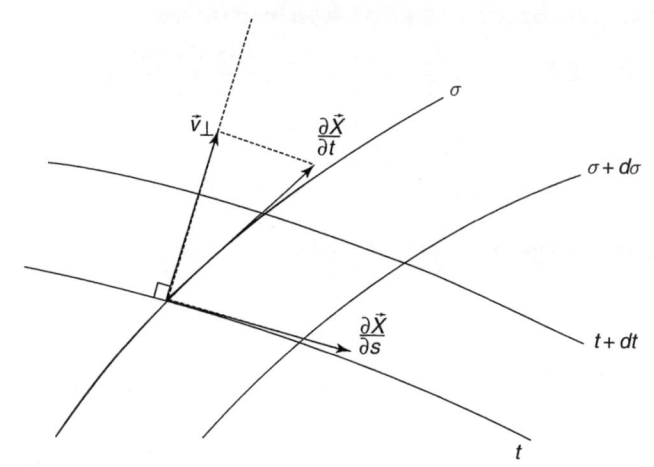

図6.11 世界面の小さな部分において，ベクトル $\partial \vec{X}/\partial t$，横方向速度 $\vec{v}_\perp$，単位ベクトル $\partial \vec{X}/\partial s$ を示した図．

が単位ベクトルであることに注意する．

$$\frac{\partial \vec{X}}{\partial s} \cdot \frac{\partial \vec{X}}{\partial s} = \frac{\partial \vec{X}}{\partial \sigma} \cdot \frac{\partial \vec{X}}{\partial \sigma} \left(\frac{d\sigma}{ds}\right)^2 = \left|\frac{\partial \vec{X}}{\partial \sigma}\right|^2 \left(\frac{d\sigma}{ds}\right)^2 = 1 \tag{6.79}$$

σ による微分 $\partial \vec{X}/\partial \sigma$ は，t を固定して考えるので，t を一定とする線に沿った方向をむいている．t が一定の線とは，正確にその時刻の弦を表すので，このベクトルは弦に対して正接している．さらに，

$$\frac{\partial \vec{X}}{\partial s} = \frac{\partial \vec{X}}{\partial \sigma} \frac{d\sigma}{ds} \tag{6.80}$$

なので $\partial \vec{X}/\partial s$ も弦に正接している．これは単位長さを持つので，

$$\frac{\partial \vec{X}}{\partial s} \text{ は，弦に正接する単位ベクトルである．} \tag{6.81}$$

我々は $\vec{v}_\perp$ を，速度 $\partial \vec{X}/\partial t$ の，弦に直交する方向の成分として定義する (図6.11参照)．任意のベクトル $\vec{u}$ に関して，単位ベクトル $\vec{n}$ に直交する成分は $\vec{u} - (\vec{u} \cdot \vec{n})\vec{n}$ である．したがって横方向速度は，弦に沿った単位ベクトル $\partial \vec{X}/\partial s$ を用いて，次のように与えられる．

$$\vec{v}_\perp = \frac{\partial \vec{X}}{\partial t} - \left(\frac{\partial \vec{X}}{\partial t} \cdot \frac{\partial \vec{X}}{\partial s}\right) \frac{\partial \vec{X}}{\partial s} \tag{6.82}$$

後から利用するために，$v_\perp^2$ も計算しておく．容易に次式が得られる．

$$v_\perp^2 = \left(\frac{\partial \vec{X}}{\partial t}\right)^2 - \left(\frac{\partial \vec{X}}{\partial t} \cdot \frac{\partial \vec{X}}{\partial s}\right)^2 \tag{6.83}$$

我々の当面の目標は，弦の作用を $\vec{v}_\perp$ と，必要ならばその他の量も用いて書くことである．静的ゲージ $\tau = t$ を採用して式 (6.65) を用いると，以下の関係が得られる．

$$(\dot{X})^2 = -c^2 + \left(\frac{\partial \vec{X}}{\partial t}\right)^2, \quad (X')^2 = \left(\frac{\partial \vec{X}}{\partial \sigma}\right)^2, \quad \dot{X} \cdot X' = \frac{\partial \vec{X}}{\partial t} \cdot \frac{\partial \vec{X}}{\partial \sigma} \tag{6.84}$$

これらにより，弦の作用の式における平方根の中の部分が簡単になる．

$$(\dot{X} \cdot X')^2 - (\dot{X})^2 (X')^2 = \left(\frac{\partial \vec{X}}{\partial t} \cdot \frac{\partial \vec{X}}{\partial \sigma}\right)^2 + \left[c^2 - \left(\frac{\partial \vec{X}}{\partial t}\right)^2\right] \left(\frac{\partial \vec{X}}{\partial \sigma}\right)^2$$

$$= \left(\frac{ds}{d\sigma}\right)^2 \left[\left(\frac{\partial \vec{X}}{\partial t} \cdot \frac{\partial \vec{X}}{\partial s}\right)^2 + c^2 - \left(\frac{\partial \vec{X}}{\partial t}\right)^2\right] \quad (6.85)$$

上式の右辺を，$v_\perp^2$ を用いて表すことができる．式(6.83)を利用すると，

$$(\dot{X} \cdot X')^2 - (\dot{X})^2 (X')^2 = \left(\frac{ds}{d\sigma}\right)^2 (c^2 - v_\perp^2) \quad (6.86)$$

と書ける．代わりに，

$$\sqrt{(\dot{X} \cdot X')^2 - (\dot{X})^2 (X')^2} = c \frac{ds}{d\sigma} \sqrt{1 - \frac{v_\perp^2}{c^2}} \quad (6.87)$$

と書いてもよい．弦のラグランジアン密度がこのように単純な形になることは，$\vec{v}_\perp$ が自然な力学変数であることを示している．そして，弦の速度の縦方向成分は作用とは完全に無関係である．今や，弦の作用を次のように表すことができる．

$$\boxed{S = -T_0 \int dt \int_0^{\sigma_1} d\sigma \left(\frac{ds}{d\sigma}\right) \sqrt{1 - \frac{v_\perp^2}{c^2}}} \quad (6.88)$$

ここで $ds/d\sigma = |\partial \vec{X}/\partial \sigma|$ である．上式において $d\sigma$ を相殺していない理由は，指定されたパラメーターによる積分が有用となることが多いからである．σ の範囲は一定であるが，弦の全長は時間に依存する．我々は s を，ある固定された時刻において弦に沿った長さを与える σ の関数として導入した．この定義を異なった時刻に適用すると，s に時間依存性が付与されることになる．我々が弦を異なる時刻において比べる際には，このような問題に関わることになる．

ラグランジアンは，次式で与えられることになる．

$$L = -T_0 \int ds \sqrt{1 - \frac{v_\perp^2}{c^2}} \quad (6.89)$$

ひとつの解釈を与えるために，上式を長さのパラメーターによる積分の形で書いた．弦を構成する無限小の素片それぞれに関して，$T_0 ds$ は静止エネルギーである．したがってこのラグランジアンは，弦の静止エネルギー(に負号を付けたもの)と局所的な相対論因子の積を積分したものにあたる．式(6.89)の形を見ると，これが相対論的な粒子のラグランジアン(5.8)の自然な一般化になっていることを理解できる．

作用の式(6.88)は開弦にも閉弦にも妥当する．この式は比較的単純ではあるが，対称性の高い状況でない限り，かなり複雑な運動方程式を導く．単純な運動方程式を得るために，σ を賢明に選ぶ必要がある．開弦に関しては，これに加えて端点の動きも理解しなければならない．

$\mathcal{P}^{\tau\mu}$ と $\mathcal{P}^{\sigma\mu}$ の式(6.49)および(6.50)を静的ゲージによって簡単化して，本節を締めくくることにする．$\mathcal{P}^{\sigma\mu}$ から始めよう．この式の分母は式(6.87)で与えられ，分子は式(6.84)によって簡単になる．

$$\mathcal{P}^{\sigma\mu} = -\frac{T_0}{c} \frac{\left(\frac{\partial \vec{X}}{\partial \sigma} \cdot \frac{\partial \vec{X}}{\partial t}\right)\dot{X}^\mu - \left(-c^2 + \left(\frac{\partial \vec{X}}{\partial t}\right)^2\right)X^{\mu\prime}}{c\frac{ds}{d\sigma}\sqrt{1 - \frac{v_\perp^2}{c^2}}} \tag{6.90}$$

$ds/d\sigma$ を分母から分子に移して，σ に関する微分演算を s に関する微分演算に変更する．

$$\mathcal{P}^{\sigma\mu} = -\frac{T_0}{c^2} \frac{\left(\frac{\partial \vec{X}}{\partial s} \cdot \frac{\partial \vec{X}}{\partial t}\right)\dot{X}^\mu + \left(c^2 - \left(\frac{\partial \vec{X}}{\partial t}\right)^2\right)\frac{\partial X^\mu}{\partial s}}{\sqrt{1 - \frac{v_\perp^2}{c^2}}} \tag{6.91}$$

$\mu = 0$ の成分はかなり簡単になる．$\dot{X}^0 = c$ で，$\partial X^0/\partial s = c\partial t/\partial s = 0$ なので，次式が得られる．

$$\mathcal{P}^{\sigma 0} = -\frac{T_0}{c} \frac{\left(\frac{\partial \vec{X}}{\partial s} \cdot \frac{\partial \vec{X}}{\partial t}\right)}{\sqrt{1 - \frac{v_\perp^2}{c^2}}} \tag{6.92}$$

同様の計算により，$\mathcal{P}^{\tau\mu}$ は次のように与えられる．

$$\mathcal{P}^{\tau\mu} = \frac{T_0}{c^2}\frac{ds}{d\sigma} \frac{\dot{X}^\mu - \left(\frac{\partial \vec{X}}{\partial s} \cdot \frac{\partial \vec{X}}{\partial t}\right)\frac{\partial X^\mu}{\partial s}}{\sqrt{1 - \frac{v_\perp^2}{c^2}}} \tag{6.93}$$

計算練習 6.4 式(6.93)を証明せよ．

式(6.93)から，$\mathcal{P}^{\tau 0}$ と $\vec{\mathcal{P}}^\tau$ は次のように与えられる．

$$\mathcal{P}^{\tau 0} = \frac{T_0}{c}\frac{ds}{d\sigma}\frac{1}{\sqrt{1 - \frac{v_\perp^2}{c^2}}}, \quad \vec{\mathcal{P}}^\tau = \frac{T_0}{c^2}\frac{ds}{d\sigma}\frac{\vec{v}_\perp}{\sqrt{1 - \frac{v_\perp^2}{c^2}}} \tag{6.94}$$

6.9 自由な開弦の端点の運動

本節では相対論的な開弦の端点の運動を解析する．ここでは端点が全方向に自由に動けるものと想定する．6.5節の議論により，このことは全空間を満たしたD-ブレインが存在することを意味する．自由な端点には境界条件(6.56)が適用されるので，端点において $\mathcal{P}^\sigma_\mu$ をゼロと置く．自由な端点について，我々は2つの重要な性質を見いだすことになる．

- 端点は光速で運動する．
- 端点は弦に対して横方向に運動する．

弦の内部において，速度の概念は曖昧さを持つ．しかし端点に関しては，速度が明確に定義される——端点の速度の定義に曖昧さは無い！ したがって，上に掲げた端点に関する声明は実質的な内容を伴っている．第2の声明における，弦に対して横方向の運動とは，端点の速度方向が，弦の端点における正接に対して直交することを意味する．

上の性質を証明するために，まず $\mathcal{P}^{\sigma 0}$ が端点においてゼロになることを思い起こそう．式(6.92)において，分母の平方根が無限大にはなり得ないことに注意すると，分子をゼロと置かねばならないことが結論される．

$$\frac{\partial \vec{X}}{\partial s} \cdot \frac{\partial \vec{X}}{\partial t} = 0 \quad \text{at the endpoints.} \tag{6.95}$$

$\partial \vec{X}/\partial s$ は弦に正接する単位ベクトルであり，$\partial \vec{X}/\partial t$ は端点の速度なので，上式は端点が弦に対して横方向に運動することを示している——これは2番目の声明にあたる．この解釈に整合して，式(6.95)と式(6.82)から端点において $\vec{v}_\perp = \partial \vec{X}/\partial t \equiv \vec{v}$ となることが分かる．式(6.95)の条件だけからは，端点の速度がゼロになることも自明な特例として許容されるが，実際にはこのようにはならない．端点が光速で運動することを，以下に示す．

式(6.95)を用いて，$\mathcal{P}^{\sigma\mu}$ の式(6.91)を，端点における簡単な式に直してみる．

$$\mathcal{P}^{\sigma\mu} = -T_0 \sqrt{1 - \frac{v^2}{c^2}} \frac{\partial X^\mu}{\partial s} \quad \text{at the endpoints.} \tag{6.96}$$

空間成分 $\mu = 1, \ldots, d$ に関して，式(6.96)により，次の制約が課される．

$$\vec{\mathcal{P}}^\sigma = -T_0 \sqrt{1 - \frac{v^2}{c^2}} \frac{\partial \vec{X}}{\partial s} = 0 \quad \text{at the endpoints.} \tag{6.97}$$

$\partial \vec{X}/\partial s$ は単位ベクトルなので，

$$v^2 = c^2 \tag{6.98}$$

が結論される．自由な開弦の端点は光速で運動しなければならない．

この結論は，式(6.92)の分母が端点においてゼロになることを意味している．ここでは同時に式(6.95)が成立している必要があり，さもなくば $\mathcal{P}^{\sigma 0}$ は端点においてゼロにはならずに発散してしまう．実際，弦の端点に近づくにつれて，式(6.92)の分子は分母よりも速くゼロに近づき，比の値はゼロに収束する．

問題

6.1 2次元面の上に誘導された計量．
平坦な3次元空間における2次元面は，高さの関数 $z = h(x,y)$ によって記述される．面上の点は $(x, y, h(x, y))$ と表される．この面は x と y によって自然にパラメーター付けが施される．(ξ^1, ξ^2) によってパラメーター付けされた面に，標的空間から誘導される計量 $g_{ij}(\xi)$ の式(6.14)を思い出そう．

(a) 計量 g_{ij} の成分を計算し，h とその微分 (導関数) によって結果を与えよ．g_{ij} の式を $g_{ij} = \delta_{ij} + \cdots$ という形で書け．

(b) 完全に簡単化した適切な形で面積分の式を書け ($A = \int d\xi^1 d\xi^2 \sqrt{g}$).

6.2 立体画法的 (ステレオグラフィック) なパラメーター付けによる S^2 の上の計量．

$\mathbf{R}^3$ の中で，原点を中心とした単位球面 S^2，すなわち $x^2 + y^2 + z^2 = 1$ を考える．この球面の上の点を $\vec{x} = (x, y, z)$ と表す．この球面の立体画法的なパラメーター付けのために，パラメーター ξ^1 と ξ^2 を用いる．球面上の点は，

$$\vec{x}(\xi^1, \xi^2) = \left(x(\xi^1, \xi^2), y(\xi^1, \xi^2), z(\xi^1, \xi^2) \right)$$

と表される (式(6.1)参照)．パラメーターの値 (ξ^1, ξ^2) が与えられると，それに対応する球面上の点は，北極点 $N = (0, 0, 1)$ と点 $(\xi^1, \xi^2, 0)$ を結ぶ直線と球面の交点である．北極点自体だけは，有限値のパラメーターによって与えることができない．

(a) 上述の構成を描いてみよ．球面全体を (北極点だけは除く) パラメーター付けするために必要となる ξ^1 と ξ^2 の範囲は？

(b) 関数 $x(\xi^1, \xi^2)$, $y(\xi^1, \xi^2)$, $z(\xi^1, \xi^2)$ を計算せよ．

(c) 誘導された計量 $g_{ij}(\xi)$ の4つの成分を計算せよ．これが ξ パラメーターによって記述した計量である．計算は少々面倒であるが，結果は単純になる (象徴的な操縦機を用いよ！).

(d) 式(6.17)を用いて球面の面積を計算し，結果の是非を確認せよ．

6.3 $\mathbf{R}^{1,1}$ における Schwarz (シュワルツ) の不等式．

2次元ベクトル空間 V が，時間的 (タイムライク) なベクトル t' ($t'^2 = t' \cdot t' < 0$) も空間的 (スペースライク) なベクトル s' ($s'^2 = s' \cdot s' > 0$) も存在するような一定の計量を持つものとする．

(a) $t \cdot t = -1$, $s \cdot s = 1$, $t \cdot s = 0$ となるようなベクトル t と s を構築できることを示せ．[ヒント：t を t' の方向に選ぶ．] このベクトル s と t が V に関する標準基底となり，この空間は $\mathbf{R}^{1,1}$ と見なされる．

(b) V において2つの任意のベクトル v_1 と v_2 を考える．(a) で得た基底を用いて，次式を証明せよ．

$$(v_1 \cdot v_2)^2 \geq v_1^2 v_2^2$$

等号は v_1 と v_2 が平行な場合だけに成立する．この結果は，式(6.34)について本文で行った証明に対して，いくらか付加的な見通しを与える．

6.4 弦の非相対論的な極限．

両端が $(0, \vec{0})$ と $(a, \vec{0})$ に固定されている相対論的な弦について，作用の式(6.88)を，6.7節のようにして調べてみよ．非相対論的な近似 $|\vec{v}_\perp| \ll c$ を考え，振動は小さいものとする (式(4.3)参照)．横方向の座標 $X^2, \ldots, X^d$ を $\vec{y}$，X^1 に対応する座標を x と記し，$\vec{y}(t, x)$ を書いてみよ．次の関係が成り立つ理由を説明せよ．

$$ds^2 = dx^2 + d\vec{y} \cdot d\vec{y}, \quad \vec{v}_\perp \simeq \frac{\partial \vec{y}}{\partial t}$$

この作用が，付加定数の違いを除いて，小さな横方向振動をする非相対論的な弦の"作用"に帰着することを示せ．得られる弦の張力と質量密度はどうなるか？ 付加定数は何か？

6.5 弦の非相対論的な極限のもうひとつの導出．
問題6.4と同じ状況で非相対論的な近似を考える．今度は南部-後藤作用(6.39)を解析の出発点として，静的ゲージを採用する．そして弦のパラメーター付けを $X^1 = x = a\sigma/\sigma_1$ を用いて行う．小さな振動に関して，このパラメーター付けが許容される．実際には，これは X^1 が弦に沿った増加関数となるような任意の運動に許容されるパラメーターである．

6.6 両端を固定された開弦の面内運動．
相対論的な開弦の運動を，(x,y) 面において考える．弦の端点は $(x,y) = (0,0)$ と $(x,y) = (a,0)$ に固定されている．$a > 0$ とする．我々は $x \in [0,a]$ における弦の垂直方向の変位を与える関数 $y(t,x)$ を用いて弦の運動を記述したい．ラグランジアン(6.89)を次の形に書けることを示せ．

$$L = -T_0 \int_0^a dx \sqrt{1 + y'^2 - \frac{\dot{y}^2}{c^2}}$$

ここで $y' = \partial y/\partial x$, $\dot{y} = \partial y/\partial t$ である．

6.7 円形の閉弦の時間発展．
(x,y) 面における閉弦が $t = 0$ において半径 R の円の形になっており，速度はゼロであったとする．作用の式(6.88)を用いて，この弦の時間発展を調べることができる．弦は円形を保つが，その半径は時間に依存する関数 $R(t)$ となる．ラグランジアン L を，$R(t)$ とその時間微分(導関数)の関数として与えよ．半径と速度の時間依存を計算せよ．$x,\ y,\ ct$ 軸を用いた3次元プロットにおいて，弦が辿る時空面を描け．[ヒント：L に対応するハミルトニアンを計算してエネルギー保存を用いる．]

6.8 開弦の端点の運動に関する共変な解析．
$\mathcal{P}_\mu^\sigma$ の式を用いて $\mathcal{P}_\mu^\sigma \mathcal{P}^{\sigma\mu}$ を計算し，その結果を利用して，自由な開弦の端点が光速で運動することを証明せよ．

6.9 相対論的な弦のハミルトニアン密度．†
静的ゲージで $\partial_\sigma \vec{X}$ と $\partial_t \vec{X}$ によって書かれた弦のラグランジアン密度 $\mathcal{L}$ を考える．正準運動量密度 $\vec{\mathcal{P}}(t,\sigma)$ が次式で与えられることを示せ．

$$\vec{\mathcal{P}}(t,\sigma) \equiv \frac{\partial \mathcal{L}}{\partial(\partial_t \vec{X})} = \frac{T_0}{c^2} \frac{\vec{v}_\perp}{\sqrt{1 - \frac{v_\perp^2}{c^2}}} \frac{ds}{d\sigma}$$

ハミルトニアン密度 $\mathcal{H}$ を計算し，再び $\vec{v}_\perp$ と $\frac{ds}{d\sigma}$ によって表せ．全ハミルトニアンを $H = \int d\sigma \mathcal{H} = \int ds (\ldots)$ のように書け．得られた答えが，弦のエネルギーは，静止質量が張力だけから生じている弦の横方向の運動によって与えられるという解釈と整合することを示せ．

問題 (第6章)

6.10 de Sitter 時空における円形の弦.

計量 $g_{\mu\nu}(x)$ を持つ曲がった時空における南部-後藤作用は，式(6.39)において，すべてのスカラー積を，計量 $g_{\mu\nu}$ を用いたものに置き換えた形で与えられる．

$$\dot{X}\cdot X' = g_{\mu\nu}(X)\dot{X}^\mu X'^\nu, \quad (\dot{X})^2 = g_{\mu\nu}(X)\dot{X}^\mu \dot{X}^\nu, \quad (X')^2 = g_{\mu\nu}(x)X'^\mu X'^\nu$$

膨張している de Sitter 時空の中の弦を考える．時空の計量は対角的で，その値は，

$$g_{00} = -1, \quad g_{11} = g_{22} = g_{33} = e^{2Ht}$$

となる．Hubble 定数 H は時間の逆数の単位を持つので，Ht は無単位である．

(a) $X^0 \equiv ct = c\tau$ を仮定して $X^\mu = \{X^0, \vec{X}\}$ と書く．南部-後藤作用を $\vec{X}$ の t と σ に関する導関数を用いて書け．

(b) (x^1, x^2) 面の上で円形の弦を考える．すなわち，

$$X^1(t, \sigma) = r(t)\cos\sigma, \quad X^2(t, \sigma) = r(t)\sin\sigma, \quad \sigma \in [0, 2\pi]$$

と置いてみる．$r(t)$ は，これから決めるべき半径の時間依存性を表す関数である．この仮定を利用して，弦の作用の式を簡単にして，σ に関する積分を実行せよ．得られた結果を，

$$S = \int dt\, L\bigl(\dot{r}(t), r(t); t\bigr)$$

という形に書き，時間にあらわに依存する関数 $L\bigl(\dot{r}(t), r(t); t\bigr)$ を決定せよ．計量に e^{2Ht} という因子が含まれるために，物理的に観測される弦の半径は実際には $R(t) = e^{Ht}r(t)$ となる．ラグランジアンを R と $\dot{R}$ を用いて書き直せ．

(c) R が定数の弦を考え，ラグランジアンを用いて，そのような弦に関するポテンシャル $V(R)$ を与えよ．このポテンシャルの概形を描き，これが $R \le c/H$ の場合だけに定義可能であることを証明せよ．このポテンシャルの臨界点と，それに対応する R の値を求めよ．この静的な弦は安定な平衡状態にあるか？

(d) R と $\dot{R}$ によって表したラグランジアンを用いて，これに対応するハミルトニアンを R と $\dot{R}$ の関数として与えよ．得られた結果を簡単にせよ．このハミルトニアンは物理的な運動において保存されるか？

6.11 各種次元数の D-ブレインに端点を持つ開弦.

空間次元数が d の世界を考える．Dp-ブレインは，p 次元空間に拡がった物体である．この p 次元空間は，d 次元空間の中に含まれる超平面にあたる．端点が Dp-ブレイン ($0 \le p < d$) に接続している弦の性質を調べてみよう．$p = d$ の場合，すなわち Dp-ブレインが全空間を埋めている場合については既に 6.9 節で論じた．

Dp-ブレインに関して，x^i ($i = 1, \ldots, p$) が Dp-ブレインの方向に対応し，x^a ($a = p+1, \ldots, d$) が Dp-ブレインに直交する方向に対応するものとしよう．この Dp-ブレインの位置は，$x^a = 0$ ($a = p+1, \ldots, d$) によって特定される．開弦の端点は，この Dp-ブレインに含まれなければならない．$\sigma = 0$ の端点に注目すると，

$$X^a(t, \sigma=0) = 0, \quad a = p+1, \ldots, d$$

となる．D-ブレインに沿った端点の運動は，x^i の方向に関して自由である．我々は静的ゲージを採用して考察を行う．

(a) 端点において $\mathcal{P}_0^\sigma$, $\mathcal{P}_i^\sigma$, $\mathcal{P}_a^\sigma$ が満たすべき条件を述べよ (条件がないということも，ひとつの可能性である！)．

以下のことを証明せよ．

(b) 弦の端点が D0-ブレインにあるならば，すべての境界条件が自動的に満たされる．

(c) 弦の端点が D1-ブレインにあるならば，端点における弦の正接はその D1-ブレインに直交し，端点の速度は制約されない．

(d) 弦の端点が $p \geq 2$ の Dp-ブレインにあるならば，次の 2 つの可能性がある．

   (i) 弦は端点においてその Dp-ブレインに直交し，端点の速度は制約されない，もしくは，

   (ii) 弦は端点において Dp-ブレインに直交せず，端点は弦に対して横方向に光速で運動する．

第 7 章　弦のパラメーター付けと古典的な運動

本章では，弦の世界面において τ が一定の線と直交する σ が一定の線を構築し，弦によって運ばれるエネルギー密度を用いて σ のパラメーター付けを完全に決定する．その結果として得られる弦の運動方程式の組は，波動方程式と 2 つの非線形な制約条件を含む．我々は自由な端点を持つ開弦の運動を記述する一般解を求める．また閉弦の自由な時間発展を調べ，尖点 (cusp) が現れては消失するという性質が一般的に見られることを示す．宇宙弦 (宇宙紐) と，それによって生じる重力レンズ効果も論じる．

7.1　σ のパラメーター付けの選択

我々は既に相対論的な弦の運動について，いくつかの事実を学んだ．特に重要な点は，開弦の自由な端点が，弦に直交する方向に光速で運動することである．この結果は，世界面に対するパラメーター付けを部分的に固定する静的ゲージ $X^0 \equiv ct = c\tau$ を用いることによって得られた．一旦このゲージを選ぶと，弦の運動は関数 $\vec{X}(t,\sigma)$ によって規定される．t と σ を変更することにより，$\vec{X}(t,\sigma)$ は弦の空間面——全時間における弦が空間内において構成する面——を記述する．本章では弦の空間面のことを，簡単に弦面 (string surface) と呼ぶことにする．また，静的ゲージを一貫して採用する．開弦の端点が弦に対して横方向に運動するという声明は，端点によって形成される弦面の境界に正接するベクトルが，弦に直交することを含意している．我々の目標は，弦面に対する便利な σ のパラメーター付けの方法を見いだすことである．このパラメーター付けの方法を知れば，世界面に対するパラメーター付けも分かることになり，世界面に対して完全なパラメーター付けが施される．

我々はここから，すべての弦に対する，そして弦面全体に対する σ の便利なパラメーター付けを構築するために，特別な σ をどのように導入するかを示してみる．$t=0$ における弦が，ある σ のパラメーター付けの下で，$\sigma \in [0,\sigma_1]$ において与えられていると仮定しよう (図7.1)．ここで，ϵ を無限小の時間として，時刻 $t=\epsilon$ における弦を考えよう．我々は弦面において，$t=0$ の弦に対して垂直な多数の短い線分を描くことができる．これらの線分が $t=\epsilon$ の弦を分割するものとしよう．$t=0$ におけるある点 σ_0 と，その点における短い垂線を考える．我々はこの垂線と，$t=\epsilon$ における弦の交点も，$\sigma=\sigma_0$ であると宣言することにしよう．このような作業を $t=0$ の弦全体にわたって行い，$t=\epsilon$ の弦におけるパラメーター付けを得る．この手続きを繰り返すことで，$t=\epsilon$ の弦から $t=2\epsilon$ の弦のパラメーター付けも行うことができる．この手続きを同様に続けるとともに，ϵ を非常に小さくした極限を考える．その結果，σ が一定で，すべ

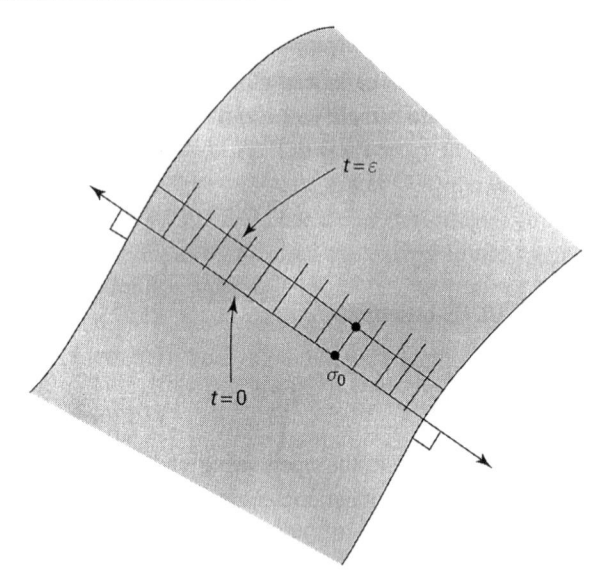

図7.1 $t = 0$ における弦へのパラメーター付けを利用して，$t = \epsilon$ における弦へのパラメーター付けを構築する．弦面において，σ が一定の線は，t が一定の線に対して垂直に選ばれる．

ての部分で弦に直交するような (すなわち t が一定の曲線群すべてに直交するような) 曲線群が得られる．このような曲線群の構築は，開弦に対しても閉弦に対しても行うことができる．閉弦に関して，$t = 0$ における σ の範囲 $[0, \sigma_c]$ が他のすべての時刻の弦における範囲になることは自明である．開弦でも $t = 0$ における σ の範囲 $[0, \sigma_1]$ が，他のすべての時刻における弦の範囲になる．これは弦面の境界が弦に直交するという事情による結果である．すなわち弦面の境界も，σ が一定の線にあたる．

まとめると，与えられた弦に対する σ のパラメーター付けは，t が一定の曲線群に対して常に直交するような σ が一定の曲線群によって構築される．このような弦面に対するパラメーター付けの下で，弦への正接 $\partial \vec{X}/\partial \sigma$ と，σ が一定の線に対する正接 $\partial \vec{X}/\partial t$ は，任意の点において互いに直交する．

$$\frac{\partial \vec{X}}{\partial \sigma} \cdot \frac{\partial \vec{X}}{\partial t} = 0 \tag{7.1}$$

$\partial \vec{X}/\partial t$ は弦に対して垂直なので，これは $\vec{v}_\perp$ と一致する (式(6.82)参照)．

$$\vec{v}_\perp = \frac{\partial \vec{X}}{\partial t} \quad \text{at all points.} \tag{7.2}$$

式(7.2)は端点だけでなく，すべての点において，パラメーター付けには依存せずに成立する．s が弦に沿った長さのパラメーターであることを思い出すと，式(7.1)は $\frac{\partial \vec{X}}{\partial s} \cdot \frac{\partial \vec{X}}{\partial t} = 0$ を含意し

7.2. 弦の運動方程式の物理的な解釈

ており、これによって前章で得た $\mathcal{P}^{\tau\mu}$ と $\mathcal{P}^{\sigma\mu}$ の式を簡単にできる。式(6.93)は、次式になる。

$$\mathcal{P}^{\tau\mu} = \frac{T_0}{c^2} \frac{\frac{ds}{d\sigma}}{\sqrt{1-\frac{v_\perp^2}{c^2}}} \frac{\partial X^\mu}{\partial t} \tag{7.3}$$

同様に、式(6.91)は、

$$\mathcal{P}^{\sigma\mu} = -T_0 \sqrt{1-\frac{v_\perp^2}{c^2}} \frac{\partial X^\mu}{\partial s} \tag{7.4}$$

となる。式(7.4)は、開弦の端点に関しては σ のパラメーター付けの方法には依存せずに成立する(式(6.96)参照)。今、採用しているパラメーター付けの方法の下では、弦全体において式(7.4)が成り立つ。

7.2 弦の運動方程式の物理的な解釈

σ のパラメーター付けを決めることによって前章で得たいくつかの式を簡単にできたので、ここで運動方程式(6.53)を調べてみる。$t=\tau$ の下で、次式を得る。

$$\frac{\partial \mathcal{P}^{\tau\mu}}{\partial t} = -\frac{\partial \mathcal{P}^{\sigma\mu}}{\partial \sigma} \tag{7.5}$$

最初に、この式の $\mu=0$ 成分を考察しよう。式(7.4)により $\mathcal{P}^{\sigma 0} = 0$ である ($X^0 = c\tau$)。また、式(7.3)により、

$$\mathcal{P}^{\tau 0} = \frac{T_0}{c} \frac{\frac{ds}{d\sigma}}{\sqrt{1-\frac{v_\perp^2}{c^2}}} \tag{7.6}$$

となる。運動方程式(7.5)に戻ると、次式が得られる。

$$\frac{\partial \mathcal{P}^{\tau 0}}{\partial t} = \frac{\partial}{\partial t}\left(\frac{T_0 \frac{ds}{d\sigma}}{c\sqrt{1-\frac{v_\perp^2}{c^2}}}\right) = 0 \tag{7.7}$$

この結果を物理的に理解するために、小さな定数 $d\sigma$ に対応する弦の素片を考える。σ が一定の曲線群を既に決めているので、この弦の素片の運動は数学的によく定義される。ds は弦の $d\sigma$ 素片の長さを表し、ds の方は時間に依存してもよい。式(7.7)に定数 $d\sigma$ を掛けると、

$$\frac{T_0 ds}{\sqrt{1-\frac{v_\perp^2}{c^2}}} \tag{7.8}$$

が時間に依存しない定数であることが結論される。式(7.8)はエネルギーの単位を持つので、これは弦の素片が持つ相対論的なエネルギーを表しているという可能性が示唆される。実際この

考え方は，6.7節において見た，静的な弦のエネルギーが，弦の長さと張力 T_0 の積で与えられるという事実と整合している．上式による素片の静止エネルギーは $T_0 ds$ であり，分母の相対論因子によって式(7.8)は素片の全エネルギーを表す式になっている．したがって，式(7.7)は弦の"各々の"素片 $d\sigma$ のエネルギーが保存するという声明になっている．これは大変興味深い事実である．これは例えば，開弦において σ_0 を固定した範囲 $[0, \sigma_0]$ におけるエネルギーも時間に依存しないことを含意する．

上の解釈は，弦の相対論的なエネルギー E の計算によって確認される（問題6.9）．ハミルトニアンは，

$$H = \int \frac{T_0 ds}{\sqrt{1 - \frac{v_\perp^2}{c^2}}} \tag{7.9}$$

となり，式(7.8)が弦の素片のエネルギーに相当することが示される．

運動方程式の空間成分に目を転じよう．$\mathcal{P}^{\tau\mu}$ の空間成分 $\vec{\mathcal{P}}^\tau$ は，式(7.3)により，次のようになる．

$$\vec{\mathcal{P}}^\tau = \frac{T_0}{c^2} \frac{\frac{ds}{d\sigma}}{\sqrt{1 - \frac{v_\perp^2}{c^2}}} \vec{v}_\perp \tag{7.10}$$

同様に，式(7.4)から，

$$\vec{\mathcal{P}}^\sigma = -T_0 \sqrt{1 - \frac{v_\perp^2}{c^2}} \frac{\partial \vec{X}}{\partial s} \tag{7.11}$$

である．これらを式(7.5)に代入すると，次のようになる．

$$\frac{\partial}{\partial \sigma} \left[T_0 \sqrt{1 - \frac{v_\perp^2}{c^2}} \frac{\partial \vec{X}}{\partial s} \right] = \frac{\partial}{\partial t} \left[\frac{T_0}{c^2} \frac{\frac{ds}{d\sigma}}{\sqrt{1 - \frac{v_\perp^2}{c^2}}} \vec{v}_\perp \right]$$

$$= \frac{T_0}{c^2} \frac{\frac{ds}{d\sigma}}{\sqrt{1 - \frac{v_\perp^2}{c^2}}} \frac{\partial \vec{v}_\perp}{\partial t} \tag{7.12}$$

最後の式の導出には，式(7.7)を用いた．この式の意味を，"実効的な"非相対論的な弦の言葉によって粗く解釈することが可能である．非相対論的な古典弦の運動方程式が，次式で与えられたことを思い出そう．

$$\mu_0 \frac{\partial^2 \vec{y}}{\partial t^2} = T_0 \frac{\partial^2 \vec{y}}{\partial x^2} = \frac{\partial}{\partial x} \left[T_0 \frac{\partial \vec{y}}{\partial x} \right] \tag{7.13}$$

ここで x は静的な弦に沿った方向に定義される長さのパラメーターであり，$\vec{y}$ は横方向の変位を表す．式(7.12)にどのような措置を施せば，式(7.13)に似た形になるだろうか？　右辺におけ

る因子 $ds/d\sigma$ を用いて，左辺の σ-微分を s-微分に変換し，左辺と右辺を入れ替える．

$$\frac{T_0}{c^2}\frac{1}{\sqrt{1-\frac{v_\perp^2}{c^2}}}\frac{\partial \vec{v}_\perp}{\partial t} = \frac{\partial}{\partial s}\left[T_0\sqrt{1-\frac{v_\perp^2}{c^2}}\left(\frac{\partial \vec{X}}{\partial s}\right)\right] \tag{7.14}$$

小さな振動に関しては，振動する弦に沿った長さのパラメーター s は，大まかには静的な状態における弦の方向に沿ったパラメーター x に等しいものと見なされる．そのような見方でこれを式(7.13)と比較すると，相対論的な弦は，以下に示すような速度に依存する実効的な張力 T_{eff} と，速度に依存した実効的な質量密度 μ_{eff} を持つとの結論される．

$$T_{\text{eff}} = T_0\sqrt{1-\frac{v_\perp^2}{c^2}}, \quad \mu_{\text{eff}} = \frac{T_0}{c^2}\frac{1}{\sqrt{1-\frac{v_\perp^2}{c^2}}} \tag{7.15}$$

開弦の自由な端点は $v_\perp = c$ で運動するので，弦の実効的な張力は端点でゼロに近づく．端点の張力を消失させるために，端点は光速で動かなければならない，という言い方もできる．これが，張力を備えた相対論的な開弦の端点に意味を持たせるための唯一の方法である．実効的な質量密度は端点において発散する．これは問題にはならない．同じ発散は式(7.9)の被積分関数として現れているエネルギー密度にも存在する．端点の特異な挙動にもかかわらず，積分は有限値を与え，結局，有限のエネルギーを持つ弦が整合性を保持した形で記述されることになる．

7.3 波動方程式と制約条件

式(7.14)は，まだかなり複雑である．読者は既に σ が一定の曲線群を固定したことにより，運動方程式を簡単にするようなパラメーター付けの作業はすでに完了していると思うかもしれない．しかしここではそうではない．我々は7.1節において，"もし"1本の弦が最初にパラメーター付けされているならば，そこから σ が一定の曲線群を構築する方法を示した．今，我々は最初の弦に対して，可能な限り良いパラメーター付けを試みる必要がある．

このようなことを行うための物理的な方法がある．我々は，同じ σ の長さを持つ弦の素片それぞれが，等量のエネルギーを運ぶように弦に対するパラメーター付けを行う．弦にパラメーターを付けるために，エネルギーを利用するのである！ このパラメーター付けによって，運動方程式は簡単になる．このことを見るために，式(7.14)を，s-微分を σ-微分に変更するように書き直す(式(7.2)も用いる)．

$$\frac{1}{c^2}\frac{\partial^2 \vec{X}}{\partial t^2} = \frac{\sqrt{1-\frac{v_\perp^2}{c^2}}}{\frac{ds}{d\sigma}}\frac{\partial}{\partial \sigma}\left[\frac{\sqrt{1-\frac{v_\perp^2}{c^2}}}{\frac{ds}{d\sigma}}\frac{\partial \vec{X}}{\partial \sigma}\right] \tag{7.16}$$

上式に2回現れている比の量を，$A(\sigma)$ と記すことにする．

$$A(\sigma) = \frac{\frac{ds}{d\sigma}}{\sqrt{1 - \frac{v_\perp^2}{c^2}}} \tag{7.17}$$

我々は既に式(7.7)において，$A(\sigma)$ が時間に依存しないことを示している．ここで σ を $A=1$ になるように選ぶ．このようにすると，運動方程式(7.16)は見慣れた波動方程式になる．

$$\frac{1}{c^2}\frac{\partial^2 \vec{X}}{\partial t^2} = \frac{\partial^2 \vec{X}}{\partial \sigma^2} \tag{7.18}$$

運動方程式は格段に簡単な形になる．$A=1$ を導くような σ を見いだすために，開弦の一方の端点において $\sigma = 0$ と置き，弦に沿って各々の弦の素片 ds を次式に従って区間 $d\sigma$ に対応させる．

$$d\sigma = \frac{ds}{\sqrt{1 - \frac{v_\perp^2}{c^2}}} = \frac{1}{T_0}dE \tag{7.19}$$

第1の等式は $A=1$ を含意し，第2の等式は式(7.8)を弦の素片が担うエネルギー dE に同定したことから得られている．このパラメーター付けの下で，エネルギー密度 $dE/d\sigma$ は一定となり，それは張力に等しい．式(7.19)を $\sigma = 0$ の端点から点 Q まで積分して，結果を次のように表すことができる．

$$\sigma(Q) = \frac{E(Q)}{T_0} \tag{7.20}$$

つまり点 Q に対応する座標 $\sigma(Q)$ は，始点として選んだ方の弦の端点から点 Q までの部分が持つエネルギー $E(Q)$ を張力で割った量に等しい．上式から，次の関係が得られる．

$$\boxed{\sigma \in [0, \sigma_1], \quad \sigma_1 = \frac{E}{T_0}} \tag{7.21}$$

ここで E は，弦の全エネルギーを表す．

上述のような σ の選択は，あらゆる弦に関して，直交条件(7.1)と整合する．実際，σ の決め方によって σ が一定の曲線群の形が変更されることはなく，ただそれらに与えられる σ の値が決まるだけである．σ が一定のそれぞれの曲線は，弦の $[0, \sigma]$ の部分のエネルギーが一定であることを保証し，同時にそれらの曲線は弦に対して直交している．

パラメーター付けの条件(7.19)は実質的に，座標 $\vec{X}$ の微分に対する制約と等価である．まず式(7.19)の第1式を，次のように書き直す．

$$\left(\frac{ds}{d\sigma}\right)^2 + \frac{1}{c^2}v_\perp^2 = 1 \tag{7.22}$$

$\partial \vec{X}/\partial s$ が単位ベクトルであることを思い出し，同時に式(7.2)も利用すると，$\vec{X}$ を用いたパラメーター付けの条件式が得られる．

$$\left(\frac{\partial \vec{X}}{\partial \sigma}\right)^2 + \frac{1}{c^2}\left(\frac{\partial \vec{X}}{\partial t}\right)^2 = 1 \tag{7.23}$$

最後に，境界条件について調べてみよう．式(7.11)から，次式を得る．

$$\vec{\mathcal{P}}^\sigma = -T_0\sqrt{1 - \frac{v_\perp^2}{c^2}}\frac{d\sigma}{ds}\frac{\partial \vec{X}}{\partial \sigma} = -T_0\frac{\partial \vec{X}}{\partial \sigma} \tag{7.24}$$

したがって，自由な端点の境界条件は簡単である．

$$\frac{\partial \vec{X}}{\partial \sigma} = 0 \quad \text{at the endpoints.} \tag{7.25}$$

ここで述べたパラメーター付けの方法を選ぶならば，最初に式(6.56)として導入した自由な端点の境界条件は，Neumann境界条件に帰着する．

ここまでで，我々は相対論的な弦の運動を見いだすための4本の式を得たことになる(式(7.18)，(7.1),(7.23),(7.25))．これらをまとめて，ここに示してみよう．

$$\text{波動方程式：} \quad \frac{\partial^2 \vec{X}}{\partial \sigma^2} - \frac{1}{c^2}\frac{\partial^2 \vec{X}}{\partial t^2} = 0 \tag{7.26}$$

$$\text{パラメーター付けの制約条件：} \quad \frac{\partial \vec{X}}{\partial t} \cdot \frac{\partial \vec{X}}{\partial \sigma} = 0 \tag{7.27}$$

$$\text{パラメーター付けの制約条件：} \quad \left(\frac{\partial \vec{X}}{\partial \sigma}\right)^2 + \frac{1}{c^2}\left(\frac{\partial \vec{X}}{\partial t}\right)^2 = 1 \tag{7.28}$$

$$\text{境界条件：} \quad \left.\frac{\partial \vec{X}}{\partial \sigma}\right|_{\sigma=0} = \left.\frac{\partial \vec{X}}{\partial \sigma}\right|_{\sigma=\sigma_1} = 0 \tag{7.29}$$

エネルギーEを持つ弦に関しては，上の式から$\sigma_1 = E/T_0$が要請される．式(7.19)も，改めて書き直した形で示しておく．

$$\frac{1}{T_0}\frac{dE}{d\sigma} = \frac{\frac{ds}{d\sigma}}{\sqrt{1 - \frac{v_\perp^2}{c^2}}} = 1 \tag{7.30}$$

最後に，式(7.3)と式(7.4)から，以下の式が得られる．

$$\mathcal{P}^{\tau\mu} = \frac{T_0}{c^2}\frac{\partial X^\mu}{\partial t} \tag{7.31}$$

$$\mathcal{P}^{\sigma\mu} = -T_0\frac{\partial X^\mu}{\partial \sigma} \tag{7.32}$$

7.4 開弦の一般的な運動

本節の目標は，自由な境界条件を与えられた開弦の一般的な運動を記述することである．したがって，式(7.26)-(7.29)を解く方法を詳しく調べることにする．まず，$\vec{X}$に関する波動方程式を考えよう．この式の一般解は，引数を$(ct\pm\sigma)$とする任意のベクトル関数によって与えられる．次のように書く．

$$\vec{X}(t,\sigma) = \frac{1}{2}\left(\vec{F}(ct+\sigma) + \vec{G}(ct-\sigma)\right) \tag{7.33}$$

$\sigma=0$における境界条件から，次の要請が課される．

$$\left.\frac{\partial \vec{X}}{\partial \sigma}\right|_{\sigma=0} = 0 \;\rightarrow\; \vec{F}'(ct) - \vec{G}'(ct) = 0 \tag{7.34}$$

プライム「′」は引数に関する導関数を表す．ct は可能なすべての値を取るので，上式はあらゆる引数の値について成立する必要がある．この引数を u と書くことにする．

$$\frac{d\vec{F}(u)}{du} = \frac{d\vec{G}(u)}{du} \;\to\; \vec{G}(u) = \vec{F}(u) + \vec{a}_0 \tag{7.35}$$

ここで $\vec{a}_0$ は定数ベクトルである．式(7.33)に戻ると，解は次のようになる．

$$\vec{X}(t,\sigma) = \frac{1}{2}\big(\vec{F}(ct+\sigma) + \vec{F}(ct-\sigma) + \vec{a}_0\big) \tag{7.36}$$

定数ベクトル $\vec{a}_0$ は，$\vec{F}$ の定義に含めてしまうことができる（$\vec{F} + \vec{a}_0/2$ を改めて $\vec{F}$ と置く）．したがって，解は次の形になる．

$$\vec{X}(t,\sigma) = \frac{1}{2}\big(\vec{F}(ct+\sigma) + \vec{F}(ct-\sigma)\big) \tag{7.37}$$

次に，$\sigma = \sigma_1$ における境界条件を考える．

$$\left.\frac{\partial \vec{X}}{\partial \sigma}\right|_{\sigma=\sigma_1} = 0 \;\to\; \vec{F}'(ct+\sigma_1) - \vec{F}'(ct-\sigma_1) = 0 \tag{7.38}$$

ここで $u = ct - \sigma_1$ と置くと，上の条件は次式となる．

$$\frac{d\vec{F}}{du}(u+2\sigma_1) = \frac{d\vec{F}}{du}(u) \tag{7.39}$$

この式は，$\vec{F}$ の導関数が $2\sigma_1$ の周期を持つ周期関数であることを示している．これを積分すると，関数 $\vec{F}$ は準周期的(quasi-periodic)であることが見いだされる．すなわち1周期 $2\sigma_1$ の前後で決まった定数分の変化が見られる．これを次のように書く．

$$\vec{F}(u+2\sigma_1) = \vec{F}(u) + 2\sigma_1 \frac{\vec{v}_0}{c} \tag{7.40}$$

$\vec{v}_0$ は積分に付随して現れる定数ベクトルで，これに速度の単位を持たせるように，便宜的に因子 $1/c$ を加えてある．これで境界条件の解析は完了した．

次に，パラメーター付けの制約条件(7.27)と(7.28)による関数 $\vec{F}$ への制約を調べる．標準的な技法として，第2式に対して第1式を加えた式と差し引いた式を用いる．

$$\left(\frac{\partial \vec{X}}{\partial \sigma}\right)^2 \pm 2\frac{\partial \vec{X}}{\partial \sigma}\cdot\frac{1}{c}\frac{\partial \vec{X}}{\partial t} + \frac{1}{c^2}\left(\frac{\partial \vec{X}}{\partial t}\right)^2 = 1 \tag{7.41}$$

これをより簡単に，次のように書くことができる．

$$\boxed{\left(\frac{\partial \vec{X}}{\partial \sigma} \pm \frac{1}{c}\frac{\partial \vec{X}}{\partial t}\right)^2 = 1} \tag{7.42}$$

これが，2つの制約条件(7.27)と(7.28)に対して等価であることに注意してもらいたい．式(7.37)を用いて，上の制約条件に入っている導関数を評価できる．

$$\begin{aligned}\frac{\partial \vec{X}}{\partial \sigma} &= \frac{1}{2}\big(\vec{F}'(ct+\sigma) - \vec{F}'(ct-\sigma)\big) \\ \frac{1}{c}\frac{\partial \vec{X}}{\partial t} &= \frac{1}{2}\big(\vec{F}'(ct+\sigma) + \vec{F}'(ct-\sigma)\big)\end{aligned} \tag{7.43}$$

7.4. 開弦の一般的な運動

したがって，

$$\frac{\partial \vec{X}}{\partial \sigma} \pm \frac{1}{c}\frac{\partial \vec{X}}{\partial t} = \pm \vec{F}'(ct \pm \sigma) \tag{7.44}$$

となる．つまり，制約条件(7.42)は，$\vec{F}$ がすべての引数値において $\vec{F}' \cdot \vec{F}' = 1$ を満たすことを要請している．言い換えると，ベクトル $\vec{F}'(u)$ は単位ベクトルである．

$$\left|\frac{d\vec{F}(u)}{du}\right|^2 = 1 \tag{7.45}$$

これは良好な進展であり，パラメーター付けの制約条件は $\vec{F}(u)$ に対する簡単な条件に帰着した．$\vec{F}$ はパラメーター u を引数とし，ベクトル値を与える関数なので，$\vec{F}(u)$ を空間におけるパラメーター付けされた曲線として視覚化することができる．式(7.45)は簡単な解釈が可能である．

$$u \text{ は，曲線 } \vec{F}(u) \text{ に沿った長さのパラメーターである．} \tag{7.46}$$

このことは次のように説明される．曲線上で，互いに近接する2点 $\vec{F}(u+du)$ と $\vec{F}(u)$ を考える．両者の位置ベクトルの差 $d\vec{F} = \vec{F}(u+du) - \vec{F}(u)$ は，長さ $|d\vec{F}|$ を持つ．式(7.45)は $|d\vec{F}| = |du|$ を意味しており，パラメーターの変化 $|du|$ が2つの近接点の間の距離に一致している．

運動方程式に対して我々が行った解析をまとめてみる．自由な端点を持つ開弦の運動を記述する一般解は，次のように与えられる．

$$\vec{X}(t,\sigma) = \frac{1}{2}\bigl(\vec{F}(ct+\sigma) + \vec{F}(ct-\sigma)\bigr), \quad \sigma \in [0,\sigma_1] \tag{7.47}$$

ここで $\sigma_1 = E/T_0$ で，E は弦のエネルギーである．そして $\vec{F}$ は次の条件を満たす．

$$\left|\frac{d\vec{F}(u)}{du}\right|^2 = 1 \quad \text{and} \quad \vec{F}(u+2\sigma_1) = \vec{F}(u) + 2\sigma_1 \frac{\vec{v}_0}{c} \tag{7.48}$$

自由な開弦の運動を解く問題は，式(7.48)を満たすようなベクトル関数 $\vec{F}$ を見いだす問題へと還元された．第2式により，$u \in [0, 2\sigma_1]$ において $\vec{F}(u)$ を決めれば充分である．これが求まれば u の全域における $\vec{F}(u)$ が決定され，そこから完全に $\vec{X}(t,\sigma)$ が決まることになる．$\vec{v}_0$ の解釈を以下に与える．$\vec{F}$ の例を図7.2に示しておく．

$\vec{F}(u)$ に対して物理的な解釈を与えることができる．式(7.47)により，開弦の端点 $\sigma = 0$ の運動は次のように記述される．

$$\vec{X}(t,0) = \vec{F}(ct) \tag{7.49}$$

したがって，次のように言える．

$$\vec{F}(u) \text{ は，弦の一方の端点 } \sigma=0 \text{ の時刻 } u/c \text{ における位置である．} \tag{7.50}$$

定数速度 $\vec{v}_0$ に関しても，物理的な解釈が与えられる．式(7.48)の第2式から，

$$\vec{F}(2\sigma_1) = \vec{F}(0) + 2\sigma_1 \frac{\vec{v}_0}{c} \tag{7.51}$$

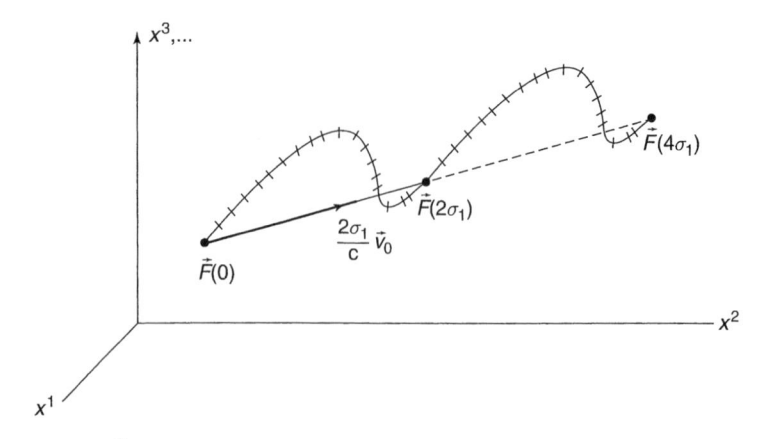

第7章 弦のパラメーター付けと古典的な運動

図7.2 関数 $\vec{F}(u)$ が与えるベクトル値は，引数を $u \to u + 2\sigma_1$ とすると，定数ベクトル $(2\sigma_1 \vec{v}_0/c)$ だけ変わる．このパラメーター付けを施された曲線 $\vec{F}(u)$ を与えると，自由な端点を持つ開弦の運動がすべて決まる．

であり，$\vec{F}$ を端点 $\sigma = 0$ の位置によって与えると，次式を得る．

$$\vec{X}\left(t = \frac{2\sigma_1}{c}, 0\right) = \vec{X}(t=0, 0) + \left(\frac{2\sigma_1}{c}\right)\vec{v}_0 \tag{7.52}$$

これは $\vec{v}_0$ が，端点 $\sigma = 0$ の時間 $[0, 2\sigma_1/c]$ における平均速度にあたることを示している．

計算練習 7.1 $\vec{v}_0$ が実際には，弦の任意の点 σ の，任意の時刻から設定した一定時間 $2\sigma_1/c$ における平均速度であることを示せ．

計算練習 7.2 弦の任意の点の速度が周期 $2\sigma_1/c$ を持つ周期関数となること，すなわち $\dot{\vec{X}}(t, \sigma) = \dot{\vec{X}}(t + \frac{2\sigma_1}{c}, \sigma)$ であることを示せ．

$\sigma = 0$ の端点を見ることによって $\vec{F}$ を再構築できることが分かったので，次の問題を考えよう．エネルギーが E の弦の全運動を決定するために，我々はこの端点を過去から未来にかけてどのくらいの間，観測する必要があるのか？ 弦の運動は，$\vec{F}(u)$ を $u = 0$ から $u = 2\sigma_1$ まで知れば決定されるので，我々は $\vec{X}(t, 0)$ を $t = 0$ から $t = 2\sigma_1/c$ まで観測しなければならない．$\sigma_1 = E/T_0$ なので，我々が端点の観測を続けなければならない時間は $\Delta t = 2E/cT_0$ である．これは光が E/T_0，すなわちエネルギー E を持つ弦の長さの 2 倍の距離を進むために要する時間にあたる．

上述の準備に基づいて，エネルギー E を持つ真っ直ぐな開弦が，(x, y) 面内で固定された中点のまわりを回転する運動を記述できる（図7.3）．我々の最初の目的は，関数 $\vec{F}(u)$ の構築である．ここでは既に端点の運動が完全に与えられているので，この関数を容易に構築できる．弦の長さが ℓ であり，角振動数 ω で回転するものと仮定すると，$\sigma = 0$ の端点の運動は，次のように記述される．

$$\vec{X}(t, 0) = \frac{\ell}{2}(\cos\omega t, \sin\omega t) \tag{7.53}$$

7.4. 開弦の一般的な運動

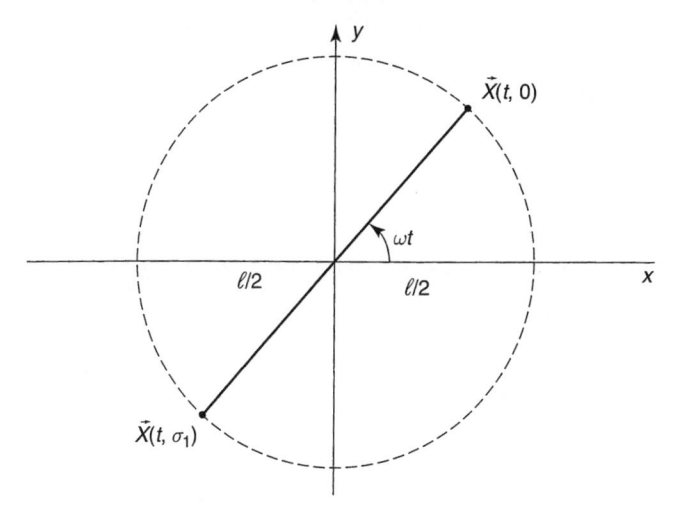

図7.3 (x, y) 面内において角速度 ω で回転する長さ ℓ の開弦.

運動が (x, y) 面内に制約されているので,ベクトル成分を 2 成分で表記した.$\vec{F}(ct) = \vec{X}(t, 0)$ なので,

$$\vec{F}(u) = \frac{\ell}{2}\left(\cos\frac{\omega u}{c},\ \sin\frac{\omega u}{c}\right) \tag{7.54}$$

を得る.$\vec{F}$ は周期関数なので,式(7.48)におけるベクトル $\vec{v}_0$ はゼロである.より正確には,端点の平均速度は,速度が繰り返す 1 周期のあいだにおける平均速度であり,ここでは端点が 1 回転の円運動をする速度の平均なのでゼロになる.$\vec{v}_0 = 0$ の下では,式(7.48)から $\vec{F}(u+2\sigma_1) = \vec{F}(u)$ という条件が課される.式(7.54)にこれを適用すると,次の条件が与えられる.

$$\frac{\omega}{c}(2\sigma_1) = 2\pi m \ \rightarrow\ \frac{\omega}{c} = \frac{\pi}{\sigma_1}m \tag{7.55}$$

ここで m は整数である.しかし $m = 1$ を選ばなければならないことが簡単に分かる.これを見るために,時刻ゼロにおける弦の座標 $\vec{X}(0, \sigma)$ を計算しよう.

$$\vec{X}(0, \sigma) = \frac{1}{2}\big(\vec{F}(\sigma) + \vec{F}(-\sigma)\big) = \frac{\ell}{2}\left(\cos\frac{\pi m\sigma}{\sigma_1},\ 0\right) \tag{7.56}$$

$m = 1$ ならば,$\sigma \in [0, \sigma_1]$ において弦が再現される.任意の m を設定すると,関数 $\vec{X}(0, \sigma)$ は $\sigma \in [0, \sigma_1]$ において弦の位置を m 回くり返して辿ることになる.$m = 1$ を選ぶと,次式が得られる.

$$\frac{\omega}{c} = \frac{\pi}{\sigma_1} = \frac{\pi T_0}{E} \tag{7.57}$$

これはエネルギーによって角振動数を与える式である.式(7.48)の第 1 条件から,長さ ℓ が決まる.具体的には,

$$\frac{d\vec{F}}{du} = \frac{\omega \ell}{2c}\left(-\sin\frac{\omega u}{c},\ \cos\frac{\omega u}{c}\right) \tag{7.58}$$

であり，

$$\left|\frac{d\vec{F}}{du}\right|^2 = \left(\frac{\omega \ell}{2c}\right)^2 = 1 \to \ell = \frac{2c}{\omega} = \frac{2\sigma_1}{\pi} = \frac{2}{\pi}\frac{E}{T_0} \tag{7.59}$$

という結果が得られる．この長さは，エネルギーが同じく E の静止している弦の長さに比べて，因子 $2/\pi$ の分だけ短い．弦は運動エネルギーも持つので，これは理に適っている．上式の代わりに，

$$E = \frac{\pi}{2}T_0\ell \tag{7.60}$$

と書くと，回転する弦の持つエネルギーは，同じ長さを持つ静止した弦のエネルギーに比べて因子 $\pi/2$ だけ大きいことが示される．また $\omega(\ell/2) = c$，すなわち弦の端点は光速で運動することにも注意してもらいたい．この解においては，エネルギーが弦の長さに比例している．驚くべきことに，弦のエネルギーが増すと，角速度 ω は遅くなる．これは弦の端点が光速で運動しなければならないという制約のために起こる．決められた端点の速度の下で弦を長くしたいならば，角速度を遅くする必要がある．

ω と ℓ が決まったので，これで，この弦の運動が分かったことになる．しかしながら，"パラメーター付けされた" 弦 $\vec{X}(t,\sigma)$ の運動の完全な記述にも関心が持たれる．σ_1 を用いると，式 (7.54) のベクトル $\vec{F}$ は，次のように与えられる．

$$\vec{F}(u) = \frac{\sigma_1}{\pi}\left(\cos\frac{\pi u}{\sigma_1}, \sin\frac{\pi u}{\sigma_1}\right) \tag{7.61}$$

これを用いると，式 (7.47) により，

$$\vec{X}(t,\sigma) = \frac{\sigma_1}{2\pi}\left(\cos\frac{\pi(ct+\sigma)}{\sigma_1} + \cos\frac{\pi(ct-\sigma)}{\sigma_1}, \sin\frac{\pi(ct+\sigma)}{\sigma_1} + \sin\frac{\pi(ct-\sigma)}{\sigma_1}\right) \tag{7.62}$$

が得られ，これを簡単にすると次式になる．

$$\vec{X}(t,\sigma) = \frac{\sigma_1}{\pi}\cos\frac{\pi\sigma}{\sigma_1}\left(\cos\frac{\pi ct}{\sigma_1}, \sin\frac{\pi ct}{\sigma_1}\right) \tag{7.63}$$

このパラメーター付けがなされた弦に対して関心が持たれる理由は，パラメーター σ に関するエネルギー密度が一定となるはずだからである．問題 7.2 において，読者はこの弦における単位長さあたりのエネルギー $\mathcal{E}(s)$ を，中心からの距離 s の関数として計算することになる．

$$\mathcal{E}(s) = \frac{T_0}{\sqrt{1 - \dfrac{4s^2}{\ell^2}}} \tag{7.64}$$

弦の中央におけるエネルギー密度 $\mathcal{E}(0)$ は T_0 に一致する．弦の中心は動いていないので，これは必然的な結果である．エネルギー密度は端点 $s = \pm\ell/2$ において発散するけれども，全エネルギーはもちろん有限である．

7.5 閉弦の運動と尖点

本節では自由な閉弦の一般的な運動を考察する．開弦の場合と同様に，波動方程式 (7.26) と，パラメーター付け条件 (7.27), (7.28) を適用する．波動方程式の一般解は，次の形を持つ．

$$\vec{X}(t,\sigma) = \frac{1}{2}\left(\vec{F}(u) + \vec{G}(v)\right) \tag{7.65}$$

7.5. 閉弦の運動と尖点

上式では，以下のように変数 u と v を導入した．

$$u \equiv ct + \sigma$$
$$v \equiv ct - \sigma \tag{7.66}$$

$\vec{X}$ の微分を取ることにより，即座に次式が得られる．

$$\frac{1}{c}\frac{\partial \vec{X}}{\partial t} = \frac{1}{2}\left(\vec{F}'(u) + \vec{G}'(v)\right) \tag{7.67}$$

$$\frac{\partial \vec{X}}{\partial \sigma} = \frac{1}{2}\left(\vec{F}'(u) - \vec{G}'(v)\right) \tag{7.68}$$

プライム記号は引数による導関数を表す．これらの線形結合によって，次式を得る．

$$\frac{\partial \vec{X}}{\partial \sigma} + \frac{1}{c}\frac{\partial \vec{X}}{\partial t} = \vec{F}'(u) \quad \text{and} \quad \frac{\partial \vec{X}}{\partial \sigma} - \frac{1}{c}\frac{\partial \vec{X}}{\partial t} = -\vec{G}'(v) \tag{7.69}$$

パラメーター付けの制約をまとめた式(7.42)により，次式が与えられる．

$$|\vec{F}'(u)|^2 = |\vec{G}'(v)|^2 = 1 \quad \text{for all } u, v \tag{7.70}$$

閉弦に関しては，境界条件はないが，周期条件が課される．式(7.30)により $d\sigma = dE/T_0$ なので，閉弦のパラメーター σ には次の同一視が導入される．

$$\sigma \sim \sigma + \sigma_1, \quad \sigma_1 = E/T_0 \tag{7.71}$$

E は弦のエネルギーである．σ が σ_1 だけ増加すると，閉弦における同じ点に戻るので，

$$\vec{X}(t, \sigma + \sigma_1) = \vec{X}(t, \sigma) \tag{7.72}$$

という周期条件が課される．式(7.65)を用いると，この条件は，

$$\vec{F}(u + \sigma_1) + \vec{G}(v - \sigma_1) = \vec{F}(u) + \vec{G}(v) \tag{7.73}$$

あるいは等価的に，

$$\vec{F}(u + \sigma_1) - \vec{F}(u) = \vec{G}(v) - \vec{G}(v - \sigma_1) \tag{7.74}$$

と表される．関数 $\vec{F}(u)$ と $\vec{G}(u)$ は，周期 σ_1 の周期関数である必要はないが，引数を σ_1 増やしたときに同じベクトル量の変更が生じる必要がある．u と v は互いに独立な変数なので，式(7.74)において u および v について偏微分を取ると，次式が得られる．

$$\vec{F}'(u + \sigma_1) = \vec{F}'(u) \quad \text{and} \quad \vec{G}'(v - \sigma_1) = \vec{G}'(v) \tag{7.75}$$

式(7.70)と式(7.75)により，$\vec{F}'(u)$ と $\vec{G}'(v)$ は周期的な単位ベクトルである．これらは，単位2次元面(半径1の球面)におけるパラメーター付けがなされた2本の閉じた曲線によって記述することができる(図7.4)．閉弦の運動は，一定の推進の自由度だけを除き，これら2本のパラメーター付けされた曲線によって完全に特定される．これらの曲線によって $\vec{F}'(u)$ と $\vec{G}'(v)$ が決まり，これらを積分すれば，$\vec{F}(u)$ と $\vec{G}(v)$ も積分定数の不定性だけを残して決まってしまう．よって $\vec{X}(t, \sigma)$ も，定数ベクトルを加えることのできる不定性を除いて確定する．

第7章 弦のパラメーター付けと古典的な運動

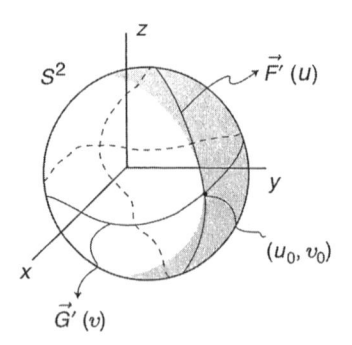

図7.4 $\vec{F}'(u)$ と $\vec{G}'(v)$ の先端の位置を辿ることによって，2つのパラメーター付けのなされた閉じた曲線が規定される．この場合，両者は $u = u_0$, $v = v_0$ において交わる．

一般的な形で，興味深い状況が生じる．図7.4に示したように，2本のパラメーター付けがなされた曲線 $\vec{F}'(u)$ と $\vec{G}'(v)$ は，u および v が，ある値 u_0 および v_0 のところで交わる可能性がある．

$$\vec{F}'(u_0) = \vec{G}'(v_0) \tag{7.76}$$

t_0 と σ_0 を，u_0 と v_0 から式(7.66)を通じて定義される t と σ の値としよう．式(7.67)により，

$$\frac{1}{c}\frac{\partial \vec{X}}{\partial t}(t_0, \sigma_0) = \frac{1}{2}\left(\vec{F}'(u_0) + \vec{G}'(v_0)\right) = \vec{F}'(u_0) \tag{7.77}$$

となる．$\vec{F}'$ は単位ベクトルなので，時刻 $t = t_0$ において，弦の上の点 σ_0 は光速に達する！ そして，この点の運動方向は $\vec{F}'(u_0)$ である．式(7.68)からも追加の情報が得られる．

$$\frac{\partial \vec{X}}{\partial \sigma}(t_0, \sigma_0) = \frac{1}{2}\left(\vec{F}'(u_0) - \vec{G}'(v_0)\right) = \vec{0} \tag{7.78}$$

これは時刻 $t = t_0$ の弦が $\sigma = \sigma_0$ において特異性を持つことを意味している．$\sigma = \sigma_0$ の近傍の弦の形を調べるために，時刻を $t = t_0$ に固定し，$\sigma = \sigma_0$ を基点とする Taylor 展開を行う．

$$\vec{X}(t_0, \sigma) = \vec{X}(t_0, \sigma_0) + (\sigma - \sigma_0)\frac{\partial \vec{X}}{\partial \sigma}(t_0, \sigma_0) + \frac{1}{2}(\sigma - \sigma_0)^2 \frac{\partial^2 \vec{X}}{\partial \sigma^2}(t_0, \sigma_0)$$
$$+ \frac{1}{3!}(\sigma - \sigma_0)^3 \frac{\partial^3 \vec{X}}{\partial \sigma^3}(t_0, \sigma_0) + \cdots \tag{7.79}$$

式(7.78)を利用し，また，

$$\vec{X}_0 = \vec{X}(t_0, \sigma_0), \quad \vec{T} \equiv \frac{\partial^2 \vec{X}}{\partial \sigma^2}(t_0, \sigma_0), \quad \vec{R} \equiv \frac{\partial^3 \vec{X}}{\partial \sigma^3}(t_0, \sigma_0) \tag{7.80}$$

という定義を導入すると，式(7.79)から $(\sigma - \sigma_0)$ の1次の項が消えて，

$$\vec{X}(t_0, \sigma) = \vec{X}_0 + \frac{1}{2}(\sigma - \sigma_0)^2 \vec{T} + \frac{1}{3!}(\sigma - \sigma_0)^3 \vec{R} + \cdots \tag{7.81}$$

となる．一般的な状況として，$\vec{T}$ と $\vec{R}$ はゼロでもなく，互いに平行でもない．したがって，$\sigma = \sigma_0$ において尖点 (cusp) が生じる．弦における尖点は，その点から両側に伸びる弦の相対角度がゼ

ロとなるような点である．等価的に，弦に対する正接ベクトルは，尖点において向きを反転させると述べてもよい．式(7.81)は $\vec{X}_0$ における尖点を記述する．σ を σ_0 のすぐ下の値からすぐ上の値まで増やすと，弦の座標はベクトル $\vec{T}$ の逆方向に沿って $\vec{X}_0$ に近づき，それから $\vec{T}$ の順方向に沿って $\vec{X}_0$ から離れる．$\vec{X}_0$ 付近において $\sigma - \sigma_0$ は非常に小さいので，$\vec{T}$ を含む2次の項が式(7.81)の展開項の中で，より高次の項よりも支配的になる．$\vec{X}_0$ から離れると，$\vec{R}$ を含む項の寄与によって，開きが生じる．尖点が原点になるような座標系を選ぶならば，$\vec{T}$ が y 方向，$\vec{R}$ が (x,y) 面内方向で，尖点付近の曲線は $y \sim x^{2/3}$ を描く．これを問題7.7において扱う．

(u_0, v_0) において尖点が生じるならば，m と n を任意の整数として $(u_0 + m\sigma_1, v_0 + n\sigma_1)$ においても尖点が生じる．したがって時間の経過の下で，尖点は弦上のいろいろな点で現れては消えるということを周期的に繰り返す．球面上に2本の任意の閉じた径路 $\vec{F}'(u)$ と $\vec{G}'(v)$ を考えるときに，それらは互いにいくつもの異なる交点を持つ可能性がある．それら各々が，一連の尖点を生じることになる．

7.6 宇宙弦 (宇宙紐)

我々が行ってきた相対論的な弦の古典的な運動に対する解析は，宇宙弦 (cosmic string : 宇宙紐とも訳される) の研究にも応用できるかもしれない．エネルギーが非常に高い初期宇宙の物理からは，微視的ではなく，宇宙とともに拡がって非常に大きな寸法を持つような高エネルギーの弦も生じると考えられる．宇宙的な寸法を持つ弦は，古典的な近似によって研究することが可能である．2007年時点まででは，宇宙弦は発見されていない．今後，宇宙弦が発見されるようなことがあれば，それは注目すべき事件となるであろう．宇宙弦は，弦理論とは無関係な現象からも生じる可能性があることが分かっているので，宇宙弦が発見されたならば，それが弦理論による弦なのかどうかについて，多大な研究が必要となるであろう．

宇宙弦を最も直接的に見いだす方法は，重力レンズ効果を利用するものである．これを理解するために，直線状の無限に長い相対論的な弦による重力効果から考察を始める．そのような弦からいくらか離れた位置に，質量を持つ粒子を置くことを想像しよう．弦は静止エネルギーを持つので，読者は粒子が弦から重力による引力を感受するものと思うかも知れない．しかしこの場合，そうではない．粒子が感受する力はゼロである．これは一般相対性理論から得られる結果であって，弦の有効質量密度 μ_0 だけが重力に寄与することを想定する Newton の重力理論の範囲内では成立しない．一般相対性理論では，弦の張力からも重力への寄与が生じ，それは斥力になる．全引力は $(\mu_0 - \frac{T_0}{c^2})$ に比例し，相対論的な弦においては，これが正確にゼロになる (式(7.15)参照)．

弦が重力的な引力を及ぼすことはないが，弦に直交する面の幾何学に影響を与える．あなたが弦から距離 r を保って弦のまわりを周回することを想像してもらいたい．あなたが辿った円軌道の円周 $\mathcal{C}$ は，予想される値 $2\pi r$ よりも短い．正確に表現すると，任意の距離 r に関して，

$$\frac{\mathcal{C}}{r} = 2\pi - \Delta \tag{7.82}$$

となり，Δ は "欠損角度" (deficit angle) と呼ばれる．弦に直交する2次元空間は，実際には欠損角度 Δ を持つ円錐になっている．弦は円錐の頂点を通っている．円錐は，頂点から一定距

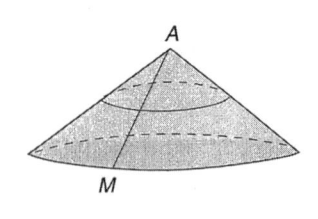

図7.5 左側：複素 z 平面から，角度がゼロ以上で Δ 以下の部分を取り除く．右側：左図の AM と AM' を同一視することによって得られる円錐．

離の円形ループの周が式(7.82)を満たすような空間である．このことは，平面から円錐をつくる様子を考えれば明白である．平面を複素変数 $z = x + iy$ によって表すならば(2.8節のオービフォールドの議論に用いたように)，円錐は，$0 \leq \arg(z) \leq \Delta$ の領域を取り去って，そのとき生じる境界に同一視 $z \sim e^{i\Delta}z$ を導入することによって形成される．これを図7.5に示す．図中には，頂点 $z = 0$ から一定の距離を持つ点によって形成される円も描いてある．我々のレンズ効果の考察においては，議論を簡単にするために，観測者 O と光源 S が同じ円錐にあるものと仮定する．すなわち両者は弦に沿った座標から見て，同じ座標値を共有している．

相対論的な弦によって生じる欠損角度 Δ は，弦の張力と Newton 定数 G の値に依存する．一般相対性理論に基づく計算によれば，

$$\Delta = \frac{8\pi G T_0}{c^4} = \frac{8\pi G \mu_0}{c^2} \tag{7.83}$$

となる．この欠損角度 Δ は，すぐ後から見るように，レンズ効果角度 (lensing angle) と密接に関係しており，典型的な数値は秒単位で表される．$1'' = 4.85 \times 10^{-6}$ rad なので，次のように書ける．

$$\Delta = 5.18'' \times \left(\frac{G\mu_0/c^2}{10^{-6}} \right) \tag{7.84}$$

計算練習 7.3 G と c の値を用いて，次式を示せ．

$$\Delta = 3.85'' \times \left(\frac{\mu_0}{10^{21} \text{ kg/m}} \right) \tag{7.85}$$

$\Delta = 3.85''$ を伴う弦は，6 キロメートルの長さに地球と同じ質量を含んでいる．

式(7.83)を Planck 質量 m_P と弦の質量 m_s の無単位の比として表すことにより，Δ に対するさらなる洞察が得られる．m_s は $\mu_0, c, \hbar$ の冪(べき)だけを用いて一意的に与えることのできる質量である．

計算練習 7.4 次式を示せ．

$$m_s = \sqrt{\frac{\hbar \mu_0}{c}} \tag{7.86}$$

7.6. 宇宙弦(宇宙紐)

ここで $m_P = \sqrt{\hbar c/G}$ を思い出すと,

$$\frac{m_s}{m_P} = \sqrt{\frac{G\mu_0}{c^2}} \tag{7.87}$$

となることが分かり, 次の結果が得られる.

$$\Delta = 8\pi \left(\frac{m_s}{m_P}\right)^2 \tag{7.88}$$

Δ が小さいのは, m_s が m_P に比べて小さいからである.

レンズ効果を論じるために, まず測地線 (geodesic) のいくつかの性質を復習しておく. 2つの固定された点を結ぶ曲線は, その長さが, 固定された2点では消失するような無限小の変形の下で定常的であれば, 測地線と見なされる. 測地線の長さは, そのような線の変形に対して1次の変化を持たない. 平面においては, 任意の2点の間において, ただひとつの測地線が存在する. それは2点を結ぶ直線である. この測地線は, 2点を結ぶ最短径路にもなっている. 平面よりも複雑な空間においては, 測地線は必ずしも一意的ではないし, 最短径路である必要もない. 2次元球面の北極点と南極点を結ぶ測地線は無数にあり, それらは経度が一定の半円である. 球面上の一般的な2つの点の間には, 2本の測地線が見いだされ, 一方は短く, もう一方は長い. 選んだ2点(と球の中心)によって球面上の円が決定され, 2本の測地線は, この円を構成する相補的な弧にあたる. 短い方の測地線は, 2点を結ぶ最短径路にあたる. 長い方の測地線は, 単に定常的な長さを持つというだけで, 最長径路というわけではなく, 長さを径路の汎関数と見たときの鞍点にあたる. すなわちある種の変形の下では長さが伸びるし, 別の種類の変形の下では長さが縮む. 長い方の測地線に対して連続的な変形を施し, 短い方の測地線に移行させることができる. 円筒面においては, 任意の2点を無数の測地線によって結ぶことができる. それらの測地線は, 一方の点からもう一方の点に至るまでに, 円筒のまわりを何回周回するかという回数によって区別される.

計算練習 7.5 円筒 $(x, y) \sim (x, y+1)$ において $(0, 0)$ と $(1, 0)$ を結ぶ測地線を, 短いものから5本見いだして描いてみよ.

円錐では, 測地線のパターンは複雑になる. 2つの点 P と Q を結ぶ測地線を考える. 測地線の本数は, 円錐の頂点 A における欠損角度 Δ と, AP に対して AQ がなす角度 ϕ (時計まわり方向で, これを正と見なす) に依存する. 角度 ϕ は必然的に, 頂点における全角度 α よりも小さい.

$$\phi \leq \alpha \equiv 2\pi - \Delta \tag{7.89}$$

測地線の完全な計算については問題7.8を見てもらいたい. ここでは天体物理的状況から可能と考えられる $\Delta \ll 1$ の場合だけを考察する. 観測者 O の弦からの距離を d_O, 光源 S の弦からの距離を d_S とする. 大まかには, 光源 S が O から見て弦の向こう側にある場合にレンズ効果が生じる. この場合, S と O を結ぶ測地線は2本あり, これらは弦の両側を通る. 光は両方の測地線をたどって観測者 O に到達し, 観測者は同じ光源 S からの2つの像を見る. 観測者が同じ形の2つの像を見るならば, それは弦によるレンズ効果を示唆するものであるが, そのようなことは円錐の頂点から離れると曲率がほとんど無くなることによって生じ得る. 密集した対象によって生じるレンズ効果は2つよりも多くの像を形成することになり, 関係する幾何学も著しく曲がったものになるので像も歪み, 互いに全く異なった見え方になる可能性もある.

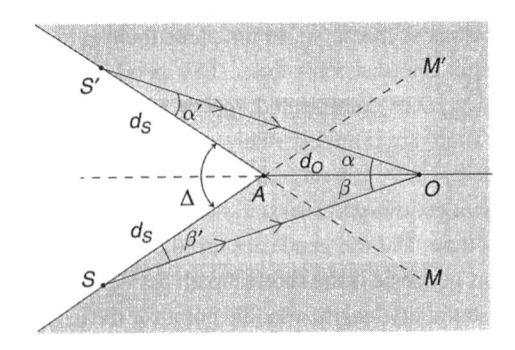

図 7.6 欠損角度 Δ の円錐において，頂点 A からの距離が d_S のところに光源 S があり，頂点からの距離が d_O のところに観測者 O がいる．議論を簡単にするために，光源を通るように円錐の切断を施してあり，S と S' は同一視される．光源から観測者に到達する光線 SO と $S'O$ は，レンズ効果角度 $\delta\phi = \alpha + \beta$ だけ互いに方向が異なる．

測地線を可視化するために，平面上に2本の互いに同一視すべき径線を，角度 Δ をなすように描き，それらの動径線の上に光源を置く（図7.6）．光源は点 S と点 S' によって表され，光源と観測者を結ぶ2本の測地線は，直線 SO と直線 $S'O$ である．点 O において SO と $S'O$ がなす角度 $\delta\phi$ は，レンズ効果角度——観測者が見る2つの像の間の角度である．図から，

$$\delta\phi = \alpha + \beta \tag{7.90}$$

と表される．また Δ は三角形 SAO および三角形 $S'AO$ の外角の和なので，次式が成り立つ．

$$\Delta = \alpha + \beta + \alpha' + \beta' \tag{7.91}$$

上式の右辺に現れるそれぞれの角度は正であり，$\Delta \ll 1$ なので，それぞれの角度も小さく $\alpha, \alpha', \beta, \beta' \ll 1$ である．正弦則と，小角度の近似を利用すると，次式が得られる．

$$\frac{\sin\alpha}{d_S} = \frac{\sin\alpha'}{d_O}, \quad \frac{\sin\beta}{d_S} = \frac{\sin\beta'}{d_O} \quad \rightarrow \quad \frac{\alpha}{d_S} = \frac{\alpha'}{d_O}, \quad \frac{\beta}{d_S} = \frac{\beta'}{d_O} \tag{7.92}$$

これらを α' と β' について解いて式(7.91)に代入し，式(7.90)を用いると，

$$\Delta = \alpha + \beta + \frac{d_O}{d_S}(\alpha + \beta) = \delta\phi\left(1 + \frac{d_O}{d_S}\right) \tag{7.93}$$

となる．最終的に，次式が得られる．

$$\delta\phi = \frac{\Delta}{\left(1 + \dfrac{d_O}{d_S}\right)} \tag{7.94}$$

レンズ効果角度 $\delta\phi$ は，上限が Δ に制約されていることが上式から分かる．$d_S \to \infty$ としたときにレンズ効果角度は上限値に近づく．図7.6を見ると，レンズ効果が生じるのは，O が MAM' の角度範囲内にある場合に限られることも分かる．O がこの範囲外にあれば，測地線は1本だけになり，観測者 O は単一の像だけを見ることになる．

過去数年間において，弦によるレンズ効果の候補と見られた銀河の像の対が，その後のより解像度の高い観測によって，よく似ているけれども異なる銀河の像と判明するということが起こった．宇宙弦はおそらく相対論的な速度で運動しているものと考えられるので，レンズ効果が観測できる時間は短く制限されている可能性があり，それを発見することは挑戦的な課題となっている．

宇宙弦の存在を間接的に推定できる可能性もある．宇宙弦は，宇宙のマイクロ波背景放射における温度の異方性に対して寄与を持ち得る．この効果が未だ観測されていないという事実から，制約条件として，

$$\frac{G\mu_0}{c^2} < 3 \times 10^{-7} \tag{7.95}$$

が推定される．式(7.84)によれば，この制約により，レンズ効果角度は2秒よりも小さいことになる．別の観点としては，宇宙弦の運動は重力波を生じる．実際，前節で学んだ弦の尖点は，重力波の効果的な生成源となり得る．重力波検出器によれば，$G\mu_0/c^2 \sim 10^{-13}$ の弦までも観測可能であると考えられる．これはまだ当分，大胆な企てであるが，宇宙弦は弦理論に関する最初の実験的な証拠を提供することになるかも知れない．

問題

7.1 自由な端点を持つ開弦の性質．
自由な端点を持つ開弦について，以下の命題を証明せよ．

(a) 開弦の一方の端点が，全時間にわたって，ある超平面上の存在するならば，その開弦全体も全時間にわたり，同じ超平面に存在する．

(b) 開弦の一方の端点が，全時間にわたって点 P_0 から距離 R の範囲内に存在するならば，弦全体も全時間にわたり P_0 から距離 R の範囲内に存在する．

(c) 開弦の一方の端点が，全時間にわたって，ある凸部分空間 (convex subspace) に存在するならば，弦全体も全時間にわたり，その凸部分空間に存在する．[これは(a)と(b)の命題を一般化したものである．]

(d) エネルギーによってパラメーター付けされた開弦 (7.3節, 7.4節) の長さ ℓ は，次式で与えられる．

$$\ell = \int_0^{\sigma_1} \sqrt{1 - \frac{v_\perp^2}{c^2}}\, d\sigma$$

7.2 回転する直線状の弦．
$s \in (-\ell/2, \ell/2)$ を，7.4節で学んだ回転する直線状の弦における長さのパラメーターとする．$s = 0$ を固定された弦の中心とする．$\mathcal{E}(s)$ は，単位長さあたりのエネルギーを，s の関数として表したものである．

(a) $\mathcal{E}(s) = T_0/\sqrt{1-(4s^2/\ell^2)}$ となることを示せ．$\mathcal{E}(s)$ を s の関数として描いてみよ．$\mathcal{E}(s)$ は弦の端点において積分可能な特異点を持つことに注意して，全エネルギーが $\frac{\pi}{2}\ell T_0$ となることを確認せよ．

(b) 弦全体の平均エネルギー密度に等しい局所的エネルギー密度を持つ弦上の点は何処か？

(c) 弦上の区間 $[-s, s]$ が担うエネルギー $\hat{E}(s)$ を計算せよ．このエネルギーが弦全体のエネルギーの半分になるような $s/(\ell/2)$ の値はいくらか？ また 90%のエネルギーになるときの値はいくらか？

7.3 静的な初期条件を与えた相対論的な閉弦の時間発展．
閉弦の時間発展は，静的ゲージにおいて式(7.26), (7.27), (7.28) に支配される．

(a) $\frac{\partial \vec{X}}{\partial t}(0, \sigma) = 0$ を仮定して，$\vec{X}(t, \sigma)$ の一般解を，単一変数を持つベクトル値関数 $\vec{F}(u)$ を用いて書き表せ．パラメーター付けの制約条件によって，$\vec{F}(u)$ にはどのような要請が生じるか？

(b) 閉弦において，パラメーター σ は円 $\sigma \sim \sigma + \sigma_1$ の上にある．この性質を満たすために $\vec{X}(t, \sigma)$ に対してどのような条件を課せばよいか？ これは $\vec{F}$ に対してどのような含意を持つか？

(c) $t = 0$ において静的で，長さ ℓ の閉じた曲線 γ を形成している閉弦を考える．σ_1 と ℓ はどのように関係するか？ $t_P > 0$ で，ℓ/c よりも早く，閉弦が再び曲線 γ を再現する時刻を求めよ．$\vec{X}(t_P, \sigma)$ を時刻ゼロの弦 $\vec{X}(0, \sigma)$ と関係づけよ．

(d) (x, y) 面内で最初に静的な閉弦の形を任意に設定すると，その時間発展を計算できるようなコンピューターの処理フローのリストを書け (積分と逆関数計算の手続きは用意されているものとする)．初期状態の弦としては，パラメーター $\lambda \in [0, \lambda_0]$ が付けられた閉曲線 $(x(\lambda), y(\lambda))$ が与えられるものと仮定せよ．

7.4 Kasey の相対論的な縄跳び紐．
次のように両端が固定された開弦を考える．

$$\vec{X}(t, 0) = \vec{x}_1, \quad \vec{X}(t, \sigma_1) = \vec{x}_2 \tag{1}$$

$\sigma = 0$ における境界条件は，波動方程式に対する次の解によって満たされる．

$$\vec{X}(t, \sigma) = \vec{x}_1 + \frac{1}{2}\big(\vec{F}(ct+\sigma) - \vec{F}(ct-\sigma)\big) \tag{2}$$

ここで $\vec{F}$ は単一の引数を持つベクトル値関数である．

(a) 式(2)と $\sigma = \sigma_1$ における境界条件から，$\vec{F}(u)$ に課される条件を求めよ．

(b) パラメーター付け条件(7.42)から生じる $\vec{F}(u)$ に対する制約を書け．

応用例として，相対論的な開弦を縄跳び紐のように見なす Kasey の試みを取り上げる．この目的のために，彼女は (3次元空間において) 右手で，原点 $\vec{x}_1 = (0, 0, 0)$ に開弦の一方の端を固定し，左手で，z 軸上の点 $z = L_0$，すなわち $\vec{x}_2 = (0, 0, L_0)$ に開弦のもう一方の端を固定する (図7.7)．縄跳びを始めると，原点における弦への正接ベクトル $\vec{X}'$ が，z 軸のまわりを一定の角度 γ を保って，一定の角速度で回転する．

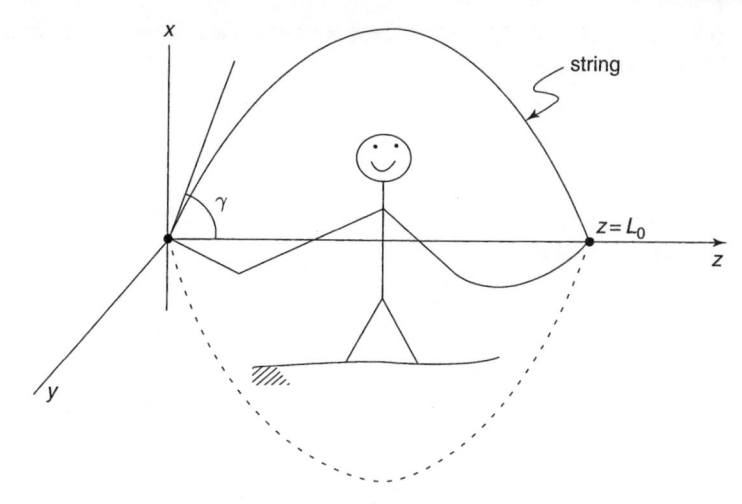

図7.7 Kasey の相対論的な縄跳び紐.

- (c) 上述の情報を利用して $\vec{F}'(u)$ の式を書け.
- (d) σ_1 を長さ L_0 と角度 γ によって表せ.
- (e) Kaseyの相対論的な縄跳び紐の運動 $\vec{X}(t,\sigma)$ を計算せよ.
- (f) 弦においてエネルギーは z に対してどのように分布するか?

7.5 端点が固定された開弦の面内運動.
(x,y) 面において相対論的な開弦の運動を考える. 弦の端点は $(x,y)=(0,0)$ と $(x,y)=(a,0)$ に固定されている $(a>0)$. 相対論的な縄跳び紐とは異なり, ここでは弦が (x,y) 面内において運動する. この運動は,

$$\vec{X}(t,\sigma) = \frac{1}{2}\left(\vec{F}(ct+\sigma) - \vec{F}(ct-\sigma)\right) \tag{1}$$

という形で記述される. $\vec{F}(u)$ は単一の変数を引数とするベクトル値関数であり, 次の条件を満たす.

$$\left|\frac{d\vec{F}}{du}\right|^2 = 1 \quad \text{and} \quad \vec{F}(u+2\sigma_1) = \vec{F}(u) + (2a, 0) \tag{2}$$

$\vec{F}'$ の形を次のように仮定してみる.

$$\vec{F}'(u) \equiv \frac{d\vec{F}}{du} = \left(\cos\left[\gamma\cos\frac{\pi u}{\sigma_1}\right], \sin\left[\gamma\cos\frac{\pi u}{\sigma_1}\right]\right) \tag{3}$$

- (a) 上の仮定は式 (2) の条件に整合しているか?
- (b) $\vec{X}'(0,\sigma)$ を計算せよ. $\vec{X}(0,\sigma) \equiv (x(\sigma), y(\sigma))$ と置いて, $dy/d\sigma$ を与え, $\sigma \in [0, \sigma_1]$ におけるこの関数を, 簡単のため $0<\gamma<\pi/2$ を仮定して描け. これを利用して, $t=0$ における弦の位置 $y(\sigma)$ を σ の関数として大まかに描いてみよ.

(c) $\vec{X}'(t,0)$ を計算し，それを利用して原点付近の弦の運動を記述せよ．γ はどのように解釈されるか？

(d) 式(2)における第 2 条件を用いて，a と σ_1 と γ を関係づける積分式を見いだせ．γ が小さいものと仮定して，γ^2 の項までの近似により，これらの間の具体的な関係式を求めよ．

(e) $a/\sigma_1 = J_0(\gamma)$ となることを示せ．J_0 はゼロ次の Bessel 関数である．[ヒント：Bessel 関数の積分式を見よ．]

7.6 開弦の面内運動 (前問に続く) と尖点の形成．

問題 7.5 で得た解を更に調べて見る．$a/\sigma_1 = J_0(\gamma)$ が示された．a は開弦の固定された両端のあいだの距離であり，σ_1 は弦の長さのパラメーターである．後者は弦の速度がゼロのときには何時でも弦の長さに等しい (何故か？)．a と角度変数 γ の関係は，J_0 が周期関数ではないので単純ではない．このことは γ と $\gamma+2\pi$ に対応する開弦の運動が同じではないことを意味する．

(a) 時刻 t の瞬間における弦の傾斜が，次式で記述されることを示せ．

$$\vec{X}'(t,\sigma) = \cos\left(\gamma \sin\frac{\pi ct}{\sigma_1} \sin\frac{\pi\sigma}{\sigma_1}\right)(\cos\beta, \sin\beta)$$

$$\beta = \gamma \cos\frac{\pi ct}{\sigma_1} \cos\frac{\pi\sigma}{\sigma_1}$$

$ct = \sigma_1/2$ において弦は水平になることを示せ．

(b) この瞬間の弦の (横方向の) 速度が，次式を満たすことを証明せよ．

$$\left|\frac{1}{c}\frac{\partial \vec{X}}{\partial t}\right| = \left|\sin\left(\gamma \sin\frac{\pi ct}{\sigma_1} \sin\frac{\pi\sigma}{\sigma_1}\right)\right|$$

$t = 0$ において弦の速度がゼロであることに注意してもらいたい．$\gamma < \pi/2$ である限りにおいては，弦においてどの点も光速に達することはないことを示せ．更に，$\gamma = \pi/2$ のときには，弦が水平ならば弦の中点 $\sigma = \sigma_1/2$ が光速になることを示せ．

(c) $\gamma = \sqrt{2}(\pi/2)$ ($\simeq 127.3°$) の場合には，この問題は扱いやすくなる．$ct = \sigma_1/4$ において弦の上のひとつの点が光速になることを示せ．その少し後の時刻 $ct = \sigma_1/3$ になると，光速になる点が "2つ" 存在することを示し，それらに対応する σ の値を見いだせ．$\vec{X}'$ を σ の関数として解析し，弦がこれらの点において尖点を形成することを示せ．

(d) あなたが好む数式処理ソフトウエアを用いて，(c)で考察した弦のいろいろな時刻における像を生成してみよ (数値積分を利用する必要がある)．$a = 1$ を仮定して $\sigma_1 \simeq 10.155$ を示せ．$ct = 0, \sigma_1/4, \sigma_1/3$ における弦の像を示せ．

7.7 閉弦の時間発展における尖点．

この問題では，自由な閉弦の時間発展において一般的に現れる尖点の性質をいくつか導く．このために，式(7.81)を更に詳しく調べる．

(a) $\vec{F}(u)$ と $\vec{G}(v)$ をそれぞれ u_0 と v_0 のまわりで Taylor 展開して，次式を証明せよ．

$$\vec{T} = \frac{1}{2}\big(\vec{F}''(u_0) + \vec{G}''(v_0)\big), \quad \vec{R} = \frac{1}{2}\big(\vec{F}'''(u_0) - \vec{G}'''(v_0)\big) \tag{1}$$

プライム記号は引数に関する微分を施すことを意味する．式(7.76)によって示されている球面上における2つの経路の交点は正則であると仮定する．すなわち交点において両方の経路は互いに平行ではなく，$\vec{F}''(u_0)$ も $\vec{G}''(v_0)$ もゼロではない．$\vec{T}$ がゼロにならず，$\vec{F}'(u_0)$ に直交する理由を説明せよ．$\vec{R}$ は一般にはゼロではないが，特別な条件化でゼロにもなり得る．

(b) 式(7.81)は尖点がベクトル $\vec{T}$ に沿った方向に生じ，局所的には $\vec{T}$ と $\vec{R}$ によって張られる平面に含まれることを示している．座標系の原点を $\vec{X}_0$ に固定し，y の正の方向を $\vec{T}$ の向きに合わせ，$\vec{R}$ が (x,y) 面に含まれるように x 軸を設定する．尖点付近において $y \sim x^{2/3}$ となることを示せ．尖点の速度はどのような面に含まれるか？

(c) 次の関数 $\vec{F}(u)$ と $\vec{G}(v)$ を考える．

$$\vec{F}(u) = \frac{\sigma_1}{2\pi}\left(\sin\frac{2\pi u}{\sigma_1}, -\cos\frac{2\pi u}{\sigma_1}, 0\right), \quad \vec{G}(v) = \frac{\sigma_1}{4\pi}\left(\sin\frac{4\pi v}{\sigma_1}, 0, -\cos\frac{4\pi v}{\sigma_1}\right) \tag{2}$$

式(7.70)と式(7.74)の条件が満たされていることを証明せよ．$t=\sigma=0$ における尖点に関して，その向き，それが含まれる平面，その速度を求めよ．尖点を描いてみよ．

(d) 閉弦の運動は $\sigma_1/(4c)$ の周期を持つ．(問題7.3で見たように，弦は関数 $\vec{F}(ct+\sigma)$ が，それ自身を繰り返すよりも短い時間で，元の位置に戻ることを思い出すこと．)
1周期のあいだにいくつの尖点が形成されるか？

7.8 円錐における測地線の勘定．

$\Delta < 2\pi$ を円錐の欠損角度とし，$\alpha = 2\pi - \Delta$ を円錐の頂点 A における頂角とする．この円錐において，角度が $\phi > 0$ だけ異なる2つの点 P と Q を考える．すなわち頂点と Q を結ぶ直線は，頂点から P を結ぶ直線を，時計回りに角度 ϕ 回転させることによって得られる．点 P と点 Q を結ぶ測地線の本数 N は，次式で与えられる．

$$N = \left[\frac{\pi - \phi}{\alpha}\right] + \left[\frac{\pi + \phi}{\alpha}\right] + 1 \tag{1}$$

ここで $[x]$ は x 以下で最大の整数を意味する．円錐領域とその複製の簡便な図を，図7.8に示す．

(a) P と Q を結ぶ測地線を実際に数えて，式(1)の妥当性を自ら納得せよ．P から Q，および P から Q の像への測地線を時計まわりの方向に考え，また反時計まわりの方向にも考える．

(b) N が $\phi \to \alpha - \phi$ の下で不変であることを証明し，何故そうなるべきか説明せよ．

(c) $\Delta < \pi$ の場合が重力レンズ効果に関係する．N の可能な数を ϕ の関数として与えよ．

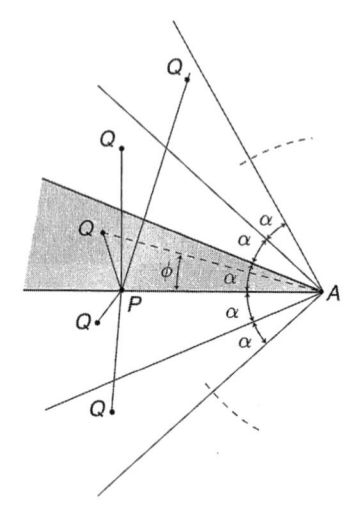

図7.8 頂角 α の円錐 (灰色の領域). 2つの点 P と Q が角度 ϕ 隔たっている.

第 8 章 世界面カレントと保存量

物理学者たちは，物理的な洞察を得るために，しばしば対称性と不変性の概念に目を向ける．力学系において対称性と保存量は密接に関係する．我々はこれから，弦理論において，弦が時空内において辿る2次元の世界面の上にカレントが存在することを学ぶ．このカレントに関係して保存されるチャージは，弦の自由な運動を特徴づける鍵となる量である．そして既に前章までに目にしてきた $\mathcal{P}^\tau$ と $\mathcal{P}^\sigma$ に対して，単純な物理的解釈を与えてみる．

8.1 電荷の保存

Maxwell理論の文脈における電荷保存の物理と数学の復習から始めよう．この古典的な例は，保存するカレントの概念に対する一般的な理解を進展させるための助けになる．

電磁気学において，保存する流れ(カレント)は4元ベクトル $j^\alpha = (c\rho, \vec{j})$ によって表される．ここで ρ は電荷密度，$\vec{j}$ は電流密度である．何故，我々は j^α を保存するカレントと呼ぶのか？ その定義により j^α は次式を満たすからである．

$$\partial_\alpha j^\alpha = 0 \tag{8.1}$$

この式を満たす任意の4元ベクトルは，保存するカレントと呼ばれる．"保存するカレント"という術語は少々誤解を生じる面もあるが，この呼び方が慣行となっている．本当は，このカレントに関係するチャージが保存するのであって，より正確には"チャージ"の保存と言うべきである[§]．この保存則が，どのように現れるかを見てみよう．

式(8.1)において空間添字と時間添字を分離すると，次式が得られる．

$$\partial_0 j^0 + \partial_i j^i = \frac{\partial j^0}{\partial x^0} + \nabla \cdot \vec{j} = 0 \tag{8.2}$$

何故，この式が電荷保存の声明になるのだろうか？ 電磁気学において，固定された体積 V の中の全電荷(チャージ) $Q(t)$ は，電荷密度をその体積全体において積分したものである．

$$Q(t) = \int_V \rho(t, \vec{x})\, d^3 x = \int_V \frac{j^0(t, \vec{x})}{c}\, d^3 x \tag{8.3}$$

定係数の違いを除き，この電荷はカレントの最初の成分を空間積分したものにあたる．その時間微分(導関数)は，次式となる．

[§](訳註) いわゆる'電荷'よりも広義の保存量という意味合いで用いられている 'charge' は'チャージ'と訳出する．本章の後半で関心の対象となる'チャージ'は運動の定数(運動量，角運動量など)であって，場と結合する素量という含意は(本書の記述の範囲内では)顕在しない．

$$\frac{dQ}{dt} = \int_V \frac{\partial j^0}{\partial x^0} d^3x \tag{8.4}$$

式(8.2)を利用すると，次のように書ける．

$$\frac{dQ}{dt} = -\int_V \nabla \cdot \vec{j}\, d^3x \tag{8.5}$$

Vの境界をSと記すと，発散定理により次式が得られる．

$$\frac{dQ}{dt} = -\int_S \vec{j} \cdot d\vec{a} \tag{8.6}$$

この式は電荷保存の声明を具体化している．体積Vの領域内の電荷(チャージ)の量は，その体積の境界にあたる表面Sを過ぎる電流密度(カレント)の流束によってのみ変化することができる．多くの場合，我々はVを非常に大きく設定するので，遠く離れたその表面Sにおいて，電流密度(カレント)は無いものと考えてよい．この場合には，

$$\frac{dQ}{dt} = 0 \tag{8.7}$$

となる．Qがここでは時間に依存しないので，"保存する"と言える．電荷が Lorentz 不変であるということも充分に確立されている．あらゆる慣性系における観測者が電荷を測った結果は，同じ数量になる．保存する量がすべて Lorentz 不変というわけではない．たとえばエネルギーは保存するが，Lorentz 不変では "ない"．この事実については問題8.1と問題8.2において詳しく調べることにする．

8.2 ラグランジアンの対称性とチャージの保存

ラグランジアンの最も有用な性質のひとつは，保存量を導くために利用できることである．保存量を知ることによって，その力学系に対する我々の理解は深まる．本節では，ラグランジアン力学の文脈において作業を始め，対称性に関係する保存量を構築する方法を学ぶ．それからラグランジアン密度へと議論を移行して，対称性に関係する保存量を構築する方法を示すことにする．

ラグランジアン$L\big(q(t), \dot{q}(t); t\big)$を考える．これは座標$q(t)$，速度$\dot{q}(t)$に依存し，更にあらわな時間依存性があってもよい．座標$q(t)$の変分を考える．

$$q(t) \rightarrow q(t) + \delta q(t) \tag{8.8}$$

$\delta q(t)$はある特定の無限小変分である．例えば，もし$q(t)$が粒子の径路を表すのであれば，上の変分は，その径路をどのように変更するかという情報にあたる．すなわち時刻tにおける粒子の位置が$\delta q(t)$だけ変更される．ここで，"任意の"径路$q(t)$を変更する方法の規則を我々が持っていると想定しよう．任意の$q(t)$が与えられたときに，それに対応する$\delta q(t)$を構築する方法を我々が知っているものとするのである．そのような規則は，次の形で書かれる．

$$\delta q(t) = \epsilon h\big(q(t); t\big) \tag{8.9}$$

8.2. ラグランジアンの対称性とチャージの保存

ϵ は無限小の定数,h は何らかの関数である.

式(8.8)の径路変更の結果として,速度も次のように変更される.

$$\dot{q}(t) \ \rightarrow \ \dot{q}(t) + \frac{d\bigl(\delta q(t)\bigr)}{dt} \tag{8.10}$$

変分(8.8)の結果として生じる $L\bigl(q(t), \dot{q}(t); t\bigr)$ の変化を求めるためには,速度 $\dot{q}(t)$ も式(8.10)に従って変更する必要がある.我々が一般に $q(t)$ の変分について話すときには,それに付随する $\dot{q}(t)$ の変分も同時に暗黙のうちに含意している.δq は無限小なので,ラグランジアンの変分は δq に関して1次の項だけを考えればよい.そのような項がゼロになる場合,ラグランジアンは不変であると称する.そして,そのような式(8.8)の変換は"対称変換"(symmetry transformation)と呼ばれる.ラグランジアンが不変を保つように任意の径路を変更する方法を我々に教えてくれる規則とは,すなわち対称変換である.対称変換の規則は,式(8.9)における関数 h によって特定される.

ここで命題を与えよう.もしラグランジアン L が変分(8.8)の下で不変であれば,

$$\epsilon Q \equiv \frac{\partial L}{\partial \dot{q}} \delta q \tag{8.11}$$

のように定義される量 Q は,"物理的な運動"において保存する.すなわち運動方程式を満たすような如何なる運動 $q(t)$ においても,"チャージ" Q は時間の経過の下で一定を保つ.

$$\frac{dQ}{dt} = 0 \tag{8.12}$$

式(8.11)の左辺の ϵ は,δq に現れる ϵ (式(8.9)参照)と相殺することに注意されたい.

Q の保存を証明するために,作用 $S = \int dt L$ の変分から導かれる Euler-Lagrange 方程式を考える(読者は問題4.8で既に導出しているかもしれない).得られる方程式は次式である.

$$\frac{d}{dt}\left(\frac{\partial L}{\partial \dot{q}}\right) - \frac{\partial L}{\partial q} = 0 \tag{8.13}$$

ラグランジアンは座標変分(8.8)と速度変分(8.10)の下で不変なので,次式が成り立っていなければならない.

$$\frac{\partial L}{\partial q} \delta q + \frac{\partial L}{\partial \dot{q}} \frac{d}{dt}(\delta q) = 0 \tag{8.14}$$

式(8.13)を用いて $\frac{\partial L}{\partial q}$ を消去すると,次式になる.

$$\frac{d}{dt}\left(\frac{\partial L}{\partial \dot{q}}\right)\delta q + \frac{\partial L}{\partial \dot{q}} \frac{d}{dt}(\delta q) = \frac{d}{dt}\left(\frac{\partial L}{\partial \dot{q}} \delta q\right) = 0 \tag{8.15}$$

これは,式(8.11)のように定義された Q に対する式(8.12)が成立することの証明となっている.

保存に関する上述の見方を,速度だけに依存するラグランジアン $L\bigl(\dot{q}(t)\bigr)$ に応用してみよう.ラグランジアンを不変に保つという制約の下で,どのような $q(t)$ の変分の方法が可能だろうか?ひとつの方法としては,ϵ を任意の定数として,$q(t) \rightarrow q(t) + \epsilon$ とする変換がある.変分は $\delta q(t) = \epsilon$ であり,式(8.9)の関数 h は,単なる1に等しい.これは一様な空間的推進である.

任意の時刻 t において，粒子の位置座標は同じ量 ϵ だけ変更される．これに対応する変換後の速度は $\dot{q}(t) \to \dot{q}(t) + d\epsilon/dt = \dot{q}(t)$ のように変化しない．したがって速度だけに依存するラグランジアンは，この変換の下で不変であり，対称性が得られたことになる．式(8.11)を用いると，次式が得られる．

$$\epsilon Q = \frac{\partial L}{\partial \dot{q}} \delta q = \frac{\partial L}{\partial \dot{q}} \epsilon \to Q = \frac{\partial L}{\partial \dot{q}} = p \tag{8.16}$$

我々は Q が座標 q と共役な運動量であることを認識できる．q がラグランジアンに現れないので，この量は保存される．この保存の式 $dQ/dt = 0$ が Euler-Lagrange 方程式(8.13)に一致することに注意してもらいたい．この例はラグランジアン力学においてよく知られている結果を再現している．すなわち，系のラグランジアンが引数として座標を含まなければ，その座標と共役な運動量は保存する．たとえば自由な非相対論的粒子のラグランジアンは $L = \frac{1}{2}m(\dot{q})^2$ であり，この場合 $Q = m\dot{q}$ である．

次に，ラグランジアン"密度"の対称性を考察しよう．ラグランジアンの対称性は保存する"チャージ"の存在を保証するが，ラグランジアン密度の対称性は，保存する"カレント"の存在を保証する．作用の式を，ラグランジアン密度の，それが関係する"世界"の座標の完全な組 ξ^α による積分として書く．

$$S = \int d\xi^0 d\xi^1 \ldots d\xi^k \mathcal{L}(\phi^a, \partial_\alpha \phi^a) \tag{8.17}$$

k は，ここで着目する"世界"の次元数を表す．この"世界"は，たとえば Minkowski 時空でもよいし，その部分空間でもよい．弦の世界面にあたる2次元のパラメーター空間を"世界"と見なしてもよい．場 $\phi^a(\xi)$ は座標の関数であり，

$$\partial_\alpha \phi^a = \frac{\partial \phi^a}{\partial \xi^\alpha} \tag{8.18}$$

は，場の座標に関する微分(導関数)である．添字 a の各値がそれぞれの場(の成分)に対応する．ここで次の無限小変分，

$$\phi^a(\xi) \to \phi^a(\xi) + \delta\phi^a(\xi) \tag{8.19}$$

と，これに付随する微分 $\partial_\alpha \phi^a$ の変分を考える．この無限小変分を，規則として，

$$\delta\phi^a = \epsilon^i h_i^a(\phi) \tag{8.20}$$

と書くと，任意の場の構成の下での変分を容易に扱える．ここで ϵ^i は無限小の定数の組であり，表記を簡潔にするために h_i^a の引数の添字を省略した．ϵ^i に添字が付けてあるのは，変分が複数のパラメーターを含むこともあるからである．たとえば時空内の推進(並進)操作においては，時空次元と同数までの数のパラメーターを含むことができる．式(8.20)において添字 i が繰り返されているので，これについて和を取る．読者は我々が扱う各種の添字の意味を明確に区別しなければならない．

$\quad \alpha$ 世界を記述する各座標 ξ^α を識別する添字．ベクトル成分の添字としても用いる．
$\quad i$ 対称変換におけるパラメーターを識別する添字．
$\quad a$ ラグランジアンに含まれる複数の場(の成分)を識別する添字． (8.21)

8.2. ラグランジアンの対称性とチャージの保存

$\mathcal{L}$ が変分 (8.19) とそれに付随する場の導関数の変分の下で不変ならば,

$$\epsilon^i j_i^\alpha \equiv \frac{\partial \mathcal{L}}{\partial(\partial_\alpha \phi^a)} \delta \phi^a \tag{8.22}$$

のように定義される量 j_i^α は, 保存するカレントになる.

$$\partial_\alpha j_i^\alpha = 0 \tag{8.23}$$

このことの証明は, すぐ後に与える. 式(8.23)は, ラグランジアンの運動方程式を満たすような如何なる構成を持つ場に関しても成立する. 式(8.22)において, 繰り返されている添字 a について和が取られる. 式(8.20)において添字 i があれば, 我々は i によって識別される"複数の"カレントを持つことになり, それらはそれぞれが, 変分操作が含む各パラメーターに対応する. カレントの成分の数は, 今, 着目している"世界"が持つ時空次元の数と同じであり, これらは添字 α によって区別される. 上述の2種類の添字は全く異なる役割を持つので, これらを混同しないようにすることが重要である.

$$j_i^\alpha : \quad i \quad \text{カレントの種類を識別する.}$$
$$\alpha \quad \text{カレントの, "世界"における時空次元成分を識別する.} \tag{8.24}$$

我々は 8.1 節において, 保存するカレントから保存するチャージの存在が導かれることを示した. チャージはカレントの第ゼロ成分を空間積分したものである. したがって, カレント j_i^α から, 次の保存するチャージが与えられる.

$$Q_i = \int d\xi^1 d\xi^2 \ldots d\xi^k \, j_i^0 \tag{8.25}$$

我々は, 対称変換において含まれるパラメーターの数だけ, 保存するチャージを持つことになる.

計算練習 8.1 カレント j_i^α が無限遠において充分に速く消失するならば, 式(8.23)は,

$$\frac{dQ_i}{d\xi^0} = 0 \tag{8.26}$$

を含意することを証明せよ.

式(8.23)を証明するために, 作用(8.17)に付随する Euler-Lagrange 方程式と, 不変性の声明を両方とも書く.

$$\partial_\alpha \left(\frac{\partial \mathcal{L}}{\partial(\partial_\alpha \phi^a)} \right) - \frac{\partial \mathcal{L}}{\partial \phi^a} = 0 \tag{8.27}$$

$$\frac{\partial \mathcal{L}}{\partial \phi^a} \delta \phi^a + \frac{\partial \mathcal{L}}{\partial(\partial_\alpha \phi^a)} \partial_\alpha (\delta \phi^a) = 0 \tag{8.28}$$

第1式を用いて, 第2式から $\frac{\partial \mathcal{L}}{\partial \phi^a}$ を消去すると, 次式になる.

$$\partial_\alpha \left(\frac{\partial \mathcal{L}}{\partial(\partial_\alpha \phi^a)} \right) \delta \phi^a + \frac{\partial \mathcal{L}}{\partial(\partial_\alpha \phi^a)} \partial_\alpha (\delta \phi^a) = \partial_\alpha \left(\frac{\partial \mathcal{L}}{\partial(\partial_\alpha \phi^a)} \delta \phi^a \right) = 0 \tag{8.29}$$

これで, 式(8.22)によって定義されたカレントに関して, 式(8.23)が成り立つことが確認された.

我々は式(8.22)を用いて,弦の世界面の上に存在する保存するカレントを構築する.実際には,保存するチャージと保存するカレントは,本節で述べた制約よりも弱い制約の下で存在する.変換によって,ラグランジアンもしくはラグランジアン密度の全微分が変わる場合でも,その変更が適切なものであれば,対称変換と見なせることもあり得る.このような概念について,問題8.9と問題8.10において扱っている.

8.3 世界面において保存するカレント

各々の弦に対して我々は運動量p_μをあてがうことにする.弦が自由に運動するならば,これらの運動量は保存する.運動量p_μは添字を持つけれども,これはカレントではなく,むしろチャージである.p_μの各成分はそれぞれ別々に保存するので,これは保存する複数のチャージの組が存在する例である.

前節の記法では,Q_iが各種のチャージを表すので,p_μの添字μは,Q_iの添字iの役割を担っており,チャージの種類を識別する.それではj_μ^αの添字αは何にあたるのか?この添字が世界面における座標を識別することを,我々はこれから見てゆく.カレントは,世界面の上に存在するのである!

弦の作用の式(6.39)において,ラグランジアン密度は世界面の座標τとσについて積分されており,通常の時空座標x^μによる積分が施されているわけではない.この例では,式(8.17)で想定する世界は2次元であり,(8.21)におけるαは2つの値を取る.その結果,保存するカレントは世界面の上に存在する.カレントは2つの成分を持ち,世界面座標の関数となる.具体的に書くと,

$$S = \int d\xi^0 d\xi^1 \mathcal{L}(\partial_0 X^\mu, \partial_1 X^\mu) \quad \text{with} \quad (\xi^0, \xi^1) = (\tau, \sigma) \tag{8.30}$$

となる.ここで$\partial_\alpha = \partial/\partial\xi^\alpha$である.この式を式(8.17)と比べると,場の変数ϕ^aに該当するのは単なる弦の座標X^μである.この弦の作用が弦の座標の微分(導関数)だけに依存することに注意してもらいたい.

保存するカレントを見いだすために,ラグランジアン密度を変えないような場の変分δX^μが必要となる.そのような変分の一例は,次のように与えられる.

$$\delta X^\mu(\tau, \sigma) = \epsilon^\mu \tag{8.31}$$

ここでϵ^μは定数であって,τやσに依存しない.この変換は,世界面内の操作ではなく,世界面を含んでいる時空における一定の推進操作である.すなわち世界面上の各点が,同じベクトル量ϵ^μだけ移動する.ラグランジアン密度は微分$\partial_\alpha X^\mu$だけに依存し,その変分は$\delta(\partial_\alpha X^\mu) = \partial_\alpha(\delta X^\mu) = \partial_\alpha \epsilon^\mu = 0$のようにゼロになるので,ラグランジアン密度は不変を保つ.(8.21)に示したそれぞれの添字の役割は,この例において今や明確になった.αは世界面座標の成分を選ぶ添字,iとaは時空座標の成分を選ぶ添字である.

保存するカレントを構築しよう.式(8.22)を用いて,iとaがμの取れる値を取るものとすると,次式を得る.

$$\epsilon^\mu j_\mu^\alpha = \frac{\partial \mathcal{L}}{\partial(\partial_\alpha X^\mu)} \delta X^\mu = \frac{\partial \mathcal{L}}{\partial(\partial_\alpha X^\mu)} \epsilon^\mu \tag{8.32}$$

8.3. 世界面において保存するカレント

両辺に共通する因子 ϵ^μ を相殺すると，カレントを表す式が得られる．

$$j_\mu^\alpha = \frac{\partial \mathcal{L}}{\partial(\partial_\alpha X^\mu)} \rightarrow (j_\mu^0, j_\mu^1) = \left(\frac{\partial \mathcal{L}}{\partial \dot{X}^\mu}, \frac{\partial \mathcal{L}}{\partial X^{\mu\prime}}\right) \tag{8.33}$$

我々はこのような $\mathcal{L}$ の微分量を既に見ている．式(6.49)と式(6.50)にこれらが与えられている．次のように同定することができる．

$$j_\mu^\alpha = \mathcal{P}_\mu^\alpha \rightarrow (j_\mu^0, j_\mu^1) = (\mathcal{P}_\mu^\tau, \mathcal{P}_\mu^\sigma) \tag{8.34}$$

この対応関係は実に興味深い．$\mathcal{P}_\mu$ の上付き添字 τ と σ は，世界面カレントの"成分"を識別する添字にあたる．カレント保存の式は，次のようになる．

$$\partial_\alpha \mathcal{P}_\mu^\alpha = \frac{\partial \mathcal{P}_\mu^\tau}{\partial \tau} + \frac{\partial \mathcal{P}_\mu^\sigma}{\partial \sigma} = 0 \tag{8.35}$$

これは，相対論的な弦の運動方程式(6.53)そのものである．

カレント $\mathcal{P}_\mu^\alpha$ は添字 μ を持つので，保存するチャージも μ によって種類が識別される．式(8.25)に従い，チャージの式を得るために，カレントの第ゼロ成分 $\mathcal{P}_\mu^\tau$ を空間積分する．今の例では，これは σ に関する積分になる．

$$p_\mu(\tau) = \int_0^{\sigma_1} \mathcal{P}_\mu^\tau(\tau, \sigma) d\sigma \tag{8.36}$$

この積分は，τ を一定に保って実行される．p_μ は弦によって運ばれる時空内の運動量を与えるので，我々はこれを保存するチャージと呼んだ．実際，我々は時空内の推進不変性から，これらのチャージが生じていることを見たことになる．式(8.36)は，σ によってパラメーター付けが施された弦の上の積分として，全時空運動量を与えているので，ここから次のことが分かる．

$$\mathcal{P}_\mu^\tau \text{ は，弦が運ぶ時空運動量の } \sigma\text{-密度である．} \tag{8.37}$$

$\mathcal{P}_\mu^\tau$ はラグランジアン密度の速度 $\dot{X}^\mu$ に関する微分なので(式(6.49))，正準運動量と解釈される量であり，このことは(8.37)と整合している．非相対論的な弦についても同様の同定が得られていた．式(4.46)で定義されている量 $\mathcal{P}^t$ は，式(4.43)により，運動量密度と解釈される．

運動量チャージの保存を確認するために，式(8.36)を τ について微分して，式(8.35)を用いる．

$$\frac{dp_\mu}{d\tau} = \int_0^{\sigma_1} \frac{\partial \mathcal{P}_\mu^\tau}{\partial \tau} d\sigma = -\int_0^{\sigma_1} \frac{\partial \mathcal{P}_\mu^\sigma}{\partial \sigma} d\sigma = -\mathcal{P}_\mu^\sigma \Big|_0^{\sigma_1} \tag{8.38}$$

閉弦では座標 $\sigma = 0$ と $\sigma = \sigma_1$ は世界面における同じ位置を表すので，右辺がゼロになる．自由な端点を持つ開弦では，境界条件(6.56)を採用することになるので，$\mathcal{P}_\mu^\sigma$ は両方の端点においてゼロとなり，やはり上式の右辺がゼロになる．両方の場合において，p_μ は保存する．

$$\frac{dp_\mu}{d\tau} = 0 \tag{8.39}$$

この式は，前に示した式(8.12)による声明に単純に帰着させられるものではない．式(8.39)における微分は τ に関するものであって，t に関する微分では"ない"．そうすると，p_μ は世界面時間において保存するのか，それとも Minkowski 時間において保存するのだろうか？ この問

題については，次節において頁数を割いて論じる予定である．結論を短く言えば，それらの両方で保存が成立する．

何らかの時空次元に沿った Dirichlet 境界条件を与えられた開弦では，弦が運ぶそれらの方向に沿った運動量は保存しない可能性がある．実際，境界条件(6.55)は式(8.38)の右辺がゼロになることを保証しない．我々は既に，非相対論的な弦について，非保存が起こり得ることを指摘している(4.6節)．開弦では，空間全体を満たさない D-ブレインを持つ場合に Dirichlet 境界条件が現れる．その場合，弦の運動量はもはや保存しないが，"弦と D-ブレイン"の全運動量は保存する．

8.4 全運動量カレント

式(8.39)は興味深い式である．これは全時空内ではなく，世界面における保存則を表す．このカレントを別の形で予想することは不可能であった——カレント $\mathcal{P}^\alpha_\mu$ は結局，世界面の中に存在し，その添字 α は世界面座標の成分を選び，その引数も世界面座標である．弦を含む時空の中で見ると，弦が辿る面以外のところでは，全域でカレントがゼロである．

我々が物理のパラメーター付け替え不変性を信頼するならば，静的ゲージ $t=\tau$ を選ぶことによって，容易に通常の"時空における"保存則を得ることができる．式(8.36)の積分は，我々が選んでいる Lorentz 座標系から見た同時刻の弦が形成している線全体にわたる積分になる．保存則(8.39)は，

$$\frac{dp_\mu}{dt} = 0 \tag{8.40}$$

となり，Lorentz 座標系の観測者にとって，やはり運動量は観測者の"時間"の経過の下で保存することが確認される．

式(8.39)を式(8.36)と併せて考えると，任意に設定した世界面へのパラメーター付けの下で，任意の一定値 τ の線を用いて一意的な p_μ を計算できる．このようにして計算された量が，静的ゲージを用いて計算された時間に依存しない運動量 p_μ に一致していなければならないことを，これから説明する．

1本の運動する弦と，特定の Lorentz 座標系にいる観測者と，世界面に対する特定のパラメーター付けを考える．パラメーター付けにおいて，世界面の中のある"時間"領域において，τ が一定の線と t が一定の線が一致しているものとする．したがって，この領域では静的ゲージが採用されているものと見なせる．世界面の他の部分に対して，パラメーター付けの方法は滑らかに変化する．τ が一定の線は，もはやそこでは時刻が一定の線ではない．静的ゲージの領域では，式(8.36)に基づいて，弦によって運ばれる時間に依存しない運動量が与えられる．式(8.39)により，世界面の静的ゲージ領域以外の部分において，τ が一定の線が同時刻の弦に一致していなくても，積分(8.36)は同じ p_μ の値を与えなければならない．

上述の議論から，世界面上の"任意の"曲線を用いて，保存する運動量 p_μ を計算できるという考え方が支持される．しかしながら式(8.36)は，τ が一定の曲線を選んだ場合の計算方法しか

8.4. 全運動量カレント

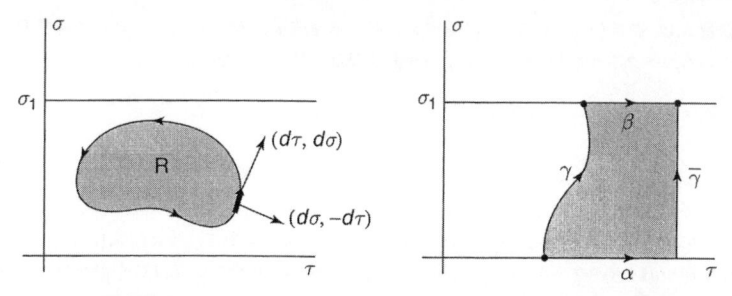

図8.1 左側：単連結領域 $\mathcal{R}$ から流れ出す全運動量流束はゼロである．右側：境界が任意曲線 γ と弦 $\bar{\gamma}$ を含む単連結領域．

与えていない．我々は式(8.36)を一般化して，世界面に対する任意のパラメーター付けに"併せて"，世界面における (ほとんど) 任意の曲線を用いて運動量 p_μ を計算できるようにする方法をこれから示す．開弦を扱う場合には，計算に用いる曲線は世界面の一方の境界 (縁) ともう一方の境界を結ばなければならない．閉弦を扱う場合には，曲線は非可縮 (noncontractible) の閉曲線でなければならない．

式(8.36)を再考しよう．これは2次元カレント $(\mathcal{P}_\mu^\tau, \mathcal{P}_\mu^\sigma)$ の τ-成分を，τ が一定の曲線に沿って積分した式である．この積分によって計算される量は，本質的にはこの曲線を過る"流束（フラックス）"である．カレントの σ-成分 $\mathcal{P}_\mu^\sigma$ は，τ が一定の曲線に対して正接方向の成分なので，これは流束には寄与を持たない．より一般的に，世界面における単連結領域 (simply connected region) $\mathcal{R}$ を囲む有向の閉じた曲線 Γ に沿った無限小の素片 $(d\tau, d\sigma)$ を考えよう (図8.1)．$(d\tau, d\sigma)$ は有向正接に平行なので，この素片における外側向きの法線ベクトルは $(d\sigma, -d\tau)$ である．この素片を過って外部へ流れるカレントの流束を，カレントベクトルと外向きの法線ベクトルのスカラー積によって定義することは理に適っている．

$$\text{無限小流束} = (\mathcal{P}_\mu^\tau, \mathcal{P}_\mu^\sigma) \cdot (d\sigma, -d\tau) = \mathcal{P}_\mu^\tau d\sigma - \mathcal{P}_\mu^\sigma d\tau \tag{8.41}$$

ここで，上のように定義された流束を，世界面における可縮な閉曲線 Γ に沿って計算するとゼロになることを示そう．これは理に適った結果である．可縮な閉曲線は領域 $\mathcal{R}$ を囲っており，この領域が運動量の発生源や吸引源となることは予想されない．Γ から流れ出す流束は，次のように書かれる．

$$p_\mu(\Gamma) = \oint_\Gamma (\mathcal{P}_\mu^\tau d\sigma - \mathcal{P}_\mu^\sigma d\tau) \tag{8.42}$$

2次元における発散定理によれば，領域 $\mathcal{R}$ から流れ出るカレント $\mathcal{P}_\mu^\alpha$ の総量は，$\mathcal{P}_\mu^\alpha$ の発散を $\mathcal{R}$ 全体で積分したものに等しい．

$$p_\mu(\Gamma) = \int_\mathcal{R} \left(\frac{\partial \mathcal{P}_\mu^\tau}{\partial \tau} + \frac{\partial \mathcal{P}_\mu^\sigma}{\partial \sigma} \right) d\tau d\sigma = 0 \tag{8.43}$$

$\mathcal{P}_\mu^\alpha$ は保存するカレントなので，被積分関数にあたる発散がゼロで，その積分もゼロである．これで必要な証明が得られた．

計算練習 8.2 座標 (x,y) を持つ $\mathbf{R}^2$ を考え，ある単連結領域 M が反時計まわりの境界 Γ で囲まれている．ベクトル (A^x, A^y) に関する発散定理は次のようになる．

$$\oint_\Gamma (A^x dy - A^y dx) = \iint_M \left(\frac{\partial A^x}{\partial x} + \frac{\partial A^y}{\partial y}\right) dx dy \tag{8.44}$$

頂点を (x_0, y_0)，(x_0+dx, y_0)，(x_0+dx, y_0+dy)，(x_0, y_0+dy) に持つ小さな矩形領域において，上式が成り立つことを証明せよ．任意の単連結領域 M も小さな矩形領域の集合として捉えることができるので，式(8.44)の一般的な証明はこれで充分である．我々は式(8.44)を，座標 (τ, σ) を持つ $\mathbf{R}^2$ とベクトル $(\mathcal{P}^\tau_\mu, \mathcal{P}^\sigma_\mu)$ に適用して，式(8.42)から式(8.43)を得たのである．

式(8.36)を以下のように一般化する．世界面の $\sigma = 0$ の境界から始まり，$\sigma = \sigma_1$ の境界において終わる任意の曲線 γ に関して，$p_\mu(\gamma)$ を次のように定義する．

$$p_\mu(\gamma) = \int_\gamma (\mathcal{P}^\tau_\mu d\sigma - \mathcal{P}^\sigma_\mu d\tau) \tag{8.45}$$

γ として，もし τ が一定の曲線を選べば，γ に沿った積分路全体にわたり $d\tau = 0$ となって，$p_\mu(\gamma)$ は式(8.36)に帰着する．我々は，一般的に式(8.45)のように定義された $p_\mu(\gamma)$ が，実際に式(8.36)で定義された p_μ と一致することをこれから証明する．図8.1 の右側のように，世界面の一方の縁ともう一方の縁を結ぶ任意の曲線 γ と，τ が一定の曲線 $\bar{\gamma}$ を考える．これらの曲線と，世界面の境界に沿った有向線 α と β によって，図中の灰色の領域を囲む閉曲線 Γ が次のように表される．

$$\Gamma = \bar{\gamma} - \beta - \gamma + \alpha \tag{8.46}$$

閉曲線 Γ は反時計まわりの向きを与えられており，可縮(contractible)である．したがって，流束 $p_\mu(\Gamma)$ はゼロになる．

$$p_\mu(\Gamma) = \int_\Gamma (\mathcal{P}^\tau_\mu d\sigma - \mathcal{P}^\sigma_\mu d\tau) = \left(\int_{\bar{\gamma}} - \int_\gamma + \int_\alpha - \int_\beta\right)(\mathcal{P}^\tau_\mu d\sigma - \mathcal{P}^\sigma_\mu d\tau) = 0 \tag{8.47}$$

α と β の部分では $d\sigma$ がゼロになるので，$\mathcal{P}^\sigma_\mu d\tau$ だけが寄与を持つ．しかし $\mathcal{P}^\sigma_\mu$ は弦の端点においてゼロになるので(自由な端点の場合)，これらの積分は恒等的にゼロになる．γ と $\bar{\gamma}$ の上の積分だけが残るので，次式を得る．

$$\int_\gamma (\mathcal{P}^\tau_\mu d\sigma - \mathcal{P}^\sigma_\mu d\tau) = \int_{\bar{\gamma}} (\mathcal{P}^\tau_\mu d\sigma - \mathcal{P}^\sigma_\mu d\tau) = \int_{\bar{\gamma}} \mathcal{P}^\tau_\mu d\sigma = p_\mu \tag{8.48}$$

上式では $\bar{\gamma}$ において $d\tau = 0$ となることに注意し，式(8.36)を用いた．これで世界面において $\sigma = 0$ の境界と $\sigma = \sigma_1$ の境界をつなぐ任意の曲線 γ に関して $p_\mu(\gamma) = p_\mu$ となることが証明された．そこで，式(8.45)を次のように書き直してもよい．

$$\boxed{p_\mu = \int_\gamma (\mathcal{P}^\tau_\mu d\sigma - \mathcal{P}^\sigma_\mu d\tau)} \tag{8.49}$$

世界面の両側の境界を結ぶような曲線 γ をどのように任意に選んでも，上の量は曲線の選び方には依存せずに保存される．

8.4. 全運動量カレント

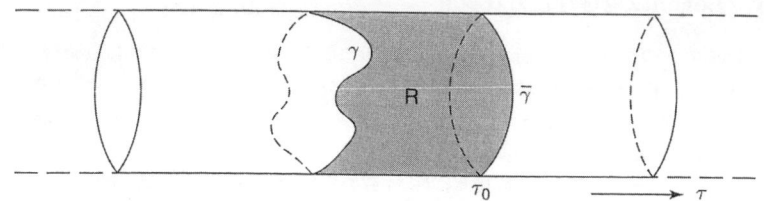

図8.2 閉弦の世界面において，任意の非自明な閉曲線 γ と，τ が一定の非自明な閉曲線 $\bar{\gamma}$ を考える．これらの閉曲線の間の領域が $\mathcal{R}$ である．

閉弦においても，同様に議論を進めることができる．我々は，世界面を1回周回する任意の非自明な閉曲線 γ をひとつ考え，もうひとつの非自明な閉曲線 $\bar{\gamma}$ を，任意に決めたパラメーター付けの下で τ が一定となるように選ぶ．これらの閉曲線は，環状の領域 $\mathcal{R}$ の境界となる（図8.2）．開弦の場合と全く類似した議論によって，両方の閉曲線において同じ p_μ が与えられることが示される．したがって閉弦の運動量の計算のために，世界面を1回周回するような任意の閉曲線を用いることができる．

任意の Lorentz 座標系における観測者は，どのように式(8.49)を用いればよいだろう？ 観測者はある時刻 t において弦を見て，その運動量を求めようとする．このためには，式(8.49)において，今，対象としている弦に一致する曲線 γ を用いる必要がある．任意のパラメーター付けの下では，γ は τ が一定の曲線である必要はない．いくらか後の時刻 t' において，この観測者が再び弦の運動量を求めようとする．今度は弦が曲線 γ' に一致しているとすると，一般にこれは γ と異なる．式(8.49)が積分路として選ぶ曲線の形に依存しないために，観測者は運動量が変化していないと結論する．運動量は時間の経過の下で保存する．

見慣れた結果との関係を示して，本節を終えることにする．τ が一定の弦 γ を用いて式(8.49)を評価すると，次式を得る．

$$p^0 = \int_\gamma \mathcal{P}^{\tau 0} d\sigma, \quad \vec{p} = \int_\gamma \vec{\mathcal{P}}^\tau d\sigma \tag{8.50}$$

静的ゲージにおける運動量密度の値は，式(6.94)に与えられている．したがって弦のエネルギーと空間運動量は，次のようになる．

$$p^0 \equiv \frac{E}{c} = \frac{1}{c} \int_\gamma \frac{T_0 ds}{\sqrt{1-\frac{v_\perp^2}{c^2}}}, \quad \vec{p} = \int_\gamma \frac{T_0 ds}{c^2} \frac{\vec{v}_\perp}{\sqrt{1-\frac{v_\perp^2}{c^2}}} \tag{8.51}$$

上の弦のエネルギーの式は，式(7.9)に一致している．運動量の式も理に適っている．弦の素片によって運ばれる運動量は，静止質量 $T_0 ds/c^2$ と，速度と，その相対論因子 γ の積によって与えられる．

8.5　Lorentz対称性とカレント

相対論的な弦の作用は，Lorentz不変となるように構築されている．それはLorentzベクトルを用いて表され，Lorentzスカラーを構築するために縮約されている．このことは，座標X^μのLorentz変換の下で，作用が不変となることを確実に意味している．本節では，Lorentz対称性に関係を持つチャージ(保存量)を構築する．

このようなチャージは，我々が第12章において弦の量子論を学ぶ際に，特別に有用となる．古典的な系を量子化する場合には，古典論において決定的に重要であった対称性が失われる可能性が常にある．もし弦の量子化に伴ってLorentz不変性が失われるならば，弦の量子論は，控えめに言っても非常に疑わしいものとなるであろう．我々は弦の量子論がLorentz不変であることの確証を得なければならない．保存するチャージを計算するために，まず我々は一般的な無限小のLorentz変換の形式を必要とする．Lorentz変換が座標X^μの線形変換であり，2次の形$\eta_{\mu\nu}X^\mu X^\nu$を不変に保つ変換であることを思い出そう(2.2節)．無限小の線形変換は常に$X^\mu \to X^\mu + \delta X^\mu$という形を持ち，

$$\delta X^\mu = \epsilon^{\mu\nu} X_\nu \tag{8.52}$$

である．$\epsilon^{\mu\nu}$は無限小の定数から成る行列を表す．Lorentz不変性の要請によって，この定数行列$\epsilon^{\mu\nu}$に条件が課される．$\delta(\eta_{\mu\nu}X^\mu X^\nu) = 0$が要請されるので，次のようになる．

$$2\eta_{\mu\nu}(\delta X^\mu) X^\nu = 2\eta_{\mu\nu}(\epsilon^{\mu\rho}X_\rho) X^\nu = 2\epsilon^{\mu\rho}X_\rho X_\mu = 0 \tag{8.53}$$

行列ϵを反対称な部分と対称な部分に分解することを考える．反対称な部分は$\epsilon^{\mu\rho}X_\rho X_\mu$に対して寄与を持たない．$X_\mu$のあらゆる値について$\epsilon^{\mu\rho}X_\rho X_\mu$がゼロになるということは，$\epsilon$の対称な部分がゼロであることを含意する．したがって一般解は，反対称な$\epsilon^{\mu\nu}$によって表される．

$$\epsilon^{\mu\nu} = -\epsilon^{\nu\mu} \tag{8.54}$$

このように，無限小のLorentz変換は非常に単純である．すなわち反対称な$\epsilon^{\mu\nu}$を用いて$\delta X^\mu = \epsilon^{\mu\nu}X_\nu$という変換を考えればよい．任意の次元数を持つ時空においてLorentz変換を考える場合にも，$\eta_{\mu\nu}X^\mu X^\nu$を不変に保つという要請は同じなので，上の結果をそのまま適用できる．

計算練習8.3　決められた2行2列の行列A^{ab} $(a,b=1,2)$を考え，これが"あらゆる"v_1とv_2の値に関して$A^{ab}v_a v_b = 0$を満たすものとする．左辺の4つの項を書き出し，これを恒等的にゼロにするには，行列A^{ab}が反対称でなければならないことを具体的に確認せよ．

計算練習8.4　上の問題を，$\epsilon^{\mu\nu}$を4行4列の行列$(\mu,\nu=0,1,2,3)$とし，"あらゆる"v_0, v_1, v_2, v_3の下で$\epsilon^{\mu\nu}v_\mu v_\nu = 0$が満たされるという条件に変更して繰り返せ．

計算練習8.5　式(8.54)が$\epsilon_{\mu\nu} = -\epsilon_{\nu\mu}$を含意することを示せ．

計算練習8.6　式(2.36)の等速推進(ブースト)を，βが小さい場合について調べよ．$x'^\mu = x^\mu + \epsilon^{\mu\nu}x_\nu$と書いて，行列$\epsilon^{\mu\nu}$の要素を計算せよ．$\epsilon^{10} = -\epsilon^{01} = \beta$で，他の要素はすべてゼロになることを示せ．これによって$\epsilon^{\mu\nu}$が無限小等速推進の下で反対称であることが確認される．

ここから，弦のラグランジアン密度がLorentz変換の下で不変であることを具体的に示そう．ラグランジアン密度に現れるすべての項は，次の形を持つ．

8.5. Lorentz対称性とカレント

$$\eta_{\mu\nu}\frac{\partial X^{\mu}}{\partial \xi^{\alpha}}\frac{\partial X^{\nu}}{\partial \xi^{\beta}} \tag{8.55}$$

ここで ξ^{α} と ξ^{β} は, τ か σ の何れかである. 我々はここで, このような任意の項が Lorentz 不変であることを宣言する. 実際に,

$$\begin{aligned}
\delta\left(\eta_{\mu\nu}\frac{\partial X^{\mu}}{\partial \xi^{\alpha}}\frac{\partial X^{\nu}}{\partial \xi^{\beta}}\right) &= \eta_{\mu\nu}\left(\frac{\partial \delta X^{\mu}}{\partial \xi^{\alpha}}\frac{\partial X^{\nu}}{\partial \xi^{\beta}} + \frac{\partial X^{\mu}}{\partial \xi^{\alpha}}\frac{\partial \delta X^{\nu}}{\partial \xi^{\beta}}\right) \\
&= \eta_{\mu\nu}\left(\epsilon^{\mu\rho}\frac{\partial X_{\rho}}{\partial \xi^{\alpha}}\frac{\partial X^{\nu}}{\partial \xi^{\beta}} + \epsilon^{\nu\rho}\frac{\partial X^{\mu}}{\partial \xi^{\alpha}}\frac{\partial X_{\rho}}{\partial \xi^{\beta}}\right) \\
&= \epsilon_{\nu\rho}\frac{\partial X^{\rho}}{\partial \xi^{\alpha}}\frac{\partial X^{\nu}}{\partial \xi^{\beta}} + \epsilon_{\mu\rho}\frac{\partial X^{\mu}}{\partial \xi^{\alpha}}\frac{\partial X^{\rho}}{\partial \xi^{\beta}} \tag{8.56}
\end{aligned}$$

である. ここでは η を, ϵ の第1添字を下げるために用いた. 第2項において $\mu \to \rho$, $\rho \to \nu$ とすると, 次式を得る.

$$\delta\left(\eta_{\mu\nu}\frac{\partial X^{\mu}}{\partial \xi^{\alpha}}\frac{\partial X^{\nu}}{\partial \xi^{\beta}}\right) = (\epsilon_{\nu\rho} + \epsilon_{\rho\nu})\frac{\partial X^{\rho}}{\partial \xi^{\alpha}}\frac{\partial X^{\nu}}{\partial \xi^{\beta}} = 0 \tag{8.57}$$

最後の部分には ϵ の反対称性を用いた. これで弦の作用の Lorentz 不変性が具体的に証明された.

今や我々は, 式(8.22)を用いて保存するカレントを書くことができる. 式(8.52)により, 小さなパラメーター ϵ^{i} の役割は, $\epsilon^{\mu\nu}$ が受け持つことになる. したがって, 次式を得る.

$$\epsilon^{\mu\nu}j_{\mu\nu}^{\alpha} = \frac{\partial \mathcal{L}}{\partial(\partial_{\alpha}X^{\mu})}\delta X^{\mu} = \mathcal{P}_{\mu}^{\alpha}\epsilon^{\mu\nu}X_{\nu} \tag{8.58}$$

カレント $j_{\mu\nu}^{\alpha}$ には反対称行列 $\epsilon^{\mu\nu}$ が掛けられているので, 反対称に定義することができる——対称な部分があっても, それは左辺から除かれる. $\epsilon^{\mu\nu}$ の反対称性を利用して, 右辺を書き直す.

$$\epsilon^{\mu\nu}j_{\mu\nu}^{\alpha} = \left(-\frac{1}{2}\epsilon^{\mu\nu}\right)(X_{\mu}\mathcal{P}_{\nu}^{\alpha} - X_{\nu}\mathcal{P}_{\mu}^{\alpha}) \tag{8.59}$$

右辺において $\epsilon^{\mu\nu}$ に掛けてある因子は反対称性が明白なので, ここから直接にカレントを読み取ることができる. 全体的なカレントの規格化は, 我々が選択すればよいので, カレント $\mathcal{M}_{\mu\nu}^{\alpha}$ を次のように定義する.

$$\boxed{\mathcal{M}_{\mu\nu}^{\alpha} = X_{\mu}\mathcal{P}_{\nu}^{\alpha} - X_{\nu}\mathcal{P}_{\mu}^{\alpha}} \tag{8.60}$$

定義により,

$$\mathcal{M}_{\mu\nu}^{\alpha} = -\mathcal{M}_{\nu\mu}^{\alpha} \tag{8.61}$$

となっている. カレント保存の式は,

$$\frac{\partial \mathcal{M}_{\mu\nu}^{\tau}}{\partial \tau} + \frac{\partial \mathcal{M}_{\mu\nu}^{\sigma}}{\partial \sigma} = 0 \tag{8.62}$$

であり, 式(8.49)からの類推で, チャージは次のように与えられる.

$$\boxed{M_{\mu\nu} = \int_{\gamma}(\mathcal{M}_{\mu\nu}^{\tau}d\sigma - \mathcal{M}_{\mu\nu}^{\sigma}d\tau)} \tag{8.63}$$

この Lorentz チャージも, カレントと同様に反対称である.

$$M_{\mu\nu} = -M_{\nu\mu} \tag{8.64}$$

$M_{\mu\nu}$ の保存は，定義式(8.63)が積分路に依存しないことからの帰結である．閉弦における積分路への非依存性は，前に運動量チャージの場合について与えた議論から保証される．開弦に関しては，積分路への非依存性を保証するために，ひとつの問題を処理しなければならない．$M_{\mu\nu}$ を与える積分は，世界面の境界から寄与を受けてはならない．すなわち境界において $\mathcal{M}_{\mu\nu}^\sigma$ はゼロとなることが要請される．この条件は，$\mathcal{M}_{\mu\nu}^\sigma$ が $\mathcal{P}^\sigma$ を因子として含み，$\mathcal{P}^\sigma$ が世界面の境界においてゼロになることによって満たされる．運動量チャージの場合に説明したように，Lorentz座標系にいる観測者が，異なる時刻に $M_{\mu\nu}$ を測定するならば，彼は $dM_{\mu\nu}/dt = 0$ を結論する．

Lorentzチャージ $M_{\mu\nu}$ を，τ が一定の線を用いて計算することもできる．この場合，

$$M_{\mu\nu} = \int \mathcal{M}_{\mu\nu}^\tau(\tau,\sigma)d\sigma = \int(X_\mu \mathcal{P}_\nu^\tau - X_\nu \mathcal{P}_\mu^\tau)d\sigma \tag{8.65}$$

となる．$M_{\mu\nu}$ が反対称なので，我々は4次元において6種類の保存チャージを持つことになる．i と j を空間座標の添字とすると，M_{0i} は3方向の基本的な等速推進(ブースト)に関係する3種類のチャージを表し，M_{ij} は基本的な3種類の回転に関係する3種類のチャージを表す．$\vec{\mathcal{P}}^\tau$ は運動量密度なので，式(8.60)において採用した規格化により，$\mathcal{M}_{ij}^\tau$ は正確に角運動量密度を表す．その結果，成分 M_{ij} は弦の角運動量 $\vec{L}$ を，通常の関係 $L_i = \frac{1}{2}\epsilon_{ijk}M_{jk}$ を通じて計る量となっている．ここで ϵ_{ijk} は $\epsilon_{123} = 1$ を満たす全反対称記号である．具体的には $L_1 = M_{23}$, $L_2 = M_{31}$, $L_3 = M_{12}$ である．

等速推進(ブースト)に関係するチャージは，次式で与えられる．

$$M^{0i} = \int d\sigma(ct\mathcal{P}^{\tau i} - X^i \mathcal{P}^{\tau 0}) = ctp^i - \int d\sigma X^i \mathcal{P}^{\tau 0} \tag{8.66}$$

これに c/E を掛ける．E は保存する弦のエネルギーである．

$$\frac{cM^{0i}}{E} = t\frac{c^2 p^i}{E} - \frac{1}{E}\int d\sigma X^i c\mathcal{P}^{\tau 0} \tag{8.67}$$

$c\mathcal{P}^{\tau 0}$ は弦に沿ったエネルギー密度なので，上式の右辺第2項は，時間に依存する弦の重心(エネルギー中心)の位置 $X_{\text{cm}}^i(t)$ に同定することができる．よって，次式を得る．

$$X_{\text{cm}}^i(t) = -\frac{cM^{0i}}{E} + t\frac{c^2 p^i}{E} \tag{8.68}$$

$c^2 p^i/E$ という量は，運動量 p^i とエネルギー E を持つ点粒子の速度に一致する形なので，重心の速度と解釈される．式(8.68)は重心の運動を記述する．保存するチャージ M^{0i} と E によって，$t = 0$ における重心の位置が決まる[§]．

8.6　勾配パラメーター α'

弦の張力 T_0 は，弦の作用の式において唯一，単位を持つパラメーターである．本節では代わりとなるパラメーターとして，勾配パラメーター(slope parameter) α' を定義することを考え

[§](訳註) 弦ではなく単純に x 方向に運動する粒子で考えると $M_{0x} = (E/c)(x - v_x t) \propto x - v_x t$ であり，これが一定を保つ量(すなわち'チャージ')であるということは容易に理解できる．

8.6. 勾配パラメーター α'

る．これら2つのパラメーターは互いに関係しており，我々はどちらか一方を選んで用いることができる．パラメーター α' は興味深い物理的解釈を与えることが可能で，弦理論の初期の時代から用いられてきた．回転する直線状の開弦を考えるならば，α' は $\hbar$ 単位で計った弦の角運動量 J と，弦のエネルギー E の自乗を関係づける比例定数である．具体的に書くと，

$$\frac{J}{\hbar} = \alpha' E^2 \tag{8.69}$$

である．左辺は単位を持たないので，α' はエネルギーの自乗の逆数の単位を持つ．

$$[\alpha'] = \frac{1}{[E]^2} \tag{8.70}$$

式(8.69)に $\hbar$ が現れるのは単なる慣行である．定数 α' は弦の量子論において導入されたもので，その弦の張力との関係は $\hbar$ を含む．しかしながら我々の当面の目的からすると，重要な事実は J と E^2 の比例関係である．この関係は，弦の張力 T_0 を用いるならば $\hbar$ を"含まない"．

式(8.69)の比例関係を証明するために，直線状の開弦がエネルギー E を持ち，(x,y) 面内を回転する状況を考える．これは7.4節において考察した問題そのものである．唯一ゼロでない角運動量の成分は M_{12} であり，その大きさを $J = |M_{12}|$ と記す．式(8.65)により，

$$M_{12} = \int_0^{\sigma_1} (X_1 \mathcal{P}_2^\tau - X_2 \mathcal{P}_1^\tau) d\sigma \tag{8.71}$$

である．この積分を評価するために，この回転する弦の位置と運動量の式が必要である．式(7.63)を思い出そう．

$$\vec{X}(t,\sigma) = \frac{\sigma_1}{\pi} \cos\frac{\pi\sigma}{\sigma_1} \left(\cos\frac{\pi c t}{\sigma_1}, \sin\frac{\pi c t}{\sigma_1}\right) \tag{8.72}$$

これは，回転する弦の成分 (X_1, X_2) を表す．式(7.31)を用いると，次式が得られる．

$$\vec{\mathcal{P}}^\tau = \frac{T_0}{c^2}\frac{\partial \vec{X}}{\partial t} = \frac{T_0}{c}\cos\frac{\pi\sigma}{\sigma_1}\left(-\sin\frac{\pi c t}{\sigma_1}, \cos\frac{\pi c t}{\sigma_1}\right) \tag{8.73}$$

右辺は成分 $(\mathcal{P}_1^\tau, \mathcal{P}_2^\tau)$ を与える．したがって，式(8.71)の積分は次のようになる．

$$M_{12} = \frac{\sigma_1}{\pi}\frac{T_0}{c}\int_0^{\sigma_1}\cos^2\frac{\pi\sigma}{\sigma_1}d\sigma = \frac{\sigma_1^2 T_0}{2\pi c} \tag{8.74}$$

時間依存性が消失したが，これは保存するチャージに対して予想される通りのことである．$J = |M_{12}|$ で，$\sigma_1 = E/T_0$ なので，次式が得られる．

$$J = \frac{1}{2\pi T_0 c} E^2 \tag{8.75}$$

期待の通りに，角運動量は弦のエネルギーの自乗に比例する．これを式(8.69)と比較すると，次の関係が結論される．

$$\boxed{\alpha' = \frac{1}{2\pi T_0 \hbar c} \quad \text{and} \quad T_0 = \frac{1}{2\pi \alpha' \hbar c}} \tag{8.76}$$

これらの式により，勾配パラメーター α' と弦の張力 T_0 が関係づけられる．

計算練習 8.7 $J \sim E^2$ という関係が普通でないことを理解するために，決まった長さと決まった質量を持つ1次元の棒が，中点を中心に回転している状況を考える．非相対論的なエネルギーと角運動量の関係が $J \sim \sqrt{E}$ となることを示せ．

$J \sim E^2$ という関係は，以下のような粗い議論から予想することもできる．我々は硬い物体の回転に関して $J = I\omega$ という関係を知っている．I は慣性能率(モーメント)である．質量が M，長さの尺度が L の物体では $I \sim ML^2$ なので，$J \sim ML^2\omega$ となる．回転する相対論的な弦に関しては $M \sim E$，$L \sim E$，$\omega \sim 1/E$ (式(7.57)参照) であり，その結果 $J \sim E^2$ となる．

α' に対する勾配パラメーターという呼称は，これが $J/\hbar$ をエネルギーの自乗に対してプロットしたときの勾配を表すことに由来している．実際，Regge軌跡(レッジェ)は強粒子的励起の角運動量を(ハドロニック)エネルギーの自乗の関数としてプロットした場合の近似的な直線である．1970年代初頭に弦理論が強い相互作用の理論として研究されていたときには，勾配パラメーター α' は実験的に決定されて弦の作用の式に用いられるパラメーターであった．作用の式(6.39)を書き直すと，次のようになる．

$$S = -\frac{1}{2\pi\alpha'\hbar c^2}\int_{\tau_i}^{\tau_f}d\tau\int_0^{\sigma_1}d\sigma\sqrt{(\dot{X}\cdot X')^2 - (\dot{X})^2(X')^2} \tag{8.77}$$

弦理論に関する現代の研究の大部分では，弦の張力 T_0 よりも勾配パラメーター α' の方が用いられている．我々は3.6節において，$\hbar$ と c と Newton定数 G を用いて Planck長さと呼ばれる特徴的な長さ ℓ_P を計算した．弦理論では $\hbar$ と c と単位を持つパラメーター α' を用いて，弦の長さと呼ばれる特徴的な長さ ℓ_s が構築される．

計算練習 8.8 次式を示せ．

$$\boxed{\ell_s = \hbar c\sqrt{\alpha'}} \tag{8.78}$$

因子 $\hbar$ と c の違いを除けば，弦の長さ ℓ_s は α' の平方根である．この基本的な長さの尺度との関係から，勾配パラメーター α' に対する別の物理的な解釈が与えられる．

問題

8.1 Lorentz不変量とその密度．

本問では，電荷のLorentz不変性は，電荷"密度"がLorentzベクトルの第ゼロ成分であることを含意する，ということについて理解を試みる．

2つのLorentz座標系 S と S' を考え，S' が S の $+x$ 方向に速度 v で等速推進(ブースト)しているものとする．座標系 S において体積 L^3，辺の長さが L の立方体の箱を，各辺を座標軸の方向に合わせるようにして置く．この箱は静止しており，物質で満たされている．その物質も静止しており，一様な電荷密度 ρ_0 を持つ．この座標系において電流密度は $\vec{j} = \vec{0}$ である．S' における観測者は，x 方向に収縮した箱を見ることになる．

(a) 電荷のLorentz不変性を用いて，座標系 S' から見た箱の中の物質の電荷密度と電流密度 $(c\rho', \vec{j}')$ を計算せよ．$(c\rho_0, \vec{0})$ と $(c\rho', \vec{j}')$ が4元ベクトル $j^\mu \equiv (c\rho_0, \vec{0})$ と

問題 (第8章)

$j'^\mu \equiv (c\rho', \vec{j}')$ のように振舞うこと，すなわち $(c\rho', \vec{j}')$ が静止系の値 $(c\rho_0, \vec{0})$ からの Lorentz 変換によって得られることを証明せよ．

(b) j^μ を ρ_0 と箱の4元速度によって表す式を書いて，あなたの得た結果が S でも S' でも成り立つことを確認せよ．

8.2 電荷の Lorentz 不変性．

電荷の Lorentz 不変性の証明は微妙な側面を含んでおり，それゆえ "挑戦的な" 問題である！ 通例のように座標系 S と，S に対して $+x$ 方向に速度 v で移動している座標系 S' を考える．座標系 S において全電荷は，決められた時刻 $t = 0$ における全空間にわたる積分によって与えられる．

$$Q \equiv \int d^3x \, \rho(t=0, \vec{x})$$

プライム付きの座標系 S' では，これは $t' = 0$ における全空間積分で与えられる．

$$Q' \equiv \int d^3x' \, \rho'(t'=0, \vec{x}')$$

我々は $Q' = Q$ の証明を試みる．複雑な点は，S と S' において，何が同時刻かという見方が一致しないことである．我々は $j^\alpha = (c\rho, \vec{j})$ が4元ベクトルであり，これが保存すること，すなわち $\partial_\alpha j^\alpha = 0$ を仮定する．そして全時間において，電荷密度と電流密度は無限遠ではゼロになるものとする．

(a) $(t, \vec{x})$ と $(t', \vec{x}')$，$(c\rho, \vec{j})$ と $(c\rho', \vec{j}')$ を関係づける変換式を具体的に書け．ρ と $\vec{j}$ が引数 (t, x, y, z) の関数であると考える．次式を証明せよ．

$$Q' = \int d^3x' \, \gamma \left[\rho\left(\gamma \frac{vx'}{c^2}, \gamma x', y', z'\right) - \frac{v}{c^2} j^x \left(\gamma \frac{vx'}{c^2}, \gamma x', y', z'\right) \right]$$

Q' の式を，より Q の式に似た形にするために，$x = \gamma x'$，$y = y'$，$z = z'$ のように積分変数を変更して，得られる Q' の式を書け．$v = 0$ と置くと $Q' = Q$ となることを確認せよ．

(b) 戦略として，Q' が速度 v に依存しないことを示すことを考える．これができれば，$v = 0$ において Q' と Q が等しいことは，あらゆる速度において Q' と Q が等しいことを意味することになる．Q' の速度に関する導関数が，次式になることを示せ．

$$\frac{dQ'}{dv} = \frac{1}{c^2} \int d^3x \left[x \left(\frac{\partial \rho}{\partial t} - \frac{v}{c^2} \frac{\partial j^x}{\partial t} \right) - j^x \right] \bigg|_{t=\frac{vx}{c^2}, x, y, z} \tag{1}$$

(c) 保存則の式 $\partial_\alpha j^\alpha = 0$ を用いて，式(1)の被積分関数が全微分となることを示せ．それから無限遠における $\frac{dQ'}{dv} = 0$ の仮定により，$Q' = Q$ の証明を完了せよ．次の式が有用となるかも知れない．

$$\left(\frac{\partial}{\partial x} j^x \left(\frac{vx}{c^2}, x, y, z \right) \right)_{y,z} = \left[\frac{v}{c^2} \frac{\partial j^x}{\partial t} + \frac{\partial j^x}{\partial x} \right] \bigg|_{t=\frac{vx}{c^2}, x, y, z} \tag{2}$$

ここで左辺の添字 y, z はこれらの変数を固定して（そして t を固定しないで）偏微分を取ることを示している．式(2)は単なる微分に関する声明であり，記法の意味を理解すれば明白なことである．

8.3 保存するチャージとしての角運動量．

通常の3次元空間内を運動するひとつの粒子を考え，そのラグランジアン L が速度 $\vec{q}(t)$ の"大きさ"だけに依存するものとする．

(a) ベクトル $\vec{q}(t)$ の小さな回転を表す無限小変分 $\delta\vec{q}(t)$ を書け．これがラグランジアンを不変に保つ理由を説明せよ．

(b) この対称変換に関係する保存するチャージを構築せよ．この保存量が（ベクトル）角運動量であることを証明せよ．

8.4 チャージの一般化とカレントの特別な例．

(a) 式(8.9)と式(8.11)を，いろいろな対称変換パラメーター ϵ^i と座標の組 q^a がある場合へ一般化せよ．この場合にもチャージが保存することを証明せよ．

(b) 式(8.17)の構成を，空間次元のない"世界"に関して考える．添字 α の可能な値はどうなるか？ 式(8.22), (8.23), (8.25)から何が与えられるか？ 結果を(a)と比較せよ．

8.5 相対論的な点粒子に関する Lorentz チャージ．[†]

点粒子の作用(5.15)を考える．$S = -mc\int d\tau \sqrt{-\eta_{\mu\nu}\dot{x}^\mu\dot{x}^\nu}$ であり，ここで $\dot{x}^\mu(\tau) = dx^\mu(\tau)/d\tau$ である．この作用は，x^μ が座標で τ が時間の役割を持つ粒子の力学的な作用として扱うこともできるが，x^μ が空間次元を持たない世界における場であって $\xi^0 = \tau$ と置いた場の作用として扱ってもよい．

(a) ϵ^μ を定数として，$x^\mu(\tau) \to x^\mu(\tau) + \epsilon^\mu$ が対称変換であることを示せ．この対称性に関係している保存するチャージを見いだして，その保存を具体的に証明せよ．ラグランジアンから正準に定義される運動量 $p_\mu(\tau)$ と比較せよ．

(b) $x^\mu(\tau)$ の無限小 Lorentz 変換を書き，作用がこの変換の下で不変となる理由を説明せよ．

(c) Lorentz チャージの式を，$x^\mu(\tau)$ と $p_\mu(\tau)$ を用いた形で書け．得られた Lorentz チャージが，適切な添字を選ぶことによって角運動量チャージに一致することを確認せよ．その保存を具体的に証明せよ．

8.6 α', T_0, ℓ_s に関する簡単な見積り．

(a) 強粒子物理においては $\alpha' \simeq 0.95\,\text{GeV}^{-2}$ である．強粒子弦の張力をトン単位で，弦の長さをセンチメートル単位で算出せよ．

(b) 弦の長さが $\ell_s \simeq 10^{-30}$ cm と仮定して，α' を GeV^{-2} 単位で，弦の張力をトンの単位で算出せよ．

問題 (第8章)

8.7 回転する弦の角運動量.
式(8.51)によれば, 弦の素片が持つ運動量 $d\vec{p}$ は, 次式で与えられる.
$$d\vec{p} = \frac{T_0 ds}{c^2} \frac{\vec{v}_\perp}{\sqrt{1 - \frac{v_\perp^2}{c^2}}}$$
この結果を用いて, 直接の積分によって, 回転する開弦が持つ角運動量 J を計算せよ. 結果が式(8.75)と一致することを確認せよ.

8.8 Kasey の縄跳び紐の角運動量.
問題7.4 の相対論的な縄跳び紐の解を考える. 原点から測った角運動量の z 成分 J_z を両端の距離 L_0 と角度 γ の関数として計算せよ. E を弦のエネルギーとして, $J_z/\hbar = (\sin^2 \gamma) \alpha' E^2$ を示せ.

8.9 保存するチャージの構築の一般化.
式(8.11)で定義した保存するチャージ Q を導いた条件を再考する. 変換(8.8)がラグランジアン L 自体を不変には保たず, 時間の全微分量の変更が生じるものとする.
$$\delta L = \frac{d}{dt}(\epsilon \Lambda) \tag{1}$$
Λ は, ある計算可能な座標, 速度, そしておそらく時間の関数である. 次のような形の修正された保存チャージが存在することを示せ.
$$\epsilon Q = \frac{\partial L}{\partial \dot{q}} \delta q - \epsilon \Lambda \tag{2}$$
保存するチャージが導かれるので, L が全微分によって変更されるような変換も対称変換と呼ばれる.

例として, 時間にあらわに依存しないラグランジアン $L\big(q(t), \dot{q}(t)\big)$ を考える.
$$q(t) \rightarrow q(t+\epsilon) \simeq q(t) + \epsilon \dot{q}(t) \tag{3}$$
という変換式は, 一定の無限小の時間推進の効果を表す. 変換(3)は, 式(1)の意味において対称変換であることを示せ. Λ を計算して, 保存するチャージ Q を構築せよ. その結果は見慣れたものになるか?

8.10 保存するカレントの構築の一般化.
式(8.19)がラグランジアン密度 $\mathcal{L}$ を不変に保たず, 次のように全微分で表される変更を生じるものとする.
$$\delta \mathcal{L} = \frac{\partial}{\partial \xi^\alpha}(\epsilon^i \Lambda_i^\alpha) \tag{1}$$
ここで Λ_i^α は計算可能な関数の組を表しており, その引数は場と, 場の微分 (導関数) と, さらに座標を含んでもよい. 次の形を持つ保存するカレントが存在することを示せ.
$$\epsilon^i j_i^\alpha = \frac{\partial \mathcal{L}}{\partial(\partial_\alpha \phi^a)} \delta \phi^a - \epsilon^i \Lambda_i^\alpha \tag{2}$$
これは保存するカレントを導くので, $\mathcal{L}$ を全微分で表される量だけ変更するような変換も対称変換と呼ばれる.

応用として，座標 ξ^α にはあらわに依存しないラグランジアン密度 $\mathcal{L}(\phi^a, \partial_\alpha \phi^a)$ を考える．ϵ^β を無限小の定数ベクトルとすると，次の変換式は一定の推進操作を表す．

$$\phi^a(\xi^\beta) \to \phi^a(\xi^\beta + \epsilon^\beta) \simeq \phi^a + \epsilon^\beta \partial_\beta \phi^a \tag{3}$$

式(3)の変換は，式(1)の意味において対称変換であり，

$$\Lambda^\alpha_\beta = \delta^\alpha_\beta \mathcal{L} \tag{4}$$

となることを示せ．保存するカレント j^α_β が次の形で与えられることを示せ．

$$j^\alpha_\beta = \frac{\partial \mathcal{L}}{\partial(\partial_\alpha \phi^a)} \partial_\beta \phi^a - \delta^\alpha_\beta \mathcal{L} \tag{5}$$

j^0_0 は見慣れた量になるか？ 実際，j^α_β という量はエネルギー-運動量テンソル T^α_β の定義となる．

第 9 章 相対論的な光錐弦

ある種の条件を満たすゲージを導入して、世界面に対するパラメーター付けの方法を適切に固定すると、弦座標に対するひと組の制約条件が導かれ、運動方程式として波動方程式が与えられる。その中のひとつの可能な選択として、光錐ゲージを採用するならば、X^+ を τ に比例するように設定することで、完全な運動方程式の解を具体的に得ることが可能となる。このゲージにおいて、弦の力学は、横方向の運動と、光錐ゼロモードに関する 2 つの値によって決まる。我々は X^- 座標の振動モードとして、横方向の Virasoro モードに遭遇し、任意の形の弦の質量を計算する方法を学ぶことになる。

9.1 τ の選択の方法

我々の古典弦の力学への最初の遭遇は、静的ゲージを用いることによって簡単になった。このゲージでは、世界面の時間 τ が、時空における時間座標 X^0 と、次式のように同定されている。

$$X^0(\tau,\sigma) = c\tau \tag{9.1}$$

ここから、より一般的なゲージへ考察を進めることにする。いろいろなゲージの選び方がある中で、我々は後から、その特別なひとつとして光錐ゲージ (light-cone gauge) を調べるが、これは実用的に便利なゲージであることが明らかになる。このゲージを採用すると、弦の運動方程式を完全に明白な形で解くことができる。静的ゲージを用いて我々が得た解は、完全に明白な形ではなかった。すなわち静的ゲージの下では、弦の運動が、制約条件を課されたベクトル値関数によって特徴づけられていた (式(7.48))。

我々が本章で、まず注目するゲージは、τ が弦の座標の線形結合に等しいものと設定されるゲージである。(このようなゲージの中の特例として光錐ゲージが見いだされる。9.5 節。) この条件は、次のように書かれる。

$$n_\mu X^\mu(\tau,\sigma) = \lambda\tau \tag{9.2}$$

もしここで $n_\mu = (1, 0, \ldots, 0)$、$\lambda = c$ と選べば、これは式(9.1)に帰着する。式(9.2)の意味を理解するために、これに関係する次式を導入する。

$$n_\mu x^\mu = \lambda\tau \tag{9.3}$$

ここで X^μ ではなく x^μ と書くことによって、これが弦の座標ではなく、一般的な時空座標であることを強調している。ある "固定された" 同じ τ の値の下で、上式を 2 通り考える。すなわ

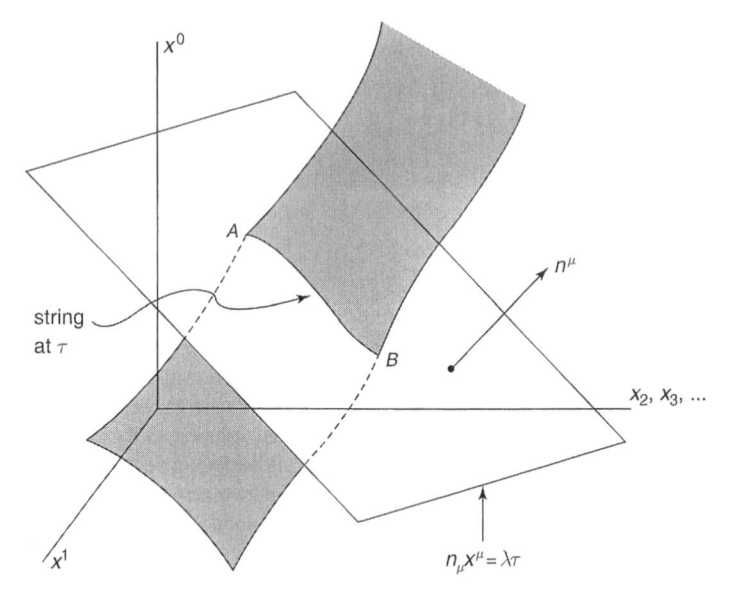

図9.1 ゲージ条件 $n \cdot X = \lambda\tau$ の下で，弦は，世界面と，ベクトル n^μ に垂直な超平面の交わる曲線として決定される．

ち x_1^μ と x_2^μ が式(9.3)を満たすような2つの点であるとするならば，$n_\mu(x_1^\mu - x_2^\mu) = 0$ となる．このことは，式(9.3)によって表される空間における任意の2点を結ぶようなベクトルは，ベクトル n^μ に垂直であることを示している．式(9.3)を満たすような点のすべての集合は，n^μ に直交する超平面を形成する．

ここから式(9.2)の意味を明確に示すことができる．$n_\mu X^\mu = \lambda\tau$ を満たすような点 X^μ は，世界面と超平面(9.3)の"両方"に属する点である．式(9.2)は，このようなすべての点に，世界面時刻として共通の τ の値があてがわれるということの声明になっている．もし我々が，一定の τ を持つ点 $X^\mu(\tau,\sigma)$ の集合を弦と定義するのであれば，ゲージ(9.2)においては，弦は式(9.3)で表される超平面の上に存在することになる．世界面時刻 τ における弦は，世界面と超平面 $n \cdot x = \lambda\tau$ が交わる部分である．これを図9.1に示す．

我々は弦を空間的(スペースライク)な対象と見なしたい．より正確に言えば，弦における任意の2点間の不変距離 ΔX^μ が空間的(スペースライク)であるべきものと考える．何らかの極限においてこの不変距離がゼロになることはあり得ても，決して時間的(タイムライク)にはならない．ゲージ条件の式(9.2)を見ると，n^μ を時間的(タイムライク)に選べば，弦が空間的(スペースライク)になると保証されることが分かる．このゲージの下では，弦に沿った任意の不変距離 ΔX^μ が $n \cdot \Delta X = 0$ を満たす．この条件はLorentz不変なので，n^μ のゼロでない成分が時間成分だけになるようなLorentz座標系を選んで解析を行うことができる．この座標系において ΔX^μ は時間成分を持つことができない．したがって，これは空間的(スペースライク)なベクトルである．

9.1. τの選択の方法

もしn^μが時間的ではなく零ベクトルであれば(たとえば$(1,1,0,\ldots,0)$とする),$n\cdot\Delta X = 0$の含意は,ΔX^μが一般には空間的で,零になる場合もあり得るということになる(問題9.1).我々は式(9.2)において,n^μが零ベクトルの場合も許容することにする.この選択は,あらゆる時間的なn^μの選択を行う際のある種の極限状況として捉えることができる.

式(9.2)によって定義されるゲージは,如何なるn^μの選択の下でもLorentz共変にはならない.n^μを選ぶことにより,時空座標の特定の線形結合がτに等しくなるように設定されることになる.しかし任意のLorentz変換の下で不変に保たれるような座標の線形結合の形は存在しない.したがって,ゲージ条件は異なるLorentz座標系において異なる形を取る——このゲージはLorentz共変ではない.

この段階において,単位系を扱う方法を合理化しておくのが好都合である.我々はこれまでτが時間,σが長さの単位を持つものとして扱ってきたが,ここからはτもσも"無単位"と見なすことにする.我々は第8章において,自由な端点を持つ開弦は,よく定義される保存する運動量p^μを持つことを証明した.このLorentzベクトルを用いて,ゲージ条件の式(9.2)を,次のように書き直す.

$$n\cdot X(\tau,\sigma) = \tilde{\lambda}(n\cdot p)\tau \tag{9.4}$$

$n\cdot p$は定数なので,自由な開弦に関して,ここでの正味の効果はλの代わりに別の定数$\tilde{\lambda}$を使ったことに過ぎない.しかし開弦の端点がD-ブレインに接続しているならば,弦の運動量のすべての成分が保存するわけではなくなる.このような場合についても解析を行いたいので,我々はベクトルn^μが「$n\cdot p$を保存するように」選ばれているものと仮定する.この条件は運動量保存の条件よりも弱い.我々は開弦の端点において$n\cdot\mathcal{P}^\sigma = 0$を仮定する.そうすると自然に$n\cdot p$の保存も保証される(式(8.38)と$n^\mu$のスカラー積を考えよ).

式(9.4)は両辺に因子n^μを含むので,n^μの大きさは制約条件に影響せず,n^μの向きだけが意味を持つ.$n\cdot X$が長さの単位を持ち,$n\cdot p$が運動量の単位を持ち,τが単位を持たないことを念頭に置いて,両辺を時間の単位によって割ることを想像してみよう.そうすると$\tilde{\lambda}$は速度を力で割った単位を持つことを見て取れる.速度の標準的な選択はc,力の標準的な選択は弦の張力T_0となるので,次のように設定するのが自然である.

$$\tilde{\lambda} \sim \frac{c}{T_0} = 2\pi\alpha'\hbar c^2 \tag{9.5}$$

上式では,弦の張力をα'と関係づけるために式(8.76)を用いた.$\tilde{\lambda}$を正確に確定する前に,さらに単位の扱い方を簡単にしておこう.

課題となるのは,我々が異なる物理量の単位を追跡できる能力である.この課題は,長さと時間と質量の3つの単位の代わりに,ただ"ひとつ"の単位だけ扱うことを決定することによって容易になる.慣例に従い,次の2つの基礎定数が1に等しいものと設定する.

$$\hbar = c = 1 \tag{9.6}$$

これらの定数が,単位を持たないものと見なすのである! この措置から2つの結果が得られる.第1に,我々の扱う式における$\hbar$とcは,痕跡を残さずに消える.これは深刻な問題では

ない．$\hbar$ と c を 1 に置き換えてある式があったとしても，その式が表す量の完全な単位が分かっていれば，我々は $\hbar$ と c を曖昧さを伴わずに復元できる．第 2 に，独立な単位はひとつだけになり，あらゆる単位がそれに依存することになる．$[c] = L/T$ なので，$c = 1$ という条件は，

$$L = T \tag{9.7}$$

を含意する．この段階で $[\hbar] = ML^2/T$ が $[\hbar] = ML$ になる．さらに $\hbar = 1$ と置くと，

$$M = 1/L \tag{9.8}$$

となる．このようにすると，あらゆる単位を質量もしくは長さの一方だけを用いて書くことができる (時間は必要ではない！)．$\hbar = c = 1$ と置いて，ひとつの単位だけを追跡することを，"自然単位系" (natural units) の採用と称する．

式 (9.5) に戻ると，α' の単位は今，次のようになる．

$$[\alpha'] = \frac{1}{[T_0]} = \frac{L}{M} = L^2 \tag{9.9}$$

α' の完全な単位は，エネルギーの自乗の逆数の単位であるが，自然単位系では α' は長さの自乗の単位を持つ．この結果は式 (8.78) の関係と整合している．自然単位系における弦の長さは，次のように表される．

$$\boxed{\ell_s = \sqrt{\alpha'}} \tag{9.10}$$

南部 - 後藤作用の式 (8.77) は，自然単位系では次式になる．

$$\boxed{S = -\frac{1}{2\pi\alpha'} \int_{\tau_i}^{\tau_f} d\tau \int_0^{\sigma_1} d\sigma \sqrt{(\dot{X} \cdot X')^2 - (\dot{X})^2 (X')^2}} \tag{9.11}$$

式 (9.5) により，自然単位系において，$\tilde{\lambda}$ は α' と無単位係数によって比例する関係になる．開弦に関して我々は $\tilde{\lambda} = 2\alpha'$ を選ぶことにすると，式 (9.4) は次のようになる．

$$n \cdot X(\tau, \sigma) = 2\alpha' (n \cdot p) \tau \quad \text{(開弦)} \tag{9.12}$$

これが，世界面における τ のパラメーター付けを固定するための最終的なゲージ条件の形である．

自然単位系を用いる場合，長さの尺度を質量もしくはエネルギーの尺度で表すこともできる．ℓ が与えられれば，ℓ と $\hbar$ と c を用いて一意的に質量 m を構築できる．この一意的な質量は $m = \hbar/(\ell c)$ である．あるいは等価的に $mc^2 = \hbar c/\ell$ とも書ける．通常の単位の付いた数値の簡単な見積りのためには，$\hbar c \simeq 200 \text{ MeV} \times 10^{-15}$ m を用いればよい．

計算練習 9.1 大きな余剰次元の拡がりを 10^{-18} cm とするならば，この長さと等価なエネルギーが，おおよそ 20 TeV であることを示せ ($1 \text{ TeV} = 10^{12}$ eV)．

9.2 σ のパラメーター付け

τ のパラメーター付けの方法が確定したので，次に σ に関しても適切なパラメーター付けの方法を決めなければならない．静的ゲージにおける σ のパラメーター付けは，弦全体 (τ が一定の

9.2. σのパラメーター付け

曲線)にわたり、エネルギー密度$\mathcal{P}^{\tau 0}$が一定という条件によって決められた。式(7.17)の$A(\sigma)$を、σを適切に選んで1に設定したことにより、式(7.6)の$\mathcal{P}^{\tau 0}$が一定になった。静的ゲージでは$n_\mu = (1, 0, \ldots, 0)$が採用されているので、我々は本当は$n_\mu \mathcal{P}^{\tau\mu}$が一定となることを要請していたのである。

n^μが任意の場合への適正な一般化の方法としては、弦全体にわたって一定の$n_\mu \mathcal{P}^{\tau\mu} = n \cdot \mathcal{P}^\tau$を要請することになる。これと併せて、開弦全体に対応するパラメーター値の範囲が$\sigma \in [0, \pi]$となることを要請する。これらの条件を満たすことが可能であることを示すために、$\mathcal{P}^{\tau\mu}(\tau, \sigma)$が$\sigma$の付け替えの下でどのように変換されるかを調べる。$\mathcal{P}_\mu^\tau$の式(6.49)を見ると、分子は$\sigma$に関する微分を2つ持ち、分母は実効的にひとつの微分を持つので、$\mathcal{P}^{\tau\mu}$はパラメーターの付け替えの下で$\frac{d}{d\sigma}$のように変換する。したがって、弦に対する2通りのパラメーター付けσと$\tilde{\sigma}$が与えられると、次の関係が成り立つ。

$$\mathcal{P}^{\tau\mu}(\tau, \sigma) = \frac{d\tilde{\sigma}}{d\sigma} \mathcal{P}^{\tau\mu}(\tau, \tilde{\sigma}) \;\rightarrow\; n \cdot \mathcal{P}^\tau(\tau, \sigma) = \frac{d\tilde{\sigma}}{d\sigma} n \cdot \mathcal{P}^\tau(\tau, \tilde{\sigma}) \tag{9.13}$$

仮に我々が今、$n \cdot \mathcal{P}^\tau(\tau, \tilde{\sigma})$が$\tilde{\sigma}$に依存するような$\tilde{\sigma}$によって弦を扱っているとすると、それを元にして$n \cdot \mathcal{P}^\tau(\tau, \sigma)$が$\sigma$に依存しないような新たな$\sigma$によるパラメーター付けを選ぶことが可能である。このためには、最終的に上式の右辺がτだけに依存する量になるように$\frac{d\tilde{\sigma}}{d\sigma}$の値を調節すればよい。それから更に$\sigma$を定数因子$b$だけ変更するパラメーターの付け替え$\sigma \to b\sigma$を施す。この措置によって$n \cdot \mathcal{P}^\tau$の$\sigma$-非依存性を保ちながら、$b$を適切に選ぶことで全パラメーター範囲を$\sigma \in [0, \pi]$にすることができる。このようにして得た最終的なパラメーターの下では、

$$n \cdot \mathcal{P}^\tau(\tau, \sigma) = a(\tau) \tag{9.14}$$

となる。$a(\tau)$はτを引数とする何らかの関数である。しかし実際には$a(\tau)$がτに依存することは不可能であり、その値は我々が課した条件によって既に決められている。何故なら、式(9.14)を弦全体$\sigma \in [0, \pi]$で積分すると、次のようになる。

$$\int_0^\pi d\sigma\, n \cdot \mathcal{P}^\tau(\tau, \sigma) = n \cdot p = \pi a(\tau) \;\rightarrow\; a(\tau) = \frac{n \cdot p}{\pi} \tag{9.15}$$

$n \cdot p$が保存するように既に要請されているので、$a(\tau)$はτに依存しない。式(9.14)に戻ると、このパラメーター付けにおいて、我々は次の命題を学んだことになる。

$$\boxed{n \cdot \mathcal{P}^\tau = \frac{n \cdot p}{\pi} \text{ は、開弦の世界面定数となる。}} \tag{9.16}$$

このパラメーター付けの下で、運動量密度$n \cdot \mathcal{P}^\tau$は定数になるので、弦におけるある点のσの値は、弦の$\sigma = 0$の端点からその点までの部分によって運ばれる$n \cdot p$運動量の総量に比例する。

ここから、運動方程式$\partial_\tau \mathcal{P}_\mu^\tau + \partial_\sigma \mathcal{P}_\mu^\sigma = 0$を利用して、上述のパラメーターの付け方の含意を調べてみよう。n^μとのスカラー積を取ると、次の条件式が得られる。

$$\frac{\partial}{\partial \tau}(n \cdot \mathcal{P}^\tau) + \frac{\partial}{\partial \sigma}(n \cdot \mathcal{P}^\sigma) = 0 \tag{9.17}$$

第1項は式(9.16)によってゼロになるので、次式を得る。

$$\frac{\partial}{\partial \sigma}(n \cdot \mathcal{P}^\sigma) = 0 \tag{9.18}$$

これは，$n \cdot \mathcal{P}^\sigma$ が σ に依存しないことを意味する．

開弦に関して $n \cdot \mathcal{P}^\sigma = 0$ となることを，これから説明する．式(9.18)により，弦のある点において $n \cdot \mathcal{P}^\sigma$ がゼロになることを示せばそれで充分である．式(9.4)のところで注意したように，我々は弦の端点において $n \cdot \mathcal{P}^\sigma = 0$ を仮定する．これによって $n \cdot p$ の保存が保証されるからである．したがって，少なくとも開弦に関しては，

$$n \cdot \mathcal{P}^\sigma = 0 \tag{9.19}$$

である．

閉弦も同様の方法で扱われる．この場合も運動量密度 $n \cdot \mathcal{P}^\tau$ が一定になるようにパラメーター付けが施され，再び $n \cdot \mathcal{P}^\tau$ を"世界面定数"と結論することになる．閉弦ではパラメーターの範囲を $\sigma \in [0, 2\pi]$ としたいので，式(9.16)を次のように変更する．

$$n \cdot \mathcal{P}^\tau = \frac{n \cdot p}{2\pi} \quad (\text{閉弦}) \tag{9.20}$$

この変更に併せて，閉弦に対する τ のパラメーター付けでは，式(9.12)の右辺の因子2を除いておくと都合がよい．

$$n \cdot X(\tau, \sigma) = \alpha'(n \cdot p)\tau \quad (\text{閉弦}) \tag{9.21}$$

式(9.18)は閉弦でも成立するけれども，$n \cdot \mathcal{P}^\sigma = 0$ を証明することはできない．閉弦では $n \cdot \mathcal{P}^\sigma$ がゼロであることが分かっているような特別な点は存在しないからである．さらに，これに関係する微妙な問題にも注意を促しておこう．閉弦では，それぞれの τ の値の下で，どのように $\sigma = 0$ の点を選べばよいのか明確ではない．これらの2つの問題を，同時に解決することができる．閉弦の世界面を，閉弦 (τ が一定の閉曲線) の集合として見ることにして，その中の"ひとつの"弦において任意に $\sigma = 0$ の点を選ぶことにする．それから $n \cdot \mathcal{P}^\sigma = 0$ を要請することによって，他のすべての弦においても $\sigma = 0$ の点を選ぶ．

これを行う方法を示すために，まず式(6.50)を用いて $n \cdot \mathcal{P}^\sigma$ を計算する．

$$n \cdot \mathcal{P}^\sigma = -\frac{1}{2\pi\alpha'} \frac{(\dot{X} \cdot X')\partial_\tau(n \cdot X) - (\dot{X})^2 \partial_\sigma(n \cdot X)}{\sqrt{(\dot{X} \cdot X')^2 - (\dot{X})^2(X')^2}} \tag{9.22}$$

式(9.21)により $\partial_\sigma(n \cdot X) = 0$ なので，$n \cdot \mathcal{P}^\sigma$ は次のようになる．

$$n \cdot \mathcal{P}^\sigma = -\frac{1}{2\pi\alpha'} \frac{(\dot{X} \cdot X')\partial_\tau(n \cdot X)}{\sqrt{(\dot{X} \cdot X')^2 - (\dot{X})^2(X')^2}} \tag{9.23}$$

弦の上のある点において $n \cdot \mathcal{P}^\sigma$ がゼロになることを証明すれば，それで充分である．$\partial_\tau(n \cdot X)$ は定数なので，弦のある点において $\dot{X} \cdot X' = 0$ となることを示す必要がある．

与えられた閉弦において，ある任意の点 P を選び，そこが $\sigma = 0$ の点であると決めることにしよう (図9.2)．我々は P において，世界面に対して正接で，かつ弦に直接する空間的なベクトル $X^{\mu\prime}$ に直交するようなベクトル v^μ の方向が一意的に決まることを主張する．これを理解するのは難しくない．世界面は，点 P において正接する時間的なベクトル t^μ を持つ．$X^{\mu\prime}$ と t^μ は平行ではないので，それらによって，世界面上の点 P における正接面が形成される．もし $t_\mu X^{\mu\prime} = 0$ であれば，t^μ が必要とされるベクトル v^μ である．仮に $t_\mu X^{\mu\prime} \neq 0$ であっても，

$$v^\mu = t^\mu + b X^{\mu\prime} \tag{9.24}$$

9.2. σ のパラメーター付け

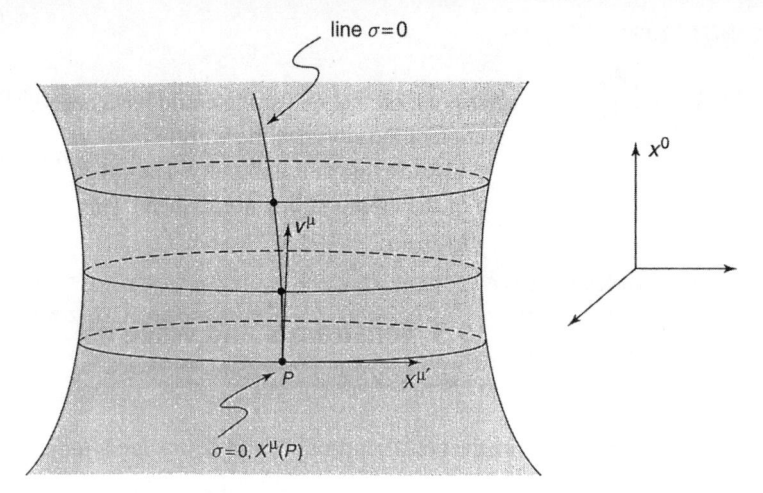

図 9.2 閉弦におけるある任意の点 P を $\sigma = 0$ と決めておいて、そこからその閉弦の世界面における $\sigma = 0$ の曲線を決定する.

のように定義をして, $v_\mu X^{\mu\prime} = 0$ となるように定数 b を決めることができる.

$$t \cdot X' + b X' \cdot X' = 0 \;\; \to \;\; v^\mu = t^\mu - \frac{t \cdot X'}{X' \cdot X'} X^{\mu\prime} \tag{9.25}$$

計算練習 9.2 式 (9.25) の v^μ が時間的(タイムライク)であることを示せ.

　隣接する弦における $\sigma = 0$ の点は $X^\mu(P) + \epsilon v^\mu$ と与えられる. ϵ は無限小の実数である. したがってベクトル v^μ は, 求めたい $\sigma = 0$ の曲線に対して, 点 P において正接している. $\sigma = 0$ の曲線全体は, その曲線上の各点における正接が $X^{\mu\prime}$ に対して直交することを要請して構築される. $\sigma = 0$ の曲線に対する正接は $\dot{X}^\mu$ に比例するので, $\sigma = 0$ の曲線に沿って $\dot{X} \cdot X' = 0$ となることが保証される. したがって τ の異なるそれぞれの閉弦において, 必ずある 1 点では $\dot{X} \cdot X'$ がゼロになり, したがって $n \cdot \mathcal{P}^\sigma$ もゼロになることは確実である. その結果, 何処でも $n \cdot \mathcal{P}^\sigma = 0$ であるという結論に到達する. すなわち式 (9.19) は, 開弦にも閉弦にも適用できることが分かった.

$$n \cdot \mathcal{P}^\sigma = 0 \quad (\text{開弦および閉弦}) \tag{9.26}$$

これで開弦と閉弦に対するパラメーター付けの議論は完了した. 両方の場合のパラメーター付けの定義式をまとめると, 以下のようになる.

$$\begin{aligned} n \cdot X(\tau, \sigma) &= \beta \alpha'(n \cdot p)\tau \\ n \cdot p &= \frac{2\pi}{\beta} n \cdot \mathcal{P}^\tau \end{aligned} \tag{9.27}$$

ここで β は，次のように設定される．

$$\beta = \begin{cases} 2 & (開弦) \\ 1 & (閉弦) \end{cases} \tag{9.28}$$

我々は閉弦の世界面において，自己整合した形で $\sigma = 0$ の曲線を定義できたけれども，この曲線の決め方に曖昧さがあることは明白である．最初にひとつの閉弦において，ひとつの点を選んだけれども，代わりに他の任意の点を選んで，そこを $\sigma = 0$ と設定することも可能である．このことは閉弦の世界面に対するパラメーター付けを，σ 方向にそのままずらしてもよいことを意味する．このような規準点の曖昧さを回避する方法はない．このゲージ条件は閉弦の世界面に対するパラメーター付けを一意的には決めないのである．このような事情は，閉弦の理論に対して含みを持たせることになる．

9.3 パラメーター付けの制約条件と波動方程式

我々が選んだパラメーター付けの方法によって含意される X' と $\dot{X}$ に対する制約条件を調べてみよう．$n \cdot \mathcal{P}^\sigma$ をゼロにするという要請を式(9.23)によって考え，また $\partial_\tau(n \cdot X)$ がゼロでない定数であること踏まえると，次式を得る．

$$\dot{X} \cdot X' = 0 \tag{9.29}$$

静的ゲージにおいては $X^{0\prime} = 0$ なので，式(9.29)は $\dot{\vec{X}} \cdot \vec{X}' = 0$ に帰着するが，これは前に式(7.1)として得ていた条件式である．式(9.29)が，本章で導入したパラメーター付けの方法の下で生じる制約条件である．

式(9.29)を利用すると，$\mathcal{P}^\tau$ の式(6.49)が簡単になる．

$$\mathcal{P}^{\tau\mu} = \frac{1}{2\pi\alpha'} \frac{X'^2 \dot{X}^\mu}{\sqrt{-\dot{X}^2 X'^2}} \tag{9.30}$$

この結果により，式(9.27)の第2式は次のようになる．

$$n \cdot p = \frac{1}{\beta\alpha'} \frac{X'^2 (n \cdot \dot{X})}{\sqrt{-\dot{X}^2 X'^2}} \tag{9.31}$$

$n \cdot \dot{X} = \beta\alpha'(n \cdot p)$ なので (式(9.27)参照)，因子 β は相殺され，次の関係が導かれる．

$$1 = \frac{X'^2}{\sqrt{-\dot{X}^2 X'^2}} \;\to\; \dot{X}^2 + X'^2 = 0 \tag{9.32}$$

ここでは $X'^2 \neq 0$ を用いた．採用している単位系の違いを考慮すれば，これは前に得ている式(7.23)と整合している．後者は静的ゲージを採用して得られた結果であり，空間成分だけを含んでいる．式(9.29)と式(9.32)は，我々が本章で導入したパラメーター付けから生じる制約条件の式である．これらを並べて書いておく．

$$\boxed{\dot{X} \cdot X' = 0, \quad \dot{X}^2 + X'^2 = 0} \tag{9.33}$$

上記の2つの条件をまとめて表す簡便な方法もある．

$$(\dot{X} \pm X')^2 = 0 \tag{9.34}$$

この制約条件は，式(9.27)において β の値を"任意に"選んでも同じ形になる．我々が選んだ開弦と閉弦に対する β の値は，σ の範囲を扱いやすいものにするけれども，他の選択も可能である．

上述の制約が与えられると，運動量密度 $\mathcal{P}^{\tau\mu}$ と $\mathcal{P}^{\sigma\mu}$ は，かなり簡単になる．制約条件を利用して式(9.30)を簡単にするために，分母の"正の"平方根を用いる必要がある．$X'^2 > 0$ なので，式(9.32)により次式を得る．

$$\sqrt{-\dot{X}^2 X'^2} = \sqrt{X'^2 X'^2} = X'^2 \tag{9.35}$$

これを式(9.30)に適用すると，次式が得られる．

$$\mathcal{P}^{\tau\mu} = \frac{1}{2\pi\alpha'}\dot{X}^\mu \tag{9.36}$$

式(6.50)の運動量密度 $\mathcal{P}^{\sigma\mu}$ は，

$$\mathcal{P}^{\sigma\mu} = \frac{1}{2\pi\alpha'}\frac{\dot{X}^2 X^{\mu\prime}}{\sqrt{-\dot{X}^2 X'^2}} = \frac{1}{2\pi\alpha'}\frac{\dot{X}^2 X^{\mu\prime}}{X'^2} \tag{9.37}$$

となり，式(9.32)を用いると，次式が得られる．

$$\mathcal{P}^{\sigma\mu} = -\frac{1}{2\pi\alpha'}X^{\mu\prime} \tag{9.38}$$

運動量密度は，座標の簡単な導関数に比例する．これらの式を運動方程式 $\partial_\tau \mathcal{P}^{\tau\mu} + \partial_\sigma \mathcal{P}^{\sigma\mu} = 0$ (式(6.53))に適用すると，次式を得る．

$$\ddot{X}^\mu - X^{\mu\prime\prime} = 0 \tag{9.39}$$

本章で採用したパラメーター付けの下では，運動方程式が単なる波動方程式に帰着する！ 式(9.38)の右辺の負号が，波動方程式を得るために必要であることに注意してもらいたい．自由な端点を持つ開弦§に関しては，端点において $\mathcal{P}^{\sigma\mu}$ がゼロ，したがって $X^{\mu\prime}$ がゼロになることが要請される．

9.4 波動方程式とモード展開

これから開弦の場合について，式(9.39)の解を完全に一般的な形で具体的に解く．これを行うために，弦理論において用いられるいくつかの記法を導入する．ここでは全空間を満たした

---

§ (訳註) 本書の《基礎編》で扱われる相対論的な開弦は，恣意的な端点の固定に言及してある例題を除けば，基本的には自由な端点を持つ開弦だけである．すなわち"全空間を満たしたDブレイン"(第13章までのボゾン的弦ならば $D = 26$ なのでD25-ブレイン)の存在が想定されている．6.5節および12.8節参照．

D-ブレインの存在を想定する．その結果，弦の座標 X^μ は端点において自由な境界条件を満たす．我々は波動方程式(9.39)に対する最も一般的な解の形が次のようになることを知っている．

$$X^\mu(\tau,\sigma) = \frac{1}{2}\big(f^\mu(\tau+\sigma) + g^\mu(\tau-\sigma)\big) \tag{9.40}$$

f^μ と g^μ は，単一の引数を持つ任意関数である．式(9.38)を念頭に置くと，自由端の境界条件 $\mathcal{P}^{\sigma\mu} = 0$ は Neumann 境界条件を意味することになる．

$$\frac{\partial X^\mu}{\partial \sigma} = 0 \quad \text{at} \quad \sigma = 0, \pi \tag{9.41}$$

$\sigma = 0$ における境界条件は，次のようになる．

$$\frac{\partial X^\mu}{\partial \sigma}(\tau, 0) = \frac{1}{2}\big(f^{\mu\prime}(\tau) - g^{\mu\prime}(\tau)\big) = 0 \tag{9.42}$$

f^μ と g^μ の導関数が一致するので，f^μ と g^μ には定数 c^μ の違いだけが許容される．式(9.40)において $g^\mu = f^\mu + c^\mu$ と置き換え，f^μ を再定義してこれに定数 c^μ を吸収してしまうと，次式を得る．

$$X^\mu(\tau,\sigma) = \frac{1}{2}\big(f^\mu(\tau+\sigma) + f^\mu(\tau-\sigma)\big) \tag{9.43}$$

次に，$\sigma = \pi$ における境界条件を考えよう．

$$\frac{\partial X^\mu}{\partial \sigma}(\tau, \pi) = \frac{1}{2}\big(f^{\mu\prime}(\tau+\pi) - f^{\mu\prime}(\tau-\pi)\big) = 0 \tag{9.44}$$

この式があらゆる τ の値の下で成立しなければならないので，$f^{\mu\prime}$ は"周期 2π の周期関数"となることが分かる．2π は自然な周期なので，我々が開弦のパラメーター付けの範囲を $\sigma \in [0,\pi]$ と決めたのは適切であったことが判る．

周期関数 $f^{\mu\prime}(u)$ に対する一般的な Fourier (フーリエ) 級数展開を書いてみる．

$$f^{\mu\prime}(u) = f_1^\mu + \sum_{n=1}^{\infty}(a_n^\mu \cos nu + b_n^\mu \sin nu) \tag{9.45}$$

この式を積分して，$f^\mu(u)$ の展開式を得る．

$$f^\mu(u) = f_0^\mu + f_1^\mu u + \sum_{n=1}^{\infty}(A_n^\mu \cos nu + B_n^\mu \sin nu) \tag{9.46}$$

積分から生じる定数は，新たな係数に吸収した．この $f(u)$ の式を式(9.43)に代入して簡単にすると，次式が得られる．

$$X^\mu(\tau,\sigma) = f_0^\mu + f_1^\mu \tau + \sum_{n=1}^{\infty}(A_n^\mu \cos n\tau + B_n^\mu \sin n\tau)\cos n\sigma \tag{9.47}$$

我々は式(9.47)に現れる係数を，新たな係数に置き換えて，単純な物理的解釈が可能なものにしたい．第1段階として，次の関係を通じて，一連の定数 a_n^μ を導入する．

$$\begin{aligned} A_n^\mu \cos n\tau + B_n^\mu \sin n\tau &= -\frac{i}{2}\big((B_n^\mu + iA_n^\mu)e^{in\tau} - (B_n^\mu - iA_n^\mu)e^{-in\tau}\big) \\ &\equiv -i\frac{\sqrt{2\alpha'}}{\sqrt{n}}\big(a_n^{\mu*}e^{in\tau} - a_n^\mu e^{-in\tau}\big) \end{aligned} \tag{9.48}$$

ここで * は複素共役を表す. 因子 $\sqrt{2\alpha'}$ を入れた目的は, 定数 a_n^μ を無単位にすることである. これらの定数とその複素共役は, 量子論を考える際に, 消滅演算子と生成演算子に読み替えられるものである. 式(9.48)によって, 弦の理論家が慣用的に用いる記号が導入されている.

式(9.47)における定数 f_1^μ には, 単純な物理的解釈が与えられる. 式(9.36)により, 運動量密度は,

$$\mathcal{P}^{\tau\mu} = \frac{1}{2\pi\alpha'}\dot{X}^\mu = \frac{1}{2\pi\alpha'}f_1^\mu + \cdots \tag{9.49}$$

となる.「$\cdots$」は $\cos n\sigma$ $(n \neq 0)$ に依存する項の級数を表す. 全運動量 p^μ を見いだすために, $\mathcal{P}^{\tau\mu}$ を $\sigma \in [0, \pi]$ の全域で積分する. 幸い「$\cdots$」によって表されている各項は, $\cos n\sigma$ の積分がゼロになるために寄与を持たない. したがって, 次の結果を得る.

$$p^\mu = \int_0^\pi \mathcal{P}^{\tau\mu}d\sigma = \frac{1}{2\pi\alpha'}\pi f_1^\mu \;\rightarrow\; f_1^\mu = 2\alpha' p^\mu \tag{9.50}$$

すなわち f_1^μ は, 弦全体によって運ばれる時空運動量に比例する量に同定される. $f_0^\mu = x_0^\mu$ と置き, 上述の情報を集約すると, 式(9.47)は慣用的な形になる.

$$\boxed{X^\mu(\tau,\sigma) = x_0^\mu + 2\alpha' p^\mu \tau - i\sqrt{2\alpha'}\sum_{n=1}^\infty (a_n^{\mu*}e^{in\tau} - a_n^\mu e^{-in\tau})\frac{\cos n\sigma}{\sqrt{n}}} \tag{9.51}$$

右辺の各項は明確に, ゼロモードの規準位置と運動量, および振動モードに対応する. すべての係数 a_n^μ をゼロと置くならば, この式は点粒子の運動を表す.

計算練習 9.3 $X^\mu(\tau,\sigma)$ が実数であることを証明せよ.

$X^\mu(\tau,\sigma)$ の τ と σ に関する導関数を簡単に書くための記法を導入しよう. まず α_0^μ を, 次のように定義する.

$$\boxed{\alpha_0^\mu = \sqrt{2\alpha'}\,p^\mu} \tag{9.52}$$

更に, $\alpha_{\pm n}^\mu$ を次のように定義する.

$$\boxed{\alpha_n^\mu = a_n^\mu \sqrt{n}, \quad \alpha_{-n}^\mu = a_n^{\mu*}\sqrt{n}, \quad n \geq 1} \tag{9.53}$$

次の関係は重要である.

$$\alpha_{-n}^\mu = (\alpha_n^\mu)^* \tag{9.54}$$

また, a_n^μ は n が正の整数だけに関して定義されているのに対し, α_n^μ はゼロを含む任意の整数に関して定義されている. この新たな係数を用いて X^μ を書き直す.

$$X^\mu(\tau,\sigma) = x_0^\mu + \sqrt{2\alpha'}\,\alpha_0^\mu \tau - i\sqrt{2\alpha'}\sum_{n=1}^\infty \frac{1}{n}(\alpha_{-n}^\mu e^{in\tau} - \alpha_n^\mu e^{-in\tau})\cos n\sigma \tag{9.55}$$

和の計算を, ゼロを除くすべての整数の和に直すと, 更に簡便な式になる.

$$X^\mu(\tau,\sigma) = x_0^\mu + \sqrt{2\alpha'}\alpha_0^\mu\tau + i\sqrt{2\alpha'}\sum_{n\neq 0}\frac{1}{n}\alpha_n^\mu e^{-in\tau}\cos n\sigma \tag{9.56}$$

これで，Neumann境界条件の下での波動方程式の一般解の形が完成した．上式において，定数 x_0^μ と，$n \geq 0$ における α_n^μ を特定することによって，ひとつの解が規定される．

ここで，X^μ の τ および σ に関する導関数を書いておくと都合がよい．式(9.56)により，次のようになる．

$$\dot{X}^\mu = \sqrt{2\alpha'}\sum_{n\in\mathbf{Z}}\alpha_n^\mu \cos n\sigma\, e^{-in\tau} \tag{9.57}$$

$$X^{\mu\prime} = -i\sqrt{2\alpha'}\sum_{n\in\mathbf{Z}}\alpha_n^\mu \sin n\sigma\, e^{-in\tau} \tag{9.58}$$

$\mathbf{Z}$ はすべての整数の集合 (正の整数，負の整数，およびゼロ) を表す．最後に，上の両者の導関数の線形結合も，簡単な形で表される．

$$\dot{X}^\mu \pm X^{\mu\prime} = \sqrt{2\alpha'}\sum_{n\in\mathbf{Z}}\alpha_n^\mu e^{-in(\tau\pm\sigma)} \tag{9.59}$$

我々はNeumann境界条件を満たす波動方程式の解を見いだしたが，これが制約条件(9.33)を満たすことも確認する必要がある．もしすべての定数 α_n^μ を任意に決めるならば，制約条件は満たされないであろう．我々は光錐ゲージを採用して，波動方程式と制約条件を同時に満たす解を見いだすことにする．

9.5　運動方程式の光錐解

運動方程式の光錐解 (light-cone solution) は，光錐座標を用いて弦の運動を表す解であり，光錐ゲージを定義するひと組の条件が課されている．我々は第2章において，光錐座標が x^0 と x^1 の代わりに x^+ と x^- を用いる座標であることを見た——これは単なる座標の変更である．光錐ゲージの条件を課することは，より実質的な手続きである．本章で調べてきたゲージは，世界面座標の特別な選び方を表している．その選び方の中のひとつとして，光錐ゲージがある．

光錐ゲージを選ぶということは，式(9.27)の条件を課する際に，$n\cdot X = X^+$ を満たすようなベクトル n_μ を採用することを意味する．n_μ を，

$$n_\mu = \left(\frac{1}{\sqrt{2}}, \frac{1}{\sqrt{2}}, 0, \ldots, 0\right)\quad \left[\Leftrightarrow n^\mu = \left(-\frac{1}{\sqrt{2}}, \frac{1}{\sqrt{2}}, 0, \ldots, 0\right)\right] \tag{9.60}$$

のように選ぶと，実際に次のようになる．

$$n\cdot X = \frac{X^0 + X^1}{\sqrt{2}} = X^+, \quad n\cdot p = \frac{p^0 + p^1}{\sqrt{2}} = p^+ \tag{9.61}$$

これらの関係を制約条件の式(9.27)に適用すると,

$$X^+(\tau,\sigma) = \beta\alpha' p^+ \tau, \quad p^+ = \frac{2\pi}{\beta}\mathcal{P}^{\tau+} \tag{9.62}$$

となる.開弦では $\beta=2$,閉弦では $\beta=1$ である.第2式は,p^+ の密度が弦全体にわたって一定に分布していること(そのように σ のパラメーター付けが施されていること)を意味する.

光錐ゲージの背景にある戦略は,特別に簡単な X^+ の形を採用して,X^- が力学を含まないこと(ゼロモードの自由度だけが残る)を示し,すべての力学は"横方向"座標 $(X^2, X^3, \ldots, X^d)$ の中で生じることを示すことにある.これらの横方向座標を X^I と記すことにする.横方向の添字 I は2から d までの値を取る.

$$X^I = (X^2, X^3, \ldots, X^d) \tag{9.63}$$

議論を進めるために,制約条件の式(9.34)を見てみよう.光錐座標における相対論的スカラー積の定義式(2.59)を利用すると,これらの条件は次のように書かれる.

$$-2(\dot{X}^+ \pm X^{+\prime})(\dot{X}^- \pm X^{-\prime}) + (\dot{X}^I \pm X^{I\prime})^2 = 0 \tag{9.64}$$

ここで $(a^I)^2 = a^I a^I$ であり,通例に従って,繰り返された添字は和の計算を含意する.$X^{+\prime}=0$ で,$\dot{X}^+ = \beta\alpha' p^+$ なので,制約条件の式は,次のようになる.

$$\dot{X}^- \pm X^{-\prime} = \frac{1}{\beta\alpha'}\frac{1}{2p^+}(\dot{X}^I \pm X^{I\prime})^2 \tag{9.65}$$

上の式を書くにあたり,我々は $p^+ \neq 0$ を仮定した.実際には $p^+ \geq 0$ であり,p^+ がゼロになることもあり得る.これが起こるためには p^1 がエネルギーを相殺する必要があり,これが可能となるのは質量のない粒子が正確に x^1 の負の向きに運動する場合に限られている.このように p^+ がゼロになるような状況は稀なことなので,我々は p^+ を常に正と見なすことにする.もし p^+ がゼロとなる状況に遭遇したら,そこには光錐の形式を適用できない.

光錐座標と光錐ゲージを両方とも選ぶことが,X^- の導関数を解くために決定的に重要な役割を演じていることに注意してもらいたい.光錐座標が有用となる理由は,$(+,-)$ 部分における非対角的計量により,X^- の導関数を,平方根を取ることなく解ける点にある!横方向座標の導関数から $\dot{X}^+ \pm X^{+\prime}$ を求めるために必要となった計算は,$\dot{X}^+$ による除算だけである.ここで $\dot{X}^+$ が定数になる"光錐ゲージ"が便利なものになっている§.

式(9.65)によれば,$\dot{X}^-$ も $X^{-\prime}$ も X^I によって決めることができる.したがって X^- も積分定数の不定性を除いて決まることになる.必要とされるのは,世界面上のある点 P における X^- の値だけであって,そこから,

$$dX^- = \frac{\partial X^-}{\partial \tau}d\tau + \frac{\partial X^-}{\partial \sigma}d\sigma \tag{9.66}$$

という関係式の積分によって任意の点 Q における X^- の値を見いだすことができる.開弦の世界面において,P から Q に至る任意の径路を選んで積分を実行すればよく,$X^-(Q)$ の結果は径路に依存しないことを問題9.2において見る予定である.閉弦の世界面では,さらなる自己整

---

§(訳註) 静的ゲージの場合は $\dot{X}^1 \pm X^{1\prime} = \pm\sqrt{1-(\dot{X}^I \pm X^{I\prime})^2}$ となる.

合性のための条件がある．P を出発し，世界面を巡ってから再び P にたどり着いて終わる積分路を考えてみよう．X^- がよく定義されたものになるためには，この積分路に沿った dX^- の積分がゼロになる必要があるが，このことは保証されない．積分路を τ が一定の曲線に選ぶならば，次の条件を要請しなければならない．

$$\int_0^{2\pi} d\sigma \frac{\partial X^-}{\partial \sigma} = 0 \tag{9.67}$$

これは自明な制約ではない．問題9.5を参照されたい．

我々の解析により，弦の時間発展は，以下の対象の組によって決定される．

$$X^I(\tau,\sigma), \quad p^+, \quad x_0^- \tag{9.68}$$

x_0^- は X^- のために必要となる積分の定数である．

開弦の場合 ($\beta = 2$) について考察しよう．横方向座標 X^I の具体的な解を考え，そこから X^- を計算する．一般解の式(9.56)を用いる．

$$X^I(\tau,\sigma) = x_0^I + \sqrt{2\alpha'}\alpha_0^I \tau + i\sqrt{2\alpha'} \sum_{n\neq 0} \frac{1}{n}\alpha_n^I e^{-in\tau}\cos n\sigma \tag{9.69}$$

さらに，X^+ 座標に関するゲージ条件により，次の関係がある．

$$X^+(\tau,\sigma) = 2\alpha' p^+ \tau = \sqrt{2\alpha'}\alpha_0^+ \tau \tag{9.70}$$

見て分かるように，X^+ 座標のゼロモードの位置と振動はゼロに設定されている．

$$x_0^+ = 0, \quad \alpha_n^+ = \alpha_{-n}^+ = 0, \quad n = 1, 2, \ldots, \infty \tag{9.71}$$

X^- については如何だろうか？ これは X^0 と X^1 の線形結合なので，X^- も他のすべての座標と同じ波動方程式と同じ境界条件を満たす．したがって，式(9.56)と同じ展開式を適用できる．

$$X^-(\tau,\sigma) = x_0^- + \sqrt{2\alpha'}\alpha_0^- \tau + i\sqrt{2\alpha'} \sum_{n\neq 0} \frac{1}{n}\alpha_n^- e^{-in\tau}\cos n\sigma \tag{9.72}$$

式(9.59)において $\mu = -$ および $\mu = I$ と置くと，次の関係が得られる．

$$\dot{X}^- \pm X^{-\prime} = \sqrt{2\alpha'} \sum_{n\in\mathbf{Z}} \alpha_n^- e^{-in(\tau\pm\sigma)} \tag{9.73}$$

$$\dot{X}^I \pm X^{I\prime} = \sqrt{2\alpha'} \sum_{n\in\mathbf{Z}} \alpha_n^I e^{-in(\tau\pm\sigma)} \tag{9.74}$$

これらの式と式(9.65)を用いて，X^- 座標の振動子 α_n^- について解く．

$$\sqrt{2\alpha'} \sum_{n\in\mathbf{Z}} \alpha_n^- e^{-in(\tau\pm\sigma)} = \frac{1}{2p^+} \sum_{p,q\in\mathbf{Z}} \alpha_p^I \alpha_q^I e^{-i(p+q)(\tau\pm\sigma)}$$

$$= \frac{1}{2p^+} \sum_{n,p\in\mathbf{Z}} \alpha_p^I \alpha_{n-p}^I e^{-in(\tau\pm\sigma)}$$

$$= \frac{1}{2p^+} \sum_{n\in\mathbf{Z}} \left(\sum_{p\in\mathbf{Z}} \alpha_p^I \alpha_{n-p}^I\right) e^{-in(\tau\pm\sigma)} \tag{9.75}$$

9.5. 運動方程式の光錐解

したがって、α_n^- を次のように同定できる.

$$\sqrt{2\alpha'}\alpha_n^- = \frac{1}{2p^+}\sum_{p\in\mathbf{Z}}\alpha_{n-p}^I\alpha_p^I \tag{9.76}$$

これで完全な解が得られた！ すなわち α_n^- を横方向振動子によって具体的に与える式が得られた. 右辺の時空添字は, 横方向座標に関してのみ和の計算が施される.

許容される運動を表す解は, p^+, x_0^- と, すべての x_0^I および α_n^I の値を決めることによって特定される. これらの値によって式(9.69)の $X^I(\tau,\sigma)$ と, 式(9.70)の $X^+(\tau,\sigma)$ が決まる. また, 式(9.76)によって, すべての定数 α_n^- を計算することができ, これらと x_0^- から式(9.72)の $X^-(\tau,\sigma)$ が決まる. このようにして解全体が構築される.

式(9.76)の右辺における振動子の2次の項の組合せは大変有用なので, 名前が付けられている. "横方向のVirasoro(ヴィラソロ)モード" $L_n^\perp$ である§.

$$\sqrt{2\alpha'}\alpha_n^- = \frac{1}{p^+}L_n^\perp, \quad L_n^\perp \equiv \frac{1}{2}\sum_{p\in\mathbf{Z}}\alpha_{n-p}^I\alpha_p^I \tag{9.77}$$

特に, $n=0$ の場合には, 式(9.52)を用いて次式を得る.

$$\sqrt{2\alpha'}\alpha_0^- = 2\alpha' p^- = \frac{1}{p^+}L_0^\perp \rightarrow 2p^+p^- = \frac{1}{\alpha'}L_0^\perp \tag{9.78}$$

式(9.77)から与えられる α_n^- の値を用いると, 式(9.73)と式(9.65)は, 次のように書かれる.

$$\dot{X}^- \pm X^{-\prime} = \frac{1}{p^+}\sum_{n\in\mathbf{Z}}L_n^\perp e^{-in(\tau\pm\sigma)} = \frac{1}{4\alpha'p^+}(\dot{X}^I \pm X^{I\prime})^2 \tag{9.79}$$

計算練習 9.4 次式を示せ.

$$X^-(\tau,\sigma) = x_0^- + \frac{1}{p^+}L_0^\perp\tau + \frac{i}{p^+}\sum_{n\neq 0}\frac{1}{n}L_n^\perp e^{-in\tau}\cos n\sigma \tag{9.80}$$

この式は, 横方向のVirasoroモードが, $X^-(\tau,\sigma)$ の展開モードにあたることを明示している.

任意の運動を行っている弦の質量を計算してみることは教育的である. 次の相対論の式を通じて質量が計算される.

$$M^2 = -p^2 = 2p^+p^- - p^Ip^I \tag{9.81}$$

---

§ (訳註) '横方向の' (transverse) という形容詞は, 第24章で扱われる '共変な' Virasoroモードと区別するためのものである. 横方向の Virasoroモードは, 式(9.77)の第2式のように光錐座標における横方向振動子 α_n^I $(I=2,3,\ldots,d)$ だけを用いて構築されるモードであるが, 共変な Virasoroモードは, 通常の座標系の下で, すべての α_n^μ $(\mu=0,1,2,\ldots,d)$ を同等に用いて構築される. 式(24.13)参照. なお α_n^μ と, これに対応する元々の調和振動子モードの正準な複素振幅 $a_n^\mu, a_n^{\mu*}$ には係数の違いがあるが (式(9.53), (12.56)), 本書ではこれ以降, 前者にも '振動子' という呼称が用いられている.

質量は運動の定数なので，古典的な解を決めるために導入した係数 a_n^I に依存するものと予想される．質量を評価するために，式(9.78)から始めて，$L_0^\perp$ の値を式(9.77)から代入し，定義式(9.52)と(9.53)を用いる．

$$2p^+p^- = \frac{1}{\alpha'}L_0^\perp = \frac{1}{\alpha'}\left(\frac{1}{2}\alpha_0^I\alpha_0^I + \sum_{n=1}^\infty \alpha_n^{I*}\alpha_n^I\right) = p^Ip^I + \frac{1}{\alpha'}\sum_{n=1}^\infty n a_n^{I*}a_n^I \qquad (9.82)$$

この結果を式(9.81)の右辺に適用すると，次式が得られる．

$$M^2 = \frac{1}{\alpha'}\sum_{n=1}^\infty n a_n^{I*}a_n^I \qquad (9.83)$$

これは大変興味深い結果である．質量の自乗は，$a^*a = |a|^2 \geq 0$ という形を持つ項の和の形で与えられる．したがって $M^2 \geq 0$ である．このことは，古典的な弦の質量 $M = \sqrt{M^2}$ が実数であること (通常は正の実数とする) を示している．この結果を得ることは，光錐ゲージを用いなければ困難である．また，我々は一連の係数 a_n^I を調整することによって，古典的な弦の解が持つ質量を任意に選ぶことができる．すべての係数 a_n^I がゼロならば，$M^2 = 0$ となり，質量を持たない解になる．実際すべての a_n^I をゼロにすると，弦は長さのない点になってしまう．このとき式(9.69)は $X^I(\tau,\sigma) = x_0^I + \sqrt{2\alpha'}\alpha_0^I\tau$ となり，σ 依存性は消失する．

計算練習 9.5 a_n^I がすべてゼロのときの $X^-(\tau,\sigma)$ を計算せよ．X^- の σ 依存性が消失することに注意せよ．

古典的な M^2 の式(9.83)は，量子化の後には成立しない．M^2 は量子化され，弦の状態は連続的な質量スペクトルを持たなくなる．自然界において，連続した質量の値を取る粒子状態は観測されないので，これは好ましいことである．しかし一方で，式(9.83)は我々の期待に沿うような無質量状態を与えない．ここから得られる少数の無質量状態は，全然，Maxwell 理論における無質量状態のようには振舞わない．閉弦に対する同様の解析から得られる無質量状態の挙動も，重力とは全く異なるものになる．量子力学は M^2 の式に対して，開弦に関しても閉弦に関しても，余分な定数を付け加える．この付加定数によって，既存の物理理論に対応するような状態を見いだすことが可能となる．量子化によって式(9.83)と，これに対応する閉弦の質量の式が変更を受けるからこそ，弦理論がゲージ場と重力を記述できる可能性が生じるのである．

問題

9.1 零ベクトルに直交するベクトルは，零もしくは空間的である．
n^μ が D 次元 Minkowski 時空におけるゼロではない成分を持つ零ベクトルであるとする ($n_\mu n^\mu = 0$)．そして b^μ は $n_\mu b^\mu = 0$ を満たすベクトルである．以下を証明せよ．
(a) ベクトル b^μ は空間的か零の何れかである．
(b) もし b^μ が零であれば，ある定数 λ による $b^\mu = \lambda n^\mu$ という関係が成り立つ．

(c) $n_\mu b^\mu = 0$ を満たすようなベクトル b^μ の集合は，次元 $(D-1)$ のベクトル空間 V となる．b^μ が零(ヌル)ベクトルの部分集合を考えると，V の部分空間は1次元になる．
この結果は式(9.2)において n^μ を零(ヌル)ベクトルに設定したゲージを選び，$D > 2$ の場合に，弦はほとんど常に空間的(スペースライク)なものになることを示している．更に，n^μ に直交する超平面は n^μ を含む．このことは2次元において容易に確認できる．

(d) $D = 2$ と置いて，図2.2 (p.21)の時空ダイヤグラムを考える．$n \cdot X = X^+$ となるような零(ヌル)ベクトル n^μ は何か？ n^μ が，X^+ が一定の線に沿うことを確認せよ．

9.2 X^- の解の無矛盾性の確認．

(a) 式(9.65)を用いて $\partial_\tau X^-$ と $\partial_\sigma X^-$ を見いだせ．横方向座標 X^I が波動方程式を満たすならば，整合性の条件 $\partial_\sigma(\partial_\tau X^-) = \partial_\tau(\partial_\sigma X^-)$ が成立することを示せ．この条件によって，式(9.66)の積分によって決まる X^- が，選んだ積分路に依存しないことが保証されることを示せ．

(b) 横方向座標 X^I が波動方程式を満たすならば，式(9.65)のように計算された X^- が波動方程式を満たすことを示せ．

(c) 開弦の端点において，横方向光錐座標 X^I の一部は Neumann 境界条件を満たし，残りは Dirichlet 境界条件を満たすと仮定する．式(9.65)のように計算される X^- が常に Neumann 境界条件を満たすことを証明せよ．

9.3 光錐ゲージにおける回転する開弦．
$x_0^- = x_0^I = 0$ で，係数 α_n^I は以下のものを除いてすべてゼロである弦の運動を考える．
$$\alpha_1^{(2)} = \alpha_{-1}^{(2)*} = a, \quad \alpha_1^{(3)} = \alpha_{-1}^{(3)*} = ia$$
a は無単位の実定数である．我々は (x^2, x^3) 面において回転している開弦を表す解を構築したい．

(a) この弦の質量(もしくはエネルギー)はいくらか？

(b) $X^2(\tau, \sigma)$ と $X^3(\tau, \sigma)$ の具体的な関数を構築せよ．弦の長さは a と α' によってどのように与えられるか？

(c) $L_n^\perp$ モードを，すべての n について計算せよ．その結果を用いて $X^-(\tau, \sigma)$ を構築せよ．得られる答えは σ に依存してはならない！

(d) この弦に関する条件 $X^1(\tau, \sigma) = 0$ を用いて p^+ の値を決定せよ．t と τ の関係を見いだせ．

(e) 得られた解において，弦のエネルギーと回転の角振動数が，弦の長さと式(7.59)のように関係することを確認せよ．

9.4 矛盾のない開弦の運動の構築．周期的に点へと潰れる開弦の挙動は？
$x_0^- = x_0^I = 0$ で，以下を除くすべての係数 α_n^I をゼロとする．
$$\alpha_1^{(2)} = \alpha_{-1}^{(2)*} = a$$
a は無単位の実定数である．我々は (x^1, x^2) 面において振動しており，この面内の運動量が"ゼロ"の開弦を表す解を構築したい．

(a) この弦の運動が，次式で記述されることを示せ．

$$\frac{1}{\sqrt{2\alpha'}}\frac{1}{a}X^0(\tau,\sigma) = \sqrt{2}\left(\tau + \frac{1}{4}\sin 2\tau \cos 2\sigma\right)$$

$$\frac{1}{\sqrt{2\alpha'}}\frac{1}{a}X^1(\tau,\sigma) = -\frac{1}{2\sqrt{2}}\sin 2\tau \cos 2\sigma$$

$$\frac{1}{\sqrt{2\alpha'}}\frac{1}{a}X^2(\tau,\sigma) = 2\sin\tau \cos\sigma$$

(b) tの増加に伴いτも増加することを確認せよ．今，選んでいるLorentz座標系において，弦は世界面上で時刻X^0が一定の線にあたる．τが一定の線が弦となるようなτの値を見いだせ．それらの弦を描け．

(c) $\tau = 0$において，この弦の長さはゼロである．$\tau \ll 1$における弦の運動を詳しく調べよ．$\tau = \tau(t,\sigma)$を計算し，その結果を用いて$X^1(t,\sigma)$と$X^2(t,\sigma)$を求めよ．弦が寸法ゼロから拡がっていくときに，弦は原点を中心とする円の$\cos\theta \geq -1/3$の部分 (θはx^1軸の正の向きに対する角度) を占め，その半径は光速で拡がることを示せ．端点が弦に対して横方向に運動することに注意すること．

(d) 読者が好むソフトウエアパッケージを使って，世界面を3次元空間内の面のように表示し，パラメーターをプロットせよ．X^1, X^2, X^0をそれぞれx, y, z軸として，パラメーターτとσを描け．さらに弦の運動を視覚的に把握するために，時刻X^0をいろいろな値に設定して，(x^1, x^2)面上に弦をプロットせよ．このためにはτをX^0とσの関数として (数値的に) 解く必要がある．

9.5 光錐ゲージにおける閉弦.

次のような座標を持つ閉弦を考える．

$$X^{(2)}(\tau,\sigma) = \sqrt{2\alpha'}\left(a\sin(\tau-\sigma) + b\cos(\tau-\sigma) + \bar{a}\sin(\tau+\sigma) + \bar{b}\cos(\tau+\sigma)\right)$$

他の横方向座標$X^I(\tau,\sigma)$はすべて恒等的にゼロと置く．$a, b, \bar{a}, \bar{b}$は実定数である．aとbはσが増える向きに伝播する波の係数，$\bar{a}$と$\bar{b}$はσが減る向きに伝播する波の係数であることに注意せよ．閉弦に関する慣例に従い，$X^+(\tau,\sigma) = \alpha' p^+ \tau$と置き，$\sigma \in [0, 2\pi]$とする．

(a) $a, b, \bar{a}, \bar{b}$を完全に任意に選ぶと，これは運動方程式の解にはならない．$X^-(\tau,\sigma)$の計算を調べて，これらの定数が満たすべき制約条件を導け．

(b) 得られた条件の下で，$a = b = \bar{a} = \bar{b} = r$が許容されるはずである．これらの値を用いて$X^-(\tau,\sigma)$を計算し，この弦の質量を決定せよ．

第 10 章　各種の光錐場とボゾン

本章では，スカラー場，Maxwell（マックスウェル）場，および重力場の古典的な運動方程式を学ぶ．光錐ゲージを採用して，それらの運動方程式に対する平面波解と，それらをそれぞれ特徴づける自由度の数を見いだす．そして，そのような古典場の量子化によって，如何にして粒子状態——スカラー粒子，光子，重力子が現れるのかを説明する．この作業の中で，後から相対論的な弦の量子状態と，これらのボゾンとの同定を行うための背景を準備する．

10.1　序論

古典的な弦の運動を学んできた中で，我々は世界面における座標の選択に関して多大な自由度があることを見た．この自由度は作用のパラメーター付け替え不変性からの直接的な帰結であり，これを利用して運動方程式を著しく簡単な形にすることができた．パラメーター付け替え不変性は"ゲージ不変性"(gauge invariance) の一例であり，パラメーター付けの選択は"ゲージ"の選択の一例である．我々は光錐ゲージ——τ が光錐時間 X^+ に関係づけられ，σ が p^+-密度を一定にするように選ばれている特別なパラメータ付けの方法——が運動方程式の解を具体的に得るために有用であることを見てきた．

古典的な場の理論には，ゲージ不変性を持つものがある．たとえば古典電磁力学はゲージポテンシャル A_μ を用いて記述される．この記述におけるゲージ不変性は，しばしば重要な利点として利用される．"スカラー場"の古典論は，古典電磁気学よりも単純である．しかしこの理論は学部の教程で扱われるものではない．これは基本的なスカラー粒子——スカラー場の量子論に関係づけられる種類の粒子——が現在まで発見されていないからである．他方において，光子——電磁場の量子論に関係づけられる粒子——はいたるところで見いだされる！　スカラー粒子が素粒子物理の標準模型において，対称性の破れを引き起こすものとして，重要な役割を演じている可能性が考えられている．したがって物理学者たちは将来，スカラー粒子を発見するかもしれない．スカラー場単独の場の理論はゲージ不変性を持たない．我々がこれを学ぶ理由は，これが最も単純な場の理論であり，弦理論においてスカラー粒子が現れるからである．弦理論において最も有名なスカラー粒子はタキオン (tachyon) である．また，質量を持たないスカラー粒子であるディラトン (dilaton) も重要である．

Einstein による重力場の理論は，古典電磁気学よりも複雑である．3.6節で説明したように，重力理論では，2つの添字を持つ計量場 $g_{\mu\nu}(x)$ が力学変数になる．重力は非常に大きなゲージ不変性を備えている．そのゲージ変換には時空に対するパラメーターの付け替えが含まれる．

■ 192 ■　　　　　　　第10章　各種の光錐場とボゾン

　本章ではスカラー場，電磁場，および重力場を考察する．光錐ゲージによって，運動方程式(もしくはその線形近似式)は劇的に簡単になり，平面波解と，解を特徴づける自由度の数を見いだすことが容易になる．また平面波解の量子化によって粒子状態が生じる方法についても簡単に考察する．これらは場の理論に関係する量子状態である．相対論的な弦の量子化を，第12章と第13章で論じる予定であるが，そこでは弦の量子状態を，本章で学ぶ場の理論における粒子状態(ボゾン)と関係づけることになる．相対論的な弦を光錐ゲージにおいて量子化する予定なので，本章でも光錐ゲージを採用することにする．

10.2　スカラー場の作用

　スカラー場は時空における単一実数値関数である．これは$\phi(t,\vec{x})$，もしくは更に簡単に$\phi(x)$と表記される．スカラーという術語は，Lorentz変換の下でスカラー量であることを意味する．すなわちあらゆるLorentz座標系の観測者が，決められた任意の時空点におけるスカラー場の値について一致した値を見いだす．スカラー場はLorentz添字を持たない．

　スカラー場の力学を定義するために用いることのできる，最も簡単な種類の作用原理を考察してみよう．まず運動エネルギーのことを考える．力学において，粒子の運動エネルギーは粒子の速度の自乗に比例する．スカラー場に関しては，運動エネルギー密度Tが，場の時間あたりの変化に比例するものと宣言される．

$$T = \frac{1}{2}(\partial_0 \phi)^2 \tag{10.1}$$

任意の決められた時刻においてTは位置の関数なので，これを密度として扱う．全運動エネルギーは，この密度Tを全空間にわたって積分した量である．

　次にポテンシャルエネルギー密度について考える．自然な項の形が存在する．場の平衡値が$\phi = 0$であると仮定しよう．平衡位置が$x = 0$の単純な調和振動子では，ポテンシャルエネルギーは$V \sim x^2$のようになる．場に対して，平衡状態に近づく性質を持たせたいのであれば，それをポテンシャルにおいて具体化しなければならない．このような性質を備えた最も単純なポテンシャルは，場の2次の項として与えられる．

$$V = \frac{1}{2}m^2\phi^2 \tag{10.2}$$

ここで導入した定数mが質量の単位を持つことは興味深い．上の2本の式の右辺は同じ単位を持たねばならず($[T] = [V]$)，両方ともϕを2つ含むので，$[m] = [\partial_0] = L^{-1} = M$が要請される．

　上述の2つのエネルギー量を次のように組み合わせて，ラグランジアン密度が得られるかどうか試してみよう．

$$\mathcal{L} \stackrel{?}{=} T - V = \frac{1}{2}(\partial_0 \phi)^2 - \frac{1}{2}m^2\phi^2 \tag{10.3}$$

このラグランジアン密度は，あいにくLorentz不変ではない．右辺第2項はLorentzスカラーであるが，第1項は時間を特別扱いしているのでLorentzスカラーではない．我々はスカラー場が空間的な変化を持つことに伴うエネルギーの寄与を見落としているのである．この観点は，

10.2. スカラー場の作用

特殊相対性理論から見て理に適っている．場が時間変化することにエネルギーを要するのであれば，場が空間変化することにもエネルギーを要すると考えるべきである．したがって余分の寄与はスカラー場の空間微分に関係することになり，次のように書ける．

$$V' = \frac{1}{2}\sum_i (\partial_i \phi)^2 = \frac{1}{2}(\nabla \phi)^2 \tag{10.4}$$

∂_i は空間座標に関する微分を表す．我々はこの寄与を運動エネルギーへの寄与ではなく，ポテンシャルへの新たな寄与 V' という形で書いた．これにはいくつかの理由がある．第1に，この措置は Lorentz 不変性の観点から必要とされるものである．新たな寄与をどちらに割り当てるかによって，この項のラグランジアンにおける符号は反対になり，一方だけがラグランジアン密度の Lorentz 不変性を実現する．第2に，運動エネルギーは常に時間微分に関係している．第3に，全エネルギーを計算することにより，この選択の正当性が立証されることになる．この付加項を加えたラグランジアン密度は次のようになる．

$$\mathcal{L} = T - V' - V = \frac{1}{2}\partial_0 \phi \partial_0 \phi - \frac{1}{2}\partial_i \phi \partial_i \phi - \frac{1}{2}m^2 \phi^2 \tag{10.5}$$

繰り返されている空間添字 i は，和の計算を含意する．右辺第1項と第2項の符号が違うことにより，これらを Minkowski 計量 $\eta^{\mu\nu}$ を用いてひとつの項として書き直すことができる．

$$\mathcal{L} = -\frac{1}{2}\eta^{\mu\nu}\partial_\mu \phi \partial_\nu \phi - \frac{1}{2}m^2 \phi^2 \tag{10.6}$$

すべての添字が縮約の相手を持つので，このラグランジアン密度は Lorentz 不変なスカラーである．これに関する作用は，

$$S = \int d^D x \left(-\frac{1}{2}\eta^{\mu\nu}\partial_\mu \phi \partial_\nu \phi - \frac{1}{2}m^2 \phi^2\right) \tag{10.7}$$

と与えられる．ここで $d^D x = dx^0 dx^1 \ldots dx^d$ で，$D = d + 1$ は時空次元の数である．これは質量 m を持つ "自由な" スカラー場に関する作用である．場の運動方程式が線形の場合，その場は自由な場と呼ばれる．式(10.7)のように，作用における各項が場の2次の項であれば，運動方程式は場に関して線形である．自由でない場は，相互作用をする場と呼ばれる．相互作用をする場に関する作用の式は，場の3次以上の項を含む．

この場のエネルギー密度を見いだすために，ハミルトニアン密度 $\mathcal{H}$ を計算する．場に対して共役な運動量 Π は，次式で与えられる．

$$\Pi \equiv \frac{\partial \mathcal{L}}{\partial(\partial_0 \phi)} = \partial_0 \phi \tag{10.8}$$

微分の評価のために，式(10.5)を用いた．ハミルトニアン密度は次のように構築される．

$$\mathcal{H} = \Pi \partial_0 \phi - \mathcal{L} \tag{10.9}$$

計算練習 10.1 ハミルトニアン密度が，次の形になることを示せ．

$$\mathcal{H} = \frac{1}{2}\Pi^2 + \frac{1}{2}(\nabla \phi)^2 + \frac{1}{2}m^2 \phi^2 \tag{10.10}$$

上の $\mathcal{H}$ の式を構成する 3 つの項は,それぞれ T, V', V に同定される.これはエネルギー密度に対して物理的に予想される形になっている.全エネルギー E はハミルトニアン H によって与えられるが,これはすなわちハミルトニアン密度 $\mathcal{H}$ を空間積分した量にあたる.

$$E = H = \int d^d x \left(\frac{1}{2} \partial_0 \phi \partial_0 \phi + \frac{1}{2} (\nabla \phi)^2 + \frac{1}{2} m^2 \phi^2 \right) \tag{10.11}$$

作用 (10.7) から運動方程式を導くために,場の変分 $\delta\phi$ を考え,それに対応する作用の変分をゼロと置く.全微分の項を省くと,次式が得られる.

$$\delta S = \int d^D x \left(-\eta^{\mu\nu} \partial_\mu (\delta\phi) \partial_\nu \phi - m^2 \phi \delta\phi \right) = \int d^D x \, \delta\phi \left(\eta^{\mu\nu} \partial_\mu \partial_\nu \phi - m^2 \phi \right) = 0 \tag{10.12}$$

したがって,ϕ の運動方程式は,次のように与えられる.

$$\eta^{\mu\nu} \partial_\mu \partial_\nu \phi - m^2 \phi = 0 \tag{10.13}$$

ここで $\partial^2 \equiv \eta^{\mu\nu} \partial_\mu \partial_\nu$ という表記を導入すると,次のように書ける.

$$(\partial^2 - m^2) \phi = 0 \tag{10.14}$$

時間微分と空間微分を分離すると,この式は Klein-Gordon 方程式であることが分かる.

$$-\frac{\partial^2 \phi}{\partial t^2} + \nabla^2 \phi - m^2 \phi = 0 \tag{10.15}$$

この方程式の古典的な解を,いくつか調べることにする.

10.3 スカラー場の古典的な平面波解

古典的なスカラー場の方程式 (10.15) に対して,平面波解を見いだすことができる.たとえば,次の形の解を考える.

$$\phi(t, \vec{x}) = a e^{-iEt + i\vec{p} \cdot \vec{x}} \tag{10.16}$$

a と E は定数,$\vec{p}$ は任意のベクトルである.場の方程式 (10.15) によって,可能な E の値が $\vec{p}$ と m によって表される.

$$E^2 - \vec{p}^2 - m^2 = 0 \ \to \ E = \pm E_p, \quad E_p \equiv \sqrt{\vec{p}^2 + m^2} \tag{10.17}$$

平方根の根号を正の値と見なすので $E_p > 0$ である.式 (10.16) で解を表すことには少々問題がある.ϕ は実場(実数値を持つ場)として定義されているが,式 (10.16) は実数ではない.これを実数にするためには,自身の複素共役量を加えればよい.

$$\phi(t, \vec{x}) = a e^{-iE_p t + i\vec{p} \cdot \vec{x}} + a^* e^{iE_p t - i\vec{p} \cdot \vec{x}} \tag{10.18}$$

この解は,複素数 a に依存している.運動方程式 (10.15) に対する一般解は,あらゆる $\vec{p}$ の値に関する上式のような平面波解を重ね合わせることによって得られる.$\vec{p}$ を連続的に変更できるの

10.3. スカラー場の古典的な平面波解

で，一般的な重ね合わせは，実際には積分になる．この古典場は，量子力学的には簡単な解釈を持たない．上の2つの項をそれぞれ波動関数と考えると，第1項は運動量 $\vec{p}$ とエネルギー E_p を持つ粒子の波動関数を表し，第2項は運動量 $(-\vec{p})$ と "負の" エネルギー $(-E_p)$ を持つ粒子の波動関数を表すことになる．負のエネルギーという概念は容認し難い．古典場を量子力学的に扱おうとすると，場を量子化することが必要になる．場の量子化によって正のエネルギーを持つ粒子状態が得られるが，これについては次節で簡単に論じる予定である．

この古典場の方程式を(何にでも応用できる実用的な方法で)解析する方法として，スカラー場 $\phi(x)$ に Fourier 変換を施す．

$$\phi(x) = \int \frac{d^D p}{(2\pi)^D} e^{ip\cdot x} \phi(p) \tag{10.19}$$

$\phi(p)$ は $\phi(x)$ の Fourier 変換関数である．本書では常に ϕ の引数を明示して，時空における場と運動量空間における場との間に混同を起こさないようにする．我々がここで，すべての時空座標に関する Fourier 変換を想定していることに注意してもらいたい．時間に関する Fourier 変換も含まれており，$p\cdot x = -p^0 x^0 + \vec{p}\cdot\vec{x}$ である．$\phi(x)$ が実場であることは，$\phi(x) = (\phi(x))^*$ を意味する．式(10.19)を用いると，この実場の条件は次式になる．

$$\int \frac{d^D p}{(2\pi)^D} e^{ip\cdot x} \phi(p) = \int \frac{d^D p}{(2\pi)^D} e^{-ip\cdot x} (\phi(p))^* \tag{10.20}$$

この式の左辺において $p \to -p$ としよう．この変数の変更は積分 $\int d^D p$ に影響を及ぼさないので，次の結果が得られる．

$$\int \frac{d^D p}{(2\pi)^D} e^{-ip\cdot x} \big(\phi(-p) - (\phi(p))^*\big) = 0 \tag{10.21}$$

ここではすべての項を左辺へ移項した．この左辺は x の関数であるが，これが恒等的にゼロになる必要がある．この左辺は，括弧内の運動量空間における関数に対する Fourier 変換でもある．したがって，この括弧内の関数はゼロでなければならない．

$$(\phi(p))^* = \phi(-p) \tag{10.22}$$

これが，運動量空間において見た実場の条件である．

式(10.19)を式(10.14)に代入して，∂^2 を $e^{ip\cdot x}$ に作用させると，次式を得る．

$$\int \frac{d^D p}{(2\pi)^D} (-p^2 - m^2)\phi(p) e^{ipx} = 0 \tag{10.23}$$

これがあらゆる x の値において成立しなければならないので，次式が要請される．

$$(p^2 + m^2)\phi(p) = 0 \quad \text{for all } p \tag{10.24}$$

これは単純な方程式である．$(p^2 + m^2)$ は $\phi(p)$ に掛けられている単なる数であり，この積をゼロにすればよい．この式を解くということは，すなわちすべての p の値に対して $\phi(p)$ の値を特定するということである．どちらの因子もゼロなり得るものとして，2つの場合を考えなければならない．

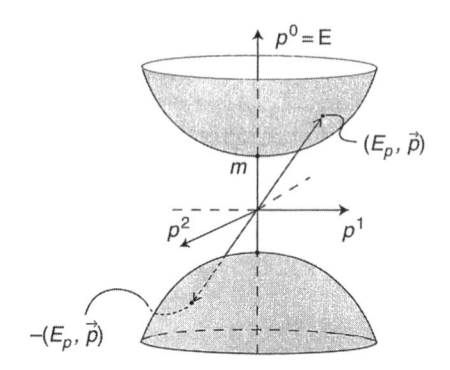

図10.1 質量殻にあたる双曲面 $E^2 - \vec{p}^2 = m^2$（空間次元は２方向だけを示してある）．運動方程式により，質量 m を持つスカラー場 $\phi(p)$ は，この双曲面以外においてゼロとなる．双曲面上において，場は対蹠点との関係を制約する実場条件さえ満たせば任意に決められる．

(i) $p^2 + m^2 \neq 0$ の場合．スカラー場はゼロになる．$\phi(p) = 0$．

(ii) $p^2 + m^2 = 0$ の場合．スカラー場 $\phi(p)$ は任意である．

運動量空間における超曲面 $p^2 + m^2 = 0$ は"質量殻"（mass-shell）と呼ばれる．$p^\mu = (E, \vec{p})$ なので，質量殻は $E^2 = \vec{p}^2 + m^2$ を満たす点の集合であり，図10.1に示すような双曲面になる．したがって質量殻はすべての $\vec{p}$ の値に対応する点 $(\pm E_p, \vec{p})$ の集合によって形成される曲面である．$\phi(p)$ は質量殻以外のところではゼロとなり，質量殻上では（実場条件を満たす限りにおいて）任意の値を取り得る．
オン・シェル

ここで"古典的な自由度の数"の概念を導入しよう．質量殻上の点 p^μ に対して複素数 $\phi(p)$ の値を指定することによって解が決定される．この複素数は，同時に質量殻上のもうひとつの点 $(-p^\mu)$ における場の値も決定する．すなわち $\phi(-p) = (\phi(p))^*$ である．したがって，ひとつの複素数によって，質量殻上の２つの点の場の値が決まる．平均して考えると，質量殻上の各点あたりに，ひとつの実数値があてがわれる勘定になる．このことを我々は，式(10.24)が「質量殻上の各点あたりにひとつの自由度がある」ことを表す，と言う．

本節の締めくくりとして，スカラー場の運動方程式を光錐座標によって書いてみる．横方向座標 x^I を成分に持つベクトルを $\vec{x}_T$ と表記する．

$$\vec{x}_T = (x^2, x^3, \ldots, x^d) \tag{10.25}$$

全時空座標は，これを用いて $(x^+, x^-, \vec{x}_T)$ と表される．式(10.14)を光錐座標で展開すると，次式が得られる．

$$\left(-2 \frac{\partial}{\partial x^+} \frac{\partial}{\partial x^-} + \frac{\partial}{\partial x^I} \frac{\partial}{\partial x^I} - m^2 \right) \phi(x^+, x^-, \vec{x}_T) = 0 \tag{10.26}$$

この方程式を簡単にするために，"空間"に対する場の依存性をFourier変換する．すなわち x^- を p^+ に，x^I を p^I に変える．横方向の運動量 p^I だけを成分とするベクトルを $\vec{p}_T$ と表記する．

$$\vec{p}_T = (p^2, p^3, \ldots, p^d) \tag{10.27}$$

そうすると，上述のFourier変換は，次のように書かれる．

$$\phi(x^+, x^-, \vec{x}_T) = \int \frac{dp^+}{2\pi} \frac{d^{D-2}\vec{p}_T}{(2\pi)^{D-2}} e^{-ix^- p^+ + i\vec{x}_T \cdot \vec{p}_T} \phi(x^+, p^+, \vec{p}_T) \tag{10.28}$$

このスカラー場の式を，式(10.26)に代入すると，次式が得られる．

$$\left(-2\frac{\partial}{\partial x^+}(-ip^+) - p^I p^I - m^2\right)\phi(x^+, p^+, \vec{p}_T) = 0 \tag{10.29}$$

これを$2p^+$で割って，次式を得る．

$$\left(i\frac{\partial}{\partial x^+} - \frac{1}{2p^+}\left(p^I p^I + m^2\right)\right)\phi(x^+, p^+, \vec{p}_T) = 0 \tag{10.30}$$

これが求めていた式である．元のLorentz不変な運動方程式では時間に関する2階微分が含まれていたが，光錐座標の運動方程式は光錐時間に関して1階の微分方程式になっている．式(10.30)は，時間に関して1階のSchrödinger方程式と同じ形式的構造を持っている．この事実は，量子力学的な点粒子とスカラー場との関係を学ぶ際に有用となる．

後の議論のために，式(10.30)のもうひとつの書き方を示しておく．x^+と$x^+ = p^+\tau/m^2$のように関係づけられる新たな無単位の時間変数τを用いると，次式が得られる．

$$\left(i\frac{\partial}{\partial \tau} - \frac{1}{2m^2}(p^I p^I + m^2)\right)\phi(\tau, p^+, \vec{p}_T) = 0 \tag{10.31}$$

計算練習10.2 質量殻条件$p^2 + m^2 = 0$を光錐座標において考える．次式を示せ．

$$p^- = \frac{1}{2p^+}(p^I p^I + m^2) \tag{10.32}$$

10.4 スカラー場の量子化と粒子状態

場の量子論(quantum field theory)は，素粒子の量子力学的な挙動とその相互作用を記述する自然な言語である．場の量子論は，古典場に対して量子力学を適用したものである．古典的な力学変数は，量子力学では演算子へと変更される．たとえば古典的な粒子の位置と運動量は，それぞれ位置演算子と運動量演算子に置き換わる．力学変数が古典場であれば，量子力学的な演算子は"場の演算子"である．したがって場の量子論において，場は演算子である．場の量子論における状態空間は典型的には，"粒子状態"(particle state)の組を用いて記述される．エネルギー演算子と運動量演算子も場の量子論において利用される．これらの演算子を粒子状態に作用させると，その状態によって記述されている粒子(の集合)のエネルギーと運動量が与えられる．

本節では，上述の性質が具体的にどのように現れるのかを簡潔に論じる．運動量$\vec{p}$と$-\vec{p}$を持つ複素波の重ね合わせ($\vec{p} \neq 0$)を記述する平面波解(10.18)を念頭に置いて，古典場を表す次の式を考える．

$$\phi_p(t, \vec{x}) = \frac{1}{\sqrt{V}}\frac{1}{\sqrt{2E_p}}\left(a(t)e^{i\vec{p}\cdot\vec{x}} + a^*(t)e^{-i\vec{p}\cdot\vec{x}}\right) \tag{10.33}$$

ここで2つの変更が施されている。第1に、$a(t)$とその複素共役$a^*(t)$を導入することによって、時間への依存性がより一般的になっている。関数$a(t)$は場の挙動を決める力学変数である。第2に、規格化因子を加えてある。空間の体積をVと仮定して因子$\sqrt{V}$を導入した。また、式(10.17)で定義されているエネルギーE_pの平方根も規格化因子に含めてある。

我々は空間全体を、各辺の長さが$L_1, L_2, \ldots, L_d$の箱と想定する。$V = L_1 L_2 \ldots L_d$である。場を箱の中で考える際に、通常は周期境界条件を要請する。ϕ_pが周期境界条件を満たすのは、$\vec{p}$の各成分p_iが次式を満たす場合である。

$$p_i L_i = 2\pi n_i, \quad i = 1, 2, \ldots, d \tag{10.34}$$

ここでn_iは整数を表す。運動量の各成分が量子化される。

場の形として式(10.33)を用いて、量子力学(場の量子論)への移行を試みる。この目的のために、$\phi = \phi_p(t, \vec{x})$に関するスカラー場の作用(10.7)を評価する。

$$S = \int dt \int d^d x \left(\frac{1}{2}(\partial_0 \phi_p)^2 - \frac{1}{2}(\nabla \phi_p)^2 - \frac{1}{2}m^2 \phi_p^2 \right) \tag{10.35}$$

この式には、場の自乗、場の時間微分の自乗、場の勾配の自乗が含まれている。これらの自乗の計算において、2種類の項が現れる。すなわち$\exp(\pm 2i\vec{p}\cdot\vec{x})$という空間依存性を持つ項と、空間依存性を持たない項である。我々は前者に対する空間積分$\int d^d x$がゼロになるものと見なすので、空間依存性を持つ項からの寄与は残らない。実際、運動量の量子化条件(10.34)は次式を含意している。

$$\int_0^{L_1} dx^1 \ldots \int_0^{L_d} dx^d \exp(\pm 2i\vec{p}\cdot\vec{x}) = 0 \tag{10.36}$$

空間依存性を持たない項に関しては、その空間積分は体積因子Vを与え、これは式(10.33)において導入しておいた因子$\sqrt{V}$との間で相殺する。結果は次のようになる。

$$S = \int dt \left(\frac{1}{2E_p} \dot{a}^*(t) \dot{a}(t) - \frac{1}{2} E_p a^*(t) a(t) \right) \tag{10.37}$$

計算練習 10.3 式(10.37)が正しいことを証明せよ。

同様に、式(10.11)を用いて場のエネルギーHを評価することもできる。

$$H = \frac{1}{2E_p} \dot{a}^*(t) \dot{a}(t) + \frac{1}{2} E_p a^*(t) a(t) \tag{10.38}$$

計算練習 10.4 式(10.38)が正しいことを証明せよ。

作用の式(10.37)は、2つの単純調和振動子の力学を記述する。$a(t)$は複素力学変数なので、実数座標$q_1(t)$と$q_2(t)$を用いて、次のように書くことができる。

$$a(t) = q_1(t) + i q_2(t) \tag{10.39}$$

作用の式を$q_1(t)$と$q_2(t)$を用いて書き直すと、次式になる。

$$S = \int dt L = \sum_{i=1}^{2} \int dt \left(\frac{1}{2E_p} \dot{q}_i^2(t) - \frac{1}{2} E_p q_i^2(t) \right) \tag{10.40}$$

10.4. スカラー場の量子化と粒子状態

この式を見ると，$q_1(t)$ と $q_2(t)$ が実際に，独立な単純調和振動子の座標にあたることが分かる．これらと共役な正準運動量は，次のように与えられる．

$$p_i(t) = \frac{\partial L}{\partial \dot{q}_i} = \frac{\dot{q}_i(t)}{E_p} \rightarrow p_1(t) + ip_2(t) = \frac{1}{E_p}\dot{a}(t) \tag{10.41}$$

作用 (10.40) の変分から導かれる運動方程式は，

$$\ddot{q}_i(t) = -E_p^2 q_i(t), \quad i=1,2 \tag{10.42}$$

となる．実際には，これらの複素線形結合にあたる $a(t)$ を利用する方が便利である．式(10.39) を用いると，運動方程式は複素変数による単一の方程式になる．

$$\ddot{a}(t) = -E_p^2 a(t) \tag{10.43}$$

式(10.43)の解は，指数関数によって簡単に与えられる．2階の微分方程式なので，2つの独立な基本解を用いて一般解が表される．

$$a(t) = a_p e^{-iE_p t} + a_{-p}^* e^{iE_p t} \tag{10.44}$$

$a(t)$ は複素数なので，実数条件に伴うような係数の関係の制約はない．上の解を書くために，2つの独立な複素定数 a_p と a_{-p}^* を導入した．この解をエネルギーの式(10.38)に代入すると，次式が得られる．

$$H = E_p\left(a_p^* a_p + a_{-p}^* a_{-p}\right) \tag{10.45}$$

時間依存性が消失したことに注意してもらいたい．エネルギーは保存する．

古典的なスカラー場の理論では，場が持つ時空運動量 $\vec{P}$ を与える積分式がある．今の例では，場の運動量は保存し，問題8.10で扱う解析によって，その式が得られる．ここではこれを論じないが，その結果は，

$$\vec{P} = -\int d^d x (\partial_0 \phi) \nabla \phi \tag{10.46}$$

となる．場が式(10.33)の形で表され，$a(t)$ が式(10.44)で与えられる場合の $\vec{P}$ の評価を問題10.1で扱うことにする．そこで得られる結果は，次式となるはずである．

$$\vec{P} = \vec{p}\left(a_p^* a_p - a_{-p}^* a_{-p}\right) \tag{10.47}$$

ここで扱う系は，2つの調和振動子から成る．H の式により，量子論に移行した場合，a_p と a_{-p} は消滅演算子になり，a_p^* と a_{-p}^* は生成演算子 $a_p^\dagger$ と $a_{-p}^\dagger$ になることが想定される．この仮定の正当性を簡潔に証明する．これらの演算子は，次の標準的な交換関係を満たすことになる．

$$[a_p, a_p^\dagger] = 1, \quad [a_{-p}, a_{-p}^\dagger] = 1 \tag{10.48}$$

一方の添字に p，もう一方の添字に $(-p)$ を持つ演算子の組合せの交換子は必ずゼロになる．交換関係の導入によって，式(10.44)に示した $a(t)$ は，演算子に移行する．この演算子とそのエルミート共役 $a^\dagger(t)$，そしてこれらの時間微分を書くと次のようになる．

$$\begin{aligned}
a(t) &= a_p e^{-iE_p t} + a_{-p}^\dagger e^{iE_p t} \\
a^\dagger(t) &= a_p^\dagger e^{iE_p t} + a_{-p} e^{-iE_p t} \\
\dot{a}(t) &= -iE_p\left(a_p e^{-iE_p t} - a_{-p}^\dagger e^{iE_p t}\right) \\
\dot{a}^\dagger(t) &= iE_p\left(a_p^\dagger e^{iE_p t} - a_{-p} e^{-iE_p t}\right)
\end{aligned} \tag{10.49}$$

少し計算をすると，$a(t)$, $a^\dagger(t)$, $\dot{a}(t)$, $\dot{a}^\dagger(t)$ の間でゼロにならない交換子をつくるのは，次のものだけであることが証明される．

$$[a(t), \dot{a}^\dagger(t)] = [a^\dagger(t), \dot{a}(t)] = 2iE_p \tag{10.50}$$

上の交換関係は，座標とそれに共役な運動量に対して，次の自然な交換関係を課していることを含意する．

$$[q_1(t), p_1(t)] = [q_2(t), p_2(t)] = i \tag{10.51}$$

このことを示すために，式(10.39)と式(10.41)を，座標と運動量について解く．

$$q_1(t) = \frac{1}{2}\left(a(t) + a^\dagger(t)\right), \quad p_1(t) = \frac{1}{2E_p}\left(\dot{a}(t) + \dot{a}^\dagger(t)\right) \tag{10.52}$$

$$q_2(t) = \frac{1}{2i}\left(a(t) - a^\dagger(t)\right), \quad p_2(t) = \frac{1}{2iE_p}\left(\dot{a}(t) - \dot{a}^\dagger(t)\right) \tag{10.53}$$

これらの交換関係を確認することは難しくない．例えば，

$$[q_1(t), p_1(t)] = \frac{1}{4E_p}[a(t)+a^\dagger(t), \dot{a}(t)+\dot{a}^\dagger(t)] = \frac{1}{4E_p}(2iE_p+2iE_p) = i \tag{10.54}$$

となる．他の交換関係も同様に計算することにより，初めに仮定した交換関係(10.48)の正当性が確認される．

計算練習 10.5 $[q_2(t), p_2(t)] = i$ と $[q_1(t), p_2(t)] = 0$ を確認せよ．

量子論に移行すると，式(10.45)のハミルトニアン，

$$H = E_p\left(a_p^* a_p + a_{-p}^* a_{-p}\right) \tag{10.55}$$

も，振動数 E_p を持つ調和振動子の対を記述する演算子になる．式(10.47)の運動量，

$$\vec{P} = \vec{p}\left(a_p^* a_p - a_{-p}^* a_{-p}\right) \tag{10.56}$$

も演算子になる．添字 $(-p)$ を持つ振動子は，運動量に負の寄与を持つことに注意してもらいたい．この式により，以下に示す解釈が導かれる．

式(10.49)の初めの2本の式を式(10.33)に代入すると，演算子化された場の式が得られる．

$$\phi_p(t, \vec{x}) = \frac{1}{\sqrt{V}}\frac{1}{\sqrt{2E_p}}\left(a_p e^{-iE_p t + i\vec{p}\cdot\vec{x}} + a_p^\dagger e^{iE_p t - i\vec{p}\cdot\vec{x}}\right)$$

$$+ \frac{1}{\sqrt{V}}\frac{1}{\sqrt{2E_p}}\left(a_{-p} e^{-iE_p t - i\vec{p}\cdot\vec{x}} + a_{-p}^\dagger e^{iE_p t + i\vec{p}\cdot\vec{x}}\right) \tag{10.57}$$

ϕ_p が実際に時空座標に依存する演算子，すなわち場の演算子になっていることが見て取れる．式(10.57)の2行目は，1行目に対して $\vec{p} \to -\vec{p}$ という置き換えを施すことによって得られ，この置き換えによって E_p は変更されない．完全な一般性を備えた量子場 $\phi(x)$ の式は，空間運動量 $\vec{p}$ のすべての値からの寄与を含んだ形で与えられる．

10.4. スカラー場の量子化と粒子状態

$$\phi(t,\vec{x}) = \frac{1}{\sqrt{V}} \sum_{\vec{p}} \frac{1}{\sqrt{2E_p}} \left(a_p e^{-iE_p t + i\vec{p}\cdot\vec{x}} + a_p^\dagger e^{iE_p t - i\vec{p}\cdot\vec{x}} \right) \tag{10.58}$$

振動子の演算子に課される交換子条件は，式(10.48)を自然に一般化した形を取る.

$$[a_p, a_k^\dagger] = \delta_{p,k}, \quad [a_p, a_k] = [a_p^\dagger, a_k^\dagger] = 0 \tag{10.59}$$

添字はすべて空間ベクトルを，表記の煩雑さを避けるために矢印を省いて書いたものである. Kroneckerのデルタ $\delta_{p,k}$ は $\vec{p} = \vec{k}$ の場合にだけ1となり，それ以外ではゼロになる. すべての運動量の値からの寄与を考えることにすると，前に示したハミルトニアンの式(10.55)と運動量演算子の式(10.56)を変更しなければならない. 次のようになることが示される.

$$H = \sum_{\vec{p}} E_p a_p^\dagger a_p \tag{10.60}$$

$$\vec{P} = \sum_{\vec{p}} \vec{p}\, a_p^\dagger a_p \tag{10.61}$$

ここでこれらの式の導出は行わないが，読者には妥当な形と思えるであろう.

この量子系の状態空間は，単純調和振動子の状態空間と同じ方法によって構築される. まず，すべての $\vec{p}$ の値に関して，調和振動子の基底状態 (ground state) $|0\rangle$ のように，消滅演算子 a_p によって状態そのものが消失するような，すなわち $a_p|\Omega\rangle = 0$ となるような真空状態 $|\Omega\rangle$ が存在することを仮定する. この状態については $H|\Omega\rangle = 0$ となり，系のゼロエネルギー状態の真空にあたる. この真空状態は，系に粒子が存在しない状態と解釈される. 他方において，

$$a_p^\dagger|\Omega\rangle \tag{10.62}$$

のような状態は，ひとつの粒子を含んだ状態と解釈される. 我々はこの粒子が，運動量 $\vec{p}$ を持つものと見なすことができる. これを証明するために，運動量演算子(10.61)を，この状態に作用させ，交換関係(10.59)を用いると，次式が得られる.

$$\vec{P} a_p^\dagger|\Omega\rangle = \sum_{\vec{k}} \vec{k}\, a_k^\dagger [a_k, a_p^\dagger]|\Omega\rangle = \vec{p}\, a_p^\dagger|\Omega\rangle \tag{10.63}$$

この状態が持つエネルギーも，ハミルトニアン H を作用させることによって，同様に求まる.

$$H a_p^\dagger|\Omega\rangle = \sum_{\vec{k}} E_k a_k^\dagger [a_k, a_p^\dagger]|\Omega\rangle = E_p a_p^\dagger|\Omega\rangle \tag{10.64}$$

この状態 $a_p^\dagger|\Omega\rangle$ は正のエネルギーを持つ. 量子場の演算子は正エネルギー成分と負エネルギー成分を両方とも含んでいるが，粒子を表す状態は正のエネルギーを持つ. $a_p^\dagger|\Omega\rangle$ は"1粒子状態"である.

状態空間は1粒子状態だけでなく，複数の粒子を持つ状態も含む. このような状態は真空に対して複数の生成演算子を作用させることによって構築される.

$$a_{p_1}^\dagger a_{p_2}^\dagger \ldots a_{p_k}^\dagger |\Omega\rangle \tag{10.65}$$

この，真空に対して k 個の生成演算子を作用させた状態は，k 個の粒子を含む状態を表す．これらの粒子は運動量 $\vec{p}_1, \vec{p}_2, \ldots, \vec{p}_k$ とエネルギー $E_{p_1}, E_{p_2}, \ldots E_{p_k}$ を持つ．それぞれの運動量 $\vec{p}_i$ は，すべてが違う値でなくてもよい．

計算練習 10.6 式(10.65)の状態に $\vec{P}$ と H を作用させたときの固有値が，それぞれ $\sum_{n=1}^{k} \vec{p}_n$ と $\sum_{n=1}^{k} E_{p_n}$ になることを示せ．

計算練習 10.7 $N = \sum_{\vec{p}} a_p^\dagger a_p$ が粒子数演算子であることを自ら納得せよ．すなわちこれを状態に作用させると，その状態に含まれる粒子の個数が与えられる．

前節における古典的な解の解析からは，質量殻上のひとつの点あたりにひとつの自由度が存在することが導かれた．量子力学の水準において，我々は1粒子状態を集中的に扱うことにする．したがって，我々は質量殻の物理的な部分，すなわちエネルギーが正の部分 ($p^0 = E > 0$) だけを考える．物理的な質量殻の上の各点に対して，1粒子状態がひとつ対応する．これらの状態は，空間運動量 $\vec{p}$ を添字に付けて識別される．

このような粒子状態を，光錐座標において記述するための変更は些細なものである．質量殻の物理的な部分は，横方向運動量 $\vec{p}_T$ と光錐運動量 p^+ ($p^+ > 0$) によってパラメーター付けがなされる．これらの値を指定すると，光錐エネルギー p^- は固定される．したがって，各振動子を $\vec{p}$ によって識別する代わりに，p^+ と $\vec{p}_T$ を添字に付けて識別すればよい．1粒子状態は次のように書かれる．

> スカラー場の1粒子状態： $a_{p^+, p_T}^\dagger |\Omega\rangle$ (10.66)

式(10.61)の運動量演算子も，自然な形で光錐座標に移行できる．運動量演算子の各成分は，次のように与えられる．

$$\hat{p}^+ = \sum_{p^+, p_T} p^+ a_{p^+, p_T}^\dagger a_{p^+, p_T}$$

$$\hat{p}^I = \sum_{p^+, p_T} p^I a_{p^+, p_T}^\dagger a_{p^+, p_T}$$

$$\hat{p}^- = \sum_{p^+, p_T} \frac{1}{2p^+} \left(p^I p^I + m^2 \right) a_{p^+, p_T}^\dagger a_{p^+, p_T} \quad (10.67)$$

最後の式において振動子に掛かっている因子は，質量殻条件(10.32)から決まる p^- の値である．最後の式は，式(10.60)と似ている．後者においては E_p が質量殻条件から決められたエネルギーを表している．

10.5 Maxwell場と光子状態

次に，Maxwell場とそれに対応する量子状態の解析に取りかかる．スカラー場の場合とは異なり，電磁場はゲージ不変性を備えており，そのことが解析を微妙で奥深いものにする．場の方

10.5. Maxwell場と光子状態

程式を便利な方法で学ぶために，光錐ゲージを定義するようなゲージ条件を課することにする．それからMaxwell場の量子状態を記述する．

電磁気の場の方程式は，電磁ベクトルポテンシャル $A_\mu(x)$ によって書かれる．3.3節で復習したように，場の強度 $F_{\mu\nu} = \partial_\mu A_\nu - \partial_\nu A_\mu$ は，次のゲージ変換の下で不変である．

$$\delta A_\mu = \partial_\mu \epsilon \tag{10.68}$$

ここで ϵ はゲージパラメーターである．場の方程式は次の形を取る．

$$\partial_\nu F^{\mu\nu} = 0 \;\rightarrow\; \partial_\nu \left(\partial^\mu A^\nu - \partial^\nu A^\mu \right) = 0 \tag{10.69}$$

これを，次のように書き直す．

$$\partial^2 A^\mu - \partial^\mu (\partial \cdot A) = 0 \tag{10.70}$$

この式を，スカラー場の式(10.14)と比べてもらいたい．Maxwell場に関する質量項——時空微分が施されていないような項——は見当たらない．我々はこの後で，Maxwell場が実際に質量を持たないことを確認する．

運動量空間における運動方程式を見いだすために，ベクトルポテンシャルのすべての成分をFourier変換する．

$$A^\mu(x) = \int \frac{d^D p}{(2\pi)^D} e^{ipx} A^\mu(p) \tag{10.71}$$

$A^\mu(x)$ が実数なので，$A^\mu(-p) = (A^\mu(p))^*$ が想定される．式(10.71)を式(10.70)に代入すると，次式が得られる．

$$p^2 A^\mu - p^\mu (p \cdot A) = 0 \tag{10.72}$$

ゲージ変換の式(10.68)もFourier変換できる．運動量空間におけるゲージ変換 $\delta A_\mu(p)$ は，ゲージパラメーターのFourier変換 $\epsilon(p)$ と関係づけられる．

$$\delta A_\mu(p) = i p_\mu \epsilon(p) \tag{10.73}$$

ゲージパラメーター $\epsilon(x)$ は実数なので，$\epsilon(-p) = \epsilon^*(p)$ である．ゲージ変換(10.73)は，$\delta A_\mu(x)$ が実数であることと整合している．実際に，

$$(\delta A_\mu(p))^* = -i p_\mu (\epsilon(p))^* = i(-p_\mu)\epsilon(-p) = \delta A_\mu(-p) \tag{10.74}$$

である．符号を適正にするための因子 i の役割に注意してもらいたい．

準備は済んだので，式(10.72)のゲージ変換(10.73)による変換の解析に取りかかることができる．ここで，ゲージ場の光錐成分を導入すると，より都合がよい．

$$A^+(p), \quad A^-(p), \quad A^I(p) \tag{10.75}$$

これらはゲージ変換(10.73)の下で，次のように変換する．

$$\delta A^+ = i p^+ \epsilon, \quad \delta A^- = i p^- \epsilon, \quad \delta A^I = i p^I \epsilon \tag{10.76}$$

ここでゲージ条件を課する．前にも強調したように，光錐形式を採用する場合には，我々は常に $p^+ \neq 0$ を仮定する．上のゲージ変換を見ると，ϵ を適切に選ぶことによって A^+ をゼロに設定できることは明白である．実際に A^+ の変換，

$$A^+ \to A'^+ = A^+ + ip^+\epsilon \tag{10.77}$$

を見ると，$\epsilon = iA^+/p^+$ と選べば，新たなゲージ場 A' の $+$ 成分はゼロになることが分かる．言い換えると，我々は常に適切なゲージ変換を施すことにより，Maxwell場の $+$ 成分をゼロにすることが可能である．これが Maxwell 理論において光錐ゲージを定義する条件である．

光錐ゲージの条件： $A^+(p) = 0$ (10.78)

変換によって A^+ をゼロにするように移行するためのゲージパラメーター ϵ は決まってしまい，追加的なゲージ変換を施すことはできない．一旦 $A^+ = 0$ のゲージ条件に到達したときに，そこから更にゲージ変換を施すと，通常はその変換により A^+ がゼロでなくなる．しかし稀少な例外もある．$\epsilon(p) = \epsilon(p^-, p^I)\delta(p^+)$ という形を持つ任意のパラメーターは $A^+ = 0$ という条件を保持する．何故ならこの場合は $p^+\epsilon(p) = 0$ となるからである．光錐弦の理論との類似性は注目に値する．光錐ゲージによる開弦の理論では，世界面におけるパラメータ付けは完全に固定される．そして X^+ は，それがゼロでない限り非常に簡単になる．すなわち，これに対応するゼロモード規準位置と振動はゼロになる．

ゲージ条件(10.78)によって運動方程式(10.72)はかなり単純になる．$\mu = +$ と置くと，次式を得る．

$$p^+(p \cdot A) = 0 \to p \cdot A = 0 \tag{10.79}$$

この式を，光錐添字を用いて展開する．

$$-p^+ A^- - p^- A^+ + p^I A^I = 0 \tag{10.80}$$

$A^+ = 0$ なので，この式により，横方向の A^I から A^- を決めることができる．

$$A^- = \frac{1}{p^+}(p^I A^I) \tag{10.81}$$

この結果は光錐弦の解析を想起させる．そこでは X^- が横方向座標（とゼロモード）によって解かれている．式(10.79)を式(10.72)に適用すると，場の方程式において残るのは次式である．

$$p^2 A^\mu(p) = 0 \tag{10.82}$$

$\mu = +$ に関しては，$A^+ = 0$ なので上式が満たされることは自明である．$\mu = I$ に関して，我々は自明でない条件式の組を得る．

$$p^2 A^I(p) = 0 \tag{10.83}$$

$\mu = -$ については $p^2 A^-(p) = 0$ を得る．これは式(10.81)と式(10.83)により，自動的に満たされる．

I の各値に関して，式(10.83)は質量のないスカラー場の運動方程式の形を取る．したがって $p^2 \neq 0$ のときには $A^I(p) = 0$ である．このとき $A^- = 0$ となり，$A^+ = 0$ なので全ゲージ場

10.5. Maxwell場と光子状態

がゼロになる．$p^2 = 0$ であれば，$A^I(p)$ には制約が与えられず，$A^-(p)$ が A^I の関数として決まる (式(10.81)参照)．Maxwell場の自由度は，このように $p^2 = 0$ において，$(D-2)$ 個の横方向場 $A^I(p)$ が担う．我々はこのことを，Maxwell場は質量殻上の各点あたりに $(D-2)$ 個の自由度を持つと表現する．

$p^2 \neq 0$ において自由度がないことは，ゲージを選ぶことなく示すことも可能である．$p^2 \neq 0$ のときには，すべての場がゼロではなくても，すべての場がゼロ場と"ゲージ等価"(gauge equivalent)である．ある場がゼロ場とゲージ変換による違いしか持たない場合，その場を"純粋ゲージ"(pure gauge) の場と称する．場 A_μ と A'_μ は，あるスカラー関数 χ によって $A_\mu = A'_\mu + \partial_\mu \chi$ のように関係づけられるならば，ゲージ等価であるということを思い出そう．$A'_\mu = 0$ と置くと，$A_\mu = \partial_\mu \chi$ がゼロ場とゲージ等価であることが分かる．純粋ゲージという術語は適切である．A_μ はゲージ変換の形を取る．運動量空間において，純粋ゲージの場は次のように書ける．

純粋ゲージ (pure gauge)： $\quad A_\mu(p) = ip_\mu \chi(p)$ \hfill (10.84)

運動方程式(10.72)を，次のように書き直す．

$$p^2 A_\mu = p_\mu (p \cdot A) \tag{10.85}$$

$p^2 \neq 0$ であれば，次のように書ける．

$$A_\mu = ip_\mu \left(\frac{-ip \cdot A}{p^2} \right) \tag{10.86}$$

これを式(10.84)と比べると，A_μ が純粋ゲージであることを見て取れる．このことはMaxwell場が $p^2 \neq 0$ において自由度を持たないことを意味している．如何なる観点に照らしても，そこに物理的な場は存在しない．

光子状態について簡単に論じてみよう．独立な古典場 A^I それぞれを，スカラー場に対して式(10.58)に示したような形に展開することができる．これを行うために——読者が類推を働かせやすいように——振動子 a^I_p と $a^{I\dagger}_p$ を導入する．添字 p は，p^+ と $\vec{p}_T$ の値を表す．このようにして，我々は $(D-2)$ 種類の振動子を得る．真空状態を $|\Omega\rangle$ と記すと，1光子状態は次のように書かれる．

$$a^{I\dagger}_{p^+, p_T} |\Omega\rangle \tag{10.87}$$

ここでの添字 I は，偏光状態を表す指標となる．光子状態(10.87)は I 番目の方向に偏光していると言う．偏光方向は $(D-2)$ 種類が可能なので，「我々は質量殻の物理的な部分の各点において，$(D-2)$ 個の線形独立な1光子状態を持つ」ことになる．運動量 $(p^+, \vec{p}_T)$ を持つ一般の1光子状態は，次のように与えられる．

$$\boxed{\text{1光子状態：} \quad \sum_{I=2}^{D-1} \xi_I a^{I\dagger}_{p^+, p_T} |\Omega\rangle \tag{10.88}}$$

ここで用いられる横方向ベクトル ξ_I は，偏光ベクトルと呼ばれる．

4次元時空において，Maxwell理論は任意の指定された運動量に対して $D-2 = 2$ 個の1光子状態を生じ得る．このことは読者にとって，少なくとも古典論の見地からは馴染み深いはず

である．ある決まった方向に伝播する決まった波長を持つ(すなわち決まった運動量を持つ)電磁平面波は，相互に独立な2種類の偏光状態を持つ2つの平面波の重ね合わせとして表される．

10.6　重力場と重力子状態

重力は弦理論において，Einsteinの一般相対性理論の言語を通じて現れてくる．この言語については3.6節において簡単に論じた．力学的な場の変数は，時空の計量$g_{\mu\nu}(x)$であり，重力場が弱い場合の近似として$g_{\mu\nu}(x) = \eta_{\mu\nu} + h_{\mu\nu}(x)$という形を想定しうる．$g_{\mu\nu}$も$h_{\mu\nu}$も添字の入れ替えの下で対称である．$g_{\mu\nu}$に関する場の方程式——Einstein方程式——から，そのゆらぎ$h_{\mu\nu}$に関する線形化された運動方程式を導くことができる．これを式(3.82)として与えてある．$h_{\mu\nu}(p)$を$h_{\mu\nu}(x)$のFourier変換と定義すると，運動量空間における運動方程式は，次のようになる．

$$S^{\mu\nu}(p) \equiv p^2 h^{\mu\nu} - p_\alpha(p^\mu h^{\nu\alpha} + p^\nu h^{\mu\alpha}) + p^\mu p^\nu h = 0 \tag{10.89}$$

もしEinstein方程式を重力源がある状況下で考えるならば，この式の右辺には源が持つエネルギー‐運動量テンソルを表す項が必要となる．上式において$h = \eta^{\mu\nu} h_{\mu\nu} = h^\mu_\mu$であり，$h_{\mu\nu}$の添字はMinkowski計量$\eta^{\mu\nu}$とその逆行列$\eta_{\mu\nu}$を用いて上げ下げすることができる．式(10.89)においてすべての項が2階の微分を含んでいるので，このことから$h_{\mu\nu}$は質量のない励起に関係づけられるものと想定される．

これから簡単に見るように，運動方程式(10.89)は，3.6節で論じた次のゲージ変換の下で不変である．

$$\delta_0 h^{\mu\nu}(p) = ip^\mu \epsilon^\nu(p) + ip^\nu \epsilon^\mu(p) \tag{10.90}$$

無限小のゲージパラメーター$\epsilon^\mu(p)$はベクトルである．重力において，ゲージ不変性とはパラメーター付け替え不変性である．すなわち時空に対するパラメーター付けをする座標系をどのように選んでも，物理に対する影響はない．

式(10.89)がゲージ変換(10.90)の下で不変であることを証明しよう．まず$\delta_0 h$を計算すると，次式が得られる．

$$\delta_0 h = \eta_{\mu\nu} \delta_0 h^{\mu\nu} = i\eta_{\mu\nu}(p^\mu \epsilon^\nu + p^\nu \epsilon^\mu) = 2ip\cdot\epsilon \tag{10.91}$$

したがって，この変換による$S^{\mu\nu}$の変分は，次のように与えられる．

$$\begin{aligned}\delta_0 S^{\mu\nu} &= ip^2(p^\mu \epsilon^\nu + p^\nu \epsilon^\mu) - ip_\alpha p^\mu(p^\nu \epsilon^\alpha + p^\alpha \epsilon^\nu) \\ &\quad - ip_\alpha p^\nu(p^\mu \epsilon^\alpha + p^\alpha \epsilon^\mu) + 2ip^\mu p^\nu p\cdot\epsilon\end{aligned} \tag{10.92}$$

しかしこれを，次のように書き直せる．

$$\begin{aligned}\delta_0 S^{\mu\nu} &= ip^2(p^\mu \epsilon^\nu + p^\nu \epsilon^\mu) - ip^\mu p^\nu(p\cdot\epsilon) - ip^2 p^\mu \epsilon^\nu \\ &\quad - ip^\mu p^\nu(p\cdot\epsilon) - ip^2 p^\nu \epsilon^\mu + 2ip^\mu p^\nu p\cdot\epsilon\end{aligned} \tag{10.93}$$

式(10.93)において，すべての項が相殺し合うことを容易に見て取れるので，$\delta_0 S^{\mu\nu} = 0$である．つまり運動方程式がゲージ不変性を持つことが確認された．

10.6. 重力場と重力子状態

計量 $h^{\mu\nu}$ は対称で，2つの添字はそれぞれ $(+,-,I)$ の中の値を取るので，考察の対象となる量を挙げると，次のようになる．

$$(h^{IJ}, h^{+I}, h^{-I}, h^{+-}, h^{++}, h^{--}) \tag{10.94}$$

我々は式(10.94)において，添字 $+$ を持つすべての場をゼロに設定することを試みる．このために，式(10.90)を用いて，これらのゲージ変換を調べてみる．

$$\delta_0 h^{++} = 2ip^+ \epsilon^+ \tag{10.95}$$

$$\delta_0 h^{+-} = ip^+ \epsilon^- + ip^- \epsilon^+ \tag{10.96}$$

$$\delta_0 h^{+I} = ip^+ \epsilon^I + ip^I \epsilon^+ \tag{10.97}$$

前と同様に，我々はここで $p^+ \neq 0$ を仮定する．式(10.95)を見ると，ϵ^+ を適切に選ぶことにより，h^{++} をゼロにするゲージへの移行が可能であることが分かる．これによって ϵ^+ の選び方は確定する．式(10.96)を見ると，ϵ^+ が既に決まっていても，h^{+-} をゼロにするような ϵ^- を見いだせることが分かる．この条件から ϵ^- が決まる．同様に式(10.97)において，ϵ^I を適切に選ぶことによって h^{+I} をゼロにすることができる．このように全ゲージ自由度を利用することで，添字 $+$ を含むような $h^{\mu\nu}$ をすべてゼロに設定することが可能である．これによって重力場に関する光錐ゲージが定義される．

$$\boxed{\text{光錐ゲージ条件}: \quad h^{++} = h^{+-} = h^{+I} = 0} \tag{10.98}$$

残された自由度を担うのは，次の量である．

$$(h^{IJ}, h^{-I}, h^{--}) \tag{10.99}$$

ここで，運動方程式(10.89)の含意を調べておく必要がある．ゲージ条件(10.98)を念頭に置くと，$\mu = \nu = +$ のときに次式を得る．

$$(p^+)^2 h = 0 \rightarrow h = 0 \tag{10.100}$$

より具体的に書くと，次のようになる．

$$h = \eta_{\mu\nu} h^{\mu\nu} = -2h^{+-} + h^{II} = 0 \rightarrow h^{II} = 0 \tag{10.101}$$

我々の採用した光錐ゲージにおいて $h^{+-} = 0$ なので最後の式が得られる．この $h^{II} = 0$ は，行列 h^{IJ} の対角和(トレース)がゼロであることを意味する．$h = 0$ の下で，運動方程式(10.89)は次式へと簡約される．

$$p^2 h^{\mu\nu} - p^\mu (p_\alpha h^{\nu\alpha}) - p^\nu (p_\alpha h^{\mu\alpha}) = 0 \tag{10.102}$$

ここで $\mu = +$ と置くと，$p^+ (p_\alpha h^{\nu\alpha}) = 0$ が得られ，その結果，

$$p_\alpha h^{\nu\alpha} = 0 \tag{10.103}$$

となる．式(10.103)が成立していれば，式(10.102)は簡単に，次のようになる．

$$p^2 h^{\mu\nu} = 0 \tag{10.104}$$

これが運動方程式として残るすべてである！　この見慣れた方程式を詳しく調べる前に，式(10.103)の含意を考えておこう．ここで唯一自由な添字は ν である．$\nu = +$ の場合，これは自明な式になる．我々の採用したゲージでは $h^{+\alpha}$ がゼロだからである．$\nu = I$ の場合を考えよう．このとき $p_\alpha h^{I\alpha} = 0$ であるが，これを展開する．

$$-p^+ h^{I-} - p^- h^{I+} + p_J h^{IJ} = 0 \rightarrow h^{I-} = \frac{1}{p^+} p_J h^{IJ} \tag{10.105}$$

同様に，$\nu = -$ と置くと $p_\alpha h^{-\alpha} = 0$ であり，これを展開すると次のようになる．

$$-p^+ h^{--} - p^- h^{-+} + p_I h^{-I} = 0 \rightarrow h^{--} = \frac{1}{p^+} p_I h^{-I} \tag{10.106}$$

式(10.105)と式(10.106)は，添字 $-$ を持つ h を横方向の h^{IJ} によって与えている．式(10.103)にそれ以外の含意はない．

式(10.104)に戻ろう．添字 $+$ の付く場に関して，この式が成立することは自明である．この式が非自明となるのは，横方向添字を持つ場についてである．

$$p^2 h^{IJ}(p) = 0 \tag{10.107}$$

式(10.105)と式(10.106)を念頭に置くと，式(10.107)により自動的に $p^2 h^{I-} = 0$ と $p^2 h^{--} = 0$ も満たされる．式(10.107)は，$p^2 \neq 0$ の場合には $h^{IJ}(p) = 0$ であり，この場合 $h^{\mu\nu}$ のすべての成分がゼロになることを意味する．$p^2 = 0$ の場合には $h^{IJ}(p)$ は，対角和（トレース）がゼロになるという条件 $h_{II}(p) = 0$ 以外の制約は生じない．他の成分も横方向成分から決まる．

結論は次のようになる．古典的な D 次元重力場の自由度は"対称"で"対角和（トレース）がゼロ"で"横方向"のテンソル場 h^{IJ} が担っており，その成分は質量のないスカラーの運動方程式を満たす．このテンソルは，大きさが $(D-2)$ で，対角和（トレース）がゼロの正方対称行列が含んでいるだけの成分を持つ．この行列の成分数 $n(D)$ は，次のように決まる．

$$n(D) = \frac{1}{2}(D-2)(D-1) - 1 = \frac{1}{2}D(D-3) \tag{10.108}$$

そして以前と同様に，質量のないスカラーは，質量殻上の各点において 1 自由度を持つものと勘定する．したがって古典的な重力波は，質量殻上の各点あたりに $n(D)$ 個の自由度を持つと言える．4次元時空においては，横方向が 2 方向あり，対角和（トレース）がゼロの対称な 2×2 行列は 2 つの独立な成分を持つ．したがって 4 次元では $n(4) = 2$ 個の自由度を持つ．5 次元では $n(5) = 5$ 個，10 次元では $n(10) = 35$ 個，26 次元では $n(26) = 299$ 個の自由度を持つことになる．重力子状態を得るためには，式(10.58)においてスカラー場に対して行ったのと同様にして，独立な古典場 h^{IJ} それぞれを生成演算子と消滅演算子によって展開する．これを行うために，振動子 $a^{IJ}_{p^+, p_T}$ と $a^{IJ\dagger}_{p^+, p_T}$ が必要となる．我々は真空 $|\Omega\rangle$ を導入し，1 粒子の基本状態§として，

$$a^{IJ\dagger}_{p^+, p_T} |\Omega\rangle \tag{10.109}$$

を用いる．運動量 $(p^+, \vec{p}_T)$ を持つ 1 重力子状態は，上の状態の線形な重ね合わせによって表される．

---

§ (訳註) 本訳稿では 'basis state' の訳語を '基本状態'，'ground state' の訳語を '基底状態' とする．

問題 (第10章) ■209■

$$1\text{重力子状態}: \sum_{I,J=2}^{D-1} \xi_{IJ} a^{IJ\dagger}_{p^+,\,p_T} |\Omega\rangle, \quad \xi_{II} = 0 \tag{10.110}$$

ξ_{IJ} は重力子の偏極テンソルである．古典的な対角和（トレース）がゼロという条件は，量子論においては偏極テンソルの対角和（トレース）がゼロという条件，$\xi_{II} = 0$ になる．ξ_{IJ} は，大きさが $(D-2)$ で対角和（トレース）がゼロの対称行列なので，物理的な質量殻上の各点に関して，我々は $n(D)$ 個の線形独立な重力子状態を持つことになる．

問 題

10.1 古典的なスカラー場の運動量．

式(10.33)で与えられる場に関する積分(10.46)が，次のようになることを示せ．

$$\vec{P} = -\frac{i\vec{p}}{2E_p}\left(\dot{a}^* a - a^* \dot{a}\right)$$

式(10.44)を用いて，式(10.47)に引用したように $\vec{P} = \vec{p}\left(a_p^* a_p - a_{-p}^* a_{-p}\right)$ となることを示せ．

10.2 量子スカラー場の交換子．

(a) 式(10.34)のところで述べた箱の中の周期関数 $f(\vec{x})$ を考える．このような関数は，Fourier級数として展開できる．

$$f(\vec{x}) = \sum_{\vec{p}} f(\vec{p}) e^{i\vec{p}\cdot\vec{x}} \tag{1}$$

次式を示せ．

$$f(\vec{p}) = \frac{1}{V} \int d\vec{x}' f(\vec{x}') e^{-i\vec{p}\cdot\vec{x}'} \tag{2}$$

式(2)を式(1)に代入して，d 次元デルタ関数 $\delta^d(\vec{x}-\vec{x}')$ を無限級数によって表す式を求めよ．

(b) スカラー場の完全な展開式(10.58)を考える．これに対応する $\Pi(t,\vec{x}) = \partial_0 \phi(t,\vec{x})$ の展開を計算せよ．次の交換関係を示せ．

$$[\phi(t,\vec{x}),\,\Pi(t,\vec{x}')] = i\delta^d(\vec{x}-\vec{x}') \tag{3}$$

これは場の演算子とそれに共役な運動量の間の同時刻交換子である．場の量子論の議論の大部分は，この交換関係を仮定することから始まる．

10.3 Lorentzテンソルの光錐成分．[†]

(a) Lorentz 共変方程式 $A^\mu = B^\mu$ ($\mu = 0,1,\ldots,d$) は $A^+ = B^+$, $A^- = B^-$, $A^I = B^I$ を含意することを証明せよ．

Lorentzテンソル $R^{\mu\nu}$ が与えられたとき，光錐成分 $R^{+-}, R^{++}, \ldots$ をどのように定義すればよいか？ これを見いだすために，この定義が"任意の"テンソルに対して適用されること，したがって $R^{\mu\nu} = A^\mu B^\nu$ の場合にも適用されることに注意せよ．したがって，例えば $R^{+-} = A^+ B^-$ であり，A^+ と B^- を Lorentz 成分によって書けば，R^{+-} を $R^{00}, R^{01}, R^{10}, R^{11}$ によって決めることができる．

(b) $R^{\mu\nu}$ の Lorentz 成分を用いて $R^{++}, R^{+-}, R^{-+}, R^{--}$ を算出せよ．Lorentz テンソルの等式関係 $R^{\mu\nu} = S^{\mu\nu}$ が，光錐成分の等式関係を含意する理由を説明せよ．

(c) 上の (b) の結果が，Minkowski 計量の光錐成分 $\eta^{++}, \eta^{+-}, \eta^{-+}, \eta^{--}$ に関して予想される答えを与えることを確認せよ．

(d) 4次元において反対称な電磁場強度テンソル $F^{\mu\nu}$ を考える．光錐成分 F^{+-}, F^{+I}, F^{-I}, F^{IJ} を，Lorentz 成分 $F^{\mu\nu}$ によって与えよ．得られた結果を $\vec{E}$ と $\vec{B}$ によって書き直せ．

10.4 光錐ゲージにおける一定の電場．
一様な一定の電場 $\vec{E} = E_0 \vec{e}_x$ の，光錐ゲージ $(A^+ = (A^0 + A^1)/\sqrt{2} = 0)$ におけるポテンシャルを求めよ．A^- と A^I を光錐座標 x^+, x^-, x^I によって表せ．

10.5 純粋ゲージの重力場．
純粋ゲージの Maxwell 場に関する議論を参考にして，純粋ゲージの重力場を定義せよ．$p^2 \neq 0$ のときに，運動方程式を満たす任意の重力場 $h_{\mu\nu}(p)$ が純粋ゲージの場であることを証明せよ．

10.6 Kalb-Ramond 場 $B_{\mu\nu}$ に対する場の方程式と粒子状態.†
質量を持たない反対称ゲージ場 $B_{\mu\nu} = -B_{\nu\mu}$ の理論を調べてみる．このゲージ場は Maxwell ゲージ場 A_μ のテンソルとしての類似物にあたる．Maxwell 理論において我々は場の強度 $F_{\mu\nu} = \partial_\mu A_\nu - \partial_\nu A_\mu$ を定義した．$B_{\mu\nu}$ に関する場の強度 $H_{\mu\nu\rho}$ を，次のように定義する．

$$H_{\mu\nu\rho} \equiv \partial_\mu B_{\nu\rho} + \partial_\nu B_{\rho\mu} + \partial_\rho B_{\mu\nu}$$

(a) $H_{\mu\nu\rho}$ が全反対称であることを示せ．$H_{\mu\nu\rho}$ が次の"ゲージ変換"の下で不変であることを証明せよ．

$$\delta B_{\mu\nu} = \partial_\mu \epsilon_\nu - \partial_\nu \epsilon_\mu$$

(b) 上のゲージ変換は特異である．すなわちゲージパラメーター自体がゲージ不変性を持つ！ ϵ'_μ を，

$$\epsilon'_\mu = \epsilon_\mu + \partial_\mu \lambda$$

とすると，これが ϵ_μ と"同じ"ゲージ変換を生成することを示せ．

(c) 光錐座標と運動量空間を利用して，適切に $\lambda(p)$ を選ぶことによって $\epsilon^+(p)$ をゼロに設定できることを示せ．したがって，Kalb-Ramond 場の実効的なゲージ対称性は，ゲージパラメーター $\epsilon^I(p)$ と $\epsilon^-(p)$ によって生成される．

(d) 時空における作用原理を考える.
$$S \sim \int d^D x \left(-\frac{1}{6} H_{\mu\nu\rho} H^{\mu\nu\rho}\right)$$
$B_{\mu\nu}$ の場の方程式を見いだし，それを運動量空間における形で書け．

(e) $B^{\mu\nu}$ に関する適切な光錐ゲージ条件は何か？ (c) の結果を念頭に置いて，ゲージ不変性を用いてこれらのゲージ条件を満たせることを示せ．運動方程式を解析し，$p^2 B^{\mu\nu} = 0$ を示し，真に独立な自由度を表す $B^{\mu\nu}$ の成分を見いだせ．

(f) Kalb-Ramond 場の1粒子状態が，次のように与えられることを論じよ.
$$\sum_{I,J=2}^{D-1} \zeta_{IJ} a_{p^+,p_T}^{IJ\dagger} |\Omega\rangle$$
ζ_{IJ} はどのような種類の行列か？

10.7 質量を持つベクトル場.†

本問の目的は，Maxwell場に質量を持たせた場を理解することである．D 次元時空における質量を持つベクトル場は $(D-1)$ 個の自由度を持つことが判明する.

次のラグランジアン密度による作用 $S = \int d^D x \mathcal{L}$ を考える．
$$\mathcal{L} = -\frac{1}{4} F_{\mu\nu} F^{\mu\nu} - \frac{1}{2} m^2 A_\mu A^\mu - \frac{1}{2} \partial_\mu \phi \, \partial^\mu \phi + m A^\mu \partial_\mu \phi$$

$\mathcal{L}$ の第1項はMaxwell場において見慣れたものである．第2項はこのMaxwell場の質量項のように見えるが，この項だけでは不充分である．残りの項は実スカラー場 ϕ を表しており，これから見るように，この場はゲージ場(Maxwell場)に質量を付与するために，ゲージ場によって"食べられる"ことになる．

(a) ラグランジアン密度 $\mathcal{L}$ が，次の無限小ゲージ変換の下で不変であることを示せ.
$$\delta A_\mu = \partial_\mu \epsilon, \quad \delta \phi = \cdots$$
「 $\cdots$ 」は，あなたが決定しなければならない部分である．ゲージ場は見慣れたMaxwellのゲージ変換性を持つが，実スカラー場がゲージ変換を伴うことは普通ではない．

(b) 作用の変分を取り，A^μ と ϕ の場の方程式を書け．

(c) ゲージ変換によって $\phi = 0$ に設定できることを論じよ．場 ϕ は消えてしまうので，このことは"食べられた"と形容される．(b)で得た場の方程式は，どのように簡約されるか？

(d) 簡約された方程式を，運動量空間において書き，$p^2 \neq -m^2$ であれば非自明解が存在しないこと，また $p^2 = -m^2$ であればその解が $(D-1)$ 個の自由度を含意することを示せ．($p^2 = -m^2$ を満たすベクトル p^μ をLorentz変換を用いて1方向だけに成分を持つベクトルとして表すと便利かもしれない．)

第 11 章 点粒子の光錐量子化

弦を量子化するための準備として，本章では相対論的な点粒子の光錐ゲージによる量子化を学ぶ．我々は Heisenberg 演算子が古典的な運動方程式を満たすという要請に基づいて量子論を構築する．相対論的な点粒子の量子状態は，量子スカラー場の1粒子状態に対応することを示す．更に，粒子の波動関数を与える Schrödinger 方程式が，古典的なスカラー場の方程式に一致することを見る．最後に，光錐ゲージの Lorentz 生成子を構築する．

11.1 光錐粒子

本節では，古典的な相対論的点粒子を，光錐ゲージを用いて学ぶ．これは実際には，第9章において相対論的な古典弦を光錐ゲージで調べた作業よりもはるかに容易である．この議論により，我々は量子化に付随する複雑さに対して，まずは，より単純な粒子の文脈において調べることが可能となる．弦の量子化に必要となる概念の多くは，点粒子の量子化においても共通して必要とされる．

相対論的な点粒子に関する作用は，既に第5章において学んだ．粒子の運動のパラメーター付けに，任意のパラメーター τ 用いた形の式 (5.15) から考察を始めよう．

$$S = -m \int_{\tau_i}^{\tau_f} \sqrt{-\eta_{\mu\nu} \frac{dx^\mu}{d\tau} \frac{dx^\nu}{d\tau}} \, d\tau \tag{11.1}$$

上の作用の式を書くにあたり，$c=1$ と置いた．また，不都合のない限りにおいて $\hbar=1$ とする．パラメーター τ は，第9章で相対論的な弦を扱い始めたときと同様に，無単位と見なす．次のように記法を簡略化する．

$$\eta_{\mu\nu} \frac{dx^\mu}{d\tau} \frac{dx^\nu}{d\tau} = \eta_{\mu\nu} \dot{x}^\mu \dot{x}^\nu = \dot{x}^2 \tag{11.2}$$

τ を時間変数，$x^\mu(\tau)$ を座標と見なすことにより，作用 S の式からラグランジアン L の定義が次のように決まる．

$$S = \int_{\tau_i}^{\tau_f} L \, d\tau, \quad L = -m\sqrt{-\dot{x}^2} \tag{11.3}$$

通例に従い，ラグランジアンを速度に関して微分することによって運動量を得る．

$$p_\mu = \frac{\partial L}{\partial \dot{x}^\mu} = \frac{m\dot{x}_\mu}{\sqrt{-\dot{x}^2}} \tag{11.4}$$

第11章 点粒子の光錐量子化

このラグランジアンから導かれる Euler-Lagrange 方程式は，次式となる．

$$\frac{dp_\mu}{d\tau} = 0 \tag{11.5}$$

運動量のすべての成分は運動の定数である．式(11.4)が与えられると，運動量の成分が次の制約(質量殻条件)を受けることを即座に確認できる．

$$p^2 + m^2 = 0 \tag{11.6}$$

"粒子に関する光錐ゲージ"を定義するために，τ が粒子の座標 x^+ に比例するものして，次のように置く(式(9.62)参照)．

粒子の光錐ゲージ条件：　　$x^+ = \dfrac{1}{m^2} p^+ \tau$ \hfill (11.7)

右辺における因子 m^2 は，単位の整合性のために必要とされる．ここで，式(11.4)の + 成分を考えよう．

$$p^+ = \frac{m}{\sqrt{-\dot{x}^2}} \dot{x}^+ = \frac{1}{\sqrt{-\dot{x}^2}} \frac{p^+}{m} \tag{11.8}$$

両辺に共通の因子 p^+ を相殺し，自乗を取ると，次式が得られる．

$$\dot{x}^2 = -\frac{1}{m^2} \tag{11.9}$$

この結果によって，運動量の式(11.4)は簡単になる．

$$p_\mu = m^2 \dot{x}_\mu \tag{11.10}$$

m ではなく m^2 が現れているのは，無単位の τ を選んだことに因っている．そして，運動方程式(11.5)は，次式になる．

$$\ddot{x}_\mu = 0 \tag{11.11}$$

質量殻条件(11.6)を光錐成分で展開すると，次のようになる．

$$-2p^+ p^- + p^I p^I + m^2 = 0 \ \to \ p^- = \frac{1}{2p^+}\left(p^I p^I + m^2\right) \tag{11.12}$$

p^- の値は，p^+ と，横方向運動量 $\vec{p}_T$ の成分 p^I から決まる．p^- に関して，式(11.10)は次式を与える．

$$\frac{dx^-}{d\tau} = \frac{1}{m^2} p^- \tag{11.13}$$

これを積分する．

$$x^-(\tau) = x_0^- + \frac{p^-}{m^2}\tau \tag{11.14}$$

x_0^- は積分定数である．式(11.10)から $dx^I/d\tau = p^I/m^2$ も与えられるので，これを積分すると，

$$x^I(\tau) = x_0^I + \frac{p^I}{m^2}\tau \tag{11.15}$$

となる．x_0^I は積分定数である．光錐ゲージ条件 (11.7) の下では，$x^+(\tau)$ は定数項 x_0^+ を持たないことに注意してもらいたい．

これで点粒子の運動は完全に特定された．式 (11.12) は，我々が p^+ と，横方向運動量 $\vec{p}_T$ の各成分 p^I を指定すれば，運動量が完全に決まることを表している．粒子の x^- 方向の運動は，x_0^- の値を指定すれば，式 (11.14) によって決まる．横方向の運動は $x^I(\tau)$ によって決まるが，p^I が既に指定されていると考えれば，x_0^I によって決まると見てもよい．しかしここでは量子論における座標と運動量の対称な取扱いのために，x^I の方を力学変数として選んでおく．結局，点粒子に関する独立な力学変数は，次のように選ばれる．

$$\text{力学変数}: \quad \left(x^I,\ x_0^-,\ p^I,\ p^+\right) \tag{11.16}$$

11.2　Heisenberg 描像と Schrödinger 描像

伝統的に，量子力学において時間発展を理解するための主要なアプローチの方法は 2 通りある．Schrödinger 描像では，系の状態が時間発展し，演算子は変化しない．Heisenberg 描像では，時間発展するのは演算子あって，状態は変化しない．これらのうちで，Heisenberg 描像のほうが，力学変数 (量子力学では演算子へと移行する) が時間発展する古典力学に，より密接に関係している．Schrödinger 描像も Heisenberg 描像も，両方とも相対論的な点粒子や相対論的な弦の量子論を展開するために有用である．我々は古典力学に対する理解を量子論の展開のために利用したいので，Heisenberg 描像に比重を置くことにする．

Heisenberg 描像でも Schrödinger 描像でも，同じ状態空間を利用する．Heisenberg 描像において，特定の物理系を表す状態は，時間に依存しないように固定されているが，Schrödinger 描像では系の状態が状態空間の中でその向きを常に変化させており，その挙動は Schrödinger 方程式によって決まる．Schrödinger 描像では，通常は演算子が時間に依存しないものと見なされるが，時間に"あらわに"依存するように特別に設定される物理量に対応する演算子は，時間依存性を持つことになる．このような演算子は時間に依存しない演算子と変数 t から構成される．たとえば位置の演算子 q と運動量の演算子 p は時間に依存しない．しかし $\mathcal{O} = q + pt$ という演算子は時間にあらわに依存する．ハミルトニアンでも，それが時間にあらわに依存する $H(p,q;t)$ という形を持っていれば，それは時間に依存する演算子になる．

ここで Schrödinger 描像から Heisenberg 描像へ移行するにあたり，我々は 2 種類の時間依存性を持つ演算子に出会う．既に言及したように，Heisenberg 演算子は時間に依存するが，その依存性には"あらわでない"(implicit な) ものと"あらわな"(explicit な) ものがある．時間に依存しない Schrödinger 演算子に対応する Heisenberg 演算子は，あらわでない時間依存性を持つと言われる．この，あらわでない時間依存性は，Schrödinger 描像では状態が担っていた時間依存性を演算子へと移行させたものである．Heisenberg 演算子があらわに時間に依存するならば，それは対応する Schrödinger 演算子が持っているあらわな時間依存性に因っている．

Schrödinger 描像から Heisenberg 描像へ移行すると，たとえば時間に依存しない Schrödinger 演算子である q と p は，それぞれ時間に依存する演算子 $q(t)$ と $p(t)$ になる．Schrödinger の

交換関係 $[q,p] = i$ は，そのまま次の形へ移行する．

$$[q(t), p(t)] = i \tag{11.17}$$

$q(t)$ と $p(t)$ は時間に依存するけれども，それはあらわな時間依存性ではない．もし $\xi(t)$ が時間に "依存しない" Schrödinger演算子に対応する Heisenberg演算子であれば，$\xi(t)$ の時間発展は，次式によって決まる．

$$i\frac{d\xi(t)}{dt} = \left[\xi(t), H\bigl(p(t), q(t); t\bigr)\right] \tag{11.18}$$

ここで $H\bigl(p(t), q(t); t\bigr)$ は Heisenberg描像のハミルトニアンである．これに対応するSchrödinger描像のハミルトニアン $H(p, q; t)$ には，時間依存性を想定してもよい．

もし $\mathcal{O}(t)$ が，時間にあらわに "依存する" Schrödinger演算子に対応する Heisenberg演算子であるとすると，$\mathcal{O}(t)$ の時間発展は次式によって与えられる．

$$i\frac{d\mathcal{O}(t)}{dt} = i\frac{\partial \mathcal{O}(t)}{\partial t} + \left[\mathcal{O}(t), H\bigl(p(t), q(t); t\bigr)\right] \tag{11.19}$$

この式は，演算子があらわな時間依存性を持たないならば，式(11.18)に帰着する．ハミルトニアン $H\bigl(p(t), q(t)\bigr)$ が時間依存性を持たなければ，式(11.18)において $\xi = H$ と置くことで次式を得る．

$$\frac{d}{dt}H\bigl(p(t), q(t)\bigr) = 0 \tag{11.20}$$

この場合，ハミルトニアンは運動の定数になる．

上述の議論に対して，Schrödinger演算子を Heisenberg演算子へと移行させる規則を補う必要がある．Schrödingerハミルトニアン $H(p, q)$ が時間に依存しないものと仮定する．この場合，時刻 $t=0$ におけるある状態 $|\Psi\rangle$ は時間に依存して発展し，時刻 t における状態は次のように与えられる．

$$|\Psi, t\rangle = e^{-iHt}|\Psi\rangle \tag{11.21}$$

計算練習 11.1 上の $|\Psi, t\rangle$ が次の Schrödinger方程式を満たすことを確認せよ．

$$i\frac{d}{dt}|\Psi, t\rangle = H|\Psi, t\rangle \tag{11.22}$$

式(11.21)を見ると，この時間に依存する状態に対して演算子 e^{iHt} を作用させれば，時間に依存しない状態が得られることが明白である．

$$e^{iHt}|\Psi, t\rangle = |\Psi\rangle \tag{11.23}$$

α を Schrödinger演算子として，$\alpha|\Psi, t\rangle$ に対して上の演算子を作用させると，次のようになる．

$$e^{iHt}\alpha|\Psi, t\rangle = e^{iHt}\alpha e^{-iHt}|\Psi\rangle \equiv \alpha(t)|\Psi\rangle \tag{11.24}$$

ここで導入した $\alpha(t) = e^{iHt}\alpha e^{-iHt}$ は，Schrödinger演算子 α に対応するHeisenberg演算子である．この定義は，あらわな時間依存性を持つSchrödinger演算子 $\alpha_S(t)$ にも適用できる．

その場合の, それに対応する Heisenberg 演算子は $\alpha_\mathrm{H}(t) = e^{iHt}\alpha_\mathrm{S}(t)e^{-iHt}$ である. このように定義することによって, ある交換関係を満たす Schrödinger 演算子の組が与えられれば, それらに対応する Heisenberg 演算子の組も, 同じ交換関係を満たすことが保証される.

計算練習 11.2 Schrödinger 演算子 $\alpha_1, \alpha_2, \alpha_3$ に関して $[\alpha_1, \alpha_2] = \alpha_3$ が成り立つならば, これらに対応する Heisenberg 演算子に関しても $[\alpha_1(t), \alpha_2(t)] = \alpha_3(t)$ が成立することを示せ.

この結果はハミルトニアンが時間に依存する場合にも成立する (問題 11.2). このことから, 交換関係 (11.17) の右辺の定数は, Schrödinger 演算子から Heisenberg 演算子への移行規則によって影響を受けないことが分かるので, Heisenberg 描像におけるこの交換関係が正当化される.

11.3 点粒子の量子化

本節では, 相対論的点粒子の古典論から, 量子論へと議論を展開する. 議論に関係する Schrödinger 演算子や Heisenberg 演算子について, ハミルトニアンも含めて定義を与え, 状態空間を記述することにする. これらのことをすべて, 光錐ゲージの下で行う.

第 1 段階として, 時間に依存しない Schrödinger 演算子の基本的な組を選ぶ. 理に適った選び方のひとつは, 式 (11.16) の力学変数の組によって与えられる.

$$\text{時間に依存しない Schrödinger 演算子の組 :} \quad \left(x^I, x_0^-, p^I, p^+\right) \tag{11.25}$$

演算子を, その固有値と区別するために, 演算子にはハット記号「$\hat{}$」を付ける流儀もあるが, 大抵の場合, そのような措置は必ずしも不可欠ではない. 我々は点粒子の軌跡に対して τ を用いてパラメーター付けを施すので, これらに対応する基本的な Heisenberg 演算子の組は, 次のように書かれる.

$$\text{Heisenberg 演算子の組 :} \quad \left(x^I(\tau), x_0^-(\tau), p^I(\tau), p^+(\tau)\right) \tag{11.26}$$

Schrödinger 演算子に対して, 次の交換関係を仮定する[§].

$$[x^I, p^J] = i\eta^{IJ}, \quad [x_0^-, p^+] = i\eta^{-+} = -i \tag{11.27}$$

上記以外の組合せの交換子はすべてゼロと置く. 第 1 の交換子は, 空間座標とそれに対応する空間運動量との間の見慣れた交換子である (この場合 $\eta^{IJ} = \delta^{IJ}$ となることに注意). 第 2 の交換子も, x_0^- を光錐座標系における空間座標, p^+ をそれに共役な運動量として扱うことになるので, その動機付けは明確である. 第 2 の交換関係も第 1 のそれと同様に, 座標と運動量に付いた添字を付けた η が右辺に現れている.

Heisenberg 演算子は, 既に述べたように, Schrödinger 演算子と同じ交換関係を満たす.

$$[x^I(\tau), p^J(\tau)] = i\eta^{IJ}, \quad [x_0^-(\tau), p^+(\tau)] = -i \tag{11.28}$$

[§] (訳註) $[x^\mu, p^\nu] \stackrel{?}{=} i\eta^{\mu\nu}$ ($\mu, \nu = +, -, I$) と考えたくなるが, 式 (11.27) の基本交換関係に基づく光錐量子化の下ではこのようにならない. 次頁および 11.5 節 (p.224 訳註) を参照.

他の基本的な演算子の組合せの交換子はすべてゼロと置く.

我々はここまで，古典論において互いに独立な観測量に対応するような演算子について論じてきた．しかし古典論において，それらの独立な演算子の組に依存して決まるような古典的観測量も存在するのと同様に，互いに独立なSchrödinger演算子の組と時間から構築される量子力学的な演算子も存在する．このような追加的な演算子の例は，$x^+(\tau)$, $x^-(\tau)$ および p^- である．これらの演算子は，式(11.7), (11.14), (11.12)からの類推に基づき，次のように"定義"される．

$$x^+(\tau) \equiv \frac{p^+}{m^2}\tau \tag{11.29}$$

$$x^-(\tau) \equiv x_0^- + \frac{p^-}{m^2}\tau \tag{11.30}$$

$$p^- \equiv \frac{1}{2p^+}\left(p^I p^I + m^2\right) \tag{11.31}$$

p^- は時間に依存しないことに注意してもらいたい．$x^+(\tau)$ と $x^-(\tau)$ は，時間に依存するSchrödinger演算子である．

演算子 $x^+(\tau)$, $x^-(\tau)$, p^- を含む交換関係は，これらの定義式(11.29)-(11.31)と，式(11.27)で仮定した交換関係から決まる．式(11.25)の演算子を，我々の量子論における独立な演算子の組として選んだことは大変重要である．たとえば仮に x^+ と p^- を互いに独立な演算子として選んでいたならば，これらの交換関係は $[x^+, p^-] = -i$ と設定されたであろう．しかしながら今，採用している枠組みの中では $[p^+, p^I] = 0$ なので，この交換子もゼロになる．

我々は未だハミルトニアン H を決めていない．p^- は光錐エネルギーなので (式(2.94)参照)，これが x^+ 方向の推進操作を生成するものと予想される．

$$\frac{\partial}{\partial x^+} \;\leftrightarrow\; p^- \tag{11.32}$$

x^+ は光錐時間であるが，我々は演算子に対して光錐ゲージの τ を用いてパラメーター付けをしているので，H は τ の推進を生成するものと考えられる．τ は x^+ と関係するけれども x^+ そのものではない．粒子の光錐ゲージ条件は $x^+ = p^+\tau/m^2$ なので (式(11.7))，τ の推進は次のように生成されるものと予想される．

$$\frac{\partial}{\partial \tau} = \frac{p^+}{m^2}\frac{\partial}{\partial x^+} \;\leftrightarrow\; \frac{p^+}{m^2}p^- \tag{11.33}$$

これにより，Heisenbergハミルトニアンを，次のように仮定する．

$$\boxed{H(\tau) = \frac{p^+(\tau)}{m^2}p^-(\tau) = \frac{1}{2m^2}\left(p^I(\tau)p^I(\tau) + m^2\right)} \tag{11.34}$$

$H(\tau)$ は時間にあらわに依存しないことに注意してもらいたい．式(11.20)が適用され，その結果，ハミルトニアンは実際に時間に依存しない．

このハミルトニアンによって，期待される運動方程式が生成することを確認しよう．まず H が，時間に依存しないSchrödinger演算子から規定されるHeisenberg演算子の組(11.26)の正しい時間発展を与えることを確かめる．演算子の時間発展を支配する式は式(11.18)である．p^+ と p^I から考えよう．

11.3. 点粒子の量子化

$$i\frac{dp^+(\tau)}{d\tau} = \left[p^+(\tau), H(\tau)\right] = 0$$

$$i\frac{dp^I(\tau)}{d\tau} = \left[p^I(\tau), H(\tau)\right] = 0 \tag{11.35}$$

H は $p^I(\tau)$ だけの関数であり，p^I はすべての運動量と可換なので，上式右辺の交換子は両方ともゼロになる．式(11.35)は都合のよい結果である．というのは古典的な運動量 p^+ と p^I は運動の定数だからである．この結果から $p^I(\tau) = p^I$, $p^+(\tau) = p^+$ と書くことが許される．次に，Heisenberg演算子 $x^I(\tau)$ の τ による発展を調べよう．

$$i\frac{dx^I(\tau)}{d\tau} = \left[x^I(\tau), \frac{1}{2m^2}\left(p^J p^J + m^2\right)\right] = i\frac{p^I}{m^2} \tag{11.36}$$

上式において $[x^I, p^J p^J] = [x^I, p^J]p^J + p^J[x^I, p^J] = 2ip^I$ を用いた．両辺に共通の因子 i を省き，次式を得る．

$$\frac{dx^I(\tau)}{d\tau} = \frac{p^I}{m^2} \tag{11.37}$$

この結果は，古典論からの予想と整合するものであり，ここから次のように書ける．

$$x^I(\tau) = x_0^I + \frac{p^I}{m^2}\tau \tag{11.38}$$

x_0^I は時間依存性を持たない演算子である．最後に $x_0^-(\tau)$ を調べる．$x_0^-(\tau)$ は $p^I(\tau)$ と可換なので，次の結果が得られる．

$$i\frac{dx_0^-(\tau)}{d\tau} = \left[x_0^-(\tau), \frac{1}{2m^2}\left(p^I p^I + m^2\right)\right] = 0 \tag{11.39}$$

予想どおりに，この演算子は運動の定数であり，$x_0^-(\tau) = x_0^-$ と書くことができる．したがって，式(11.25)に示した演算子の組に関する限り，仮定した H はハミルトニアンとして適正に機能する．

次に，残りの演算子 $x^+(\tau)$, $x^-(\tau)$, $p^-(\tau)$ について考えよう．これらのうちで，$p^-(\tau)$ は p^I (および p^+) だけの関数であり，したがって時間に依存しない．H との交換子がゼロになることを容易に確認できるので，この演算子についてこれ以上に調べる必要はない．Heisenberg演算子 $x^+(\tau)$ と $x^-(\tau)$ は両方ともあらわな時間依存性を持つSchrödinger演算子から生じているので，式(11.19)を用いて時間発展を計算する．たとえば，

$$i\frac{dx^-(\tau)}{d\tau} = i\frac{\partial x^-}{\partial \tau} + [x^-(\tau), H(\tau)] \tag{11.40}$$

となる．$x^-(\tau) \equiv x_0^- + p^-\tau/m^2$ であり，x_0^- と p^- は両方とも p^I と可換なので $[x^-(\tau), H(\tau)] = 0$ である．その結果，次式を得る．

$$\frac{dx^-(\tau)}{d\tau} = \frac{p^-}{m^2} \tag{11.41}$$

これは予想される結果である．同様に $x^+(\tau) = p^+\tau/m^2$ なので $[x^+(\tau), H(\tau)] = 0$ であり，次式を得る．

$$\frac{dx^+(\tau)}{d\tau} = \frac{\partial x^+}{\partial \tau} = \frac{p^+}{m^2} \tag{11.42}$$

これらの計算により，式(11.34)をハミルトニアンと仮定することで，各演算子の時間発展を与える式が，予想どおりの形で生成されることが示された．

計算練習 11.3 我々は式(11.38)において x_0^I を定数演算子として導入した．$dx_0^I/d\tau$ の計算は，x_0^I を式(11.38)において定義される時間にあらわに依存する演算子と見なして行わなければならないことを示せ．

点粒子の量子論を完成させるためには，状態空間を用意し，Schrödinger方程式を構築し，物理的な状態を定義する必要がある．量子論において，時間に依存しない状態は，可換な演算子の最大の組の固有値によって識別される．式(11.25)導入した演算子の中で可換な最大の組は，対 (x_0^-, p^+) から一方の要素だけを含み，それぞれの対 (x^I, p^I) からもそれぞれ一方の要素だけを含んだものになる．通常は運動量空間を利用するのが便利なので，我々は演算子の組として p^+ と p^I を選ぶ．そうすると，点粒子の状態は，次のように書かれる．

$$\text{量子力学的な点粒子の状態：} \quad |p^+, \vec{p}_T\rangle \tag{11.43}$$

ここで p^+ は，演算子 p^+ の固有値であり，$\vec{p}_T$ は，演算子 p^I の固有値を成分とする横方向の運動量である．

$$\hat{p}^+|p^+, \vec{p}_T\rangle = p^+|p^+, \vec{p}_T\rangle, \quad \hat{p}^I|p^+, \vec{p}_T\rangle = p^I|p^+, \vec{p}_T\rangle, \tag{11.44}$$

式(11.31)により，上式は次のことを含意する．

$$\hat{p}^-|p^+, \vec{p}_T\rangle = \frac{1}{2p^+}\left(p^I p^I + m^2\right)|p^+, \vec{p}_T\rangle \tag{11.45}$$

また，ハミルトニアン(11.34)をこの状態に作用させると，次のようになる．

$$H|p^+, \vec{p}_T\rangle = \frac{1}{2m^2}\left(p^I p^I + m^2\right)|p^+, \vec{p}_T\rangle \tag{11.46}$$

したがって，時間に依存する次の状態，

$$\exp\left(-i\frac{1}{2m^2}\left(p^I p^I + m^2\right)\tau\right)|p^+, \vec{p}_T\rangle \tag{11.47}$$

が，Schrödinger方程式を満たす状態になる．これが，Schrödinger描像の下で，式(11.43)の状態に対応する，時間に依存する"物理的な状態"である．

より一般的に，式(11.43)の状態の時間に依存する重ね合わせを考える．

$$|\Psi, \tau\rangle = \int dp^+ d\vec{p}_T \, \psi(\tau, p^+, \vec{p}_T)|p^+, \vec{p}_T\rangle \tag{11.48}$$

p^+ と $\vec{p}_T$ が連続変数なので，積分が必要となっている．τ に依存する一般的な重ね合わせを作るために，任意関数 $\psi(\tau, p^+, \vec{p}_T)$ を導入した．これは状態 $|\Psi, \tau\rangle$ に対応する，運動量空間における波動関数にあたる．状態を表すケットベクトルに対して双対なブラベクトル $\langle p^+, \vec{p}_T|$ を，

$$\langle p'^+, \vec{p}'_T|p^+, \vec{p}_T\rangle = \delta(p'^+ - p^+)\,\delta(\vec{p}'_T - \vec{p}_T) \tag{11.49}$$

を満たすものと定義すると，実際に次の関係が得られる．

$$\langle p^+, \vec{p}_T|\Psi, \tau\rangle = \psi(\tau, p^+, \vec{p}_T) \tag{11.50}$$

状態 $|\Psi,\tau\rangle$ に関する Schrödinger 方程式は，次式である．

$$i\frac{\partial}{\partial \tau}|\Psi,\tau\rangle = H|\Psi,\tau\rangle \tag{11.51}$$

状態として式(11.48)，ハミルトニアンに式(11.34)を用いると，次式が得られる．

$$\int dp^+ d\vec{p}_T \left[i\frac{\partial}{\partial \tau}\psi(\tau, p^+, \vec{p}_T) - \frac{1}{2m^2}\left(p^I p^I + m^2\right)\psi(\tau, p^+, \vec{p}_T) \right] |p^+, \vec{p}_T\rangle = 0 \tag{11.52}$$

基本ベクトル $|p^+, \vec{p}_T\rangle$ は，固有値が異なるそれぞれが互いに線形独立なので，上式の括弧の中の部分は，あらゆる運動量の値の下でゼロでなければならない．

$$i\frac{\partial}{\partial \tau}\psi(\tau, p^+, \vec{p}_T) = \frac{1}{2m^2}\left(p^I p^I + m^2\right)\psi(\tau, p^+, \vec{p}_T) \tag{11.53}$$

この式は，運動量空間の波動関数 $\psi(\tau, p^+, \vec{p}_T)$ に関する Schrödinger 方程式と認識される．波動関数がこの Schrödinger 方程式を満たすならば，状態 $|\Psi,\tau\rangle$ は時間に依存する物理的な状態を表す．これで点粒子に関する量子論を構築する作業は完了した．

11.4 量子力学的な点粒子とスカラー粒子

式(11.43)において与えられた量子力学的な点粒子の状態は，スカラー場の量子論における1粒子状態(10.66)を読者に想起させたかも知れない．これは本質的な対応関係である．

> 質量 m を持つ相対論的な点粒子の量子状態と，質量 m を持つスカラー場の量子論における1粒子状態には，自然に同定される関係がある．
>
> $$|p^+, \vec{p}_T\rangle \leftrightarrow a^\dagger_{p^+, p_T}|\Omega\rangle \tag{11.54}$$

この同定は，点粒子の状態の識別指標と，スカラー量子場において1粒子状態をつくる生成演算子が持つ指標が合致していることによって可能となっている．量子力学的な点粒子と量子スカラー場の対応関係を，状態空間から，状態空間に対して作用する演算子へと拡張できる．点粒子の量子論では演算子 p^+, p^I, p^- があったが，場の量子論においてもこれらの演算子が，式(10.67)のように存在する．式(11.54)を用いて状態空間を同定するならば，2組の演算子はそれぞれ同じ固有値の組を与える．このことによって同定関係は自然なものになっている．

上述の考察から，量子力学的な点粒子の状態と，スカラー場の理論における1粒子状態は，互いに区別がつかないという結論が導かれる．スカラー場の理論には，真空状態に対して何回でも作用することのできる生成演算子が含まれるので，スカラー場の理論において，点粒子の量子化からは生じない多粒子状態を扱うことができる．点粒子の量子論には，粒子の生成演算子が存在しない．多粒子状態を自然に記述できるという理由で，スカラー場の理論は，より完全な理論であると言える．

点粒子の量子力学が，"スカラー場"の量子論における1粒子状態に対応するということは，如何にして予想し得るだろうか？　その答えは大変興味深い．点粒子の量子力学における波動関数は，スカラー場に関する古典場の方程式の形をしているからである．より正確に述べれば，

点粒子の量子力学と古典的なスカラー場の力学との間には，点粒子の波動関数が満たすSchrödinger方程式が，スカラー場の古典的な場の方程式になるという形の正準な対応関係が存在する．

ということである．この対応関係の一方の要素は，スカラー場に関する古典的な場の方程式である．光錐ゲージの下では，これは式(10.31)の形を取る．

$$\left(i\frac{\partial}{\partial \tau} - \frac{1}{2m^2}\left(p^I p^I + m^2\right)\right)\phi(\tau, p^+, \vec{p}_T) = 0 \tag{11.55}$$

これはτに関して1階の微分方程式である．対応関係のもう一方の要素は，Schrödinger方程式(11.53)である．もし我々が波動関数$\psi(\tau, p^+, \vec{p}_T)$とスカラー場$\phi(\tau, p^+, \vec{p}_T)$を同定するならば，これら2本の方程式は同じものと見なされる．

$$\psi(\tau, p^+, \vec{p}_T) \leftrightarrow \phi(\tau, p^+, \vec{p}_T) \tag{11.56}$$

これが，最初に宣言した対応関係である．

点粒子の量子化は"第1量子化"の例である．第1量子化において，古典力学の座標と運動量は，量子力学的な演算子へと移行し，それらが作用を及ぼす状態空間が構築される．一般にその状態空間は，1粒子状態の集合によって構築される．"第2量子化"は古典場の量子化を意味しており，その結果として場の演算子と多粒子状態を用いる場の量子論が得られる．我々の上述の解析から，第1量子化から第2量子化を続けて捉えることが可能となる．古典的な点粒子に第1量子化を施すと，1粒子状態が得られる．その波動関数に関するSchrödinger方程式を再解釈して，スカラー場に対する古典的な場の方程式と見なす．それから，この古典場に対して第2量子化を施すと，多粒子状態によって構築される状態空間が得られる．

ここまで我々は"自由な"相対論的点粒子の量子化だけを見てきた．第2量子化によって得た多粒子状態も含め，これまで見てきたすべての状態は自由粒子系の状態を表している．粒子間の相互作用は，どのようにして扱われるのか？ 作用の式に相互作用項をつけ加えることによって，相互作用過程を含めることができる．相互作用項は3個もしくはそれ以上の場を含む．量子力学的な点粒子の状態空間は多粒子状態を含まないので，第1量子化の言語の範囲内での相互作用の記述は直接的なものにはならない．他方において，場の量子論の枠組みでは，相互作用を自然な形で扱うことができる．

11.5 光錐運動量演算子

式(11.3)における点粒子のラグランジアンLは，座標のτに関する微分(導関数)だけに依存する形なので，次のような推進操作の下で不変である．

$$\delta x^\mu(\tau) = \epsilon^\mu \tag{11.57}$$

ここでϵ^μは定数とする．この対称変換に関係して保存するチャージは，粒子の運動量p_μである．このことは式(8.16)と式(11.4)から導かれる．

11.5. 光錐運動量演算子

量子論においては，保存するチャージに何が起こるだろうか？ チャージは注目すべき性質を持つ量子力学的な演算子になる．すなわちそのような演算子は，交換関係を通じて，元の古典的なチャージを生じせしめた対称変換に対応するような，量子力学版の対称変換を生成するという性質を持つのである！

この性質は，古典論において明白なLorentz不変性が，量子化においても保持されるという枠組みの中で，最も分かりやすく見ることができる．これは，我々が11.3節において，点粒子の量子化のために採用した枠組みでは"ない"．光錐ゲージにおける量子化では，粒子の座標のうちで x^0 と x^1 が特別に扱われ，このことにより理論のLorentz不変性は隠されて，共変性が明白に見える形ではなくなっている．我々は点粒子をLorentz共変な形で量子化する方法を，ここで完全な形で論じるつもりはない．我々の目的に関しては，いくつかの注意点に言及すれば充分である．弦の共変な量子化は，第24章において，いくらか詳しく論じる予定である．

Lorentz共変な点粒子の量子化を採用する場合には，基本的なHeisenberg演算子として $x^\mu(\tau)$ と $p^\mu(\tau)$ が用いられる．時間座標 $x^0(\tau)$ も演算子になることに注意してもらいたい！ Lorentz共変な量子化において，基本的な交換関係は，次のように設定される．

$$[x^\mu(\tau), p^\nu(\tau)] = i\eta^{\mu\nu} \tag{11.58}$$

$$[x^\mu(\tau), x^\nu(\tau)] = 0 \quad \text{and} \quad [p^\mu(\tau), p^\nu(\tau)] = 0 \tag{11.59}$$

式(11.58)は理に適っている．添字は整合しており，そのことからLorentz共変性が保証されている．その上，μ と ν を空間的な値に選べば，この交換関係は見慣れたものになる．我々は既に式(11.58)が，11.3節で見た光錐量子化とは整合しないことを知っている．光錐量子化の下では $[x^+(\tau), p^-(\tau)] = 0$ であったが，式(11.58)はこれがゼロでないことを予言する．Lorentz添字を持つ2つの量の等式関係は，Lorentz添字に光錐座標の $+, -, I$ を充てても成立する．$R^{\mu\nu} = S^{\mu\nu}$ という式があれば，たとえば $R^{+-} = S^{+-}$ が成り立つ(問題10.3)．したがって，式(11.58)を仮定するならば，$[x^+(\tau), p^-(\tau)] = i\eta^{+-} = -i$ である．これにより，演算子 $p^\mu(\tau)$ が推進操作を生成することを確認できる．より正確には，$i\epsilon_\rho p^\rho(\tau)$ が変換(11.57)を生成する．

$$\delta x^\mu(\tau) = [i\epsilon_\rho p^\rho(\tau), x^\mu(\tau)] = i\epsilon_\rho(-i\eta^{\rho\mu}) = \epsilon^\mu \tag{11.60}$$

これはエレガントな結果であるが，11.3節で導入した光錐ゲージの下での量子化にもこの結果が当てはまるかどうかは，まったく不明である．我々は光錐ゲージの運動量演算子が推進を生成するかどうか調べる必要がある．

この目的のために，生成子 $i\epsilon_\rho p^\rho(\tau)$ を光錐成分で展開する．

$$i\epsilon_\rho p^\rho(\tau) = -i\epsilon^- p^+ - i\epsilon^+ p^- + i\epsilon^I p^I \tag{11.61}$$

運動量は τ に依存しないので，運動量の引数 τ は省いた．ここで，p^- は光錐ゲージの下で，式(11.31)によって与えられることに注意する．式(11.60)において，まず $\epsilon^I \neq 0$，$\epsilon^+ = \epsilon^- = 0$ と置いて，p^I について調べてみる．

$$\delta x^\mu(\tau) = i\epsilon^I [p^I, x^\mu(\tau)] \tag{11.62}$$

予想される結果は $\delta x^J(\tau) = \epsilon^J$ と $\delta x^+(\tau) = \delta x^-(\tau) = 0$ であるが，これらの結果はすべて実現される．$\mu = J$ を選び，交換関係(11.28)を利用すると $\delta x^J(\tau) = \epsilon^J$ が得られる．$x^+(\tau)$ と $x^-(\tau)$ への作用を計算するには，次の定義式を用いる必要がある．

$$x^+(\tau) = \frac{p^+}{m^2}\tau, \quad x^-(\tau) = x_0^- + \frac{p^-}{m^2}\tau \tag{11.63}$$

p^I が，すべての運動量とも x_0^- とも可換であることを思い出せば，$\delta x^+(\tau) = \delta x^-(\tau) = 0$ が確認される．

計算練習 11.4 式 (11.60) において $\epsilon^- \neq 0$，$\epsilon^+ = \epsilon^I = 0$ と置き，p^+ の生成子としての性質を調べるために，$\delta x^\mu(\tau) = -i\epsilon^-[p^+, x^\mu(\tau)]$ を計算せよ．$\delta x^-(\tau) = \epsilon^-$ で，他のすべての座標は変更されないことを確認せよ．

p^- が予想される推進を生成するかどうかの確認が残っている．p^- は他の運動量の非自明な関数なので，ここに複雑さが増す余地がある！ここでは式 (11.60) において $\epsilon^+ \neq 0$，$\epsilon^- = \epsilon^I = 0$ と置いた変換を考える．

$$\delta x^\mu(\tau) = -i\epsilon^+[p^-, x^\mu(\tau)] \tag{11.64}$$

素朴に予想される $\delta x^+(\tau) = \epsilon^+$ は実現されない．$\mu = +$ を選び，式 (11.63) を利用すると，次の結果が得られる．

$$\delta x^+(\tau) = -i\epsilon^+\left[p^-, p^+\frac{\tau}{m^2}\right] = 0 \tag{11.65}$$

$x^+(\tau)$ が変更されないというだけでなく，素朴な予想では変更を受けないはずの他の成分に関しても，予想とは異なる結果が得られる§．

$$\delta x^I(\tau) = -i\epsilon^+[p^-, x^I(\tau)] = -i\epsilon^+\frac{1}{2p^+}(-2ip^I) = -\epsilon^+\frac{p^I}{p^+} \tag{11.66}$$

$$\delta x^-(\tau) = -i\epsilon^+\left[p^-, x_0^- + \frac{p^-}{m^2}\tau\right] = -i\epsilon^+[p^-, x_0^-] = -\epsilon^+\frac{p^-}{p^+} \tag{11.67}$$

上の計算において，1箇所だけ説明を与える必要がある．$[p^-, x_0^-]$ をどのように求めたのか？p^- が x_0^- と交換しない唯一の理由は，p^- が p^+ に依存するということである．実際，我々が知る必要があるのは交換子 $[x_0^-, 1/p^+]$ である．これは次のように計算される．

$$\left[x_0^-, \frac{1}{p^+}\right] = x_0^-\frac{1}{p^+} - \frac{1}{p^+}x_0^- = \frac{1}{p^+}p^+ x_0^-\frac{1}{p^+} - \frac{1}{p^+}x_0^- p^+\frac{1}{p^+}$$
$$= \frac{1}{p^+}[p^+, x_0^-]\frac{1}{p^+} = \frac{i}{(p^+)^2} \tag{11.68}$$

計算練習 11.5 式 (11.68) を用いて次式を示せ．

$$[x_0^-, p^-] = i\frac{p^-}{p^+} \tag{11.69}$$

---

§(訳註) 光錐量子化における x と p の交換関係をまとめると，次のようになる．

$$[x^\mu, p^\nu] = \begin{pmatrix} 0 & 0 & 0 \\ -i & i(p^-/p^+) & 0 \\ 0 & i(p^I/p^+) & i \end{pmatrix} \neq i\eta^{\mu\nu} \quad (\mu, \nu = +, -, I)$$

11.5. 光錐運動量演算子

式(11.65), (11.66), (11.67)は，p^- が予想される推進を生成しないことを示している．何が起こっているのか？ p^- は実際には，推進と，粒子の世界線に対するパラメーターの付け替えの両方を生成しているのである．我々は粒子の作用がパラメーターの付け替え $\tau \to \tau'(\tau)$ の下で不変であることを知っている．しかしながら第8章で対称性を記述した際に，我々は対称性を系の力学変数の変化の下で示した．パラメーター付けの変更も，そのような方法で記述することができる．$\lambda(\tau)$ を無限小量として $\tau \to \tau' = \tau + \lambda(\tau)$ と書き，次のもっともらしい変更，

$$x^\mu(\tau) \to x^\mu\bigl(\tau+\lambda(\tau)\bigr) = x^\mu(\tau) + \lambda(\tau)\partial_\tau x^\mu(\tau) \tag{11.70}$$

から，次のように書けることに注意する．

$$\delta x^\mu(\tau) = \lambda(\tau)\partial_\tau x^\mu(\tau) \tag{11.71}$$

我々はこれが点粒子理論における"対称性"を表す変換であると宣言する．実際には，式(11.71)の変分は点粒子のラグランジアンを不変には保たない．ラグランジアンには τ の全微分で表される変更が生じるが (問題11.4)，しかし対称性を保証するにはそれで充分である (問題8.9参照).

p^- が推進と，パラメーターの付け替えを生成することを示してみよう．予想される推進は $\delta x^+ = \epsilon^+$ であった．他方，式(11.71)により，x^+ に対するパラメーターの付け替えは $\delta x^+ = \lambda \partial_\tau x^+$ を与える．式(11.65)を念頭に置くならば，予想される推進とパラメーターの付け替えを合わせた結果，変分がゼロになるので，次の関係が想定される．

$$0 = \epsilon^+ + \lambda \partial_\tau x^+(\tau) = \epsilon^+ + \lambda \frac{p^+}{m^2} \to \lambda = -\frac{m^2}{p^+}\epsilon^+ \tag{11.72}$$

パラメーターの付け替え操作のための変換パラメーター λ は定数になる．この結果を用いると，我々は p^- が x^I と x^- に対して生成する変換(11.66)と式(11.67)を"説明"できる．これらの座標に関しては，推進は生成されないが，パラメーターの付け替えだけは生じることになる．そうすると，

$$\delta x^I(\tau) = \lambda \partial_\tau x^I(\tau) = -\frac{m^2}{p^+}\epsilon^+ \frac{p^I}{m^2} = -\epsilon^+ \frac{p^I}{p^+} \tag{11.73}$$

$$\delta x^-(\tau) = \lambda \partial_\tau x^-(\tau) = -\frac{m^2}{p^+}\epsilon^+ \frac{p^-}{m^2} = -\epsilon^+ \frac{p^-}{p^+} \tag{11.74}$$

となるが，これは p^- によって生成される変換と完全に一致している．p^- が x^+ を変更しない理由も理解できる．もし x^+ が定数 ϵ^+ によって変更されたとすると，新しい x^+ 座標は光錐ゲージ条件を満たさない．光錐ゲージでは x^+ が τ に比例しなければならないからである．実際 p^- は，推進と，その影響をちょうど打ち消すような，光錐ゲージ条件を保持するために必要な変換を生成するのである！ その変換とは，世界線に対するパラメーターの付け替えに他ならない．

運動量演算子に関して，最後にもうひとつ注意点を指摘する．我々の解析の動機付けを与えた元々のLorentz共変な運動量演算子は，単純な推進を生成し，相互に可換であった．そこから直接に，光錐"座標"を用いても，演算子 $p^\pm = (p^0 \pm p^1)/\sqrt{2}$ と横方向の p^I がすべて可換であることが導かれる．我々が本節で論じた光錐"ゲージ"の運動量演算子は，全く異なったものである．これらは座標に対して複雑な作用を及ぼし，p^- は横方向運動量と p^+ によって定義されている．それでもすべての光錐ゲージ運動量演算子は相互に可換である．運動量演算子同士の交換関係は，光錐座標を用いて表しても，共変な演算子の交換関係と同じ形で与えられる．

11.6 光錐Lorentz生成子

8.5節において,我々は相対論的な弦のラグランジアンのLorentz不変性に関係して保存するチャージを規定した.同様なチャージが相対論的な点粒子にも存在する.式(8.52)において見いだしたように,点粒子の座標 $x^\mu(\tau)$ の無限小Lorentz変換は,次の形を取る.

$$\delta x^\mu(\tau) = \epsilon^{\mu\nu} x_\nu(\tau) \tag{11.75}$$

ここで $\epsilon^{\mu\nu} = -\epsilon^{\nu\mu}$ は無限小の定数の組を表す.これに関係するLorentzチャージは,問題8.5で導かれるように,次式で与えられる.

$$M^{\mu\nu} = x^\mu(\tau) p^\nu(\tau) - x^\nu(\tau) p^\mu(\tau) \tag{11.76}$$

これらのチャージは古典的に保存される.量子力学的なチャージは,座標のLorentz変換を生成することが予想される.このことを見るためには,再びLorentz共変な量子化による演算子を用いるのが直接的である.この場合,量子力学的なチャージは,式(11.76)において $x^\mu(\tau)$ と $p^\mu(\tau)$ を前に導入したHeisenberg演算子とし,それらが交換関係や(11.58)と(11.59)を満たすものとすることで与えられる. $x^\mu(\tau)$ も $p^\mu(\tau)$ もエルミート演算子であり,Lorentzチャージ $M^{\mu\nu}$ もまたエルミート演算子である.

$$(M^{\mu\nu})^\dagger = p^\nu(\tau) x^\mu(\tau) - p^\mu(\tau) x^\nu(\tau) = M^{\mu\nu} \tag{11.77}$$

座標と運動量の順序変更に付随して現れる2つの定数は相殺し合って,元の演算子に一致する.

計算練習 11.6 次式を示せ.

$$[M^{\mu\nu}, x^\rho(\tau)] = i\eta^{\mu\rho} x^\nu(\tau) - i\eta^{\nu\rho} x^\mu(\tau) \tag{11.78}$$

この交換子を利用して,量子LorentzチャージがLorentz変換を生成することを確認できる.

$$\begin{aligned}\delta x^\rho(\tau) &= \left[-\frac{i}{2}\epsilon_{\mu\nu} M^{\mu\nu},\, x^\rho(\tau)\right] \\ &= \frac{1}{2}\epsilon_{\mu\nu}\left(\eta^{\mu\rho} x^\nu(\tau) - \eta^{\nu\rho} x^\mu(\tau)\right) \\ &= \frac{1}{2}\epsilon^{\rho\nu} x_\nu(\tau) + \frac{1}{2}\epsilon^{\rho\mu} x_\mu(\tau) = \epsilon^{\rho\nu} x_\nu(\tau)\end{aligned} \tag{11.79}$$

式(11.78)は,そのまま光錐添字を用いることで,光錐"座標"における式としても利用できる.例えば,

$$[M^{-I}, x^+(\tau)] = i\eta^{-+} x^I(\tau) - i\eta^{I+} x^-(\tau) = -ix^I(\tau) \tag{11.80}$$

となる($\eta^{I+} = 0$ なので).演算子 M^{-I} はLorentz共変な演算子を光錐座標で表したものであって,光錐ゲージのLorentz生成子では"ない".我々はまだ後者を構築していない.

量子力学的な演算子の組が与えられたときに,それらの交換子を計算することに関心が持たれる.量子力学では,たとえば角運動量の成分 L_x, L_y, L_z が,3つの交換関係を満たし($[L_x, L_y] = iL_z$ など),それらは角運動量のLie代数(Lie環)を定義することを学んでいる.前に考察した運動量演算子 p^μ は,非常に単純なLie代数を規定した.すなわちそれらはすべて

11.6. 光錐Lorentz生成子

互いに可換であった．我々は，2つのLorentz生成子の交換子がどのようになるかを知りたい．これには数段階の計算が必要である (問題11.5). 式(11.78)と，これに類似した $[M^{\mu\nu}, p^\rho]$ に関する式を用いると，この交換子は4つのLorentz生成子の線形結合の形で書けることが見いだされる．

$$[M^{\mu\nu}, M^{\rho\sigma}] = i\eta^{\mu\rho}M^{\nu\sigma} - i\eta^{\nu\rho}M^{\mu\sigma} + i\eta^{\mu\sigma}M^{\rho\nu} - i\eta^{\nu\sigma}M^{\rho\mu} \tag{11.81}$$

この式は "Lorentz代数" を規定する．式(11.81)は，Lorentz不変な任意の量子論においても，類似する演算子 $M^{\mu\nu}$ によって満たされねばならない．もしそのような演算子を構築できないならば，その理論はLorentz不変なものではない．このことは弦の量子化において決定的に重要となる．式(11.81)の成立を要請することにより，付加的な制約が課されることになり，それが重要な物理的帰結を導くからである．

計算練習11.7 $M^{\mu\nu} = -M^{\nu\mu}$ なので，式(11.81)の左辺は μ と ν の入れ替えの下で符号を変える．右辺もこの添字の入れ替えによって符号が変わることを証明せよ．

式(11.81)を用いて，光錐 "座標" におけるLorentzチャージの交換子を決めることができる．Lorentz生成子は次のように与えられる．

$$M^{IJ}, \quad M^{+I}, \quad M^{-I}, \quad M^{+-} \tag{11.82}$$

たとえば交換子 $[M^{+-}, M^{+I}]$ について考えてみる．式(11.81)を用いるにあたり，その右辺の形に注意しよう．各々の η が，左辺の2つの生成子それぞれから添字をひとつずつ取った形になっている．$[M^{+-}, M^{+I}]$ に関しては，η がゼロにならない唯一の添字の組合せは，第1の生成子から - を選び，第2の生成子から + を選ぶ場合に限られる．このゼロにならない項は，式(11.81)の右辺の第2項であり，次式が得られる．

$$[M^{+-}, M^{+I}] = -i\eta^{-+}M^{+I} = iM^{+I} \tag{11.83}$$

同様にして，次式も得る．

$$[M^{-I}, M^{-J}] = 0 \tag{11.84}$$

ここでは η に添字 I と J を使わねばならないが，そうすると残りの2つの添字は M に付かねばならず，M^{--} が現れるが，これは反対称性によりゼロになる．

計算練習11.8 $M^{+-} = M^{10}$ を示せ．これは M^{+-} が x^1 方向の等速推進(ブースト)を生成することを意味する．

ここまで我々は，共変なLorentzチャージを光錐 "座標" において考察した．粒子の「光錐 "ゲージ" 量子化の下でのLorentzチャージ」を，これから見いだす必要がある．前に運動量に関して行った議論から，われわれは3つの疑問点に直面する．

(1) これらのチャージを，どのように定義すればよいか？

(2) これらのチャージは，どのような種類の変換を生成するか？

(3) これらのチャージは，どのような交換関係を満たすか？

本節の残りの部分において，疑問 (1) を詳しく調べることにする．その前に，疑問 (2) と (3) について，詳しい解析は問題 11.6 と問題 11.7 に譲ることにして，ここでは簡単に答えだけを与えておく．光錐ゲージ Lorentz 生成子は座標と運動量の Lorentz 変換を生成することが予想されるが，ある場合には，これらの変換に世界線へのパラメーターの付け替えが伴うことになる．(3) に関しては，光錐ゲージ Lorentz 演算子は，光錐座標における共変な演算子が満たすのと同じ交換関係を満たす．このことから，量子力学的な点粒子の光錐理論においても Lorentz 対称性が成立する．このような光錐理論の構築の成功は，先見的に自明のことではない．基本的な光錐ゲージ演算子として選んだ演算子の組が，Lorentz 変換 (と他の変換) を生成し，Lorentz 代数を満たすような量子 Lorentz チャージを構築できるものであるかどうかは，あらかじめ明らかなことではない．

光錐ゲージの生成子に関する最も単純な推測としては，光錐座標を共変な形 (11.76) で利用し，$x^+(\tau)$, $x^-(\tau)$, p^- を光錐ゲージで定義される式 (11.29), (11.30), (11.31) に置き換えることが考えられる．この処方を M^{+-} について試してみよう．

$$\begin{aligned}
M^{+-} &\stackrel{?}{=} x^+(\tau)p^-(\tau) - x^-(\tau)p^+(\tau) \\
&\stackrel{?}{=} \frac{p^+\tau}{m^2}p^- - \left(x_0^- + \frac{p^-}{m^2}\tau\right)p^+ \\
&\stackrel{?}{=} -x_0^- p^+
\end{aligned} \tag{11.85}$$

x_0^- も p^+ も τ に依存しないので，この M^{+-} も τ には依存しない．しかしながら，少しだけ厄介な問題がある．この演算子 M^{+-} はエルミートではない．すなわち $(M^{+-})^\dagger - M^{+-} = [x_0^-, p^+] \neq 0$ である．このエルミート性の欠如は，量子化において光錐ゲージを採用することが，演算子の基本的性質に影響する様子を表している．共変な Lorentz 生成子は自動的にエルミートになったけれども，光錐ゲージでの Lorentz 生成子はそのようにならない．したがって，ここで次のようにエルミートな M^{+-} を定義することが動機づけられることになる．

$$M^{+-} = -\frac{1}{2}\left(x_0^- p^+ + p^+ x_0^-\right) \tag{11.86}$$

我々はこれを，光錐ゲージにおける Lorentz 生成子 M^{+-} として採用する．

すべての生成子の中で，最も複雑なものは M^{-I} であり，同時に最も興味深い．M^{+-} に対して最初に用いた処方をここでも用いてみると，次のようになる．

$$\begin{aligned}
M^{-I} &\stackrel{?}{=} x^-(\tau)p^I - x^I(\tau)p^- \\
&\stackrel{?}{=} \left(x_0^- + \frac{p^-}{m^2}\tau\right)p^I - \left(x_0^I + \frac{p^I\tau}{m^2}\right)p^- \\
&\stackrel{?}{=} x_0^- p^I - x_0^I p^-
\end{aligned} \tag{11.87}$$

τ 依存性はここでも無くなるが，p^- が他の運動量の非自明な関数なので，これは単純な結果ではない．上の演算子をエルミート化した演算子を，次のように定義する．

$$M^{-I} \equiv x_0^- p^I - \frac{1}{2}\left(x_0^I p^- + p^- x_0^I\right) \tag{11.88}$$

光錐ゲージの Lorentz チャージが Lorentz 代数を満たすべきものとするならば，式 (11.84) で示したように，

$$[M^{-I}, M^{-J}] = 0 \tag{11.89}$$

が成立しなければならない．式(11.88)によって定義した M^{-I} は上式を満たすだろうか？ 答えはイエスであり，読者はそれを問題11.6において見ることになる．この結果は量子論のLorentz不変性を保証するために必要なものである．Lorentz生成子の他の交換子もすべて，正しい結果を与える．

量子弦理論における $[M^{-I}, M^{-J}]$ の計算は大変複雑であるが，その結果は興味深い．この交換子は，弦がある特別な次元数を持つ時空内に存在する場合にのみ，そして開弦のスペクトルにおいて質量のないゲージ場を見いだせるように質量の定義を変更した場合にのみゼロになるのである！ 弦理論は特定の時空次元だけでLorentz不変になるという意味において，強い制約を内在させた理論である．

問題

11.1 Heisenberg演算子の運動方程式．
Schrödingerハミルトニアン $H = H(p, q)$ が時間に依存しないものと仮定する．この場合，時間に依存しないSchrödinger演算子 ξ は Heisenberg演算子 $\xi(t) = e^{iHt}\xi e^{-iHt}$ に対応する．この演算子が次の運動方程式を満たすことを示せ．

$$i\frac{d\xi(t)}{dt} = \bigl[\xi(t), H\bigl(p(t), q(t)\bigr)\bigr]$$

この計算により，式(11.18)が時間に依存しないハミルトニアンに関して成立することが証明される．

11.2 Heisenberg演算子と時間に依存するハミルトニアン．
Schrödingerハミルトニアン $H = H(p, q; t)$ が時間に依存する場合を考える．状態の時間発展がユニタリー演算子 $U(t)$ によって生成されるものとする．

$$|\Psi, t\rangle = U(t)|\Psi\rangle \tag{1}$$

$U(t)$ は H との間に非自明な関係を持つ．$|\Psi\rangle$ は時刻ゼロにおける状態を表し，$U(0) = 1$ とする．

(a) Schrödinger方程式を用いて，次式を示せ．

$$i\frac{dU(t)}{dt} = HU(t) \tag{2}$$

表記を簡単にするために $U \equiv U(t)$ とする．U^{-1} を $|\Psi, t\rangle$ に作用させると，時間に依存しない状態が与えられるので，式(11.24)のところの議論と同様の考察により，Schrödinger演算子 α に対応する Heisenberg演算子の定義は次のようになる．

$$\alpha(t) = U^{-1}\alpha U \tag{3}$$

(b) ξ を時間に依存しない Schrödinger演算子，$\xi(t)$ をこれに対応して式(3)によって定義される Heisenberg演算子とする．次式を示せ．

$$i\frac{d\xi(t)}{dt} = \bigl[\xi(t), H\bigl(p(t), q(t); t\bigr)\bigr]$$

この計算により，式(11.18)が時間に依存するハミルトニアンに関しても成立することが証明される．

(c) Schrödinger演算子 $\alpha_1, \alpha_2, \alpha_3$ に関して $[\alpha_1, \alpha_2] = \alpha_3$ が成立するならば，それぞれに対応する Heisenberg 演算子に関して $[\alpha_1(t), \alpha_2(t)] = \alpha_3(t)$ が成立することを示せ．

11.3 Hamilton 形式の古典力学．

古典的な相空間 (q, p) と，そこでの軌跡 $\big(q(t), p(t)\big)$ と，観測量 $v\big(q(t), p(t); t\big)$ を考える．標準的な微分則により，

$$\frac{dv}{dt} = \frac{\partial v}{\partial t} + \frac{\partial v}{\partial p}\frac{dp}{dt} + \frac{\partial v}{\partial q}\frac{dq}{dt} \tag{1}$$

が成立する．Poisson 括弧を，次のように定義する．

$$\{A, B\} = \frac{\partial A}{\partial q}\frac{\partial B}{\partial p} - \frac{\partial A}{\partial p}\frac{\partial B}{\partial q} \tag{2}$$

次式を示せ．

$$\frac{dv}{dt} = \frac{\partial v}{\partial t} + \{v, H\} \tag{3}$$

この結果を式 (11.19) と比べると，一般的な量子力学的演算子 $\mathcal{O}$ の時間発展と，古典的な相空間における観測量 v のハミルトニアンによる時間発展との類似性を見て取ることができる．

式 (3) を導くには，Hamilton 形式の古典的な運動方程式が必要である．これは，

$$\int dt\big\{p(t)\dot{q}(t) - H\big(p(t), q(t); t\big)\big\}$$

が，独立な変分 $\delta q(t)$ と $\delta p(t)$ の下で定常的でなければならないという要請から得ることができる．

11.4 点粒子のパラメーター付け替え対称性．

変分 $\delta x^\mu(\tau) = \lambda(\tau)\partial_\tau x^\mu(\tau)$ によって点粒子のラグランジアンに生じる変分 δL が，次のように書かれることを示せ．

$$\delta L(\tau) = \partial_\tau\big(\lambda(\tau) L(\tau)\big)$$

これはパラメーターの付け替え δx^μ が，問題 8.9 において定義した意味において対称変換であることの証明になっている．このパラメーターの付け替えの対称性に関わるチャージがゼロになることを示せ．λ が τ に依存しないならば，パラメーターの付け替えは τ の無限小の推進操作になり，このときの保存するチャージはハミルトニアンである．点粒子のラグランジアンから正準に定義されるハミルトニアンがゼロになることを直接証明せよ．

11.5 Lorentz 生成子と Lorentz 代数．

この問題では，Lorentz 共変なチャージ (11.76) を考察する．

(a) 交換子 $[M^{\mu\nu}, p^\rho]$ を計算せよ．

(b) 交換子 $[M^{\mu\nu}, M^{\rho\sigma}]$ を計算し，式 (11.81) を証明せよ．

(c) Lorentz代数を光錐"座標"において考える. 以下の交換子を計算せよ.

$$[M^{\pm I}, M^{JK}], \quad [M^{\pm I}, M^{\mp J}], \quad [M^{+-}, M^{\pm I}], \quad [M^{\pm I}, M^{\pm J}]$$

11.6 粒子に関する光錐ゲージ交換子 $[M^{-I}, M^{-J}]$.
ここで行う計算の目的は，次式の証明である.

$$[M^{-I}, M^{-J}] = 0 \tag{1}$$

(a) 光錐ゲージの演算子 M^{-I} が次の形を取ることを証明せよ.

$$M^{-I} = \left(x_0^- p^I - x_0^I p^-\right) + \frac{i}{2}\frac{p^I}{p^+} \tag{2}$$

式(2)の2種類の項を区別しながら，式(1)の計算を行う. まず混合項と後ろの項からの寄与を計算せよ.

(b) 式(2)の右辺の前の項からの寄与を求め，式(1)の計算を完成せよ.

11.7 光錐ゲージのLorentz生成子によって生成される変換.

(a) M^{+-}（式(11.86)で定義したもの）と光錐座標 $x^+(\tau), x^-(\tau), x^I(\tau)$ の交換子を計算せよ. M^{+-} が予想されるこれらの座標のLorentz変換を生成することを示せ.

(b) M^{-I} と光錐座標 $x^+(\tau), x^-(\tau), x^J(\tau)$ の交換子を計算せよ. M^{-I} が予想されるLorentz変換と，それを相殺する世界線へのパラメーターの付け替えを生成することを示せ. このパラメーターの付け替えにおける変換パラメーター λ を計算せよ. [ヒント：パラメーターの付け替えは"エルミート化"の形 $\delta x^\mu(\tau) = \frac{1}{2}(\lambda \partial_\tau x^\mu + \partial_\tau x^\mu \lambda)$ を取る.]

第 12 章 相対論的な量子開弦

本章では相対論的な開弦を量子化する．交換関係を構築するために光錐ゲージを採用し，Heisenberg描像(ハイゼンベルク)のハミルトニアンを定義する．我々は無限個の生成・消滅演算子の組を見いだすことになるが，それらはひとつの整数とひとつの横方向ベクトルの添字によって識別される．X^- 方向の振動子は，横方向の Virasoro(ヴィラソロ)演算子の形で与えられる．量子論の定義において我々が遭遇する種々の曖昧さは，理論に Lorentz(ローレンツ)不変性を要請することによって解消される．時空次元の数は26に確定し，質量の式は，そのスペクトルが質量のない光子状態を許容するように，古典的な式から少々修正される．スペクトルはタキオン状態も含み，それによって D25-ブレインの不安定性が示される．

12.1 光錐ハミルトニアンと交換子

ようやく相対論的な弦を量子化する段階に到達した．我々は相対論的な弦の古典力学に関してかなりの直観的な把握を行い，また弦より単純ではあるが自明ではない相対論的な点粒子の量子化の方法を詳しく調べた．その上，光錐ゲージにおけるスカラー場，電磁場，重力場の基礎についても見てきたので，これらを踏まえて量子開弦の含意を理解することができるであろう．本章では開弦を扱う．本章全体にわたり，全空間を満たした D-ブレインの存在を仮定する．次章では，閉弦の量子化を扱う予定である．

我々は，運動方程式が波動方程式 $\ddot{X}^\mu - X^{\mu\prime\prime} = 0$ になるような世界面に対するパラメーター付け (9.27) を見いだした．この顕著な単純化は，2つの制約条件 $(\dot{X} \pm X')^2 = 0$ に依っている．これらの制約の下で，運動量密度は単純な座標の微分(導関数)に比例する量になる．

$$\mathcal{P}^{\sigma\mu} = -\frac{1}{2\pi\alpha'} X^{\mu\prime}, \quad \mathcal{P}^{\tau\mu} = \frac{1}{2\pi\alpha'} \dot{X}^\mu \tag{12.1}$$

上式は，我々が第9章で考察したすべてのゲージにおいて成立するが，光錐ゲージもこれに該当する．開弦を光錐ゲージで扱った際に，我々は $X^+ = 2\alpha' p^+ \tau$ と置き，X^- について解いて，これを横方向座標 X^I によって表した．実際，式(9.65)を $\beta = 2$ と置いて用いると，次式が得られる．

$$\dot{X}^- = \frac{1}{2\alpha'} \frac{1}{2p^+} \left(\dot{X}^I \dot{X}^I + X^{I\prime} X^{I\prime} \right) \tag{12.2}$$

ここから $\mathcal{P}^{\tau-}$ の具体的な式が与えられる．

$$\mathcal{P}^{\tau-} = \frac{1}{2\pi\alpha'}\dot{X}^- = \frac{1}{2\pi\alpha'}\frac{1}{2\alpha'}\frac{1}{2p^+}(2\pi\alpha')^2\left(\mathcal{P}^{\tau I}\mathcal{P}^{\tau I} + \frac{X^{I\prime}X^{I\prime}}{(2\pi\alpha')^2}\right)$$
$$= \frac{\pi}{2p^+}\left(\mathcal{P}^{\tau I}\mathcal{P}^{\tau I} + \frac{X^{I\prime}X^{I\prime}}{(2\pi\alpha')^2}\right) \tag{12.3}$$

この式は,すぐ後で役に立つ.

相対論的な光錐弦の量子論を定義するための第1段階として,基本となる Schrödinger 演算子の組を与えなければならない.点粒子に関する Schrödinger 演算子の組 (11.25) からの類推により,τ に依存しない Schrödinger 演算子の組を次のように選ぶ.

$$\text{Schrödinger 演算子の組:} \quad \left(X^I(\sigma),\, x_0^-,\, \mathcal{P}^{\tau I}(\sigma),\, p^+\right) \tag{12.4}$$

これに対応する Heisenberg 演算子の組は,次のようになる.

$$\text{Heisenberg 演算子の組:} \quad \left(X^I(\tau,\sigma),\, x_0^-(\tau),\, \mathcal{P}^{\tau I}(\tau,\sigma),\, p^+(\tau)\right) \tag{12.5}$$

式 (12.4) の演算子はあらわな τ 依存性を持たないので,Heisenberg 演算子 (12.5) もあらわな形では τ に依存しない.点粒子の場合と同様に,x_0^- と p^+ は完全に τ に依存しない Heisenberg 演算子になることが予想される.

次に,交換関係を構築する.Schrödinger 演算子 $X^I(\sigma)$ と $\mathcal{P}^{\tau I}(\sigma)$ に関して,我々はこれらの演算子が σ に依存するという事実に直面する.これらが弦に沿った同じ点の演算子の場合だけに非可換になり得るものと要請することは理に適っている.我々は弦における異なる点の (同時刻の) 測定は,相互に干渉しないものと想定する.そこで,次のように置く.

$$[X^I(\sigma), \mathcal{P}^{\tau J}(\sigma')] = i\eta^{IJ}\delta(\sigma-\sigma') \tag{12.6}$$

デルタ関数は,$\sigma \neq \sigma'$ のときに交換子がゼロにならなければならないという制約を課すために用いてある.σ は連続変数なので,Kronecker のデルタではなく,Dirac のデルタ関数がここで必要とされる.式 (12.6) を補足する自然な交換関係として,以下も仮定しておく.

$$[X^I(\sigma), X^J(\sigma')] = [\mathcal{P}^{\tau I}(\sigma), \mathcal{P}^{\tau J}(\sigma')] = 0 \tag{12.7}$$

そして,

$$[x_0^-, p^+] = -i \tag{12.8}$$

とする.演算子 x_0^- と p^+ は他のすべての Schrödinger 演算子と交換する.

$$[x_0^-, X^I(\sigma)] = [x_0^-, \mathcal{P}^{\tau I}(\sigma)] = [p^+, X^I(\sigma)] = [p^+, \mathcal{P}^{\tau I}(\sigma)] = 0 \tag{12.9}$$

これらに対応する Heisenberg 演算子の組合せの中で,同時刻交換関係がゼロにならないものは,

$$[X^I(\tau,\sigma), \mathcal{P}^{\tau J}(\tau,\sigma')] = i\eta^{IJ}\delta(\sigma-\sigma') \tag{12.10}$$

および,

$$[x_0^-(\tau), p^+(\tau)] = -i \tag{12.11}$$

12.1. 光錐ハミルトニアンと交換子

だけである．他の交換関係はすべてゼロになる．

$$[X^I(\tau,\sigma), X^J(\tau,\sigma')] = [\mathcal{P}^{\tau I}(\tau,\sigma), \mathcal{P}^{\tau J}(\tau,\sigma')] = 0$$
$$[x_0^-(\tau), X^I(\tau,\sigma)] = [x_0^-(\tau), \mathcal{P}^{\tau I}(\tau,\sigma)] = 0$$
$$[p^+(\tau), X^I(\tau,\sigma)] = [p^+(\tau), \mathcal{P}^{\tau I}(\tau,\sigma)] = 0 \tag{12.12}$$

次に，ハミルトニアンを作る必要がある．我々のハミルトニアンは τ 方向の推進操作を生成しなければならない．点粒子に関する経験から，p^- が X^+ 方向の推進を生成すると考えられる．開弦の光錐ゲージでは $X^+ = 2\alpha' p^+ \tau$ なので (式(9.62))，τ については次のようになる．

$$\frac{\partial}{\partial \tau} = \frac{\partial X^+}{\partial \tau}\frac{\partial}{\partial X^+} = 2\alpha' p^+ \frac{\partial}{\partial X^+} \leftrightarrow 2\alpha' p^+ p^- \tag{12.13}$$

ここから，τ の変化を生成するハミルトニアンの形を，次のように予想する．

$$H = 2\alpha' p^+ p^- = 2\alpha' p^+ \int_0^\pi d\sigma \mathcal{P}^{\tau -} \tag{12.14}$$

これが実際に適正な弦のハミルトニアンであることが，これから明らかになる．式(12.3)を用いて，このハミルトニアンを Heisenberg 演算子として，より具体的に書く．

$$\boxed{H(\tau) = \pi\alpha' \int_0^\pi d\sigma \left(\mathcal{P}^{\tau I}(\tau,\sigma)\mathcal{P}^{\tau I}(\tau,\sigma) + \frac{X^{I\prime}(\tau,\sigma)X^{I\prime}(\tau,\sigma)}{(2\pi\alpha')^2} \right)} \tag{12.15}$$

H は，古典的な運動方程式の変数を演算子に置き換えた量子力学的な運動方程式を生成しなければならない．H は，第9章の横方向 Virasoro モードで表現すると極めて簡単になる．そこでは $L_0^\perp = 2\alpha' p^+ p^-$ であることを見ているので (式(9.78))，式(12.14)から即座に次式を得る．

$$H = L_0^\perp \tag{12.16}$$

このハミルトニアンの形は，おそらく最も覚えやすいものであるが，後から見るように，真のハミルトニアンはこれと少しだけ違っている．式(12.15)における演算子積 $\mathcal{P}\mathcal{P}$ と $X'X'$ は実際には曖昧さを持つ演算子であり，注意深い定義が必要である．さらには Lorentz 不変性の要請により，H からの計算可能な定数の減算が必要とされる．

尤もらしいハミルトニアンの候補を得たので，ここから運動方程式を導く必要がある．時間に依存しない任意の Schrödinger 演算子 $\xi(\sigma)$ に対応する Heisenberg 演算子 $\xi(\tau,\sigma)$ は，次式を満たさねばならない．

$$i\dot{\xi}(\tau,\sigma) = [\xi(\tau,\sigma), H(\tau)] \tag{12.17}$$

$H(\tau)$ は式(12.15)に与えられている．$H(\tau)$ は Heisenberg 演算子によって構築されており，それらはあらわな時間依存性を持たないので，式(12.17)において $\xi(\tau,\sigma)$ を $H(\tau)$ と置いてもよい．これは完全に時間に依存しないものと結論される．すなわち $H(\tau) = H$ と書ける．その上，$x_0^-(\tau)$ と $p^+(\tau)$ が H と可換であることを見て取れる．これらは時間に依存しない演算子なので，それぞれ x_0^-，p^+ と書くことにする．交換関係(12.11)は，次式になる．

$$\boxed{[x_0^-, p^+] = -i} \tag{12.18}$$

$X^I(\tau,\sigma)$ に関する Heisenberg の運動方程式は，次のようになる．

$$i\dot{X}^I(\tau,\sigma) = [X^I(\tau,\sigma), H(\tau)] = \left[X^I(\tau,\sigma),\ \pi\alpha' \int_0^\pi d\sigma' \mathcal{P}^{\tau J}(\tau,\sigma') \mathcal{P}^{\tau J}(\tau,\sigma') \right]$$

H の第2項は $X^I(\tau,\sigma)$ と可換なので，上式では省いた．

$$[X^I(\tau,\sigma), X^{J'}(\tau,\sigma')] = \frac{\partial}{\partial \sigma'}[X^I(\tau,\sigma), X^J(\tau,\sigma')] = 0 \tag{12.19}$$

また，我々は $H(\tau)$ に再び時間変数を入れて，同時刻交換子を容易に評価できるようにした．式(12.10)を用いると，次式が得られる．

$$i\dot{X}^I(\tau,\sigma) = \pi\alpha' \cdot 2 \cdot \int_0^\pi d\sigma' \mathcal{P}^{\tau J}(\tau,\sigma') i\eta^{IJ}\delta(\sigma-\sigma') \tag{12.20}$$

積分を実行し，両辺に共通の i を相殺すると，次式が得られる．

$$\dot{X}^I(\tau,\sigma) = 2\pi\alpha' \mathcal{P}^{\tau I}(\tau,\sigma) \tag{12.21}$$

幸い，これは古典的な運動方程式(12.1)と整合している．他の運動方程式も同様の方法で確認できる．たとえば読者は $\dot{\mathcal{P}}^{\tau I}$ を計算し，その結果を用いて，

$$\ddot{X}^I - X^{I''} = 0 \tag{12.22}$$

が量子力学的な運動方程式であることを証明できる(問題12.1)．古典的な弦理論を量子論に移行させるにあたり，古典的な境界条件は演算子の式になる．たとえば Neumann 境界条件，

$$\partial_\sigma X^I(\tau,\sigma) = 0, \quad \sigma = 0, \pi \tag{12.23}$$

は文字通り，開弦の端点において演算子 $\partial_\sigma X^I(\tau,\sigma)$ がゼロになるものと捉えることになる．

第9章では，2つの微分の線形結合 $(\dot{X}^I \pm X^{I'})$ が特別に簡単かつ有用であることを学んだ．これらの交換子を計算して，本節を締めくくることにする．まず式(12.21)を用いて，交換関係(12.10)を次のように書き直す．

$$[X^I(\tau,\sigma), \dot{X}^J(\tau,\sigma')] = 2\pi\alpha' i\eta^{IJ}\delta(\sigma-\sigma') \tag{12.24}$$

両辺に対して σ について微分を取る．

$$[X^{I'}(\tau,\sigma), \dot{X}^J(\tau,\sigma')] = 2\pi\alpha' i\eta^{IJ}\frac{d}{d\sigma}\delta(\sigma-\sigma') \tag{12.25}$$

$[X^I(\tau,\sigma), X^J(\tau,\sigma')] = 0$ を σ と σ' について微分して，$[\mathcal{P}^{\tau I}(\tau,\sigma), \mathcal{P}^{\tau J}(\tau,\sigma')] = 0$ を念頭に置くと，弦座標の τ と σ に関する微分も，それぞれが同種の微分と可換であることが分かる．

$$[X^{I'}(\tau,\sigma), X^{J'}(\tau,\sigma')] = [\dot{X}^I(\tau,\sigma), \dot{X}^J(\tau,\sigma')] = 0 \tag{12.26}$$

ここで，次の交換子を調べてみる．

$$\left[(\dot{X}^I + X^{I'})(\tau,\sigma),\ (\dot{X}^J + X^{J'})(\tau,\sigma') \right] \tag{12.27}$$

これは,式(12.26)により,次式に等しい.

$$[\dot{X}^I(\tau,\sigma), X^{J\prime}(\tau,\sigma')] + [X^{I\prime}(\tau,\sigma), \dot{X}^J(\tau,\sigma')] \tag{12.28}$$

第2項は式(12.25)に与えられている.第1項は次のようになる.

$$-[X^{J\prime}(\tau,\sigma'), \dot{X}^I(\tau,\sigma)] = -(2\pi\alpha')i\eta^{JI}\frac{d}{d\sigma'}\delta(\sigma'-\sigma) = 2\pi\alpha'i\eta^{IJ}\frac{d}{d\sigma}\delta(\sigma-\sigma')$$

この結果を得るために,σ' に関する微分が $(\sigma-\sigma')$ の関数に作用する場合,σ に関する微分に負号を付けたものになることに注意した.また $\delta(x)=\delta(-x)$ も用いた.これで式(12.28)の両方の項が等しいことが分かったので,次式が得られる.

$$\left[(\dot{X}^I+X^{I\prime})(\tau,\sigma), (\dot{X}^J+X^{J\prime})(\tau,\sigma')\right] = 4\pi\alpha'i\eta^{IJ}\frac{d}{d\sigma}\delta(\sigma-\sigma') \tag{12.29}$$

より一般的に,我々は次式を見いだしたことになる.

$$\left[(\dot{X}^I\pm X^{I\prime})(\tau,\sigma), (\dot{X}^J\pm X^{J\prime})(\tau,\sigma')\right] = \pm 4\pi\alpha'i\eta^{IJ}\frac{d}{d\sigma}\delta(\sigma-\sigma') \tag{12.30}$$

何故なら,交差項だけが寄与を持つからである.次式も同様にして得られる.

$$\left[(\dot{X}^I\pm X^{I\prime})(\tau,\sigma), (\dot{X}^J\mp X^{J\prime})(\tau,\sigma')\right] = 0 \tag{12.31}$$

式(12.30)と式(12.31)は,$\sigma,\sigma'\in[0,\pi]$ において成立する.

12.2 振動子の交換関係

ここまで書いてきた交換関係は,場の演算子を含み,デルタ関数を用いてあるので,取り扱いに注意を要する.それらは連続値を取る σ と σ' に関して成立する無限個の交換関係の組(集合)である.したがってこれを離散的な形に作り直すこと,すなわち可付番の交換関係の組に移行させることが有用である.この目的のために,9.4節のモード展開を適用してみる.これは古典的な波動方程式と,全空間を満たした D-ブレインに関する境界条件から導かれたものである.波動方程式と境界条件は量子論においても成立するので,我々は量子論においてもモード展開を利用できる.しかしながら古典的なモード α_n^I は量子力学的な演算子に変わり,その交換関係は自明ではない.

波動方程式の Neumann 境界条件の下での解(9.69)を思い出そう.

$$X^I(\tau,\sigma) = x_0^I + \sqrt{2\alpha'}\alpha_0^I\tau + i\sqrt{2\alpha'}\sum_{n\neq 0}\frac{1}{n}\alpha_n^I\cos n\sigma\, e^{-in\tau} \tag{12.32}$$

これに加えて,式(9.74)において,次の関係が得られている.

$$(\dot{X}^I+X^{I\prime})(\tau,\sigma) = \sqrt{2\alpha'}\sum_{n\in\mathbf{Z}}\alpha_n^I e^{-in(\tau+\sigma)}, \quad \sigma\in[0,\pi]$$

$$(\dot{X}^I-X^{I\prime})(\tau,\sigma) = \sqrt{2\alpha'}\sum_{n\in\mathbf{Z}}\alpha_n^I e^{-in(\tau-\sigma)}, \quad \sigma\in[0,\pi] \tag{12.33}$$

開弦の座標は $\sigma \in [0,\pi]$ だけで定義されているので,上の等式も $\sigma \in [0,\pi]$ において成立する.ここで,開弦の座標によって自然に表される周期 2π を持つ σ の関数を構築しよう.これを行うために,上の第2式を $-\sigma$ において"評価"する.

$$(\dot{X}^I - X^{I\prime})(\tau, -\sigma) = \sqrt{2\alpha'} \sum_{n \in \mathbf{Z}} \alpha_n^I e^{-in(\tau+\sigma)}, \quad \sigma \in [-\pi, 0] \tag{12.34}$$

範囲の指定 $\sigma \in [-\pi, 0]$ は,これ以外では左辺が定義されないので必要とされる.ここで次のように演算子 $A^I(\tau, \sigma)$ を定義する.

$$A^I(\tau, \sigma) \equiv \sqrt{2\alpha'} \sum_{n \in \mathbf{Z}} \alpha_n^I e^{-in(\tau+\sigma)}, \quad A^I(\tau, \sigma + 2\pi) = A^I(\tau, \sigma) \tag{12.35}$$

付記してある周期性は,その定義からの直接の帰結である.A^I を開弦の座標に対して,長さ 2π の区間 $\sigma \in [-\pi, \pi]$ において簡単に関係づけることができる.$\sigma \in [0, \pi]$ では式(12.33)の第1式を使い,$\sigma \in [-\pi, 0]$ では式(12.34)を用いる.

$$A^I(\tau, \sigma) = \begin{cases} (\dot{X}^I + X^{I\prime})(\tau, \sigma) & \sigma \in [0, \pi] \\ (\dot{X}^I - X^{I\prime})(\tau, -\sigma) & \sigma \in [-\pi, 0] \end{cases} \tag{12.36}$$

演算子 A^I は,α_n^I 振動子の交換関係を規定するために有用であるが,このために交換子 $[A^I(\tau, \sigma), A^J(\tau, \sigma')]$ を計算する必要がある.式(12.36)により,$\sigma, \sigma' \in [-\pi, \pi]$ の全域における評価のためには,以下の4通りの計算が必要である.

$$\begin{aligned}
& \left[(\dot{X}^I + X^{I\prime})(\tau, \sigma), (\dot{X}^J + X^{J\prime})(\tau, \sigma')\right], && \sigma, \sigma' \in [0, \pi] \\
& \left[(\dot{X}^I + X^{I\prime})(\tau, \sigma), (\dot{X}^J - X^{J\prime})(\tau, -\sigma')\right], && \sigma \in [0, \pi], \sigma' \in [-\pi, 0] \\
& \left[(\dot{X}^I - X^{I\prime})(\tau, -\sigma), (\dot{X}^J + X^{J\prime})(\tau, \sigma')\right], && \sigma \in [-\pi, 0], \sigma' \in [0, \pi] \\
& \left[(\dot{X}^I - X^{I\prime})(\tau, -\sigma), (\dot{X}^J - X^{J\prime})(\tau, -\sigma')\right], && \sigma, \sigma' \in [-\pi, 0]
\end{aligned} \tag{12.37}$$

$\sigma, \sigma' \in [0, \pi]$ における第1の交換子は,単に式(12.30)から読み取ればよい.

$$\left[(\dot{X}^I + X^{I\prime})(\tau, \sigma), (\dot{X}^J + X^{J\prime})(\tau, \sigma')\right] = 4\pi\alpha' i\eta^{IJ} \frac{d}{d\sigma}\delta(\sigma - \sigma') \tag{12.38}$$

$\sigma, \sigma' \in [-\pi, 0]$ における第4の交換子も,式(12.30)から得られる.

$$\begin{aligned}
\left[(\dot{X}^I - X^{I\prime})(\tau, -\sigma), (\dot{X}^J - X^{J\prime})(\tau, -\sigma')\right] &= -4\pi\alpha' i\eta^{IJ} \frac{d}{d(-\sigma)}\delta(-\sigma + \sigma') \\
&= 4\pi\alpha' i\eta^{IJ} \frac{d}{d\sigma}\delta(\sigma - \sigma')
\end{aligned}$$

これは第1の交換子の結果(12.38)と同じである.式(12.37)の第2と第3の交換子に関しては,式(12.31)により両者ともゼロになることが結論される.これらについては σ と σ' が等しい場合を除外してよいので,式(12.38)の右辺の式($\sigma \neq \sigma'$ ならばゼロ)を充てておいても問題はなく,4通りの交換関係をまとめて次のように表すことができる.

$$[A^I(\tau, \sigma), A^J(\tau, \sigma')] = 4\pi\alpha' i\eta^{IJ} \frac{d}{d\sigma}\delta(\sigma - \sigma'), \quad \sigma, \sigma' \in [-\pi, \pi] \tag{12.39}$$

式(12.35)を上式に適用し,両辺に共通の因子 $2\alpha'$ を落とすと,次の結果が得られる.

$$\sum_{m',n'\in\mathbf{Z}} e^{-im'(\tau+\sigma)} e^{-in'(\tau+\sigma')} [\alpha^I_{m'}, \alpha^J_{n'}] = 2\pi i \eta^{IJ} \frac{d}{d\sigma} \delta(\sigma-\sigma') \tag{12.40}$$

この式は $\sigma, \sigma' \in [-\pi, \pi]$ において成立する．ここから情報を引き出すために，両辺に対して次の積分を施す．

$$\frac{1}{2\pi} \int_0^{2\pi} d\sigma\, e^{im\sigma} \cdot \frac{1}{2\pi} \int_0^{2\pi} d\sigma'\, e^{in\sigma'} \tag{12.41}$$

式(12.40)の左辺においては，この積分によって $m'=m,\ n'=n$ の項が抽出される．

$$e^{-i(m+n)\tau} [\alpha^I_m, \alpha^J_n] \tag{12.42}$$

式(12.40)の右辺に対する積分は，次のようになる．

$$i\eta^{IJ} \frac{1}{2\pi} \int_0^{2\pi} d\sigma\, e^{im\sigma} \frac{d}{d\sigma} \int_0^{2\pi} d\sigma'\, e^{in\sigma'} \delta(\sigma-\sigma')$$
$$= i\eta^{IJ} \frac{1}{2\pi} \int_0^{2\pi} d\sigma\, e^{im\sigma} \frac{d}{d\sigma} e^{in\sigma} = -n\eta^{IJ} \frac{1}{2\pi} \int_0^{2\pi} d\sigma\, e^{i(m+n)\sigma}$$
$$= -n\eta^{IJ} \delta_{m+n,0} = m\eta^{IJ} \delta_{m+n,0} \tag{12.43}$$

式(12.42)と式(12.43)を等式で結ぶと，次の結果が得られる．

$$[\alpha^I_m, \alpha^J_n] = m\eta^{IJ} \delta_{m+n,0} e^{+i(m+n)\tau} = m\eta^{IJ} \delta_{m+n,0} \tag{12.44}$$

Kroneckerのデルタによって $m=-n$ のときの交換子だけが残る．これで振動モードの交換関係が得られた．

$$\boxed{[\alpha^I_m, \alpha^J_n] = m\eta^{IJ} \delta_{m+n,0}} \tag{12.45}$$

これが α モードの間の基本的な交換関係である．α^I_0 が他のすべての振動子と可換であることに注意してもらいたい．これはまったく理に適っている．式(9.52)で示したように，α^I_0 は弦の運動量に比例する．

$$\boxed{\alpha^I_0 = \sqrt{2\alpha'}\, p^I} \tag{12.46}$$

そして，これは x_0^J との間だけに非自明な交換関係が予想される．

すべての可能な交換子のリストを完成させるために，x_0^I と振動子 α^J_n の間の交換子も見いだす必要がある．このために式(12.24)を考え，両辺を $\sigma \in [0,\pi]$ において積分する．左辺では $X^I(\tau,\sigma)$ に含まれる振動子の項は寄与を持たず，右辺ではデルタ関数が消えて因子1が残る．

$$\left[x_0^I + \sqrt{2\alpha'}\, \alpha^I_0 \tau,\, \dot{X}^J(\tau,\sigma')\right] = 2\alpha' i\eta^{IJ} \tag{12.47}$$

$\dot{X}^J$ は α^J_n を含む項の和なので，$[\alpha^I_0, \dot{X}^I] = 0$ である．更に $\dot{X}^J$ のモード展開を利用すると，式(12.47)は次式になる．

$$\sum_{n'\in\mathbf{Z}} [x_0^I, \alpha^J_{n'}] \cos n'\sigma'\, e^{-in'\tau} = \sqrt{2\alpha'}\, i\eta^{IJ} \tag{12.48}$$

左辺を再構成して，次式を得ることができる．

$$[x_0^I, \alpha_0^J] + \sum_{n'=1}^{\infty} \left[x_0^I, \alpha_{n'}^J e^{-in'\tau} + \alpha_{-n'}^J e^{in'\tau}\right] \cos n'\sigma = \sqrt{2\alpha'} i\eta^{IJ} \tag{12.49}$$

この式の両辺に対して，積分 $\frac{1}{\pi}\int_0^\pi d\sigma \cos n\sigma$ を施すと $(n \geq 1)$，次式を得る．

$$\left[x_0^I, \alpha_n^J e^{-in\tau} + \alpha_{-n}^J e^{in\tau}\right] = 0 \tag{12.50}$$

等価的に，次のように書いてもよい．

$$[x_0^I, \alpha_n^J] e^{-in\tau} + [x_0^I, \alpha_{-n}^J] e^{in\tau} = 0 \tag{12.51}$$

すべての τ の値の下で，左辺がゼロでなければならないので，各項がそれぞれ単独でゼロにならなければならない (証明せよ！)．このことから次式を得る．

$$[x_0^I, \alpha_n^J] = 0 \quad \text{for} \quad n \neq 0 \tag{12.52}$$

これに加えて，式(12.49)から次式が得られる．

$$[x_0^I, \alpha_0^J] = \sqrt{2\alpha'} i\eta^{IJ} \tag{12.53}$$

この式と，式(12.46)により，予想される交換関係が得られる．

$$\boxed{[x_0^I, p^J] = i\eta^{IJ}} \tag{12.54}$$

通常の量子力学と同様に，演算子 x_0^I と p^I はエルミートである．

$$(x_0^I)^\dagger = x_0^I, \quad (p^I)^\dagger = p^I \tag{12.55}$$

　交換関係を得るための計算には，数段階の手続きが必要であり，それを詳しく説明した．我々が閉弦もしくは一般的なD-ブレインに接続した開弦を論じる際には，同様の計算が必要とされる．ここで行った計算にわずかな修正を施すことで，そのような計算を実行できる．

　この段階で，α_n^I モードの交換関係 (12.45) を詳しく調べておくことが有用である．以下に示すように，それらは生成・消滅演算子の無限個の集合と等価である．これを見るために，式(9.53)で導入した古典変数を参考にして，各モードを"振動子"として定義することから始めよう．

$$\alpha_n^\mu = a_n^\mu \sqrt{n}, \quad \alpha_{-n}^\mu = a_n^{\mu*} \sqrt{n}, \quad n \geq 1 \tag{12.56}$$

これらの式において，α も a も古典的な変数である．今，これらを演算子へと移行させる．互いに複素共役な古典的な変数の組合せは，量子論において互いにエルミート共役な演算子になる．したがって上の第1式はそのまま用いることができるが，第2式は変更される．光錐モード $\mu = I$ に関して，次のように置く．

$$\alpha_n^I = a_n^I \sqrt{n} \quad \text{and} \quad \alpha_{-n}^I = a_n^{I\dagger} \sqrt{n}, \quad n \geq 1 \tag{12.57}$$

この定義とともに，次の関係に注意してもらいたい．

$$\boxed{(\alpha_n^I)^\dagger = \alpha_{-n}^I, \quad n \in \mathbf{Z}} \tag{12.58}$$

この式は $n=0$ においても成立する．α_0^I は p^I に比例し，これもエルミートだからである．α_n^I モードはすべての整数 n に関して定義されるが，演算子 a_n^I と $a_n^{I\dagger}$ は正の n だけに関して定義されることを強調しておく．

上のエルミート性からの重要な帰結は，古典論において実数であった $X^I(\tau,\sigma)$ が，エルミート演算子になるということである．

計算練習 12.1 展開式(12.32)とエルミート性の条件(12.55), (12.58)を用いて，次式を示せ．

$$\left(X^I(\tau,\sigma)\right)^\dagger = X^I(\tau,\sigma) \tag{12.59}$$

この計算を成立させるには，式(12.32)において，和の項の前にある因子 i が不可欠である．

これで，α モードの交換関係を，振動子 $(a_n^I, a_n^{I\dagger})$ の交換関係に言い換えることができる．このために，式(12.45)を次のように書き直す．

$$[\alpha_m^I, \alpha_{-n}^J] = m\delta_{m,n}\eta^{IJ} \tag{12.60}$$

m と n が符号の異なる整数の場合，右辺はゼロになり，交換子の中の2つの演算子は同じ符号のモード番号を持つ．したがって，次の関係が得られる．

$$[a_m^I, a_n^J] = [a_m^{I\dagger}, a_n^{J\dagger}] = 0 \tag{12.61}$$

式(12.60)において m も n も正であれば，次式を得る．

$$\left[\sqrt{m}a_m^I, \sqrt{n}a_n^{J\dagger}\right] = m\delta_{m,n}\eta^{IJ} \tag{12.62}$$

平方根の因子を右辺に移す．

$$[a_m^I, a_n^{J\dagger}] = \frac{m}{\sqrt{mn}}\delta_{m,n}\eta^{IJ} \tag{12.63}$$

右辺は $m=n$ 以外の場合はゼロなので，次のように簡単になる．

$$\boxed{[a_m^I, a_n^{J\dagger}] = \delta_{m,n}\eta^{IJ}} \tag{12.64}$$

これは，式(12.61)と併せて，$(a_m^I, a_m^{I\dagger})$ が単純な調和振動子の正準な消滅演算子と生成演算子の交換関係を満たすことを示している．それぞれの光錐横方向 I の $m\geq 1$ の各モード値に関して，生成・消滅演算子の対が1組存在する．交換関係は対角的である．すなわち互いに異なるモード番号を持つような，あるいは互いに異なる光錐座標方向に対応するような振動子の組合せは可換である．モード番号と座標の識別添字が互いに一致する場合に，交換子は1になる．演算子 α の交換子の方は $n\geq 1$ となる．

$$\boxed{\begin{array}{l}\alpha_n^I \text{ は消滅演算子,} \\ \alpha_{-n}^I \text{ は生成演算子 } (n\geq 1).\end{array}} \tag{12.65}$$

後の便宜のために，式(12.32)の $X^I(\tau,\sigma)$ の展開式を生成・消滅演算子によって書き直しておく．すべての整数に関する和を，正の整数の和と負の整数の和に分けて，式(12.46)を用いると，次式が得られる．

$$X^I(\tau,\sigma) = x_0^I + 2\alpha' p^I \tau + i\sqrt{2\alpha'}\sum_{n=1}^{\infty}\left(\alpha_n^I e^{-in\tau} - \alpha_{-n}^I e^{in\tau}\right)\frac{\cos n\sigma}{n} \tag{12.66}$$

α モードを対応する振動子に置き換えると，次式になる．

$$X^I(\tau,\sigma) = x_0^I + 2\alpha' p^I \tau + i\sqrt{2\alpha'} \sum_{n=1}^{\infty} \left(a_n^I e^{-in\tau} - a_n^{I\dagger} e^{in\tau} \right) \frac{\cos n\sigma}{\sqrt{n}} \tag{12.67}$$

これが，座標演算子を生成・消滅演算子で展開した式である．

ここまで学んだことを吟味してみよう．議論の出発点において与えられた演算子のリストは (12.5) であった．そのうち演算子 $X^I(\tau,\sigma)$ と $\mathcal{P}^{\tau I}(\tau,\sigma)$ は無限個の振動子の集合と，ゼロモードに関わる演算子の対 (x_0^I, p^I) に置き換えられることを見た．リストにおける残りの2つの演算子 x_0^- と p^+ もゼロモード演算子なので，弦理論における基本的な演算子の組は，ゼロモード演算子と無限個の生成・消滅演算子の集合体である．この結果は大変重要なので，我々はこれを異なる方法でも導き，弦において如何にして量子力学的な調和振動子が現れるのかを具体的に示すことにする．

12.3 調和振動子群としての弦

本節の目的は，前節で得た結果を，より物理的な観点から導出することである．モード展開式 (12.67) と，その展開に現れる演算子の間の交換関係を導出し直す．これらの結果は基本的な交換関係 (12.10) と，演算子の運動方程式や (12.22)，演算子の境界条件 (12.23) から導かれる．これらの中で，交換関係 (12.10) はデルタ関数を含むために，おそらく直観的な把握が最も難しいであろう．以下の導出ではデルタ関数が不要である．

我々の戦略は次のようなものになる．まず，光錐座標 X^I の力学を記述するような単純なラグランジアンを発明する．これはさほど困難な作業ではない．我々は X^I の運動方程式，その境界条件，正準運動量 $\mathcal{P}^{\tau I}$ の定義を知っているからである．それから座標 $X^I(\tau,\sigma)$ を σ の関数として，τ に依存する展開係数を用いて展開する．ラグランジアンを用いて，これらの展開係数が，それぞれ調和振動子の座標に相当することを示す．これらの振動子を前節の解析において得た生成・消滅演算子に関係づけることで，この考察は完了する．

まずは，量子力学的な調和振動子の基本的性質の復習から始める．古典的な調和振動子の座標を $q_n(t)$ と書き，作用を次のように与える．

$$S_n = \int L_n(t)\,dt = \int dt \left(\frac{1}{2n}\dot{q}_n^2(t) - \frac{n}{2}q_n^2(t) \right) \tag{12.68}$$

この式が調和振動子を表すことは，運動エネルギーの部分が速度の自乗に比例し，ポテンシャルエネルギーの部分が座標の自乗に比例することから認識できる．このラグランジアンに関して，座標 q_n に共役な運動量 p_n は，次のように与えられる．

$$p_n = \frac{\partial L}{\partial \dot{q}_n} = \frac{1}{n}\dot{q}_n \tag{12.69}$$

少し計算すると，ハミルトニアンが次のように求まる．

$$H_n(p_n, q_n) = p_n \dot{q}_n - L_n = \frac{n}{2}\left(p_n^2 + q_n^2 \right) \tag{12.70}$$

12.3. 調和振動子群としての弦

この式において，n は調和振動子の角振動数 ω の役割を担っている．量子力学的な振動子を定義するために，Schrödinger演算子 q_n と p_n を導入し，これらの間に正準交換関係を設定する．

$$[q_n, p_n] = i \tag{12.71}$$

消滅演算子と生成演算子は，次のように導入される．

$$a_n = \frac{1}{\sqrt{2}}(p_n - iq_n), \quad a_n^\dagger = \frac{1}{\sqrt{2}}(p_n + iq_n) \tag{12.72}$$

読者は，式(12.71)により，生成・消滅演算子が次の交換関係を持つことを確認しなければならない．

$$[a_n, a_n^\dagger] = 1 \tag{12.73}$$

式(12.72)を逆に解くと，次式を得る．

$$q_n = \frac{i}{\sqrt{2}}(a_n - a_n^\dagger), \quad p_n = \frac{1}{\sqrt{2}}(a_n + a_n^\dagger) \tag{12.74}$$

これらの式を用いて，ハミルトニアン H_n を生成・消滅演算子によって書き直すことができる．

$$H_n = n\left(a_n^\dagger a_n + \frac{1}{2}\right) \tag{12.75}$$

ここで，これらの Schrödinger演算子 $(a_n, a_n^\dagger)$ に対応する Heisenberg演算子 $(a_n(t), a_n^\dagger(t))$ を考える．11.2節で強調したように，Heisenberg演算子も Schrödinger演算子と同じ交換関係を満たす．

$$[a_n(t), a_n^\dagger(t)] = 1 \tag{12.76}$$

$a_n(t)$ に関する Heisenbergの運動方程式は，次式になる．

$$\dot{a}_n(t) = i[H_n(t), a_n(t)] = in[a_n^\dagger(t)a_n(t), a_n(t)] = -ina_n(t) \tag{12.77}$$

この微分方程式を解く．

$$a_n(t) = e^{-int}a_n(0) = e^{-int}a_n \tag{12.78}$$

a_n は定数の Heisenberg演算子であり，$t = 0$ のときの $a_n(t)$ に等しい．同様の計算により，次式も得られる．

$$a_n^\dagger(t) = e^{int}a_n^\dagger(0) = e^{int}a_n^\dagger \tag{12.79}$$

見て分かるように，振動の角振動数は実際に n に等しい．最後に，これらの結果と式(12.74)により，演算子 $q_n(t)$ の具体的な時間依存の式を得ることができる．

$$q_n(t) = \frac{i}{\sqrt{2}}\left(a_n(t) - a_n^\dagger(t)\right) = \frac{i}{\sqrt{2}}\left(a_n e^{-int} - a_n^\dagger e^{int}\right) \tag{12.80}$$

これで，量子力学的な調和振動子の簡単な復習を終える．

ここから，横方向の光錐座標 $X^I(\tau, \sigma)$ の力学を具体化するための作用の考察へと移る．我々は，作用の式が次のように簡単に与えられるものと宣言する．

$$S = \int d\tau d\sigma \mathcal{L} = \frac{1}{4\pi\alpha'}\int d\tau \int_0^\pi d\sigma \left(\dot{X}^I \dot{X}^I - X^{I\prime} X^{I\prime}\right) \tag{12.81}$$

この作用の式は，南部-後藤作用に比べてはるかに単純である．たとえば平方根を含まない．時間微分を含む第1項は，運動エネルギーを表す．空間微分を含む第2項は，ポテンシャルエネルギーを表す．X^I と正準共役な運動量は，運動量密度 $\mathcal{P}^{\tau I}$ に一致する．

$$\frac{\partial \mathcal{L}}{\partial \dot{X}^I} = \frac{1}{2\pi\alpha'}\dot{X}^I = \mathcal{P}^{\tau I} \tag{12.82}$$

この一致は，式(12.1)を参照すれば分かる．この結果は $\mathcal{L}$ が適正に規格化されていることの確認にもなっている．X^I の運動方程式は，次の変分から導かれる．

$$\delta S = \frac{1}{2\pi\alpha'}\int d\tau \int_0^\pi d\sigma \left(\partial_\tau(\delta X^I)\dot{X}^I - \partial_\sigma(\delta X^I)X^{I\prime}\right) \tag{12.83}$$

変分において始点と終点の位置を固定するように制約を与えれば，τ の全微分が省かれて，次式が得られる．

$$\delta S = -\frac{1}{2\pi\alpha'}\int d\tau \left[\left(X^{I\prime}\delta X^I\right)\Big|_0^\pi + \int_0^\pi d\sigma\, \delta X^I\left(\ddot{X}^I - X^{I\prime\prime}\right)\right] \tag{12.84}$$

この作用が定常的でなければならないという要請から，座標に関する波動方程式(12.22)と弦の両端における境界条件が両方とも与えられることは明白である．この作用の無矛盾性の最終的な確認として，ハミルトニアンを計算する．

$$H = \int_0^\pi d\sigma\, \mathcal{H} = \int_0^\pi d\sigma \left(\mathcal{P}^{\tau I}\dot{X}^I - \mathcal{L}\right) \tag{12.85}$$

X^I の τ に関する導関数を $\mathcal{P}^{\tau I}$ を用いて書くと，次式が得られる．

$$H = \int_0^\pi d\sigma \left(\pi\alpha' \mathcal{P}^{\tau I}\mathcal{P}^{\tau I} + \frac{1}{4\pi\alpha'}X^{I\prime}X^{I\prime}\right) \tag{12.86}$$

このハミルトニアンは，12.1節において検証したものと一致している．

ここから，作用(12.81)を用いて理論の量子化を行う．この目的のために，力学変数 $X^I(\tau,\sigma)$ を，σ には依存しない力学変数の集合に置き換える．これは次の展開式によって行われる．

$$X^I(\tau,\sigma) = q^I(\tau) + 2\sqrt{\alpha'}\sum_{n=1}^\infty q_n^I(\tau)\frac{\cos n\sigma}{\sqrt{n}} \tag{12.87}$$

これは端点において Neumann 境界条件を満たす最も一般的な展開式である．展開係数に伴って採用してある特別な規格化は，この後の考察における簡便さを考えて選んだものである．

次の作業は，作用(12.81)を上の $X^I(\tau,\sigma)$ の展開式を利用して評価することである．このために，以下の式を用いる．

$$\dot{X}^I = \dot{q}^I(\tau) + 2\sqrt{\alpha'}\sum_{n=1}^\infty \dot{q}_n^I(\tau)\frac{\cos n\sigma}{\sqrt{n}}$$

$$X^{I\prime} = -2\sqrt{\alpha'}\sum_{n=1}^\infty q_n^I(\tau)\sqrt{n}\sin n\sigma \tag{12.88}$$

上の展開式を利用した S の評価は簡単である．$(\cos n\sigma \cos m\sigma)$ や $(\sin n\sigma \sin m\sigma)$ の σ に関する積分は，$n=m$ 以外ではゼロになるからである．次の結果が得られる．

12.3. 調和振動子群としての弦

$$S = \int d\tau \left[\frac{1}{4\alpha'} \dot{q}^I(\tau) \dot{q}^I(\tau) + \sum_{n=1}^{\infty} \left(\frac{1}{2n} \dot{q}_n^I(\tau) \dot{q}_n^I(\tau) - \frac{n}{2} q_n^I(\tau) q_n^I(\tau) \right) \right] \quad (12.89)$$

計算練習 12.2 式(12.89)を証明せよ.

式(12.89)を式(12.68)と比較すると, $q_n^I(\tau)$ $(n \geq 1)$ は調和振動子の座標に相当することが見て取れる. $q_n^I(\tau)$ の角振動数は n である. これが式(12.87)における展開係数の物理的な解釈にあたる. $q_n^I(\tau)$ に関する作用が正確に S_n に一致するので, ハミルトニアンの計算は, ゼロモード q^I を除き必要ではない. ゼロモードの正準運動量と, その交換関係は,

$$p^I = \frac{\partial L}{\partial \dot{q}^I} = \frac{1}{2\alpha'} \dot{q}^I \quad \text{and} \quad [q^I, p^J] = i\eta^{IJ} \quad (12.90)$$

であり, ハミルトニアンは, 次式で与えられる.

$$H = \alpha' p^I p^I + \sum_{n=1}^{\infty} \frac{n}{2} \left(p_n^I p_n^I + q_n^I q_n^I \right) \quad (12.91)$$

ここではハミルトニアンの振動子から生じる部分を書くために式(12.70)を用いた. 先ほどのHeisenberg演算子 $q_n(t)$ を用いた解析からは, 解(12.80)が得られている. このことから, $q_n^I(\tau)$ 演算子に関して次式を得る.

$$q_n^I(\tau) = \frac{i}{\sqrt{2}} \left(a_n^I e^{-in\tau} - a_n^{I\dagger} e^{in\tau} \right) \quad (12.92)$$

ここで $(a_n^I, a_n^{I\dagger})$ は正準に規格化された消滅・生成演算子である. Heisenberg演算子 $q^I(\tau)$ の運動方程式は次のようになる.

$$\dot{q}^I(\tau) = i[H, q^I(\tau)] = i\alpha'[p^J p^J(\tau), q^I(\tau)] = 2\alpha' p^I(\tau) \quad (12.93)$$

p^I は τ に依存しない Heisenberg 演算子であることに注意してもらいたい. この $q^I(\tau)$ に関する微分方程式の解を次のように書く.

$$q^I(\tau) = x_0^I + 2\alpha' p^I \tau \quad (12.94)$$

x_0^I は定数演算子であり, 式(12.90)に従って $[x_0^I, p^J] = i\eta^{IJ}$ を満たす. 最後に解(12.92)と(12.94)を X^I の展開式(12.87)に代入して, 次式を得る.

$$X^I(\tau, \sigma) = x_0^I + 2\alpha' p^I \tau + i\sqrt{2\alpha'} \sum_{n=1}^{\infty} \left(a_n^I e^{-in\tau} - a_n^{I\dagger} e^{in\tau} \right) \frac{\cos n\sigma}{\sqrt{n}} \quad (12.95)$$

これは前節で導いた式(12.67)と正確に同じ式である. したがってモード展開と交換関係の物理的な導出が与えられたことになる. 我々は振動子になるような古典変数を同定し, デルタ関数を使わなかった. ここでこれを行ったことにより, 他の弦の形態に関する量子化の際には, もはや単に前節のような抽象的なアプローチを採用して, 答えを素早く直接的に得ればよい.

(訳註) 第9章以降では自然単位系を採用し, かつ σ と τ を無単位パラメーターとしていることに注意を促しておく. $[X^I] = L$, $[\alpha'] = L^2$, $[p^I] = L^{-1}$ であり, α_n^I (α_0^I を含む), S, $\mathcal{L}$, H ($= i\partial/\partial \tau$), $L_n^{\perp}$ などはすべて無単位量である.

12.4 横方向の Virasoro 演算子

我々は横方向座標 $X^I(\tau,\sigma)$ のモード展開を書き，その調和振動子との関係を具体的に見た．他の光錐座標 $X^+(\tau,\sigma)$ と $X^-(\tau,\sigma)$ については如何であろうか？ X^+ の展開は簡単である．

$$X^+(\tau,\sigma) = 2\alpha' p^+ \tau = \sqrt{2\alpha'}\alpha_0^+ \tau \tag{12.96}$$

古典的な場合について 9.5 節で論じたように，これは我々が X^+ 方向について，次のように設定していることを意味する．

$$x_0^+ = 0, \quad \alpha_n^+ = 0, \ n \neq 0 \tag{12.97}$$

X^- 座標については，モード展開が式 (9.72) のように与えられた．

$$X^-(\tau,\sigma) = x_0^- + \sqrt{2\alpha'}\alpha_0^-\tau + i\sqrt{2\alpha'}\sum_{n\neq 0}\frac{1}{n}\alpha_n^- e^{-in\tau}\cos n\sigma \tag{12.98}$$

そして我々は X^- を，X^I と p^+ と積分定数 x_0^- によって解くという制約を採用した．このことは式 (9.77) のように，α_n^- モードが α_n^I モードによって書けることを意味していた．

$$\sqrt{2\alpha'}\alpha_n^- = \frac{1}{p^+}L_n^\perp \tag{12.99}$$

$$L_n^\perp \equiv \frac{1}{2}\sum_{p\in\mathbb{Z}}\alpha_{n-p}^I \alpha_p^I \tag{12.100}$$

繰り返し用いている添字 I については，光錐座標の横方向に関する和を取る．第 9 章において，$L_n^\perp$ を横方向の Virasoro "モード" と呼んだ．本章では α モードが演算子になることを見たので，$L_n^\perp$ をここでは横方向の Virasoro "演算子" と呼ぶ．式 (12.100) を導いた手続きは，以前は各 α モードが可換な古典変数として扱われていた点を除けば，量子論においても妥当である．ここでは α 演算子の積が可換でない場合も生じる．そこで問題となるのは，式 (12.100) に現れている 2 つの α 演算子の順序が適正かどうかである．より良い設問は，順序が問題となるか，ということである．2 つの α 演算子が互いに非可換となるのは，両者のモード番号の和がゼロになる場合だけなので，$L_n^\perp$ が含む 2 つの演算子が非可換になるのは $n=0$ の場合だけである．したがって唯一 $L_0^\perp$ が曖昧な演算子となる．

$L_0^\perp$ の適正な順序化には問題がいろいろある．式 (12.16) に示したように，演算子 $L_0^\perp$ は光錐ハミルトニアンにあたるものである．その上，第 9 章の末尾で見たように，$L_0^\perp$ は弦の状態の質量の計算にも直接に入ってくる．そのとき言及したように，量子論に移行すると，質量の計算には微妙な問題が生じるのである．今や，その問題に到達した．我々は量子力学的な演算子 $L_0^\perp$ を定義しなければならない！ そこで $L_0^\perp$ を詳しく見てみよう．

$$L_0^\perp = \frac{1}{2}\sum_{p\in\mathbb{Z}}\alpha_{-p}^I\alpha_p^I = \frac{1}{2}\alpha_0^I\alpha_0^I + \frac{1}{2}\sum_{p=1}^\infty \alpha_{-p}^I\alpha_p^I + \frac{1}{2}\sum_{p=1}^\infty \alpha_p^I\alpha_{-p}^I \tag{12.101}$$

右辺における最初の和は，正規順序になっている．すなわち消滅演算子が生成演算子の右側に配置されている ((12.65) 参照)．正規順序化された演算子は，真空状態への作用を簡単に扱える

12.4. 横方向のVirasoro演算子

ので有用である．真空状態に対する作用がよく定義されていない演算子を用いることはできない．式(12.101)の右辺の後の方の和は，演算子が正規順序になっていないので，これを次のように書き直す．

$$\frac{1}{2}\sum_{p=1}^{\infty}\alpha_p^I\alpha_{-p}^I = \frac{1}{2}\sum_{p=1}^{\infty}\left(\alpha_{-p}^I\alpha_p^I + [\alpha_p^I, \alpha_{-p}^I]\right)$$

$$= \frac{1}{2}\sum_{p=1}^{\infty}\alpha_{-p}^I\alpha_p^I + \frac{1}{2}\sum_{p=1}^{\infty}p\eta^{II}$$

$$= \frac{1}{2}\sum_{p=1}^{\infty}\alpha_{-p}^I\alpha_p^I + \frac{1}{2}(D-2)\sum_{p=1}^{\infty}p \qquad (12.102)$$

上式の最後の項を見ると，これが発散することに気付く．すなわち正の整数すべての和がここに含まれる！ これが問題になることは明らかである．この困難をどのように扱えばよいだろうか？ ひとつの選択は，この困難を単に無視し，それは我々が $L_0^\perp$ をどのように定義するかという捉え方次第であると宣言することである．この選択には真実の核心が含まれているが，完全に正しいとは言えない．$L_0^\perp$ に定数を加えると弦の状態の質量は変わる．上述の計算が我々に警告していることは，この付加定数がゼロでないかも知れず，無限大という可能性さえあるということである．上の計算を字面のまま受け取るならば，次の結果が得られる．

$$L_0^\perp = \frac{1}{2}\alpha_0^I\alpha_0^I + \sum_{p=1}^{\infty}\alpha_{-p}^I\alpha_p^I + \frac{1}{2}(D-2)\sum_{p=1}^{\infty}p \qquad (12.103)$$

これから見るように，演算子 $L_0^\perp$ は，p^- の定義を通じて質量の計算に関係する．式(12.99)で $n=0$ と置いて，これを式(9.52)と併せると，p^- と $L_0^\perp$ の関係は，

$$\sqrt{2\alpha'}\alpha_0^- = 2\alpha' p^- = \frac{1}{p^+}L_0^\perp \qquad (12.104)$$

である．ここから戦略が見えてくる．第1に，我々は $L_0^\perp$ を，式(12.103)において正規順序化定数の部分を"含まない"，正規順序化された演算子の部分だけで与えられるものと"定義"してしまう．

$$\boxed{L_0^\perp \equiv \frac{1}{2}\alpha_0^I\alpha_0^I + \sum_{p=1}^{\infty}\alpha_{-p}^I\alpha_p^I = \alpha' p^I p^I + \sum_{p=1}^{\infty}p\, a_p^{I\dagger}a_p^I} \qquad (12.105)$$

$L_0^\perp$ がエルミートであること，$(L_0^\perp)^\dagger = L_0^\perp$ に注意してもらいたい．第2に，式(12.104)に正規順序化定数 a を導入する．

$$2\alpha' p^- \equiv \frac{1}{p^+}\left(L_0^\perp + a\right) \qquad (12.106)$$

もし我々が，先ほど示した $L_0^\perp$ の正規順序化の試みをそのまま受け入れるならば，次の結論に達することになる．

$$a \stackrel{?}{=} \frac{1}{2}(D-2)\sum_{p=1}^{\infty}p \qquad (12.107)$$

この式に関するひとつの注目すべき解釈を以下に論じる．これは実際に正しい結果を与えることになる．より現実的な見地からは，当面は a を未定の定数と見なしておいてもよい．次の12.5節で示す予定であるが，弦理論の量子力学的な無矛盾性の要請から，定数 a は興味深い有限値に固定される．考察を先に進める前に，a を導入することによって，質量の自乗の演算子の計算がどのように修正されるか調べておこう．定義式 $M^2 = -p^2$ と式(12.105), (12.106)により，次式が得られる．

$$M^2 = -p^2 = 2p^+p^- - p^I p^I = \frac{1}{\alpha'}\left(L_0^\perp + a\right) - p^I p^I$$
$$= \frac{1}{\alpha'}\left(a + \sum_{n=1}^{\infty} n a_n^{I\dagger} a_n^I\right) \tag{12.108}$$

予想の通りに，a は質量の自乗の演算子に対して定数シフトを導入する．

式(12.107)に対して，ここで解釈を与えておきたいという誘惑を拒むことは不可能である．数学におけるある重要な結果から，右辺に対して有限値が提示されるのである．これを考察するために，ゼータ関数 $\zeta(s)$ を見てみる．これは次のような無限和によって定義されている．

$$\zeta(s) = \sum_{n=1}^{\infty} \frac{1}{n^s}, \quad \Re(s) > 1 \tag{12.109}$$

ゼータ関数の引数 s は複素数と仮定されているが，上に示してあるように，引数の実部が1よりも大きい場合にのみ無限和は収束する．解析接続を利用すると，ゼータ関数をすべての可能な引数値に関して定義することができる．そうすると $\zeta(s)$ は $s = 1$ だけを除くあらゆる s の値に対して有限となる．特に，問題12.4で見るように，$\zeta(-1) = -1/12$ である．式(12.109)によれば，これは次のことを主張している．

$$\zeta(-1) = -\frac{1}{12} \stackrel{?}{=} 1 + 2 + 3 + 4 + \cdots \tag{12.110}$$

これは，無限和 $\sum_{p=1}^{\infty} p$ に対する驚くべき解釈である．結果が有限値となるのみならず，その値は負である！これを式(12.107)に代入すると，次式が得られる．

$$a = -\frac{1}{24}(D - 2) \tag{12.111}$$

これが実際に a の適正な値であることは，次の12.5節で説明する予定である．ここでの推測は，正しい結果を与えている．また $a = -1$ とするためには，$D = 26$ が要請されることも見て取れる．この質量の自乗の演算子におけるシフトの値は，開弦のスペクトルが質量のない光子状態を矛盾なく含むために必要とされる，まさにその数値である！

$L_0^\perp$ について詳しく論じたので，他の横方向の Virasoro 演算子についても考えよう．$(\alpha_n^{I\dagger})^\dagger = \alpha_{-n}^J$ なので，$(\alpha_n^-)^\dagger = \alpha_{-n}^-$ と予想される．これは式(12.99)によれば，等価的に，

$$(L_n^\perp)^\dagger = L_{-n}^\perp \tag{12.112}$$

とも書ける．この式の $n = 0$ の場合に関しては既に証明してある．$n \neq 0$ の場合についても，式(12.100)を利用して，このエルミート性を容易に証明できる．

$$(L_n^\perp)^\dagger = \frac{1}{2}\sum_{p \in \mathbf{Z}}(\alpha_{n-p}^I \alpha_p^I)^\dagger = \frac{1}{2}\sum_{p \in \mathbf{Z}}(\alpha_p^I)^\dagger(\alpha_{n-p}^I)^\dagger = \frac{1}{2}\sum_{p \in \mathbf{Z}}\alpha_{-p}^I \alpha_{-n+p}^I \tag{12.113}$$

12.4. 横方向の Virasoro 演算子

和の中の各項における振動子同士は可換なので，それらの順序を入れ替えることができる．そして $p \to -p$ とすると，予想された結果が得られる．

$$(L_n^\perp)^\dagger = \frac{1}{2} \sum_{p \in \mathbf{Z}} \alpha_{-n-p}^I \alpha_p^I = L_{-n}^\perp \tag{12.114}$$

Virasoro 演算子に関して，おそらく最も興味深い性質は，それらの非可換性である．我々は α_m^I と α_n^I が，$m+n$ がゼロ以外の場合に可換であることを既に見た．これは α_n^- モードには当てはまらない．2 つの Virasoro 演算子 $L_m^\perp$ と $L_n^\perp$ は一般に $m \neq n$ のときに交換しないのである．この Virasoro 演算子の非可換性は少々複雑なので，これを段階を踏んで徐々に一般化を進めるように考察してみる．

ウォーミングアップとして，Virasoro 演算子と，振動子 α_n^J の交換子を考える．

$$[L_m^\perp, \alpha_n^J] = \frac{1}{2} \sum_{p \in \mathbf{Z}} [\alpha_{m-p}^I \alpha_p^I, \alpha_n^J] = \frac{1}{2} \sum_{p \in \mathbf{Z}} \left(\alpha_{m-p}^I [\alpha_p^I, \alpha_n^J] + [\alpha_{m-p}^I, \alpha_n^J] \alpha_p^I \right) \tag{12.115}$$

交換子を評価し，$\eta^{IJ} = \delta^{IJ}$ を思い出すと，次式を得る．

$$[L_m^\perp, \alpha_n^J] = \frac{1}{2} \sum_{p \in \mathbf{Z}} \left(p \delta_{p+n,0} \alpha_{m-p}^J + (m-p) \delta_{m-p+n,0} \alpha_p^J \right) \tag{12.116}$$

Kronecker のデルタのために，和においてそれぞれひとつの項だけが寄与を持つ．第 1 項からは $p = -n$，第 2 項からは $p = m+n$ だけが残る．よって次式を得る．

$$[L_m^\perp, \alpha_n^J] = \frac{1}{2} \left(-n \alpha_{m+n}^J - n \alpha_{m+n}^J \right) \tag{12.117}$$

最終的な結果は，次式となる．

$$\boxed{[L_m^\perp, \alpha_n^J] = -n \alpha_{m+n}^J} \tag{12.118}$$

右辺のモード番号は，左辺のモード番号の和になっているが，これは必然的である．何故なら α 演算子の基本的な交換関係は，反対のモード番号を持つ演算子同士を定数に置き換えるので，その際にモード番号の総和は変わらないからである．また，演算子の空間方向添字も変わらない．式(12.118)はあらゆる m の値について，$m=0$ の場合も含めて成立する．実際，我々が用いた式(12.100)によれば，$L_0^\perp$ は定係数の違いを除き，交換子に影響を与えない．このことを直接に確認しておく必要がある．

計算練習 12.3 式(12.105)を用いて $[L_0^\perp, \alpha_n^J]$ を計算し，式(12.118)が $m=0$ において成立することを確認せよ．

計算練習 12.4 次式を証明せよ．

$$\boxed{[L_m^\perp, x_0^I] = -i\sqrt{2\alpha'} \alpha_m^I} \tag{12.119}$$

次に，2 つの Virasoro 演算子 $L_m^\perp$ と $L_n^\perp$ の交換子を考察する．この計算には少々微妙な点があり，容易に誤った結果が導かれてしまう．計算の各段階において微妙な問題を避けるために，

式を常に正規順序化する.このために,Virasoro演算子(12.100)を,$L_0^\perp$ の場合も含めて正しい結果を与えるように書き直すことから始める.まず,和を2つに分割する.

$$L_m^\perp = \frac{1}{2}\sum_{k\geq 0}\alpha_{m-k}^I\alpha_k^I + \frac{1}{2}\sum_{k<0}\alpha_k^I\alpha_{m-k}^I \tag{12.120}$$

上式の右辺は,任意の m の値の下で正規順序化されている.第1の和において,右側の α が消滅演算子(もしくはゼロモード α_0^I)であり,第2の和において,左側の α が生成演算子である.交換子を評価する.

$$\begin{aligned}[L_m^\perp, L_n^\perp] &= \frac{1}{2}\sum_{k\geq 0}[\alpha_{m-k}^I\alpha_k^I, L_n^\perp] + \frac{1}{2}\sum_{k<0}[\alpha_k^I\alpha_{m-k}^I, L_n^\perp]\\ &= \frac{1}{2}\sum_{k\geq 0}[\alpha_{m-k}^I, L_n^\perp]\alpha_k^I + \frac{1}{2}\sum_{k<0}\alpha_k^I[\alpha_{m-k}^I, L_n^\perp]\\ &\quad + \frac{1}{2}\sum_{k\geq 0}\alpha_{m-k}^I[\alpha_k^I, L_n^\perp] + \frac{1}{2}\sum_{k<0}[\alpha_k^I, L_n^\perp]\alpha_{m-k}^I\end{aligned} \tag{12.121}$$

右辺の各交換子を評価すると,次式が得られる.

$$\begin{aligned}[L_m^\perp, L_n^\perp] &= \frac{1}{2}\sum_{k\geq 0}(m-k)\alpha_{m+n-k}^I\alpha_k^I + \frac{1}{2}\sum_{k<0}(m-k)\alpha_k^I\alpha_{m+n-k}^I\\ &\quad + \frac{1}{2}\sum_{k\geq 0}k\,\alpha_{m-k}^I\alpha_{k+n}^I + \frac{1}{2}\sum_{k<0}k\,\alpha_{k+n}^I\alpha_{m-k}^I\end{aligned} \tag{12.122}$$

右辺の1行目の各項は常に正規順序になっている.2行目の各項は,m と n の値によって,正規順序化が必要となる場合が生じる.以下に2つの場合,$m+n\neq 0$ と $m+n=0$ について考察する.

$m+n\neq 0$ の場合.式(12.122)の右辺におけるすべての演算子対(つい)が可換なので,次式が得られる.

$$\begin{aligned}[L_m^\perp, L_n^\perp] &= \frac{1}{2}\sum_{k\in\mathbf{Z}}(m-k)\alpha_{m+n-k}^I\alpha_k^I + \frac{1}{2}\sum_{k\in\mathbf{Z}}k\,\alpha_{m-k}^I\alpha_{k+n}^I\\ &= \frac{1}{2}\sum_{k\in\mathbf{Z}}(m-k)\alpha_{m+n-k}^I\alpha_k^I + \frac{1}{2}\sum_{k\in\mathbf{Z}}(k-n)\alpha_{m+n-k}^I\alpha_k^I\\ &= (m-n)\frac{1}{2}\sum_{k\in\mathbf{Z}}\alpha_{m+n-k}^I\alpha_k^I\end{aligned} \tag{12.123}$$

1行目から2行目へ移行する際に,第2の和において $k\to k-n$ と置いた.$m+n\neq 0$ なので,最後の演算子に対して正規順序化を施す必要はない.最後の式には $L_{m+n}^\perp$ を定義する和と同じ形が現れているので,次式が示されたことになる.

$$[L_m^\perp, L_n^\perp] = (m-n)L_{m+n}^\perp, \quad m+n\neq 0 \tag{12.124}$$

つまり2つの Virasoro 演算子の交換子は,交換子に入っているモード番号の和のモードを持つ Virasoro 演算子になる.ただし $m+n=0$ の場合には上式は成立せず,答えは違ったものにな

12.4. 横方向のVirasoro演算子

る．しかしながら，数学的な道具立てとして，すべてのmとnに関して式(12.124)が満たされるような演算子$L_n^\perp$の集合$(n \in \mathbf{Z})$は，興味深いLie代数を規定する（問題12.5）．この代数は"中心拡大(central extension)のないVirasoro代数"もしくは"Witt代数"と呼ばれている．

$m+n=0$ の場合．この場合は $n=-m$ と書けるので，式(12.122)は次式になる．

$$[L_m^\perp, L_{-m}^\perp] = \frac{1}{2}\sum_{k=0}^{\infty}(m-k)\alpha_{-k}^I\alpha_k^I + \frac{1}{2}\sum_{k<0}(m-k)\alpha_k^I\alpha_{-k}^I$$
$$+ \frac{1}{2}\sum_{k=0}^{\infty} k\alpha_{m-k}^I\alpha_{k-m}^I + \frac{1}{2}\sum_{k<0} k\alpha_{k-m}^I\alpha_{m-k}^I \qquad (12.125)$$

いろいろな項を比べるために，和の計算のための添字を付け替えて，右側の振動子がすべてα_k^Iになるようにすると都合がよい．1行目の第2項において$k \to -k$とし，2行目の第1項において$k \to m+k$とし，2行目の第2項において$k \to m-k$とする．

$$[L_m^\perp, L_{-m}^\perp] = \frac{1}{2}\sum_{k=0}^{\infty}(m-k)\alpha_{-k}^I\alpha_k^I + \frac{1}{2}\sum_{k=1}^{\infty}(m+k)\alpha_{-k}^I\alpha_k^I$$
$$+ \frac{1}{2}\underline{\sum_{k=-m}^{\infty}(m+k)\alpha_{-k}^I\alpha_k^I} + \frac{1}{2}\sum_{k=m+1}^{\infty}(m-k)\alpha_{-k}^I\alpha_k^I \qquad (12.126)$$

ここで，一般性を失うことなく，$m>0$ と仮定することができる．そうすると，下線を付けた$-m \leq k \leq 0$ の和の部分を除き，すべての項は正規順序になっている．下線部分の和を分割すると，次のようになる．

$$\frac{1}{2}\sum_{k=0}^{m}(m-k)\alpha_k^I\alpha_{-k}^I + \frac{1}{2}\sum_{k=1}^{\infty}(m+k)\alpha_{-k}^I\alpha_k^I$$
$$= \frac{1}{2}\sum_{k=0}^{m}(m-k)[\alpha_k^I, \alpha_{-k}^I] + \frac{1}{2}\sum_{k=0}^{m}(m-k)\alpha_{-k}^I\alpha_k^I + \frac{1}{2}\sum_{k=1}^{\infty}(m+k)\alpha_{-k}^I\alpha_k^I$$

交換子を評価して，結果を式(12.126)に戻すと，次式が得られる．

$$[L_m^\perp, L_{-m}^\perp] = \sum_{k=0}^{\infty}(m-k)\alpha_{-k}^I\alpha_k^I + \sum_{k=1}^{\infty}(m+k)\alpha_{-k}^I\alpha_k^I + (D-2)A(m) \qquad (12.127)$$

ここで現れる $A(m)$ は，次の定数である．

$$A(m) = \frac{1}{2}\sum_{k=0}^{m}k(m-k) = \frac{1}{2}m\sum_{k=1}^{m}k - \frac{1}{2}\sum_{k=1}^{m}k^2 \qquad (12.128)$$

$A(m)$ を評価するために，次の結果が必要となる．

計算練習 12.5 数学的帰納法により，次式を証明せよ．

$$\sum_{k=1}^{m}k^2 = \frac{1}{6}(2m^3+3m^2+m) \qquad (12.129)$$

式(12.129)を用いると，$A(m)$は次のように求まる．

$$A(m) = \frac{1}{4}m^2(m+1) - \frac{1}{12}(2m^3 + 3m^2 + m) = \frac{1}{12}(m^3 - m) \tag{12.130}$$

式(12.127)における和を展開し，$A(m)$の値を代入すると，次式が得られる．

$$[L_m^\perp, L_{-m}^\perp] = 2m\left(\frac{1}{2}\alpha_0^I\alpha_0^I + \sum_{k=1}^\infty \alpha_{-k}^I\alpha_k^I\right) + \frac{1}{12}(D-2)(m^3-m) \tag{12.131}$$

括弧の中の演算子は$L_0^\perp$であることが分かるので，最終的な結果は次のようになる．

$$[L_m^\perp, L_{-m}^\perp] = 2mL_0^\perp + \frac{1}{12}(D-2)(m^3-m) \tag{12.132}$$

これで$m+n=0$の場合の計算は完了した．

2つのVirasoro演算子の交換子を与える一般的な式は，$m+n \neq 0$の場合に式(12.124)を与え，$m+n=0$の場合に式(12.132)を与えるような式である．これは容易に書ける．

$$\boxed{[L_m^\perp, L_n^\perp] = (m-n)L_{m+n}^\perp + \frac{D-2}{12}(m^3-m)\delta_{m+n,0}} \tag{12.133}$$

式(12.133)を満たす演算子$L_n^\perp$の集合$(n \in \mathbf{Z})$は"中心拡大したVirasoro代数"を規定する．上式の右辺第2項は中心拡大項と呼ばれる．これは定数，あるいはより適切に言えば，定数と恒等演算子(如何なる状態に作用させても，その状態自体を与える演算子)の積である．この項が中心拡大項と呼ばれる理由は，これが代数の中ですべての他の演算子と可換だからである．中心拡大項は$m=0$や$m=\pm 1$の場合には消える$(m^3 - m = (m-1)m(m+1))$．したがって，交換子$[L_1^\perp, L_{-1}^\perp]$には中心拡大項がない．Virasoro代数は，おそらく弦理論の中で最も重要な代数である．弦理論の光錐量子化——本章における主題である——において，Virasoro演算子はLorentz生成子の定義に入ってくることを，次の12.5節で見る予定である．

Virasoro演算子がどのように弦の座標に作用を及ぼすかを学ぶことによって，本節を締めくくる．量子力学的な演算子は交換子を通じて作用するので，Virasoro演算子と座標演算子$X^I(\tau,\sigma)$の交換子を見いだす必要がある．我々はVirasoro演算子が世界面に対するパラメーターの付け替えを生成することを見ることになる．

座標の展開式(12.32)を利用して，次式を得る．

$$[L_m^\perp, X^I(\tau,\sigma)] = [L_m^\perp, x_0^I] + i\sqrt{2\alpha'}\sum_{n \neq 0}\frac{1}{n}\cos n\sigma\, e^{-in\tau}[L_m^\perp, \alpha_n^I]$$

$$= -i\sqrt{2\alpha'}\alpha_m^I - i\sqrt{2\alpha'}\sum_{n \neq 0}\cos n\sigma\, e^{-in\tau}\alpha_{m+n}^I \tag{12.134}$$

上式では交換子の評価のために式(12.118)と式(12.119)を用いた．右辺を，単一の和の形で書くことができる．

$$[L_m^\perp, X^I(\tau,\sigma)] = -i\sqrt{2\alpha'}\sum_{n \in \mathbf{Z}}\cos n\sigma\, e^{-in\tau}\alpha_{m+n}^I$$

$$= -i\sqrt{2\alpha'}\frac{1}{2}\sum_{n \in \mathbf{Z}}\left(e^{-in(\tau-\sigma)} + e^{-in(\tau+\sigma)}\right)\alpha_{m+n}^I$$

12.4. 横方向の Virasoro 演算子

$$= -i\sqrt{2\alpha'}\frac{1}{2}\sum_{n\in\mathbf{Z}}\left(e^{-i(n-m)(\tau-\sigma)} + e^{-i(n-m)(\tau+\sigma)}\right)\alpha_n^I$$

最後の行に移る際に $n \to n-m$ とした. 最終的に, 次式を得る.

$$[L_m^\perp, X^I(\tau,\sigma)] = -\frac{i}{2}e^{im(\tau-\sigma)}\sqrt{2\alpha'}\sum_{n\in\mathbf{Z}}e^{-in(\tau-\sigma)}\alpha_n^I$$
$$-\frac{i}{2}e^{im(\tau+\sigma)}\sqrt{2\alpha'}\sum_{n\in\mathbf{Z}}e^{-in(\tau+\sigma)}\alpha_n^I$$

この結果を解釈するために, 右辺を弦の座標の導関数によって表す必要がある. これは式(12.33)を利用して行うことができる.

$$[L_m^\perp, X^I(\tau,\sigma)] = -\frac{i}{2}e^{im(\tau-\sigma)}(\dot X^I - X^{I\prime}) - \frac{i}{2}e^{im(\tau+\sigma)}(\dot X^I + X^{I\prime})$$
$$= -ie^{im\tau}\cos m\sigma\, \dot X^I + e^{im\tau}\sin m\sigma\, X^{I\prime} \tag{12.135}$$

この式は,

$$[L_m^\perp, X^I(\tau,\sigma)] = \xi_m^\tau \dot X^I + \xi_m^\sigma X^{I\prime} \tag{12.136}$$

という形をしており, 係数部分は,

$$\xi_m^\tau(\tau,\sigma) = -ie^{im\tau}\cos m\sigma$$
$$\xi_m^\sigma(\tau,\sigma) = e^{im\tau}\sin m\sigma \tag{12.137}$$

と与えられる. 式(12.136)の解釈として, 我々は, Virasoro 演算子が世界面へのパラメーターの付け替えを生成すると宣言する. Virasoro 演算子は τ 座標と σ 座標をそれぞれ,

$$\tau \to \tau + \epsilon\xi_m^\tau(\tau,\sigma)$$
$$\sigma \to \sigma + \epsilon\xi_m^\sigma(\tau,\sigma) \tag{12.138}$$

のように変更する. ϵ は無限小のパラメーターである. このことを見るために, Taylor 展開によって次式が得られることに注意する.

$$X^I(\tau+\epsilon\xi_m^\tau, \sigma+\epsilon\xi_m^\sigma) = X^I(\tau,\sigma) + \epsilon\left(\xi_m^\tau \dot X^I + \xi_m^\sigma X^{I\prime}\right)$$
$$= X^I(\tau,\sigma) + \epsilon[L_m^\perp, X^I(\tau,\sigma)] \tag{12.139}$$

この式は, Virasoro 演算子の弦座標に対する作用が, 世界面へのパラメーターの付け替えによって生じるような変更を生成することを意味する. これが我々の示したかった命題である.

$L_0^\perp$ によって生成されるパラメーターの付け替えは何であろうか？ 式(12.137)において $m=0$ と置くと, $\xi_0^\tau = -i$ および $\xi_0^\sigma = 0$ を得る. その結果, 式(12.136)は次式になる.

$$[L_0^\perp, X^I] = -i\partial_\tau X^I \tag{12.140}$$

これは X^I に関する Heisenberg の運動方程式である. 実際, $L_0^\perp$ は, 付加定数の違いを除き, 弦のハミルトニアンなので, 時間推進を生成しなければならない. また興味深い点は, $\sigma = 0$ と $\sigma = \pi$ においては, すべての m の下で ξ_m^σ がゼロになることである. このことは, Virasoro 演

算子によって生成されるパラメータの付け替えが，弦の端点における σ 座標を変更しないことを意味する．σ の範囲は $[0,\pi]$ のままである．

式(12.137)の関数 ξ_m^τ および ξ_m^σ は実数ではなく，これらを式(12.138)に用いると座標 τ および σ の実数性は損われる．読者にとって，この複雑さは，量子力学から馴染み深いものであろう．実変換は反エルミート演算子によって生成される．運動量演算子 $\vec{p} = -i\nabla$ はエルミートであり，したがって実変換を生成するのは反エルミート結合 $i\vec{p} = \nabla$ である．演算子 $L_m^\perp$ と $L_{-m}^\perp$ の組から，2つの反エルミート結合が作られる．

$$L_m^\perp - L_{-m}^\perp \quad \text{and} \quad i(L_m^\perp + L_{-m}^\perp) \tag{12.141}$$

第1の結合について考察しよう．式(12.136)により，$(L_m^\perp - L_{-m}^\perp)$ によって生成される変換のパラメータは，次のようになる．

$$\xi^\tau = \xi_m^\tau - \xi_{-m}^\tau = 2\sin m\tau \cos m\sigma$$
$$\xi^\sigma = \xi_m^\sigma - \xi_{-m}^\sigma = 2\cos m\tau \sin m\sigma \tag{12.142}$$

計算練習 12.6 $i(L_m^\perp + L_{-m}^\perp)$ によって生成される変換のパラメータが以下のようになることを示せ．

$$\xi^\tau = 2\cos m\tau \cos m\sigma$$
$$\xi^\sigma = -2\sin m\tau \sin m\sigma \tag{12.143}$$

我々はVirasoro演算子について充分に詳しく論じた．その正確な定義を与え，質量の計算へ影響する様子を見た．交換関係に基づく代数を定義し，弦の座標への作用を調べた．次節において，Virasoro演算子がLorentz変換を生成する演算子の定義にも入ることを見る．

12.5 Lorentz生成子

第8章において，弦の作用のLorentz不変性から，保存する世界面カレント $\mathcal{M}_{\mu\nu}^\alpha$ を見いだした．このカレントは添字 μ と ν を持ち，$\mu \neq \nu$ である．そこから保存するチャージ $M_{\mu\nu}$ が式(8.65)として与えられた．$\sigma \in [0,\pi]$ の開弦に関して，次のようになっている．

$$M_{\mu\nu} = \int_0^\pi \mathcal{M}_{\mu\nu}^\tau(\tau,\sigma)\,d\sigma = \int_0^\pi (X_\mu \mathcal{P}_\nu^\tau - X_\nu \mathcal{P}_\mu^\tau)\,d\sigma \tag{12.144}$$

式(12.1)を適用し，また時空添字を上げると，次式が得られる．

$$M^{\mu\nu} = \frac{1}{2\pi\alpha'}\int_0^\pi (X^\mu \dot{X}^\nu - X^\nu \dot{X}^\mu)\,d\sigma \tag{12.145}$$

適切な量子力学的演算子の構築は難しいので，まず古典的な考察から直観的な洞察を得ることにする．X^μ と $\dot{X}^\nu$ の具体的なモード展開は，式(9.56)と式(9.57)に与えられている．$M^{\mu\nu}$ は τ に依存しないことが保証されているので，式(12.145)を評価するには，積から生じる τ に依存しない項だけを拾い上げれば充分である．たとえば，

$$X^\mu \dot{X}^\nu = x_0^\mu \left(\sqrt{2\alpha'}\,\alpha_0^\nu\right) + i2\alpha' \sum_{n\neq 0} \frac{1}{n}\alpha_n^\mu \alpha_{-n}^\nu \cos^2 n\sigma + \cdots \tag{12.146}$$

12.5. Lorentz生成子

となり,「...」の部分はτに依存する項を表すが,この部分は$M^{\mu\nu}$の計算へ寄与しない.この式と,μとνを入れ替えた類似の式から,式(12.145)の積分が次のようになることが導かれる.

$$M^{\mu\nu} = x_0^\mu p^\nu - x_0^\nu p^\mu - i\sum_{n=1}^{\infty} \frac{1}{n}\left(\alpha_{-n}^\mu \alpha_n^\nu - \alpha_{-n}^\nu \alpha_n^\mu\right) \tag{12.147}$$

計算練習 12.7 式(12.147)を計算せよ.

式(12.147)は古典的なLorentz生成子を,振動モードを用いた形で与えている.これをαを演算子に読み替えて量子力学的なLorentz生成子を定義とすることができるかどうかを,ここで自問しなければならない.我々は式(12.147)が光錐弦理論におけるLorentz生成子の形であると"提案"する.光錐量子化の正準構造は,共変性が自明な形ではないので,無矛盾に量子力学的なLorentz生成子が構築できるという保証はない.量子Lorentz生成子が構築できないとすれば,それは弦理論が物理的にLorentz不変な理論となり得ないということになるであろう.

光錐ゲージにおいて,X^-座標が横方向座標の非自明な関数なので,M^{-I}が最も複雑な量子Lorentz生成子となる.無矛盾なM^{-I}は弦の座標に対するLorentz変換を生成すると同時に,おそらくは世界面へのパラメーターの付け替えも生成しなければならない.実際,より簡単な点粒子の文脈において,M^{-I}の作用は世界線へのパラメーターの付け替えを含んでいた.生成子M^{-I}は,次の交換関係も満たす必要がある.

$$[M^{-I}, M^{-J}] = 0 \tag{12.148}$$

M^{-I}の候補を見いだすために,式(12.147)を念頭に置いて,次のように書いてみる.

$$M^{-I} \stackrel{?}{=} x_0^- p^I - x_0^I p^- - i\sum_{n=1}^{\infty} \frac{1}{n}\left(\alpha_{-n}^- \alpha_n^I - \alpha_{-n}^I \alpha_n^-\right) \tag{12.149}$$

これは単なる素朴な推測に過ぎないが,候補として大変好ましいものではある.M^{-I}はエルミートで,かつ正規順序を持たねばならない.x_0^-とp^Iが可換なので,式(12.149)の右辺第1項はエルミートである.しかしx_0^Iとp^-は非可換なので,第2項はエルミートではない.このことの簡単な解決策は,第2項を次のように対称化した形に書き直すことである.

$$M^{-I} \stackrel{?}{=} x_0^- p^I - \frac{1}{2}\left(x_0^I p^- + p^- x_0^I\right) - i\sum_{n=1}^{\infty} \frac{1}{n}\left(\alpha_{-n}^- \alpha_n^I - \alpha_{-n}^I \alpha_n^-\right) \tag{12.150}$$

上式の最後の項は,$(\alpha_n^I)^\dagger = \alpha_{-n}^I$,$(\alpha_n^-)^\dagger = \alpha_{-n}^-$なのでエルミートである.正規順序化の問題を考えよう.すべての消滅演算子は,生成演算子の右側にあるだろうか? これはそのようになっている.α^-演算子は正規順序化されたVirasoro演算子だからである.最後に,完全を期するために,p^-の定義を与えなければならない.式(12.106)で示したように,p^-はVirasoro演算子$L_0^\perp$を正規順序化することの困難を反映して,未定の定数aを含んでいる.この定義を用い,他の負の振動子もVirasoro演算子によって書くと,次のようになる.

$$M^{-I} = x_0^- p^I - \frac{1}{4\alpha' p^+}\left(x_0^I\left(L_0^\perp + a\right) + \left(L_0^\perp + a\right)x_0^I\right)$$

$$- \frac{i}{\sqrt{2\alpha'}p^+}\sum_{n=1}^{\infty} \frac{1}{n}\left(L_{-n}^\perp \alpha_n^I - \alpha_{-n}^I L_n^\perp\right) \tag{12.151}$$

これで量子Lorentzチャージ M^{-I} の候補を得たので，$[M^{-I}, M^{-J}]$ の計算を論じることができる．

この計算には，弦理論の命運が賭けられている．実際，これは弦理論において最も重要な計算のひとつと言える．我々のLorentzチャージは2つの未定パラメーターを含んでいる．ひとつは横方向の和において暗に含まれる時空次元 D であり，もうひとつは粒子の質量に影響を及ぼす定数 a である．この計算は長く，Virasoro交換関係など，これまで導いた多くの結果を利用することになる．我々はここで，その計算を試みることはしないが，結果は次のようになる．

$$[M^{-I}, M^{-J}] = -\frac{1}{\alpha'(p^+)^2} \sum_{m=1}^{\infty} \left(\alpha^I_{-m} \alpha^J_m - \alpha^J_{-m} \alpha^I_m \right)$$
$$\times \left\{ m\left[1 - \frac{1}{24}(D-2)\right] + \frac{1}{m}\left[\frac{1}{24}(D-2) + a\right] \right\} \quad (12.152)$$

右辺の和の各項は，異なる m の値に関する演算子 $(\alpha^I_{-m}\alpha^J_m - \alpha^J_{-m}\alpha^I_m)$ を含む．そのような項が互いに相殺し合うことはないので，この交換子がゼロになるのは，$\{\cdots\}$ の部分がすべての正の整数 m の下でゼロになる場合に限られる．

$$m\left[1 - \frac{1}{24}(D-2)\right] + \frac{1}{m}\left[\frac{1}{24}(D-2) + a\right] = 0, \quad \forall m \in \mathbf{Z}^+ \quad (12.153)$$

$m=1$ と $m=2$ に関してこの条件を調べると，単純にそれぞれの中括弧の部分がゼロになるべきことが結論される．したがって，交換子をゼロにする条件として，次式を得る．

$$1 - \frac{1}{24}(D-2) = 0 \quad \text{and} \quad \frac{1}{24}(D-2) + a = 0 \quad (12.154)$$

第1式は，時空次元を確定させる．

$$\boxed{D = 26} \quad (12.155)$$

そして，第2式から定数 a が決まる．

$$\boxed{a = -\frac{1}{24}(D-2) = -\frac{24}{24} = -1} \quad (12.156)$$

この a の値は，元々の $L_0^\perp$ の式に正規順序化を施し，その無限和の結果にゼータ関数を用いて解釈を与えて得た式(12.111)と整合している．後の便宜のために $a = -1$ と置いて p^- の式(12.106)を書いておくと，次のようになる．

$$2\alpha' p^- \equiv \frac{1}{p^+}\left(L_0^\perp - 1\right) \quad (12.157)$$

そして，式(12.14)により，弦のハミルトニアンは次のように与えられる．

$$\boxed{H = L_0^\perp - 1} \quad (12.158)$$

もちろん，ここでの $L_0^\perp$ は，正規順序化されていて，付加定数を含まない演算子である．上式は，式(12.16)を正確に修正した式にあたる．

まとめると，量子弦理論のLorentz不変性の条件は，時空次元と粒子の質量の定数シフトを同時に確定させる．超弦理論になると，同様の計算から時空次元は $D=10$ に確定する．弦理

論が任意次元において良好なLorentz不変性を持つ量子理論になりえないという事実は，弦理論が非常に制約の強い理論であることを示している．理論の無矛盾性の要請から時空次元の数が一意的に決まるので，弦理論は時空次元を予言していると言うことができるのだ！

12.6 状態空間の構築

　古典的な開弦は，適切な物理理論にならない．弦の質量状態が連続値を取るものと想定されるからである．古典理論においては基底状態だけが質量のない状態であり，この基底状態は偏極に関する識別添字を伴わない．その結果，古典的な開弦は光子に同定されるような状態を持たない．量子弦の理論の奇跡は，これら両方の問題に解決を与えるところにある．量子化の後では，連続的なスペクトルは残らない．光子状態の候補が現れるのは，質量の自乗の下方シフトのために，偏極を持つ質量のない状態が与えられることに因る．

　量子弦の基底状態(ground states)を導入することから議論を始めよう．量子弦は点粒子と同じゼロモードの組(集合)を共有する．我々は正準なゼロモード対(つい)として(x_0^I, p^I)と(x_0^-, p^+)を採用した．そこで，点粒子の場合と同様に(式(11.43)参照)，次の運動量固有状態を導入する．

$$|p^+, \vec{p}_T\rangle \tag{12.159}$$

上に示した状態は"基底状態"と呼ばれる．可能なすべての運動量の値に関して基底状態が存在する．これらの基底状態は，弦理論におけるすべての振動子に関する真空状態とも呼ばれる．したがって，その定義により，これらの真空状態はすべてのa_n^Iによって消滅する．

$$a_n^I |p^+, \vec{p}_T\rangle = 0, \quad n \geq 1, \quad I = 2, \ldots, 25 \tag{12.160}$$

$|p^+, \vec{p}_T\rangle$から，どのようにして弦の様々な状態をつくればよいだろう？　我々は単純に，これらに生成演算子を作用させることにする．生成演算子には無数のモードがあり，それら各々のモードの生成演算子を任意回数作用させることが可能である．使うことのできる生成演算子は無限個あるが，次のように系統的に並べて示すことができる．

$$\begin{array}{cccc} a_1^{(2)\dagger} & a_1^{(3)\dagger} & \cdots & a_1^{(25)\dagger} \\ a_2^{(2)\dagger} & a_2^{(3)\dagger} & \cdots & a_2^{(25)\dagger} \\ \vdots & \vdots & \vdots & \vdots \\ a_n^{(2)\dagger} & a_n^{(3)\dagger} & \cdots & a_n^{(25)\dagger} \\ \vdots & \vdots & \vdots & \vdots \end{array} \tag{12.161}$$

偏極添字Iの値は，括弧で括って示した．状態空間における一般的な基本状態$|\lambda\rangle$は次のように書かれる．

$$|\lambda\rangle = \prod_{n=1}^{\infty} \prod_{I=2}^{25} \left(a_n^{I\dagger}\right)^{\lambda_{n,I}} |p^+, \vec{p}_T\rangle \tag{12.162}$$

ここで，非負の整数$\lambda_{n,I}$は，生成演算子$a_n^{I\dagger}$が現れる回数を表す．見て分かるように，状態$|\lambda\rangle$は，リスト(12.161)の中のそれぞれの振動子が基底状態へ何回作用したかを示すことによって

特定される．この情報は，非負の整数 $\lambda_{n,I}$ の $n \geq 1$, $I = 2, \ldots, 25$ のすべてにわたるリストによって与えられる．すべての生成演算子は互いに可換なので，それらの順序を気にする必要はない．我々は，基底状態に対して有限個の生成演算子を作用させた場合だけに限定した考察を行うことにする．このことは，各状態 $|\lambda\rangle$ において，有限個の $\lambda_{n,I}$ だけがゼロでない値を持ち得るということを意味する．弦の Hilbert(ヒルベルト) 空間は，無限次元ベクトル空間である．すなわちそれは，無限個の互いに線形独立な基本状態 $|\lambda\rangle$ の組によって張られる空間である．これが弦理論によって無限の異なる種類の粒子を記述できる理由である！ Hilbert 空間における一般的な状態は，基本状態 $|\lambda\rangle$ の線形な重ね合わせによって表される．

上の状態の物理的な重要性を理解するために，質量の自乗の演算子(12.108)を，新たに見いだした知見 $a = -1$ と併せて考える．

$$M^2 = \frac{1}{\alpha'}\left(-1 + \sum_{n=1}^{\infty} n\, a_n^{I\dagger} a_n^I \right) \tag{12.163}$$

式(12.163)の中に現れている和の部分は重要なので，名前が与えられている．これは励起の数演算子(number operator) $N^\perp$ と呼ばれる．

$$N^\perp \equiv \sum_{n=1}^{\infty} n\, a_n^{I\dagger} a_n^I = \sum_{n=1}^{\infty} \alpha_{-n}^I \alpha_n^I, \quad M^2 = \frac{1}{\alpha'}\left(-1 + N^\perp\right) \tag{12.164}$$

$N^\perp$ は量子の個数演算子を用いた級数であり，各項がそれぞれ弦における調和振動子に対応している．$N^\perp$ の主要な性質は，生成演算子との交換子がモード番号を与えることである．

$$[N^\perp, a_n^{I\dagger}] = n\, a_n^{I\dagger} \tag{12.165}$$

このことの証明は容易である．次の関係もある．

$$[N^\perp, a_n^I] = -n\, a_n^I \tag{12.166}$$

数演算子は正規順序化されているので，基底状態を消滅させる．

$$N^\perp |p^+, \vec{p}_T\rangle = 0 \tag{12.167}$$

ついでながら，数演算子 $N^\perp$ は式(12.105)に与えた $L_0^\perp$ の定義にも入り込んでいることに注意してもらいたい．次のように書ける．

$$L_0^\perp = \alpha' p^I p^I + N^\perp \tag{12.168}$$

$N^\perp$ を，いくつかの基本状態に作用させる計算を行ってみよう．たとえば，$a_2^{I\dagger}|p^+, \vec{p}_T\rangle$ への作用を考える．

$$N^\perp a_2^{I\dagger}|p^+, \vec{p}_T\rangle = [N^\perp, a_2^{I\dagger}]|p^+, \vec{p}_T\rangle + a_2^{I\dagger} N^\perp |p^+, \vec{p}_T\rangle = 2 a_2^{I\dagger}|p^+, \vec{p}_T\rangle$$

つまりこの状態は，固有値 2 の状態にあたる．もう少し複雑な状態を考えよう．

$$N^\perp a_3^{J\dagger} a_2^{I\dagger}|p^+, \vec{p}_T\rangle = [N^\perp, a_3^{J\dagger}] a_2^{I\dagger}|p^+, \vec{p}_T\rangle + a_3^{J\dagger} N^\perp a_2^{I\dagger}|p^+, \vec{p}_T\rangle$$
$$= 5 a_3^{J\dagger} a_2^{I\dagger}|p^+, \vec{p}_T\rangle \tag{12.169}$$

12.6. 状態空間の構築

数演算子が基本状態に作用すると,その固有値が,その基本状態を作っている生成演算子のモード番号の和になることは明らかである.一般に,式(12.162)の形を持つ基本状態 $|\lambda\rangle$ に数演算子を作用させると,次のようになる.

$$N^{\perp}|\lambda\rangle = N^{\perp}_{\lambda}|\lambda\rangle, \quad N^{\perp}_{\lambda} = \sum_{n=1}^{\infty}\sum_{I=2}^{25} n\lambda_{n,I} \tag{12.170}$$

$N^{\perp}$ は質量の自乗の演算子(12.164)に加法的に入っているので,モード番号 n は M^2 に対して,$1/\alpha'$ を単位とする n 単位の寄与を持つ.$N^{\perp}$ の固有値は非負の整数なので,あらゆる弦の状態に関して $M^2 \geq -1/\alpha'$ となる.

開弦の状態空間には,自然な形で内積が導入される.内積を定義するために,ケット $|p^+, \vec{p}_T\rangle$ のエルミート共役にあたるブラ $\langle p^+, \vec{p}_T|$ を導入し,次のように宣言する.

$$\langle p'^+, \vec{p}'_T|p^+, \vec{p}_T\rangle = \delta(p'^+ - p^+)\delta(\vec{p}'_T - \vec{p}_T) \tag{12.171}$$

p^+ と $\vec{p}_T$ のエルミート性により,p^+ と $\vec{p}_T$ の固有値が同一でない限り固有状態は直交するので,上式の右辺はデルタ関数になる必要がある.式(12.162)の基本状態 $|\lambda\rangle$ に対して,次のように定義されるエルミート共役なブラ $\langle\lambda|$ を導入する.

$$\langle\lambda| = \langle p^+, \vec{p}_T|\prod_{n=1}^{\infty}\prod_{I=2}^{25}\left(a_n^I\right)^{\lambda_{n,I}} \tag{12.172}$$

b を通常の数とするならば,$|\lambda\rangle b$ のエルミート共役は,$b^*\langle\lambda|$ である.基本状態 $|\lambda\rangle$ と基本状態 $|\lambda'\rangle$ の間の内積 (λ', λ) は,次のように定義される.

$$(\lambda', \lambda) = \langle\lambda'|\lambda\rangle \tag{12.173}$$

任意の状態間の内積は,第2の状態に関して線形で,かつ第1の状態に関して反線形であるという宣言によって定義される.重なり $\langle\lambda'|\lambda\rangle$ (オーバーラップ)を評価するためには,$\langle\lambda'|$ に含まれる消滅演算子を $|\lambda\rangle$ の中の基底状態に近づけるように動かし,$|\lambda\rangle$ に含まれる生成演算子を $\langle\lambda'|$ の中の基底状態に近づけるように動かす.このような演算子の移動の際に,演算子が入れ替わるごとに交換関係(12.64)を利用することになるが,この重なりにおいて消滅演算子は生成演算子の左に現れるので,標準的な形の交換関係が適用される.交換子がゼロでない場合には常に $+1$ が生じるので,結果は基底状態同士の基本的な重なり(12.171)に正の数を乗じたものになる.たとえば $|\lambda'\rangle = a_1^{I\dagger}|p'^+, \vec{p}'_T\rangle$,$|\lambda\rangle = a_1^{J\dagger}|p^+, \vec{p}_T\rangle$ とすると,これらの重なりは,次のようになる.

$$\langle\lambda'|\lambda\rangle = \langle p'^+, \vec{p}'_T|a_1^I a_1^{J\dagger}|p^+, \vec{p}_T\rangle = \delta^{IJ}\delta(p'^+ - p^+)\vec{\delta}(\vec{p}'_T - \vec{p}_T) \tag{12.174}$$

上式では,振動子の積を交換子に置き換え,式(12.171)を用いて状態間の重なりを評価した.デルタ関数は正なので,あらゆる基本状態 $|\lambda\rangle$ が正のノルムを持つこと,すなわち $(\lambda, \lambda) > 0$ が結論される.ノルムは,ブラにおける消滅演算子とケットにおける生成演算子がちょうど対応するので,ゼロにはならない.(λ, λ) はデルタ関数のために無限大になるが,この無限大は状態の連続的な重ね合わせを考える際には無害になる.内積の線形性と反線形性を用いると,任意の状態が正のノルムを持つことが結論される.このことは,開弦の状態空間が Hilbert 空間であるという我々の声明に整合している.

第12章 相対論的な量子開弦

計算練習 12.8 状態 $|\lambda\rangle$ と状態 $|\lambda'\rangle$ が異なる際に，必ず $(\lambda', \lambda) = 0$ となることを説明せよ．

式(12.162)で表される各状態 $|\lambda\rangle$ に対して，それらに対応する時間に依存する物理的な状態を構築することができる．

$$\exp\bigl(-i(L_0^\perp - 1)\tau\bigr)|\lambda\rangle \tag{12.175}$$

これはハミルトニアン(12.158)を用いた Schrödinger 方程式を満たす．弦の光錐量子化において，時間に依存する状態は，もしそれが Schrödinger 方程式を満たすならば，物理的な状態を表す．我々は後に続く節において，より一般的な，時間に依存する状態の重ね合わせを考察する予定である．

特別な状態を取り上げて，詳しく論じるための準備は整った．最も簡単な例である基底状態から考察を始める．任意の基底状態は，$N^\perp = 0$ となっているという点で他と区別される特別な状態である．点粒子の場合と同様に，状態 $|p^+, \vec{p}_T\rangle$ はスカラー場の1粒子状態と見ることができる．すなわち基底状態は，スカラー粒子の取り得る状態に対応する．この粒子の質量は，いくらだろう？ これを見いだすために，基底状態に M^2 を作用させてみる．

$$M^2|p^+, \vec{p}_T\rangle = \frac{1}{\alpha'}\bigl(-1 + N^\perp\bigr)|p^+, \vec{p}_T\rangle = -\frac{1}{\alpha'}|p^+, \vec{p}_T\rangle \tag{12.176}$$

ここでは M^2 の値が $N^\perp$ 以外の正規順序化定数の部分だけによって決まる．仮にこの正規順序化定数がゼロならば，質量もゼロになってしまう．無質量のスカラーが現れるのは都合が悪い——自然界にそのようなものは見いだされないからである．しかしながら実際の結果は $M^2 = -1/\alpha' < 0$ と更に奇妙である．状態の波動関数からも同様のことが言える．$\psi(\tau, p^+, \vec{p}_T)$ は古典的なスカラー場と対応するように設定できる．質量の自乗が負のスカラー場は"タキオン"(tachyon§)と呼ばれる．質量の自乗が負になることは不安定性の兆候である．スカラー場のポテンシャルは $V = \frac{1}{2}M^2\phi^2$ なので (式(10.2)参照)，負の M^2 は停留点 $\phi = 0$ が不安定で，$\phi \neq 0$ になるとエネルギーが低下することを意味する．このことは12.8節で考察する予定である．

次に，最低の M^2 を持つ励起状態を考察しよう．これは $N^\perp$ がゼロでない最小値 $N^\perp = 1$ となる状態である．注目すべきことに，正規順序化定数があるために，$N^\perp = 1$ の状態は $M^2 = 0$ となる．このような状態は無質量状態である．仮に正規順序化定数が整数以外の値であれば，弦の量子論は質量のない状態を持たないことになる．$N^\perp = 1$ の状態は，基底状態 $|p^+, \vec{p}_T\rangle$ に対して任意の横方向に第1モード振動子 $a_1^{I\dagger}$ を作用させることによって得られる．このことは，無質量状態が $D - 2 = 24$ 個あることを意味する．

$$a_1^{I\dagger}|p^+, \vec{p}_T\rangle, \quad M^2 a_1^{I\dagger}|p^+, \vec{p}_T\rangle = 0, \quad I = 2, 3, \ldots, 25 \tag{12.177}$$

一般的な無質量状態は，上に示した基本状態の線形結合によって与えられる．

$$\sum_{I=2}^{25} \xi_I a_1^{I\dagger}|p^+, \vec{p}_T\rangle \tag{12.178}$$

---

§ (訳註) ギリシャ語の '$\tau\alpha\chi\nu\delta$' ('速い'の意味) に因む．粒子質量 m が純虚数の仮想的な相対論的粒子'タキオン'を考えると $E = |m|c^2\{v^2/c^2 - 1\}^{-1/2}$ であり，そのような粒子は，通常の因果律の枠外において振舞う超光速粒子 ($v \geq c$) ということになる．

12.6. 状態空間の構築

表12.1 $N^\perp \leq 2$ の開弦の状態.

$N^\perp$	$\|\lambda\rangle$	$\alpha' M^2$	状態の数	波動関数
0	$\|p^+, \vec{p}_T\rangle$	-1	1	$\psi(\tau, p^+, \vec{p}_T)$
1	$a_1^{I\dagger}\|p^+, \vec{p}_T\rangle$	0	$D-2$	$\psi_I(\tau, p^+, \vec{p}_T)$
2	$a_1^{I\dagger}a_1^{J\dagger}\|p^+, \vec{p}_T\rangle$	1	$\frac{1}{2}(D-2)(D+1)$	$\psi_{IJ}(\tau, p^+, \vec{p}_T)$
	$a_2^{I\dagger}\|p^+, \vec{p}_T\rangle$			$\psi_I(\tau, p^+, \vec{p}_T)$

上式は,我々がMaxwell理論の光錐ゲージによる解析において見いだした光子状態(10.88)を想起させる.

$$\sum_{I=2}^{D-1} \xi_I a_{p^+, p_T}^{I\dagger} |\Omega\rangle \tag{12.179}$$

我々は,上述の2種類の状態の関係性を見いだすことができる.両方の場合において ξ_I は任意の横方向ベクトルであり,2種類の状態は1対1で対応する.

$$a_1^{I\dagger}|p^+, \vec{p}_T\rangle \leftrightarrow a_{p^+, p_T}^{I\dagger}|\Omega\rangle \tag{12.180}$$

両方の状態が正確に同じLorentz添字を担い,同じ運動量を運び,同じ質量を持つ.これは注目すべき命題の証明になっている.開弦理論の量子状態は光子状態を含むのである! 我々の開弦理論の学習は南部-後藤作用から始まった.この作用は電磁的なゲージ不変性について何の暗示も含んでいない.それにもかかわらず,開弦理論はMaxwell場の励起を含んでいることを我々は示したのである.この驚くべき結果は,開弦の古典論から量子論へと移行する際に遭遇した質量のシフトに多分に依存している.

この要点について,さらに言及しておくべきことがある.第10章において,我々は自由なMaxwell理論の量子状態——光子状態——が,横方向のLorentz添字を持つ$(D-2)$個の無質量状態となることを示した.この添字は重要である.すなわちこれらの状態は,Lorentz変換によって互いに移行できる関係にある.この種の状態は,我々の弦の量子化においても正確に同様のものが現れた.付言すると,状態(12.177)に関係する波動関数 $\psi_I(\tau, p^+, \vec{p}_T)$ は,Maxwellゲージ場の成分 A_I に一致する.最後に,これらの波動関数に対するSchrödinger方程式は,Maxwell場に関する光錐ゲージ場の方程式に一致している.

$N^\perp = 2$ の状態を調べて,本節の検討を終えることにしよう.このような状態は,基底状態に対して $a_1^{I\dagger}a_1^{J\dagger}$ もしくは $a_2^{I\dagger}$ を作用させることによって得られる. $a_1^{I\dagger}a_1^{J\dagger}$ によって構築される状態の数は,$(D-2)$ の大きさを持つ対称行列に含まれる独立な成分数,すなわち $\frac{1}{2}(D-2)(D-1)$ に等しい.$a_2^{I\dagger}$ によって構築される状態の数は $(D-2)$ 個である.したがって,全状態数は,

$$\frac{1}{2}(D-2)(D-1) + (D-2) = \frac{1}{2}(D-2)(D+1) \tag{12.181}$$

と与えられる.質量の自乗は $M^2 = 1/\alpha'$ となる.これらの粒子は質量を持つテンソルとして知られ,$D=26$ の時空においては324個の状態が存在する. $N^\perp \leq 2$ のすべての状態を表12.1

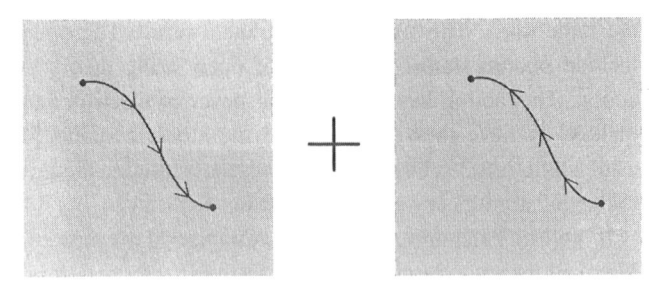

図12.1 無向の開弦は，向きだけが異なる状態の重ね合わせによって得られる．無向の状態は向きの反転操作の下で不変である．

にまとめる．さらに大きな $N^\perp$ を持つ状態の数を与える便利な公式は，問題12.11において導出する．この公式によれば，たとえば $N^\perp = 3$ の場合は，基底状態に対して $a_1^{I\dagger} a_1^{J\dagger} a_1^{K\dagger}$ を作用させることによって2600個の状態が得られる．

量子弦のそれぞれの状態 $|\lambda\rangle$ は，確定した運動量を持つ1粒子状態を表す．したがって，$a_1^{I\dagger}|p^+, \vec{p}_T\rangle$ は1光子状態を表し，$a_1^{I\dagger}a_1^{J\dagger}|p^+, \vec{p}_T\rangle$ は1テンソル粒子状態(2光子状態ではない)を表すことになる．各々の状態 $|\lambda\rangle$ は，離散的な一連のラベル $\lambda_{n,I}$ と，連続的なラベル p^+ および $\vec{p}_T$ を持っている．離散的なラベルの組を指定すると，その各々に対応する波動関数がひとつ存在することを，表でも見て取ることができる．したがって，離散的なラベルの組それぞれに対して，量子場がひとつ存在することになる．多粒子状態は，これらの量子場を利用して記述される．弦が持ち得る1粒子状態に対応する量子場をすべて記述する場の量子論全体のことを，"弦の場の理論" (string field theory) と呼ぶ．

ここまで論じてきた量子論は"有向 (oriented) の"開弦に関するものである．量子力学的演算子 $X^I(\tau, \sigma)$ はパラメーター $\sigma \in [0, \pi]$ を含んでおり，σ が増加する向きが定義されている．しかしながら"無向 (unoriented) の"弦の理論を定義することも可能である（問題12.12）．鍵となる概念は，理論の対称性を表し，弦の向きを反転させるような演算子 Ω (ハミルトニアンと可換) の定義である．無向の弦の理論は，弦のスペクトルを，Ω の作用の下で不変な状態の組に制約することによって得られる．無向の弦は，文字通りに向きが無いというわけではない．それは総体として向きの反転の下で不変となるような，有向の状態の量子力学的な重ね合わせとして見るべきものである．ある無向の状態は，図12.1に示すように，互いに反対の向きを持つ同じ弦の状態の重ね合わせにあたるものと想定される．

12.7 運動方程式

弦の状態と量子場の対応関係を入念に見るために，弦の波動関数が満たす Schrödinger 方程式を考察しよう．我々は 11.4 節において，点粒子の波動関数を与える Schrödinger 方程式が，スカラー場の古典的な場の方程式と同型 (isomorphic) であることを見た．このような解析を，弦に関してもくり返しておきたい．

12.7. 運動方程式

基本状態から,時間に依存する一般的な状態を構築するために,波動関数が必要とされる.例として,次の基本状態を考える.

$$a_{n_1}^{I_1\dagger} \ldots a_{n_k}^{I_k\dagger}|p^+, \vec{p}_T\rangle \tag{12.182}$$

この重ね合わせによって構築される,時間に依存する一般的な状態は,次のように表される.

$$|\Psi, \tau\rangle = \int dp^+ d\vec{p}_T \, \psi_{I_1\ldots I_k}(\tau, p^+, \vec{p}_T) a_{n_1}^{I_1\dagger} \ldots a_{n_k}^{I_k\dagger}|p^+, \vec{p}_T\rangle \tag{12.183}$$

各振動子の偏極添字に対応した添字が波動関数 $\psi_{I_1\ldots I_k}(\tau, p^+, \vec{p}_T)$ に付けてある.この式は,点粒子の一般的な時間依存状態を与える式(11.48)に対応する,弦の類似物にあたる.タキオン状態に関して,式(12.183)は次のようになる.

$$|\text{tachyon}, \tau\rangle = \int dp^+ d\vec{p}_T \, \psi(\tau, p^+, \vec{p}_T)|p^+, \vec{p}_T\rangle \tag{12.184}$$

光子状態は,次のように書かれる.

$$|\text{photon}, \tau\rangle = \int dp^+ d\vec{p}_T \, \psi_I(\tau, p^+, \vec{p}_T) a_1^{I\dagger}|p^+, \vec{p}_T\rangle \tag{12.185}$$

一般的な状態(12.183)が満たすSchrödinger方程式は,

$$i\frac{\partial}{\partial \tau}|\Psi, \tau\rangle = H|\Psi, \tau\rangle \tag{12.186}$$

と表され,ここで用いるハミルトニアンは次式で与えられる.

$$H = (L_0^\perp - 1) = \alpha' p^I p^I + N^\perp - 1 = \alpha'(p^I p^I + M^2) \tag{12.187}$$

ここでは式(12.158)と式(12.168)を用いた.状態を表す具体的な式(12.183)を適用すると,式(12.186)から次式が得られる.

$$i\frac{\partial}{\partial \tau}\psi_{I_1\ldots I_k} = \left(\alpha' p^I p^I + N^\perp - 1\right)\psi_{I_1\ldots I_k} \tag{12.188}$$

ここでの $N^\perp$ は,演算子 $N^\perp$ の状態(12.183)に関する固有値を表す.

計算練習 12.9 Schrödinger方程式(12.186)から式(12.188)が導かれることを示せ.これは式(11.53)を得た計算と類似の問題である.

タキオン状態(12.184)に関しては $N^\perp = 0$ であり,次式を得る.

$$i\frac{\partial \psi}{\partial \tau} = \left(\alpha' p^I p^I - 1\right)\psi \tag{12.189}$$

光子状態(12.185)では $N^\perp = 1$ であり,次式を得る.

$$i\frac{\partial \psi_I}{\partial \tau} = \alpha' p^I p^I \psi_I \tag{12.190}$$

これらのSchrödinger方程式と,関係する古典場の方程式を比べてみよう.第10章において,次のスカラー場の方程式,

$$(\partial^2 - m^2)\phi = 0 \tag{12.191}$$

が，式(10.30)のように書き直されることを示した．

$$\left(i\frac{\partial}{\partial x^+} - \frac{1}{2p^+}\left(p^I p^I + m^2\right)\right)\phi(x^+, p^+, \vec{p}_T) = 0 \tag{12.192}$$

ここで $x^+ = 2\alpha' p^+ \tau$ と置くと，次式が得られる．

$$\left(i\frac{\partial}{\partial \tau} - \alpha'\left(p^I p^I + m^2\right)\right)\phi(\tau, p^+, \vec{p}_T) = 0 \tag{12.193}$$

この式は，$m^2 = -1/\alpha'$ と置くと，式(12.189)に一致するので，タキオンがスカラー場に同定される．おそらく更に驚くべきことは，式(12.193)が，"任意の"弦の波動関数が満たすSchrödinger方程式(12.188)と構造的に等価である点であろう．唯一の違いは波動関数が添字を持つことである．その結果，もしこの対応が成立するならば，任意の弦の状態に関係する場の古典的な方程式は，必ず式(12.191)の形を取らねばならず，ただしその場は添字をいくつか持つことになる．

読者はこのことを奇妙に思うかも知れない．たとえばMaxwellの古典場の方程式は，スカラー場の方程式よりも複雑ではないだろうか？ 光錐ゲージではそうではない．我々はすでにこのことに言及した．式(10.83)において，ゲージ場の横方向成分が $p^2 A^I(p) = 0$ を満たすことが示されている．これは式(12.191)において $m^2 = 0$ と置いた式と同じ形である．式(12.191)から式(12.193)を導く手続きを $\partial^2 A^I = 0$ に適用すると，次式が得られる．

$$\left(i\frac{\partial}{\partial \tau} - \alpha' p^J p^J\right) A^I(\tau, p^+, \vec{p}_T) = 0 \tag{12.194}$$

このMaxwell場に関する古典的な場の方程式は，$N^\perp = 1$ の波動関数に対するSchrödinger方程式(12.190)に完全に一致している．

12.8　タキオンとD-ブレイン崩壊

本章の締め括りとして，タキオンの物理を論じる．タキオン状態が M^2 の最低値を持つことは既に説明した．

$$M^2 |p^+, \vec{p}_T\rangle = -\frac{1}{\alpha'} |p^+, \vec{p}_T\rangle \tag{12.195}$$

この状態に関係する場はスカラー場である．このスカラー場が負の M^2 を持つということは何を意味するのだろうか？ 弦理論の発見以降，開弦におけるタキオンの物理は謎であり続けた．1999年から始まった一連の理論展開によって，開弦のタキオンの役割に本質的な説明が与えられた．何が判ったのかを論じてみよう．

我々の最初の目的は，タキオンを持つ理論の不安定性を理解することにある．この目的のために，古典的なスカラー場のラグランジアン密度を，10.2節で示した線に沿って考察する．ある一般性を持って，ラグランジアン密度は次のように書かれる．

$$\mathcal{L} = -\frac{1}{2}\eta^{\mu\nu}\partial_\mu\phi\,\partial_\nu\phi - V(\phi) = \frac{1}{2}(\partial_0\phi)^2 - \frac{1}{2}|\nabla\phi|^2 - V(\phi) \tag{12.196}$$

ここで $V(\phi)$ はスカラー場に対する"ポテンシャル"を表す．空間的に一様な場を考えるならば $\nabla\phi = 0$ であり，ポテンシャルエネルギー密度は，ポテンシャル $V(\phi)$ によって与えられる．変分原理から導かれる運動方程式は，

$$\partial^2\phi - V'(\phi) = 0 \tag{12.197}$$

12.8. タキオンとD-ブレイン崩壊

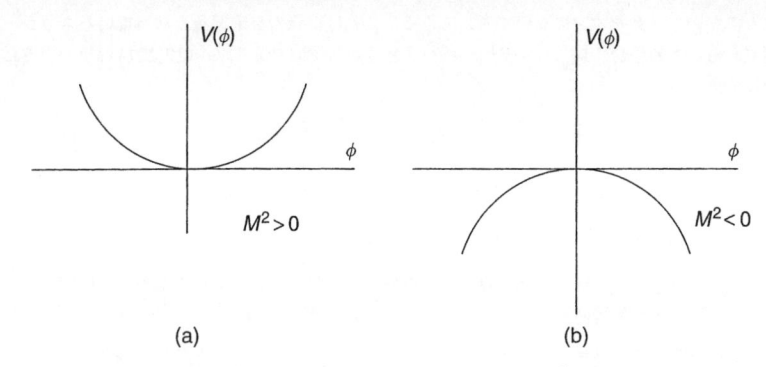

図12.2 (a) 質量の自乗 M^2 が正の場合のポテンシャル $V(\phi) = \frac{1}{2}M^2\phi^2$. $\phi = 0$ は安定な点である. (b) 質量の自乗 M^2 が負の場合の $V(\phi) = \frac{1}{2}M^2\phi^2$. $\phi = 0$ が不安定な最大点になる.

となる. プライム記号は引数に関する微分を意味する. より具体的に書くと, これは次式である.

$$-\frac{\partial^2 \phi}{\partial t^2} + \nabla^2 \phi - V'(\phi) = 0 \tag{12.198}$$

計算練習 12.10 式(12.197)が作用 $S = \int d^D x \mathcal{L}$ の変分から導かれることを示せ.

タキオンのスカラー場の不安定性を理解するためには, タキオンのラグランジアンの自由な部分だけを考えれば充分である. 相互作用については後から考察する. 自由なスカラー場の理論において, ポテンシャル $V(\phi)$ は次の形を取る.

$$V(\phi) = \frac{1}{2}M^2\phi^2 \tag{12.199}$$

M^2 はスカラー場の質量の自乗である (このポテンシャルは, 相互作用を含める際には変更される). $M^2 > 0$ の場合, このポテンシャル $V(\phi)$ は $\phi = 0$ において安定な最小点を持つ. $M^2 < 0$ の場合には, $V(\phi)$ は $\phi = 0$ において不安定な最大点を持つ (図12.2). 場の運動方程式を調べることによって, そのようなポテンシャルの含意を理解できる. このように V の形を決めると, 式(12.198)は次式になる.

$$-\frac{\partial^2 \phi}{\partial t^2} + \nabla^2 \phi - M^2 \phi = 0 \tag{12.200}$$

解析を簡単にするために, 場 ϕ が時間だけに依存するものと仮定する. 運動方程式は次のようになる.

$$\frac{d^2 \phi(t)}{dt^2} + M^2 \phi(t) = 0 \tag{12.201}$$

$M^2 = M \cdot M > 0$ の場合には, この方程式は振動解を与える.

$$\phi = A\cos(Mt) + B\sin(Mt) = C\sin(Mt + \alpha_0) \tag{12.202}$$

これは, "よい" 質量の自乗を持つスカラー場というものの解釈を与える. このスカラー場にとって $\phi = 0$ は安定な点であり, 永遠にこの安定点にとどまり続けることが可能である. もし ϕ の値に変位を与えれば, 単にそれは $\phi = 0$ の付近を振動するだけである.

他方において，タキオンについて考えてみる．これは質量の自乗が負となっているスカラーの例である．この場合，$M^2 = -\beta^2 = -\beta\cdot\beta$ と書くと便利であり，式(12.201)は次のように表される．

$$\frac{d^2\phi(t)}{dt^2} - \beta^2 \phi(t) = 0 \tag{12.203}$$

ここでは $\beta^2 > 0$ である．この場合の解は，次のようになる．

$$\phi(t) = A\cosh(\beta t) + B\sinh(\beta t) \tag{12.204}$$

$\phi(t) = \sinh(\beta t)$ という解を考えてみよう．時刻ゼロにおいて ϕ はゼロであるが，時間が無限に経過すると，ϕ の絶対値も無限大になる．このことは図12.2 (b) において，ϕ の値がポテンシャルの山の右側を転げ落ちていくような状況として想像することができる．実際，任意の非自明な解に関して，ϕ は無限の過去か無限の未来において必ず絶対値が無限大になる．自明な解 $\phi(t) = 0$ の下では，タキオンは $\phi = 0$ の点に永遠にとどまることができるが，これに任意の無限小の摂動が加われば，劇的な転落を導く運動が始動してしまう．$\phi = 0$ という値は許容される定常点ではあるが，それは不安定である．現実的な観点から，タキオンが $\phi = 0$ の付近に，無限の時間のあいだ留まることを期待できない．これがタキオンを含む理論の不安定性である．開弦におけるタキオンの質量の自乗は $(-1/\alpha')$ に等しいので，タキオンポテンシャルの自由な部分は，次のように与えられる．

$$V_{\text{tach}}^{\text{free}}(\phi) = -\frac{1}{2\alpha'}\phi^2 \tag{12.205}$$

任意のポテンシャル $V(\phi)$ に関して，力学的な類推を働かせることができる．空間的に一様なスカラー場の，ポテンシャル $V(\phi)$ の上での値の変化 (転がり方) は，ϕ を粒子の運動方向の座標 x に置き換えて，その粒子のポテンシャル場 $V(x)$ の中の運動として考えればよい．実際，このような考え方に基づく式は，スカラー場の式と整合する．任意ポテンシャル $V(\phi)$ に関して，空間的に一様なスカラー場の変動は次式に支配される．

$$\frac{d^2\phi}{dt^2} = -V'(\phi) \tag{12.206}$$

他方，単位質量を持つ粒子のポテンシャル場 $V(x)$ における運動は，Newtonの第2法則に支配される．

$$\frac{d^2x}{dt^2} = -V'(x) \tag{12.207}$$

タキオン状態の存在は，開弦理論の不安定性の兆候である．より正確に言えば，全空間を埋めているD25-ブレインを背景とする開弦理論には不安定性がある．この不安定性の運命について，理解を試みる必要がある．タキオン場が変化を始めたら，それは何処で終わるのか？ しばらくの間は，すべての人々が，これを緊急の質問と見なしたわけではなかった．一部の人たちは，フェルミオンが含まれないことと併せて，タキオン問題は開弦理論が非現実的な理論であることを示しており，これを入念に研究する価値はないと論じた．また別の人々は，タキオン問題のことを，ボゾン的な開弦の理論が矛盾を含んでいることの兆候と見なした．数年間のあいだ，フェルミオンを含むことのできる弦理論の一種である超弦理論によって，幸いにもタキオン問題が回避できると思われた期間があった．しかしその後の研究によって，超弦を基礎に

12.8. タキオンとD-ブレイン崩壊

おく現実的なモデルを構築しようとする場合にも, やはりタキオンが現れ得ることが示された. したがって結局, タキオンに対する理解が不可欠であることが明らかになったのである.

本章までに我々が手に入れた開弦の理論は, D25-ブレインに接続している弦の理論である. すなわちD-ブレインが全空間を満たしているような理論である. D25-ブレインは物理的な対象であって, 単なる数学的な仮想構築物というわけではない. D25-ブレインは一定のエネルギー密度 T_{25} を持ち, それを正確に計算することも可能である. ここで鍵となる洞察を述べる. 開弦の理論は, ある意味において D25-ブレインの理論そのものである! 我々はタキオンをD-ブレインに付いている弦の状態として見た. 開弦が接続しているD-ブレインは, 実はD-ブレインの励起状態に相当することが見いだされるのである. もしそうであれば, タキオン状態はD-ブレインのエネルギーを低下させるような励起を表すことになる. つまりタキオンの存在は, D25-ブレインが不安定であることを我々に告げているのである!

タキオンはD25-ブレインの物理を記述するので, 系のポテンシャルエネルギーへ寄与するブレインのエネルギー密度は, タキオンのポテンシャルに組み込まれなければならない. その結果, 式(12.205)のポテンシャルは, 次のように変更される.

$$V_{\text{tach}}(\phi) = T_{25} - \frac{1}{2\alpha'}\phi^2 + \beta\phi^3 + \cdots \tag{12.208}$$

上式ではタキオンポテンシャルに3次の項も加え, 更にその他の可能な項を「$\cdots$」で表した. 場の3次もしくはそれ以上の項はすべて, 相互作用の効果を表すことになる. 上のポテンシャルは D25-ブレインに関する我々の声明を正確に記述している. 不安定な点 $\phi = 0$ は D25-ブレインを伴う世界を表し, したがってエネルギー密度 T_{25} を持つ. タキオンがポテンシャルの頂上から転がり落ち始めたときに何が起こるかを見いだすためには, 全タキオンポテンシャル $V_{\text{tach}}(\phi)$ の計算が必要となる.

このポテンシャルを計算する前に, その物理を予想することができる. もしD25-ブレインが不安定であれば, それは崩壊するであろう. そして, この過程の行き着く安定な終着点は, D25-ブレインのない世界になるであろう. もしこれが正しければ, タキオンポテンシャルは, ある値 $\phi = \phi^*$ において $V_{\text{tach}}(\phi^*) = 0$ になるような安定な臨界点を持たなければならない. この安定な臨界点は, ゼロエネルギーの背景を表し, そこではタキオンによって不安定になった D25-ブレインが完全に消失している! この予想されるタキオンポテンシャルの形を図12.3に示す.

上述のような提案は, 信頼性の高い方法で証明されている. 完全なタキオンのポテンシャルが, 開弦の場の理論によって計算され, 注目すべきことに, ゼロエネルギーを持つ臨界点を示すことが可能となった. この結果と, その他の手段で得られている追加的な証拠から, 物理学者たちはタキオンの不安定性がD25-ブレインの不安定性であることを説明した.

タキオンが安定な極小点まで転がり落ちて, D25-ブレインが消失したときに何が起こるのだろう? 開弦の端点はD-ブレインへの接続を強いられているので, D-ブレインの消失とともにすべての開弦も消失しなければならない. しかしながら閉弦は, D-ブレインが無くても存在することができる. D25-ブレインに蓄えられていたエネルギーは閉弦へ移行する. 安定な臨界点 ϕ^* において, 開弦の励起によって生じる粒子は, タキオンも含めてすべて消失しなければならない. このことは ϕ^* 付近の理論が微妙なものになることを示している. "真空の弦場理論" (vacuum string field theory) は, D-ブレインも開弦も消失する真空 ϕ^* において弦理論を定

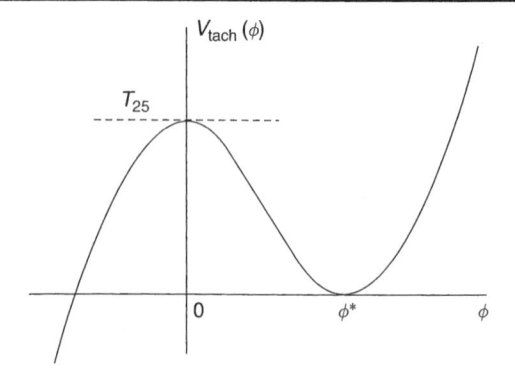

図12.3 D25-ブレインに基礎を置く開弦理論のタキオンポテンシャル. $\phi = 0$ で極大となる構造は D-ブレインの不安定さを表す. 臨界点 ϕ^* はゼロエネルギーを持つ.

式化しようとする試みである.

タキオンと D-ブレインに関する更に興味深い事実も現れた. $p < 25$ の Dp-ブレインが, それ自体 D25-ブレインを伴うタキオン場の大きなコヒーレント励起に相当することが示された. ある意味において D-ブレインは, タキオンから作られているのである！ このことは少々修正を施すことにより, 超弦理論においても真理となる. 超弦理論では, ある種の D-ブレインがチャージを担い, したがってチャージ保存則は, その D-ブレインが崩壊に対して安定であることを保証する. 実際, そのような D-ブレインを背景とする開弦理論はタキオンを含まない. しかしながら D-ブレインと, それに対応する反対チャージを持つ反 D-ブレイン (anti-D-brane) から成る構成は不安定である. これらの2つの対象はチャージ保存則を破ることなく消滅できる. D-ブレインと反 D-ブレインをつなぐ開弦はタキオンを含む——超弦のタキオンである！ このタキオンは D-ブレイン／反 D-ブレイン対の不安定性を記述する. D-ブレイン／反 D-ブレイン消滅の研究は, 弦理論を宇宙の初期の記述に利用する試みにおいて, 重要な役割を担っている. タキオンは最終的に, 弦の宇宙論において顕著な役割を演じ得ることになるのである.

問題

12.1 運動量密度に関する Heisenberg 方程式.

我々は Heisenberg 方程式 $i\dot{\xi} = [\xi, H]$ において $\xi = X^I$ と置くと, $\dot{X}^I = 2\pi\alpha' \mathcal{P}^{\tau I}$ が導かれることを式(12.21)において証明した. $\dot{\mathcal{P}}^{\tau I}$ を計算し, その結果を用いて, 古典的な運動方程式 $\ddot{X}^I - X^{I\prime\prime} = 0$ が演算子の方程式としても成立することを証明せよ.

12.2 ゼロになる交換関係の確認.

X^I の展開式(12.32)と α の交換関係を用いて, 式(12.26)の交換関係, すなわち

$$[X^{I\prime}(\tau, \sigma), X^{J\prime}(\tau, \sigma')] = [\dot{X}^I(\tau, \sigma), \dot{X}^J(\tau, \sigma')] = 0$$

が成立することを確認せよ.

12.3 主要な交換関係の確認.

(a) X^I と $\mathcal{P}^{\tau J}$ のモード展開式と交換関係 (12.45), (12.54) を利用して,次式を示せ.
$$[X^I(\tau,\sigma), \mathcal{P}^{\tau J}(\tau,\sigma')] = i\eta^{IJ}\frac{1}{\pi}\sum_{n\in\mathbf{Z}}\cos n\sigma \cos n\sigma'$$

(b) 上の結果が式 (12.10) と一致するならば,次式が成立しなければならない.
$$\delta(\sigma-\sigma') = \frac{1}{\pi}\sum_{n\in\mathbf{Z}}\cos n\sigma \cos n\sigma' \tag{1}$$

この式は,関数列 $\cos n\sigma$ $(n\geq 0)$ の,区間 $\sigma \in [0,\pi]$ における完全性から与えられる.この完全性は容易に説明される.$\sigma \in [0,\pi]$ で定義された任意の関数 $f(\sigma)$ は,$f(-\sigma) \equiv f(\sigma)$ $(\sigma \in [0,\pi])$ と置くことによって $\sigma \in [-\pi,\pi]$ における関数へと拡張できる.得られる関数は σ の偶関数であり,Fourier 級数の基本的な性質として余弦関数によって展開できる.したがって $\sigma \in [0,\pi]$ における任意関数 $f(\sigma)$ を,次のように展開できる.
$$f(\sigma) = \sum_{n=0}^{\infty} A_n \cos n\sigma \tag{2}$$

A_n を計算し,それを式 (2) に代入することによって式 (1) を証明せよ.

12.4 ゼータ関数の解析接続.

ガンマ関数の定義 $\Gamma(s) = \int_0^\infty dt\, e^{-t} t^{s-1}$ を考える.この積分において $t \to nt$ と置いて得られる式を用いて,次式を証明せよ.
$$\Gamma(s)\zeta(s) = \int_0^\infty dt\, \frac{t^{s-1}}{e^t - 1}, \quad \Re(s) > 1 \tag{1}$$

また,t が小さいときの展開が,次のようになることを証明せよ.
$$\frac{1}{e^t - 1} = \frac{1}{t} - \frac{1}{2} + \frac{t}{12} + \mathcal{O}(t^2) \tag{2}$$

上の式を利用して,$\Re(s) > 1$ において次式を示せ.
$$\Gamma(s)\zeta(s) = \int_0^1 dt\, t^{s-1}\left(\frac{1}{e^t-1} - \frac{1}{t} + \frac{1}{2} - \frac{t}{12}\right) + \frac{1}{s-1} - \frac{1}{2s} + \frac{1}{12(s+1)}$$
$$+ \int_1^\infty dt\, \frac{t^{s-1}}{e^t - 1}$$

上式の右辺が $\Re(s) > -2$ において良く定義される理由を説明せよ.この右辺が,左辺の $\Re(s) > -2$ への解析接続を定義していることになる.$\Gamma(s)$ の極の構造 (問題 3.6) を思い出し,それを用いて $\zeta(0) = -1/2$ と $\zeta(-1) = -1/12$ を証明せよ.

12.5 Virasoro 代数は Lie 代数である.

要素 $x, y, z, \ldots$ を持つベクトル空間 L と,L の中の 2 つの要素から,もうひとつの L の要素を与える双一次の括弧 $[\cdot,\cdot]$ が用意され,次の条件が満たされるならば,これは Lie 代数となる.

(i) 反対称性:
L に属するすべての要素 x と y に関して $[x,y] = -[y,x]$.

(ii) Jacobi（ヤコビ）恒等式の成立:
L に属するすべての要素 x, y, z に関して $[x,[y,z]] + [y,[z,x]] + [z,[x,y]] = 0$.

$n \in \mathbf{Z}$ のすべてのモードの Virasoro 演算子によって張られるベクトル空間 L を考える．まず，式(12.124)の交換関係が m と n のすべての値について成立するものと仮定して，これが Lie 代数を定義することを示せ．次に式(12.133)の交換関係を考え，これも Lie 代数を定義することを示せ．

12.6 Virasoro 代数の中心拡大項の無矛盾性．

Virasoro 交換関係は，次の形を持つ．

$$[L_m^\perp, L_n^\perp] = (m-n)L_{m+n}^\perp + C(m)\delta_{m+n,0} \tag{1}$$

$C(m)$ は m の関数であり，本章において直接の計算から導いた部分である．この練習問題の目的は，式(1)によって Lie 代数を定義できるように，$C(m)$ に課されるべき制約を見いだすことである．

(a) Lie 代数における反対称性の要請から，$C(m)$ について何が言えるか？ $C(0)$ は如何か？

(b) 生成子 $L_m^\perp$, $L_n^\perp$, $L_k^\perp$ ($m+n+k=0$) に関する Jacobi 恒等式を考える．次式を示せ．

$$(m-n)C(k) + (n-k)C(m) + (k-m)C(n) = 0 \tag{2}$$

(c) 式(2)を用いて，$C(m) = \alpha m$ と $C(m) = \beta m^3$ (α と β は定数) が矛盾のない中心拡大を与えることを示せ．

(d) 式(2)において $k=1$ の場合を考える．$C(1)$ と $C(2)$ によって，すべての $C(n)$ が決まることを示せ．

12.7 Virasoro 演算子に関する訓練．

(a) Virasoro 代数(12.133)を用いて，もしある状態が $L_1^\perp$ と $L_2^\perp$ によって消滅するならば，その状態はすべての $L_n^\perp$ ($n \geq 1$) によって消滅することを示せ．

(b) Virasoro 演算子 $L_0^\perp$, $L_1^\perp$, $L_{-1}^\perp$ を考える．これらに関わる3つの交換子を書け．これらの演算子は，Virasoro 代数の部分代数(部分環)を形成するか？ ここでは中心拡大項は存在するか？ これら3つの演算子それぞれをゼロ運動量の真空状態 $|0\rangle$ に作用させたときの結果を計算せよ．

12.8 Virasoro 演算子の状態への作用．

(a) 式(12.100)を用いて，$L_{-6}^\perp|0\rangle$ を，振動子が真空に作用する有限個の項の和として表せ．同じことを $L_{-2}^\perp L_{-2}^\perp|0\rangle$ についても行え．

(b) $L_2^{\perp}L_{-2}^{\perp}|0\rangle$ と $L_{-2}^{\perp}L_2^{\perp}|0\rangle$ を，振動子が真空に作用する有限個の項の和として表せ．その結果を利用して $[L_2^{\perp}, L_{-2}^{\perp}]|0\rangle$ を評価せよ．得られた結果が Virasoro 代数 (12.133) と整合することを確認せよ．

12.9 Virasoro 演算子によって生成されるパラメーターの付け替え．

(a) $\tau = 0$ における弦を考える．式 (12.141) のどちらの組合せが，$\tau = 0$ を保ちながら σ の付け替えを生成するか？ $\tau = 0$ が保たれるならば，世界面へのパラメーターの付け替えは，"弦の"パラメーターの付け替えになる．これらのパラメーターの付け替えの生成子が，Virasoro 代数の部分代数 (部分環) を形成することを示せ．

(b) $\tau = 0$ の開弦の中点 $\sigma = \pi/2$ を変更しないような，一般的な"世界面の"パラメーターの付け替えを記述せよ．このパラメーターの付け替えを，制約条件を課された無限個のパラメーターの組を用いて表現せよ．

12.10 パラメーターの付け替えと制約条件．

(a) 式 (12.137) に示したパラメーターの付け替えのためのパラメーターが，次の関係を満たすことを証明せよ (添字の m は省略する)．
$$\dot{\xi}^{\tau} = \xi^{\sigma\prime}, \quad \dot{\xi}^{\sigma} = \xi^{\tau\prime}$$

(b) Virasoro 演算子によって生成される座標の変更 (12.138) を考える．
$$\tau' = \tau + \epsilon\xi^{\tau}(\tau, \sigma), \quad \sigma' = \sigma + \epsilon\xi^{\sigma}(\tau, \sigma)$$

無限小の ϵ に関する上の式は，同時に次式を含意することに注意する．
$$\tau = \tau' - \epsilon\xi^{\tau}(\tau', \sigma'), \quad \sigma = \sigma' - \epsilon\xi^{\sigma}(\tau', \sigma')$$

古典的な制約条件，
$$\partial_{\tau}X \cdot \partial_{\sigma}X = 0, \quad (\partial_{\tau}X)^2 + (\partial_{\sigma}X)^2 = 0$$

が (τ, σ) 座標において成立すると仮定するならば，(τ', σ') 座標にも (ϵ のオーダーまで) 成立することを示せ．

12.11 対称な積の勘定．†

$I_1, I_2, \ldots, I_n$ が k 個の値 $1, 2, \ldots, k$ を取るものとして，
$$a^{I_1}a^{I_2}\ldots a^{I_n}$$

という形で表される積の数 N が，次式で与えられることを証明せよ．
$$N = \frac{(n+k-1)!}{n!(k-1)!} = \frac{k}{1} \cdot \frac{k+1}{2} \cdot \frac{k+2}{3} \cdots \frac{k+n-1}{n}$$

ヒント：各々の積を，n 個の同じボールと $k-1$ 個の同じ仕切りによって表すことができる．たとえば $k = 6$ で $n = 9$ ならば，次のようになる．

$$\bullet|\bullet\bullet||\bullet\bullet\bullet|\bullet|\bullet\bullet \quad \leftrightarrow \quad a^1\, a^2 a^2\, a^4 a^4 a^4\, a^5\, a^6 a^6$$

12.12 無向の開弦.

$\sigma \in [0, \pi]$ の開弦 $X^\mu(\tau, \sigma)$ において τ を指定すると，時空において，パラメーター付けの施された曲線が得られる．この弦の向きは，この曲線において σ が増加する方向である．

(a) 同じ τ において，開弦 $X^\mu(\tau, \pi - \sigma)$ を考える．この第 2 の弦は，上の第 1 の弦とどのように関係するか？ それらの端点と向きは関係を持つか？ 元の弦を時空内の連続曲線として描き，第 2 の弦を時空内の破線で示せ．

次のように，弦座標演算子に対して，弦の向きを変えるような変換作用を持つ反転演算子 Ω を導入する．

$$\Omega X^I(\tau, \sigma) \Omega^{-1} = X^I(\tau, \pi - \sigma) \tag{1}$$

更に，次のように宣言する．

$$\Omega x_0^- \Omega^{-1} = x_0^-, \quad \Omega p^+ \Omega^{-1} = p^+ \tag{2}$$

(b) 開弦の振動子展開 (12.32) を利用して，以下を計算せよ．

$$\Omega x_0^I \Omega^{-1}, \quad \Omega \alpha_0^I \Omega^{-1}, \quad \Omega \alpha_n^I \Omega^{-1} \ (n \neq 0)$$

(c) $\Omega X^-(\tau, \sigma) \Omega^{-1} = X^-(\tau, \pi - \sigma)$ を示せ．$\Omega X^+(\tau, \sigma) \Omega^{-1} = X^+(\tau, \pi - \sigma)$ なので，式 (1) は弦の座標すべてに関して成立する．向きの反転の下で開弦のハミルトニアンは不変なので ($\Omega H \Omega^{-1} = H$)，向きの反転は開弦の対称性変換であると言える．これが正しい理由を説明せよ．

(d) 基底状態が反転不変であると仮定する．

$$\Omega |p^+, \vec{p}_T\rangle = \Omega^{-1} |p^+, \vec{p}_T\rangle = |p^+, \vec{p}_T\rangle$$

$N^\perp \leq 3$ の開弦状態のリストを作り，それらの反転に関する固有値を与えよ．一般に次式が成立することを証明せよ．

$$\Omega = (-1)^{N^\perp}$$

(e) 反転操作の下で不変な状態は，"無向" であると言う．あなたが無向の開弦の理論を構築する使命を与えられたとすると，(d) で挙げた状態のうちで，どれを棄てる必要があるか？ 一般には，元の弦の状態空間において，どのような部分が棄てられなければならないか？

12.13 タキオンポテンシャル.

次の形のスカラー場の理論を考える．

$$S = \int d^D x \left(-\frac{1}{2} \partial_\mu \phi \, \partial^\mu \phi - V(\phi) \right) \tag{1}$$

以下の 3 種類のスカラーポテンシャルを考察する．

$$V_1(\phi) = \frac{1}{\alpha'}\frac{1}{3\phi_0}(\phi-\phi_0)^2\left(\phi+\frac{1}{2}\phi_0\right) \tag{2a}$$

$$V_2(\phi) = -\frac{1}{4\alpha'}\phi^2 \ln\left(\frac{\phi^2}{\phi_0^2}\right) \tag{2b}$$

$$V_3(\phi) = \frac{1}{8\alpha'}\phi_0^2\left(\frac{\phi^2}{\phi_0^2}-1\right)^2 \tag{2c}$$

ϕ_0 は (正の) 定数である．3 種類のポテンシャルそれぞれについて，以下の作業を行え．

(a) $V_i(\phi)$ を ϕ の関数として描け．

(b) ポテンシャルの臨界点と，その点におけるポテンシャルの値を見いだせ．それぞれの臨界点は，そのスカラー理論における可能な背景を表す．

(c) それぞれの臨界点 $\bar{\phi}$ において，作用をその臨界点からの揺らぎに関して展開せよ．すなわち $\phi = \bar{\phi} + \psi$ と置き，ゆらぎ ψ が小さいものとして展開式を導け．ψ の 2 次の項 (導関数を含まない) は，このスカラー粒子の質量を読み取るために利用できる．それぞれの臨界点におけるスカラー粒子の質量を求めよ．

ポテンシャル V_1 は，不安定な D-ブレイン内のタキオンポテンシャルの粗いモデルである．V_2 は不安定な D-ブレイン内の正確な (実効的な) タキオンポテンシャルである．ポテンシャル V_3 は，D-ブレインおよびそれに対応する反 D-ブレインの世界領域 (world-volume) に接続している超弦タキオンポテンシャルに対する粗いモデルである．

第 13 章 相対論的な量子閉弦

量子閉弦に関わる演算子の内容は，ゼロモードの位置と運動量が共有されるという点を除き，開弦の演算子の相互に可換な複製2組から成るものとして捉えることができる．閉弦は光錐ゲージにおいても，パラメーター付け替え不変性の自由度が完全に固定されるわけではない．すなわち閉弦には，始点を選ぶ自然な方法がない．その結果，閉弦のスペクトルは $L_0^\perp - \bar{L}_0^\perp = 0$ という制約下の問題に帰することになり，閉弦の巡回的な回転の下で不変な状態だけが許容される．我々は，閉弦の無質量状態が重力子状態を含んでおり，弦理論が量子重力理論となり得ることを見いだす．これと併せて，無質量の Kalb‐Ramond 状態（カルブ・ラモン）とディラトン状態の存在も知ることになる．ディラトン状態は弦の相互作用を制御する．章末では，オービフォールド $\mathbf{R}^1/\mathbf{Z}_2$ における閉弦について学ぶ．

13.1 モード展開と交換関係

弦理論が最初に発見されたとき，それは強い相互作用に関わる粒子の理論──強粒子（ハドロン）の理論であると考えられた．開弦の理論の無矛盾性のためには，閉弦を併用することが必要とされた．しかし閉弦には問題があった．閉弦の励起の中には，スピン2を持つ無質量状態が存在したのである．そのような性質を持つ強粒子（ハドロン）は知られていなかった．研究者たちの多大な努力にもかかわらず，閉弦のスペクトルから，このような不都合な状態を消し去るための試みはすべて失敗に帰した．

その後，この無質量状態のひとつを重力子に同定し得ることが判明し，物理学者たちは閉弦の理論が量子重力理論の候補となることを理解した．本章では，相対論的な閉弦の量子化を行い，如何にして重力子状態が現れるかを見ることにする．量子化の手続きの大部分は，第12章に示した開弦の量子化のそれと似ているが，新たな特徴もいろいろある．まず，第9章で学んだ閉弦に関する重要な事実を復習することから始めよう．そこでは，次のような条件によって規定されるゲージ (式(9.27)参照) について考察した．

$$n \cdot X = \alpha'(n \cdot p)\tau, \quad n \cdot p = 2\pi n \cdot \mathcal{P}^\tau \tag{13.1}$$

第2の条件は，パラメーター σ が 2π の区間に及ぶことを含意する．

$$\sigma \in [0, 2\pi] \tag{13.2}$$

ここで $\sigma = 0$ と $\sigma = 2\pi$ は閉弦における"同じ点"を表す．閉弦のパラメーター範囲 $\sigma \in [0, 2\pi]$ は，開弦で採用した範囲 $\sigma \in [0, \pi]$ の2倍である．条件(13.1)は，閉弦のパラメーター付けを

完全に確定するものではなかった．開弦とは異なり，閉弦には $\sigma = 0$ として選ぶにふさわしい特別な点がないのである．我々はこの任意性を利点として利用した．閉弦において一旦 $\sigma = 0$ の点を選べば，$X' \cdot \dot{X} = 0$ の制約を課することによって，世界面に含まれるすべての閉弦において適切に $\sigma = 0$ の点を選ぶことができる．この措置の後にも，τ の異なるすべての弦に関して共通の定数 σ_0 を用いた $\sigma \to \sigma + \sigma_0$ という変換を施せる任意性が残っている．閉弦の世界面における σ が一定の線の巡回的な回転は，閉弦の作用に備わっているパラメーター付け替え不変性のひとつにあたり，パラメーター付けを自然に確定させることはできない．閉弦の量子状態を構築する際に，このような事情は，量子状態に対する制約になる．

条件 $X' \cdot \dot{X} = 0$ と，パラメーター付け条件(13.1)を併せて考えると，これには $X'^2 + \dot{X}^2 = 0$ が含意される．このようにして我々は，馴染み深い条件式，

$$(\dot{X} \pm X')^2 = 0 \tag{13.3}$$

を見いだした．そして運動量密度が座標の単純な導関数と関係づけられた．

$$\mathcal{P}^{\sigma \mu} = -\frac{1}{2\pi\alpha'} X'^\mu, \quad \mathcal{P}^{\tau \mu} = \frac{1}{2\pi\alpha'} \dot{X}^\mu \tag{13.4}$$

最後に，弦のすべての座標が波動方程式を満たすことが見いだされた．

$$\left(\frac{\partial^2}{\partial \tau^2} - \frac{\partial^2}{\partial \sigma^2} \right) X^\mu = 0 \tag{13.5}$$

閉弦の運動方程式の古典的な解を考察しよう．波動方程式の一般解は，

$$X^\mu(\tau, \sigma) = X_L^\mu(\tau + \sigma) + X_R^\mu(\tau - \sigma) \tag{13.6}$$

という形で与えられる．X_L^μ（添字 L は left-moving を意味する）は σ の負の向きに移動する波であり，X_R^μ（添字 R は right-moving の意）は σ の正の向きに移動する波を表す．開弦の場合には，左に進行する波と右に進行する波が，端点における境界条件を通じて互いに関係を持った．閉弦には端点はないが，代わりに周期条件を考慮する必要がある．閉弦のパラメーター空間 (τ, σ) は円筒なので，閉弦の性質を記述するために，世界面座標 σ を次のようにコンパクト化する．

$$\sigma \sim \sigma + 2\pi \tag{13.7}$$

世界面上で，τ の値が等しく，σ の値の違いが 2π の整数倍にあたるような2つの点は，同じ点を表す．実際，我々は閉弦を記述するために，$[\sigma_0, \sigma_0 + 2\pi]$ という形の任意の区間を利用することができる．式(13.2)の範囲設定は，ひとつの可能な選択にすぎない．τ 座標を含めると，パラメーター空間における同一視は次のように表される．

$$(\tau, \sigma) \sim (\tau, \sigma + 2\pi) \tag{13.8}$$

我々は，パラメーター空間において同じ点を表すような任意の2つの座標点において，X^μ が同じ値を持つことを要請しなければならない．

$$\boxed{X^\mu(\tau, \sigma) = X^\mu(\tau, \sigma + 2\pi) \ \ \text{for all } \tau \text{ and } \sigma} \tag{13.9}$$

この条件は，元の素朴な条件 $X^\mu(\tau, 0) = X^\mu(\tau, 2\pi)$ よりも扱いやすく，解釈も容易である．周

期性条件(13.9)は，単連結空間 (simply connected space)，すなわちあらゆる閉弦が連続的に点へと収縮できるような空間の中にある閉弦に関して適切なものである．たとえばMinkowski空間は単連結空間である．もしひとつの空間方向が円に巻き取られていれば，その円に巻き付いている閉弦は点へと収縮できない．この場合は空間が単連結ではなく，円に沿った方向の座標は1価ではない．そのような座標の下では，周期条件(13.9)に修正を施す必要が生じる(第17章)．

ここから周期条件(13.9)が，些細ではあるが重要な制約を導き，左進波と右進波を関係づけることを示してみる．2つの新たな変数を定義する．

$$u = \tau + \sigma$$
$$v = \tau - \sigma \tag{13.10}$$

これらの変数を利用すると，式(13.6)は次のように表される．

$$X^\mu = X_L^\mu(u) + X_R^\mu(v) \tag{13.11}$$

$\sigma \to \sigma + 2\pi$ とすると，uは2π増加し，vは2π減少する．したがって，周期条件(13.9)から，次の関係が得られる．

$$X_L^\mu(u) + X_R^\mu(v) = X_L^\mu(u+2\pi) + X_R^\mu(v-2\pi) \tag{13.12}$$

これを等価的に，次のようにも書ける．

$$X_L^\mu(u+2\pi) - X_L^\mu(u) = X_R^\mu(v) - X_R^\mu(v-2\pi) \tag{13.13}$$

この式は，左進波と右進波が互いに依存し合うことを示している．一方が周期条件から外れる場合，もう一方も同じ量だけ周期条件から外れる．uとvは独立な変数なので，左辺のuに関する微分も，右辺のvに関する微分もゼロでなければならない．その結果，$X_L^{\mu\prime}(u)$と$X_R^{\mu\prime}(v)$はどちらも厳密に周期2πを持つ周期関数ということになる (1変数関数につけたプライム記号は，引数に関する導関数を意味する)．したがって，次のようにモード展開を書くことができる．

$$X_L^{\mu\prime}(u) = \sqrt{\frac{\alpha'}{2}} \sum_{n \in \mathbf{Z}} \bar{\alpha}_n^\mu e^{-inu}$$
$$X_R^{\mu\prime}(v) = \sqrt{\frac{\alpha'}{2}} \sum_{n \in \mathbf{Z}} \alpha_n^\mu e^{-inv} \tag{13.14}$$

$X_L^{\mu\prime}(u)$のモード展開において，「バー付き」の$\bar{\alpha}$モードを導入した．$X_R^{\mu\prime}(v)$の展開には，第12章と同じバーのないαを用いているけれども，開弦のモードとは関係がない．閉弦理論において，我々は2組のαモード，バー付きのものとバー無しのものを必要とする．式(13.14)を積分すると，次のようになる．

$$X_L^\mu(u) = \frac{1}{2}x_0^{L\mu} + \sqrt{\frac{\alpha'}{2}}\bar{\alpha}_0^\mu u + i\sqrt{\frac{\alpha'}{2}} \sum_{n \neq 0} \frac{\bar{\alpha}_n^\mu}{n} e^{-inu}$$
$$X_R^\mu(v) = \frac{1}{2}x_0^{R\mu} + \sqrt{\frac{\alpha'}{2}}\alpha_0^\mu v + i\sqrt{\frac{\alpha'}{2}} \sum_{n \neq 0} \frac{\alpha_n^\mu}{n} e^{-inv} \tag{13.15}$$

座標に依存しないゼロモード $x_0^{L\mu}$ と $x_0^{R\mu}$ は,積分定数として現れたものである.開弦の場合には単一のゼロモードが存在し,その正準共役量が弦の運動量であったことを考えると,2つのゼロモードが現れることには少々困惑させられる.ここでは,これらの2つのゼロモードの和だけが役割を持つことを見てみよう.ただし空間が単連結でなければ,それぞれのゼロモードが役割を持つという状況も生じる.この問題は第17章で扱うことになる.

X_R^μ と X_L^μ の非周期性は,式(13.15)に1次の項が現れていることによる帰結である.条件(13.13)は,これらの項の間に,

$$2\pi\sqrt{\frac{\alpha'}{2}}\bar{\alpha}_0^\mu = 2\pi\sqrt{\frac{\alpha'}{2}}\alpha_0^\mu \tag{13.16}$$

という制約を与えるので,次の関係が成り立つ.

$$\boxed{\bar{\alpha}_0^\mu = \alpha_0^\mu} \tag{13.17}$$

この等式関係により,量子閉弦はゼロモードにあたる運動量演算子を"ひとつだけ"持つ.すぐ後で見るように,このことは座標のゼロモード演算子"ひとつだけ"との間での正準量子化が可能であることを意味する.

式(13.15)を式(13.6)に代入することにより,$X^\mu(\tau,\sigma)$ のモード展開が与えられる.

$$\begin{aligned}X^\mu(\tau,\sigma) &= \frac{1}{2}x_0^{L\mu} + \sqrt{\frac{\alpha'}{2}}\bar{\alpha}_0^\mu(\tau+\sigma) + i\sqrt{\frac{\alpha'}{2}}\sum_{n\neq 0}\frac{\bar{\alpha}_n^\mu}{n}e^{-in(\tau+\sigma)}\\ &\quad + \frac{1}{2}x_0^{R\mu} + \sqrt{\frac{\alpha'}{2}}\alpha_0^\mu(\tau-\sigma) + i\sqrt{\frac{\alpha'}{2}}\sum_{n\neq 0}\frac{\alpha_n^\mu}{n}e^{-in(\tau-\sigma)}\end{aligned} \tag{13.18}$$

$\bar{\alpha}_0^\mu = \alpha_0^\mu$ なので,次式を得る.

$$X^\mu(\tau,\sigma) = \frac{1}{2}\left(x_0^{L\mu}+x_0^{R\mu}\right) + \sqrt{2\alpha'}\,\alpha_0^\mu\tau + i\sqrt{\frac{\alpha'}{2}}\sum_{n\neq 0}\frac{e^{-in\tau}}{n}\left(\alpha_n^\mu e^{in\sigma}+\bar{\alpha}_n^\mu e^{-in\sigma}\right) \tag{13.19}$$

予想されるように,X^μ は σ に関して周期 2π を持つ周期関数である.これに対して正準共役な運動量密度は,

$$\mathcal{P}^{\tau\mu}(\tau,\sigma) = \frac{1}{2\pi\alpha'}\dot{X}^\mu(\tau,\sigma) = \frac{1}{2\pi\alpha'}\left(\sqrt{2\alpha'}\,\alpha_0^\mu + \cdots\right) \tag{13.20}$$

となる.「$\cdots$」の部分は,$\dot{X}^\mu$ が含む項の中で区間 $\sigma\in[0,2\pi]$ において積分がゼロになる部分を表しており,全運動量の評価には影響を及ぼさない.

$$p^\mu = \int_0^{2\pi}\mathcal{P}^{\tau\mu}(\tau,\sigma)\,d\sigma = \frac{1}{2\pi\alpha'}\int_0^{2\pi}d\sigma\sqrt{2\alpha'}\,\alpha_0^\mu = \sqrt{\frac{2}{\alpha'}}\,\alpha_0^\mu \tag{13.21}$$

したがって,次の関係が得られた.

13.1. モード展開と交換関係

$$\alpha_0^\mu = \sqrt{\frac{\alpha'}{2}}\, p^\mu \tag{13.22}$$

これは開弦の場合の結果(12.46)と比べて因子2だけ異なるが，概念としては共通する．すなわち α_0^μ は弦が持つ時空運動量に比例する．

運動量変数はひとつだけなので，量子論において運動量演算子はひとつだけである．これに共役な座標のゼロモードもひとつだけ必要である．したがって，波動方程式の解を左右の進行波に分解したけれども，x_0^L と x_0^R が両方とも独立変数にはなり得ない．式(13.19)には両者の和だけが現れるので，上述の運動量に関係する座標のゼロモードは，この和でなければならない．一般性を損なうことなく，

$$x_0^{L\mu} = x_0^{R\mu} \equiv x_0^\mu \tag{13.23}$$

と置くことができて，式(13.19)の最終的な形は次のようになる．

$$X^\mu(\tau,\sigma) = x_0^\mu + \sqrt{2\alpha'}\,\alpha_0^\mu \tau + i\sqrt{\frac{\alpha'}{2}} \sum_{n\neq 0} \frac{e^{-in\tau}}{n}\left(\alpha_n^\mu e^{in\sigma} + \bar{\alpha}_n^\mu e^{-in\sigma}\right) \tag{13.24}$$

この段階で，座標の τ 微分と σ 微分も調べておくと都合がよい．式(13.6)から，次の関係が得られることに注意する．

$$\begin{aligned}\dot{X}^\mu &= X_L^{\mu\prime}(\tau+\sigma) + X_R^{\mu\prime}(\tau-\sigma) \\ X^{\mu\prime} &= X_L^{\mu\prime}(\tau+\sigma) - X_R^{\mu\prime}(\tau-\sigma)\end{aligned} \tag{13.25}$$

これらの式の和と差を取り，式(13.14)を用いると，次の結果が得られる．

$$\begin{aligned}\dot{X}^\mu + X^{\mu\prime} &= 2X_L^{\mu\prime}(\tau+\sigma) = \sqrt{2\alpha'}\sum_{n\in\mathbf{Z}}\bar{\alpha}_n^\mu e^{-in(\tau+\sigma)} \\ \dot{X}^\mu - X^{\mu\prime} &= 2X_R^{\mu\prime}(\tau-\sigma) = \sqrt{2\alpha'}\sum_{n\in\mathbf{Z}}\alpha_n^\mu e^{-in(\tau-\sigma)}\end{aligned} \tag{13.26}$$

これらの導関数の線形結合において，バー付きの振動子とバー無しの振動子が混ざっていないことに注意してもらいたい．我々は上の関係に到達するように，規格化定数を選んでおいたのである．これらは開弦の展開(12.33)と完全な類似関係を持つ．このことから，新たな計算をしなくても，閉弦に関する交換子のいくつかを得ることが可能となる．

ここから閉弦理論の量子化の考察に入ろう．正準交換関係は，開弦理論の場合と同じ形を取る．横方向の光錐座標と運動量に関して，次のように設定する．

$$[X^I(\tau,\sigma), \mathcal{P}^{\tau J}(\tau,\sigma')] = i\delta(\sigma-\sigma')\eta^{IJ} \tag{13.27}$$

そして通例に従って，座標同士や運動量同士の交換子はゼロと置く．ゼロモードに関しては，$[x_0^-, p^+] = -i$ とする．交換関係に変更はないので，式(12.30)と式(12.31)はここでも成立する．前者は次式である．

$$[(\dot{X}^I \pm X^{I\prime})(\tau,\sigma), (\dot{X}^J \pm X^{J\prime})(\tau,\sigma')] = \pm 4\pi\alpha' i\eta^{IJ}\frac{d}{d\sigma}\delta(\sigma-\sigma') \qquad (13.28)$$

今回,状況はより単純になっている.弦の座標は $\sigma,\sigma' \in [0,2\pi]$ 全体において定義されているので,式(13.28)もこの全区間で成立する.更に,モード展開(13.26)も全区間において成立する.導関数の線形結合は開弦の場合と正確に同じ形を取るので,上式からも開弦と同じ形の振動子の交換関係が得られる.しかしながら,複号の上側の符号を用いる場合にはバー付きの振動子,下側の符号を用いる場合にはバー無しの振動子が関わる.結果は次のようになる.

$$[\bar{\alpha}_m^I, \bar{\alpha}_n^J] = m\,\delta_{m+n,0}\,\eta^{IJ}$$
$$[\alpha_m^I, \alpha_n^J] = m\,\delta_{m+n,0}\,\eta^{IJ} \qquad (13.29)$$

展開式(13.26)により,我々は $\bar{\alpha}$ を左進演算子(left-moving operator),α を右進演算子(right-moving operator)と呼ぶことにする.これらの演算子の組は,各々が開弦理論の演算子の組と対応し,その交換関係も開弦理論から予想される通りの形を取る.このように閉弦理論は,ゼロモードを除き,開弦理論の演算子の複製にあたるものを2組含んでいる.運動量のゼロモードは互いに等しく($\alpha_0^I = \bar{\alpha}_0^I,\ \alpha_0^{\pm} = \bar{\alpha}_0^{\pm}$),座標のゼロモードは x_0^I, x_0^- のひと組だけである.

式(12.31)は,導関数の線形結合同士が,異符号の結合であれば可換であることを表している.今,考えている閉弦の場合では,左進振動子と右進振動子が可換となる.

$$[\alpha_m^I, \bar{\alpha}_n^J] = 0 \qquad (13.30)$$

開弦の場合と同様にして,正準な生成演算子と消滅演算子を定義できる.

$$\alpha_n^I = a_n^I\sqrt{n} \quad \text{and} \quad \alpha_{-n}^I = a_n^{I\dagger}\sqrt{n},\quad n\geq 1$$
$$\bar{\alpha}_n^I = \bar{a}_n^I\sqrt{n} \quad \text{and} \quad \bar{\alpha}_{-n}^I = \bar{a}_n^{I\dagger}\sqrt{n},\quad n\geq 1 \qquad (13.31)$$

ゼロにならない交換関係は,予想通りに次のものになる.

$$[\bar{a}_m^I, \bar{a}_n^{J\dagger}] = \delta_{m,n}\eta^{IJ},\qquad [a_m^I, a_n^{J\dagger}] = \delta_{m,n}\eta^{IJ} \qquad (13.32)$$

x_0^I を含む交換子も,開弦の場合と類似の手続きによって見いだされる.今回(問題13.1)我々は $[x_0^I, \alpha_n^J]$ と $[x_0^I, \bar{\alpha}_n^J]$ が,$n\neq 0$ であればゼロになり,$n=0$ については,

$$[x_0^I, \alpha_0^J] = [x_0^I, \bar{\alpha}_0^J] = i\sqrt{\frac{\alpha'}{2}}\eta^{IJ} \;\rightarrow\; [x_0^I, p^J] = i\eta^{IJ} \qquad (13.33)$$

となるものとする.右側の式は,式(13.22)に基づいて与えられる.

閉弦の光錐ハミルトニアンはどうなるだろう? 我々は p^- が X^+ 方向の推進を生成し,加えて $X^+ = \alpha' p^+\tau$ であることを知っている.その結果 $\partial_\tau = \alpha' p^+ \partial_{X^+}$ であり,ハミルトニアンは次のように与えられねばならない.

$$H = \alpha' p^+ p^- \qquad (13.34)$$

このハミルトニアンを正規順序化した式を見いだすために,閉弦における横方向のVirasoro演算子へ話題を転じることにする.

13.2 閉弦の Virasoro 演算子

我々は第12章において,開弦の光錐座標 X^- の振動子モード α_n^- が,横方向の Virasoro 演算子に相当するものであることを学んだ.閉弦ではバー付きとバー無しの2つのタイプのモードがある.このことは閉弦の X^- 座標にもあてはまり, $\bar{\alpha}_n^-$ モードと α_n^- モードが存在する.したがって,横方向 Virasoro 演算子の組が2組あるものと予想される.しかし式(13.17)により $\alpha_0^- = \bar{\alpha}_0^-$ なので,モード番号ゼロの Virasoro 演算子に関しては驚きが待ち受けている.

解析を始めるにあたり, X^- を横方向座標に関係づける式が必要である.式(9.65)がそれであり,閉弦では $\beta = 1$ と置いて,次式となる.

$$\dot{X}^- \pm X^{-\prime} = \frac{1}{\alpha'}\frac{1}{2p^+}(\dot{X}^I \pm X^{I\prime})^2 \tag{13.35}$$

式(9.77)-(9.79)の方法に倣って,閉弦における横方向 Virasoro 演算子を定義する.

$$(\dot{X}^I + X^{I\prime})^2 = 4\alpha' \sum_{n \in \mathbb{Z}} \left(\frac{1}{2} \sum_{p \in \mathbb{Z}} \bar{\alpha}_p^I \bar{\alpha}_{n-p}^I \right) e^{-in(\tau+\sigma)} \equiv 4\alpha' \sum_{n \in \mathbb{Z}} \bar{L}_n^\perp e^{-in(\tau+\sigma)}$$

$$(\dot{X}^I - X^{I\prime})^2 = 4\alpha' \sum_{n \in \mathbb{Z}} \left(\frac{1}{2} \sum_{p \in \mathbb{Z}} \alpha_p^I \alpha_{n-p}^I \right) e^{-in(\tau-\sigma)} \equiv 4\alpha' \sum_{n \in \mathbb{Z}} L_n^\perp e^{-in(\tau-\sigma)}$$

$$\tag{13.36}$$

上式の各行において,左側の等式は式(13.26)を利用した計算に依っている.右側の等式は定義である.定義式を,より直接的に書くと,

$$\bar{L}_n^\perp = \frac{1}{2}\sum_{p \in \mathbb{Z}} \bar{\alpha}_p^I \bar{\alpha}_{n-p}^I, \quad L_n^\perp = \frac{1}{2}\sum_{p \in \mathbb{Z}} \alpha_p^I \alpha_{n-p}^I \tag{13.37}$$

である[§].閉弦は2組の Virasoro 演算子の組を持つ.式(13.36)の定義を式(13.35)に代入すると,次式を得る.

$$\dot{X}^- + X^{-\prime} = \frac{2}{p^+}\sum_{n \in \mathbb{Z}} \bar{L}_n^\perp e^{-in(\tau+\sigma)}, \quad \dot{X}^- - X^{-\prime} = \frac{2}{p^+}\sum_{n \in \mathbb{Z}} L_n^\perp e^{-in(\tau-\sigma)} \tag{13.38}$$

他方において, X^- の導関数は,閉弦の他の座標と同様に,式(13.26)に従って展開できる.

$$\dot{X}^- + X^{-\prime} = \sqrt{2\alpha'}\sum_{n \in \mathbb{Z}} \bar{\alpha}_n^- e^{-in(\tau+\sigma)}, \quad \dot{X}^- - X^{-\prime} = \sqrt{2\alpha'}\sum_{n \in \mathbb{Z}} \alpha_n^- e^{-in(\tau-\sigma)} \tag{13.39}$$

式(13.38)と式(13.39)を比較すると,振動子 $\bar{\alpha}_n^-$, α_n^- に関して,Virasoro 演算子との次の関係が読み取れる.

$$\sqrt{2\alpha'}\,\bar{\alpha}_n^- = \frac{2}{p^+}\bar{L}_n^\perp, \quad \sqrt{2\alpha'}\,\alpha_n^- = \frac{2}{p^+}L_n^\perp \tag{13.40}$$

しかしながら, $n = 0$ の場合については制約がある. $\alpha_0^- = \bar{\alpha}_0^-$ なので,"レベル整合"(level-matching)の条件が与えられる.

[§](訳註) 当然,和の部分は $\sum_p \alpha_p^I \alpha_{n-p}^I$ と書いても $\sum_p \alpha_{n-p}^I \alpha_p^I$ (式(9.77)参照) と書いても同じことで,下付き添字の和が n になるような2つの振動子因子の積の総和を表す.

$$L_0^\perp = \bar{L}_0^\perp \tag{13.41}$$

式(13.37)において $\bar{L}_0^\perp$ と $L_0^\perp$ の定義を見ると，これらの演算子が互いに全く異なるものであることは明らかである．これらが等しいということの意味は何だろう？ 演算子は究極的には状態への作用を通じて定義されるものなので，式(13.41)の等式の意味は，閉弦の任意の状態 $|\lambda, \bar{\lambda}\rangle$ が $L_0^\perp |\lambda, \bar{\lambda}\rangle = \bar{L}_0^\perp |\lambda, \bar{\lambda}\rangle$ を満たさなければならないということである．したがって，これは理論において扱われる状態空間に対する制約条件である．この制約を満たさないような"状態"は，状態空間には含まれない．

$\bar{L}_0^\perp$ と $L_0^\perp$ の中の演算子の順序による曖昧さを解消するために，正規順序化を施した，付加定数を含まない形でこれらを定義する．

$$\bar{L}_0^\perp = \frac{\alpha'}{4} p^I p^I + \bar{N}^\perp, \quad L_0^\perp = \frac{\alpha'}{4} p^I p^I + N^\perp \tag{13.42}$$

ここで用いた数演算子 $\bar{N}^\perp$ と $N^\perp$ は，それぞれはバー付きおよびバー無しの演算子と関係づけられている．

$$\bar{N}^\perp \equiv \sum_{n=1}^{\infty} n \bar{a}_n^{I\dagger} \bar{a}_n^I, \quad N^\perp \equiv \sum_{n=1}^{\infty} n a_n^{I\dagger} a_n^I \tag{13.43}$$

具体的な証明は難しいので省略するが，閉弦の臨界次元も $D = 26$ となる．これは量子論がLorentz不変になるという要請から導かれる．閉弦の臨界次元が開弦のそれと一致することは，偶然の一致ではない．このことは両方の種類の弦が共存できることを含意する．一般に，開弦を閉じることによって閉弦を形成できるので，仮に両者の臨界次元が異なるならば，それは全く奇妙なことである．

$\bar{L}_0^\perp$ と $L_0^\perp$ が含む演算子の順序操作に伴う付加定数の不定性も，開弦の場合と同様に，Lorentz不変性の要請から固定されることになる．閉弦理論の左進部分と右進部分は，開弦と同様に振舞うので，答えは予想される．これに加えて，ゼータ関数に基づく素朴な議論により，$L_0^\perp$ の順序化定数と $\bar{L}_0^\perp$ の順序化定数は同じであり，開弦における $L_0^\perp$ のそれと等しいことが示唆される．これらの定数は α_0^- と $L_0^\perp$ の関係，およびそれに対応するバー付きの関係に取り込まれる．したがって式(13.40)は，$n = 0$ の場合には次のようになる．

$$\sqrt{2\alpha'}\bar{\alpha}_0^- = \frac{2}{p^+}(\bar{L}_0^\perp - 1), \quad \sqrt{2\alpha'}\alpha_0^- = \frac{2}{p^+}(L_0^\perp - 1) \tag{13.44}$$

$\alpha_0^- = \bar{\alpha}_0^-$ から生じたレベル整合条件 $L_0^\perp = \bar{L}_0^\perp$ は，この定数シフトを施しても変更されない．式(13.42)を用いると，この制約はさらに簡単に書かれる．

$$N^\perp = \bar{N}^\perp \tag{13.45}$$

α_0^- を与える式(13.44)の2通りの式を平均すると，対称な式が得られる．

$$\sqrt{2\alpha'}\alpha_0^- \equiv \frac{1}{p^+}(L_0^\perp + \bar{L}_0^\perp - 2) = \alpha' p^- \tag{13.46}$$

p^- との関係は，式(13.22)に依っている．p^- が分かれば，質量の自乗を計算できる．

$$M^2 = -p^2 = 2p^+ p^- - p^I p^I = \frac{2}{\alpha'}(L_0^\perp + \bar{L}_0^\perp - 2) - p^I p^I \tag{13.47}$$

13.2. 閉弦の Virasoro 演算子

式(13.42)の $\bar{L}_0^\perp$ と $L_0^\perp$ を上式に代入すると，次式が得られる．

$$M^2 = \frac{2}{\alpha'}(N^\perp + \bar{N}^\perp - 2) \tag{13.48}$$

これが閉弦の状態に関する質量公式である．閉弦のハミルトニアン(13.34)は，式(13.46)により，Virasoro 演算子を用いた形で，簡単に表すことができる．

$$H = \alpha' p^+ p^- = L_0^\perp + \bar{L}_0^\perp - 2 \tag{13.49}$$

このハミルトニアンは，右進演算子に関する "開弦のハミルトニアン" $L_0^\perp - 1$ と，左進演算子に関する "開弦のハミルトニアン" $\bar{L}_0^\perp - 1$ の和の形になっている．式(13.42)を用いると，このハミルトニアンを次のようにも書ける．

$$H = \frac{\alpha'}{2} p^I p^I + N^\perp + \bar{N}^\perp - 2 \tag{13.50}$$

$L_m^\perp$ と $\bar{L}_m^\perp$ は，両方とも Virasoro 代数(12.133)を満たす．また，バー付きとバー無しの Virasoro 演算子の交換子はゼロになる．したがって，閉弦の Virasoro 演算子全体は，2組の互いに可換な Virasoro 代数を定義する．

Virasoro 演算子の閉弦座標への作用を調べて，本節を終えることにする．閉弦 Virasoro 演算子と振動子の交換関係は，式(12.118)と同様である．すなわち，

$$[\bar{L}_m^\perp, \bar{\alpha}_n^J] = -n\bar{\alpha}_{m+n}^J, \quad [L_m^\perp, \alpha_n^J] = -n\alpha_{m+n}^J \tag{13.51}$$

となる．これに加えて，

$$[L_m^\perp, \bar{\alpha}_n^J] = [\bar{L}_m^\perp, \alpha_n^J] = 0 \tag{13.52}$$

である．他方において，$\bar{L}_m^\perp$ と $L_m^\perp$ は，どちらも x_0^I との間に非自明な交換関係を持つ．

計算練習 13.1 次の交換関係を証明せよ．

$$[\bar{L}_m^\perp, x_0^I] = -i\sqrt{\frac{\alpha'}{2}}\bar{\alpha}_m^I, \quad [L_m^\perp, x_0^I] = -i\sqrt{\frac{\alpha'}{2}}\alpha_m^I \tag{13.53}$$

ここでは弦座標に対する $L_0^\perp$ と $\bar{L}_0^\perp$ の作用だけを集中的に取り上げよう．必要とされる公式は，次の計算練習によって得られる．

計算練習 13.2 以下の式を証明せよ．

$$[\bar{L}_0^\perp, X^I(\tau,\sigma)] = -\frac{i}{2}(\dot{X}^I + X^{I'}), \quad [L_0^\perp, X^I(\tau,\sigma)] = -\frac{i}{2}(\dot{X}^I - X^{I'}) \tag{13.54}$$

上記の式(13.54)の2本の式に加えて，次式も見いだされる．

$$[L_0^\perp + \bar{L}_0^\perp, X^I(\tau,\sigma)] = -i\frac{\partial X^I}{\partial \tau} \tag{13.55}$$

この式は，X^I に関する Heisenberg 方程式と整合している．閉弦のハミルトニアンは $(L_0^\perp + \bar{L}_0^\perp - 2)$ だからである．式(13.54)の2本の式の差を取ると，さらに驚くべき結果が得られる．

$$[L_0^\perp - \bar{L}_0^\perp, X^I(\tau,\sigma)] = i\frac{\partial X^I}{\partial \sigma} \tag{13.56}$$

この式は、$L_0^\perp - \bar{L}_0^\perp$ が弦に沿ったずれを生成することを示している。実際、無限小の ϵ に関して、次式が成立する。

$$X^I(\tau, \sigma) + [-i\epsilon(L_0^\perp - \bar{L}_0^\perp), X^I(\tau, \sigma)] = X^I(\tau, \sigma + \epsilon) \tag{13.57}$$

より一般には、弦に沿った有限の移動は、$L_0^\perp - \bar{L}_0^\perp$ の指数関数を弦の座標に作用させることによって得られる。指数にする部分を、

$$P \equiv L_0^\perp - \bar{L}_0^\perp \tag{13.58}$$

と書くと、任意の有限値 σ_0 に関して、次式が見いだされる (問題 13.3)。

$$e^{-iP\sigma_0} X^I(\tau, \sigma) e^{iP\sigma_0} = X^I(\tau, \sigma + \sigma_0) \tag{13.59}$$

この一般的な結果は、$\sigma_0 = \epsilon$ のように無限小のずらしを設定すると、式 (13.57) に帰着する。P は、光錐ゲージにおいても固定されないパラメーター付け替え対称性の変換を生成する。P はあらゆる閉弦状態を消失させるので (式 (13.41) 参照)、閉弦の状態は σ の巡回的なずらし操作の下で不変であると結論される。すなわち任意の閉弦状態 $|\Psi\rangle$ に関して $\exp(-iP\sigma_0)|\Psi\rangle = |\Psi\rangle$ が成り立つ。

閉弦の世界面を表す 2 次元の (τ, σ) パラメーター空間において、演算子 $L_0^\perp + \bar{L}_0^\perp$ は τ-推進の生成子である。したがってこれは世界面のエネルギーを表す。ゲージ条件によって τ は光錐時間に関係づけられているので、この世界面エネルギーは時空ハミルトニアン、すなわち光錐時間の発展の生成子を与える。もう一方の組合せ $L_0^\perp - \bar{L}_0^\perp = P$ は、世界面座標 σ に沿った推進を生成する。したがって、これを"世界面の"運動量として見ることができる。この運動量を、弦の時空運動量と混同してはならない。閉弦の状態に関しては、この世界面運動量がゼロにならなければならず、これは非自明な制約条件である。σ に沿ってゼロでない運動量を持つ状態を構築することは可能だが、それは閉弦の状態空間には属さない。

13.3 閉弦の状態空間

量子閉弦の状態空間を構築するための準備は整った。基底状態は $|p^+, \vec{p}_T\rangle$ であり、これらの基底状態は、左進消滅演算子と右進消滅演算子のどちらを作用させても消滅する。すべての基本状態 (basis state) を生成するために、基底状態に $a_n^{I\dagger}$ と $\bar{a}_n^{I\dagger}$ を作用させる必要がある。一般的な基本状態の"候補"は、次のように与えられる。

$$|\lambda, \bar{\lambda}\rangle = \Big[\prod_{n=1}^{\infty} \prod_{I=2}^{25} (a_n^{I\dagger})^{\lambda_{n,I}}\Big] \times \Big[\prod_{m=1}^{\infty} \prod_{J=2}^{25} (\bar{a}_m^{J\dagger})^{\bar{\lambda}_{m,J}}\Big] |p^+, \vec{p}_T\rangle \tag{13.60}$$

開弦の場合と同様に、$\lambda_{n,I}$ と $\bar{\lambda}_{m,J}$ は非負の整数である。数演算子を $|\lambda, \bar{\lambda}\rangle$ に作用させたときの固有値は、次のように与えられる。

$$N^\perp = \sum_{n=1}^{\infty} \sum_{I=2}^{25} n\lambda_{n,I}, \quad \bar{N}^\perp = \sum_{m=1}^{\infty} \sum_{J=2}^{25} m\bar{\lambda}_{m,J} \tag{13.61}$$

13.3. 閉弦の状態空間

表13.1 $N^\perp + \bar{N}^\perp \leq 2$ の閉弦の状態.

$N^\perp, \bar{N}^\perp$	$|\lambda, \bar{\lambda}\rangle$	$\frac{1}{2}\alpha' M^2$	状態の数	波動関数
0,0	$|p^+, \vec{p}_T\rangle$	-2	1	$\psi(\tau, p^+, \vec{p}_T)$
1,1	$a_1^{I\dagger} \bar{a}_1^{J\dagger} |p^+, \vec{p}_T\rangle$	0	$(D-2)^2$	$\psi_{IJ}(\tau, p^+, \vec{p}_T)$

基底状態に含まれる運動量のラベルを除くと，上記の状態は，左進演算子から構築される状態と，右進演算子から構築される状態を，単に乗法的に結合したものである (式(12.162)と比較せよ)．式(13.60)によって表される状態がすべて，閉弦の状態空間に属するわけではない．理論における真の状態は，制約条件(13.45)を満たす必要がある．基本状態 $|\lambda, \bar{\lambda}\rangle$ が状態空間に属するのは，レベル整合条件が満たされる場合に限られる．

$$N^\perp = \bar{N}^\perp \tag{13.62}$$

この制約を一般的な形で"解く"ことはできない．基底状態へ作用を及ぼすことのできる演算子のリストから，一部の演算子を除いてみたとしても解決にはならない．別の戦略として，特別の演算子をひとつ選んで，それを作用させる回数を調節することで式(13.62)を満たそうとしてもうまくいかない．どの振動子も数演算子に対して正の寄与しか持てないからである．式(13.62)の制約は，それぞれの場合に応じて考慮しなければならない．状態の質量は，式(13.48)に基づいて得られる．

$$\frac{1}{2}\alpha' M^2 = N^\perp + \bar{N}^\perp - 2 \tag{13.63}$$

状態空間に含まれる簡単な2種類の基本状態を考えて，その質量を求め，それが表す場を説明してみよう．結果を表13.1に示す．

表13.1の1行目の基底状態は量子スカラー場の1粒子状態である．このような状態に関しては $N^\perp = \bar{N}^\perp = 0$ で，$M^2 = -4/\alpha' < 0$ なので，これらの状態は閉弦のタキオンである．これは開弦タキオンと完全に類似のものにあたる．閉弦タキオンの質量の自乗は，開弦タキオンのそれの4倍ある．閉弦タキオンについては，開弦タキオンに比べて理解がほとんど進んでいない．特に，閉弦タキオンのポテンシャルは，未だ信頼し得る方法で計算が行われていない．閉弦タキオンに関わる不安定性は，時空自体の不安定性であると予想されているが，これは未だに大きな謎である．

最初の励起状態は，基底状態に"2つ"の振動子を作用させて構築しなければならない．これは $N^\perp = \bar{N}^\perp$ を満たすためである．ひとつの振動子は左進セクターから，もうひとつの振動子は右進セクターから取り，両方ともモード番号として最低値の1を選ぶ．これが表の2行目に示した状態である．この状態は $M^2 = 0$ なので興味深い．I と J は"異なる"振動子に付けられている任意の横方向ラベルなので，このような形で表される状態の数は $(D-2)^2$ である．

この質量を持たない状態の水準において，運動量が確定している一般的な状態を考えよう．これを次のように書く．

$$\sum_{I,J} R_{IJ} a_1^{I\dagger} \bar{a}_1^{J\dagger} |p^+, \vec{p}_T\rangle \tag{13.64}$$

R_{IJ} は，大きさが $(D-2)$ の任意の正方行列の要素である．任意の正方行列は，対称部分と反対称部分に分解できる．

$$R_{IJ} = \frac{1}{2}(R_{IJ} + R_{JI}) + \frac{1}{2}(R_{IJ} - R_{JI}) \equiv S_{IJ} + A_{IJ} \tag{13.65}$$

S_{IJ} および A_{IJ} は，それぞれ R_{IJ} の対称部分および反対称部分を表す．対称部分 S_{IJ} を更に分解する．

$$S_{IJ} = \left(S_{IJ} - \frac{1}{D-2}\delta_{IJ}S\right) + \frac{1}{D-2}\delta_{IJ}S, \quad S \equiv S^{II} = \delta^{IJ}S_{IJ} \tag{13.66}$$

右辺第1項は，対角和（トレース）がゼロである．

$$\delta^{IJ}\left(S_{IJ} - \frac{1}{D-2}\delta_{IJ}S\right) = S - \frac{1}{D-2}\delta_{IJ}\delta^{IJ}S = 0 \tag{13.67}$$

上式の最後の部分は $\delta_{IJ}\delta^{IJ} = D-2$ による．式(13.66)は S_{IJ} を対角和がゼロの行列と，単位行列に比例する行列の和に分解している．前者を $\hat{S}_{IJ}$ と記し，また $S' = S/(D-2)$ とする．結局，R_{IJ} は次のように分解された．

$$R_{IJ} = \hat{S}_{IJ} + A_{IJ} + S'\delta_{IJ} \tag{13.68}$$

これは一般の行列を，対角和（トレース）がゼロの対称部分と，反対称部分と，対角和（トレース）部分へ分解する標準的な手続きである．一般の R_{IJ} を決めるとき，3つの部分をそれぞれ独立に選ぶことができる．したがって式(13.64)で表される状態を，互いに線形独立な3つの部分に分割できる．

$$\sum_{I,J} \hat{S}_{IJ}\, a_1^{I\dagger}\bar{a}_1^{J\dagger}|p^+, \vec{p}_T\rangle \tag{13.69}$$

$$\sum_{I,J} A_{IJ}\, a_1^{I\dagger}\bar{a}_1^{J\dagger}|p^+, \vec{p}_T\rangle \tag{13.70}$$

$$S'\, a_1^{I\dagger}\bar{a}_1^{I\dagger}|p^+, \vec{p}_T\rangle \tag{13.71}$$

ここで驚くべき宣言を行う．状態(13.69)は重力子の1粒子状態を表すのである！ 我々は10.6節において重力子の1粒子状態を調べた．自由な重力場の量子論において，1重力子状態は式(10.110)によって与えられる．

$$\sum_{I,J=2}^{D-1} \xi_{IJ}\, a_{p^+,p_T}^{IJ\dagger}|\Omega\rangle \tag{13.72}$$

ξ_{IJ} は対角和（トレース）がゼロの任意の対称行列である．$\hat{S}_{IJ}$ も対称で対角和（トレース）がゼロの行列なので，この基本状態を次のように対応させれば，状態の同定が可能である．

$$a_1^{I\dagger}\bar{a}_1^{J\dagger}|p^+, \vec{p}_T\rangle \;\leftrightarrow\; a_{p^+,p_T}^{IJ\dagger}|\Omega\rangle \tag{13.73}$$

この同定は，これら2種類の状態が共通のLorentz添字を持ち，同じ運動量を担い，同じ質量を持つこと(両者とも質量ゼロ)によって可能となっている．このことは，閉弦が重力子状態を持つことを示している．重力が弦理論に現れたのである！ 我々は動的な計量を導入することも

13.3. 閉弦の状態空間

せず,一般共変性について語ったわけでもないにもかかわらず,どういうわけか重力場の量子状態が出現したのである!

式(13.70)で表される状態の組は,Kalb-Ramond場,すなわち2つの添字を持つ反対称テンソル場 $B_{\mu\nu}$ の1粒子状態に対応する.この場の光錐ゲージによる解析は,問題10.6で扱う(特に(e)と(f)を参照).$B_{\mu\nu}$ 場はいろいろな面で,Maxwellゲージ場 A_μ のテンソルへの一般化にあたる.Kalb-Ramond場は,ある意味でMaxwell場が粒子に結合するのと似た方法で弦に結合する.したがって,弦はKalb-Ramondチャージを担うことになる.これについては第16章で見る予定である.

もうひとつ説明を与えるべき状態が残っている.式(13.71)の振動子部分は自由な添字を持たないので(Iについては和が実行される),ひとつの状態を表している.これは質量のないスカラー場の1粒子状態に対応しており,この粒子はディラトン(dilaton)と呼ばれる[§].

粒子状態に関する上述の議論に対して,波動関数と場の方程式の解析を補足する.このような解析は,12.7節で行った取扱いとよく似た方法でなされる.波動関数 $\psi_{IJ}(\tau, p^+, p_T)$ は,閉弦の無質量レベルにおける,時間に依存する一般的な状態を記述する.

$$|\Psi, \tau\rangle = \int dp^+ d\vec{p}_T \, \psi_{IJ}(\tau, p^+, \vec{p}_T) a_1^{I\dagger} a_1^{J\dagger} |p^+, \vec{p}_T\rangle \tag{13.74}$$

この状態によって満たされるSchrödinger方程式は $i\partial_\tau |\Psi, \tau\rangle = H|\Psi, \tau\rangle$ である.式(13.50)を利用し,今,問題にしている状態が $N^\perp = \bar{N}^\perp = 1$ であることを考慮すると,次式を得る.

$$i\frac{\partial \psi_{IJ}}{\partial \tau} = \frac{\alpha'}{2} p^K p^K \psi_{IJ} \tag{13.75}$$

Schrödinger方程式を古典場の方程式と解釈するならば,波動関数 $\psi_{IJ}(\tau, p^+, p_T)$ は古典場理論における場になる.ψ_{IJ} の中の対角和(トレース)がゼロの対称部分は重力場になり,反対称部分はKalb-Ramond場になり,対角和(トレース)部分はディラトン場になる.重力子状態,Kalb-Ramond状態,ディラトン状態の波動関数に対するSchrödinger方程式は,すべて式(13.75)に含まれており,ψ_{IJ} の対角和(トレース)のない対称成分,反対称成分,対角和(トレース)成分を選ぶことによってそれらを抽出できる.他方において,質量のないスカラー場の方程式 $\partial^2 \phi = 0$ は,光錐座標では,式(10.30)の形を取る.

$$\left(i\frac{\partial}{\partial x^+} - \frac{1}{2p^+} p^K p^K\right) \phi(x^+, p^+, \vec{p}_T) = 0 \tag{13.76}$$

$x^+ = \alpha' p^+ \tau$ と設定すると,次式になる.

$$\left(i\frac{\partial}{\partial \tau} - \frac{\alpha'}{2} p^K p^K\right) \phi(\tau, p^+, \vec{p}_T) = 0 \tag{13.77}$$

この式は,式(13.75)と同じ形をしている.実際,光錐ゲージにおいて,重力場もKalb-Ramond場もディラトン場も,すべてが $\partial^2 \phi^{\cdots} = 0$ という単純な式を満たす.「$\cdots$」はそれぞれの場

[§](訳註) KalbやRamondは人名だが,'dilaton' は '拡げる' という意味の 'dilate' に因む.元々この術語はKaluza-Klein理論(17.6節)において,第5次元がコンパクト化した状況下で,コンパクト化寸法の変動(dilation)に対応する量子として現れる仮想的スカラーボソンを指すために用いられた造語である.弦理論では空間のコンパクト化構造ではなく,閉弦自体の閉じた構造における方向性を持たない変形(dilation)の量子という形でディラトンが現れている.

合の関係する添字を表す.これが真であることは,スカラーである無質量のディラトンについては明白である.重力場については,式(10.107)で確認してある.Kalb-Ramond場については,光錐ゲージで $p^2 B^{\mu\nu} = 0$ が成立することを,問題10.6の解析の一部として示してある.

まとめると,閉弦の無質量状態のレベルにおいて,我々は重力場と Kalb-Ramond 場とディラトン場を見いだした.これらの場それぞれについて,集中的に学ぶ価値がある.重力場は一般相対性理論によって調べられる.Kalb-Ramond 場については,第16章において取り上げる予定である.ディラトンは驚くべき性質を持つ質量のないスカラー場である.ディラトンに関する正規の学習は上級コースの題材であるが,次節においてこれが弦理論において果たす役割を大まかに見てみることにする.

13.4 弦の結合とディラトン

ディラトンと呼ばれる質量のないスカラー場は魅惑的な性質を持っている.その期待値が弦の結合を制御するのである! この結合とは,弦と弦の相互作用の強さを設定する無単位の数である.

結合定数の古典的な例は,電磁気的な微細構造定数 $\alpha \equiv e^2/(4\pi\hbar c) \simeq 1/137$ である.この無単位の結合定数は電磁的な相互作用の強さを決めている.たとえば水素原子のハミルトニアンにおいて,α は光子と電子の間の電磁相互作用を与える項の中に現れる.水素原子における質量尺度は,電子質量 m によって設定される.基底状態の束縛エネルギー E のような単位を持つ物理量は,理論の中の単位を持つパラメーター m と,基礎定数 $\hbar$ や c に"加えて",無単位の結合 α に依存する形で与えられる.

$$E = \frac{e^2}{4\pi} \frac{1}{2a_0} = \frac{1}{2}\left(\frac{e^2}{4\pi\hbar c}\right)^2 mc^2 = \frac{1}{2}\alpha^2 (mc^2) \tag{13.78}$$

$a_0 = 4\pi\hbar^2/me^2$ は Bohr(ボーア) 半径である.仮想的な極限 $\alpha \to 0$ を考えると,束縛エネルギーはゼロになり,Bohr 半径は無限大になる.これが水素原子において,電磁的な相互作用を消した(ターン・オフ)ときに起こることである.

弦理論においても,話の筋道はさほど違わない.単位を持つパラメーターを α' に取ることができ,ここから弦の長さ $\ell_s = \sqrt{\alpha'}$ が定義される ($\hbar = c = 1$ とする).閉弦の相互作用に関する無単位の定数 (弦の結合) を g と記すことにしよう.g をゼロに設定すれば,弦は相互作用をしない.重力の相互作用は,Newton の重力定数によって決定される.もし閉弦が相互作用をしなければ,重力は相互作用を起こさない形で現れ,弦理論における Newton 定数はゼロになる.$g \to 0$ において Newton 定数がゼロになることから,この定数は g の正の冪(べき)に比例するものと自然に予想される.これを調べてみると g^2 に比例することが分かる.次元解析から Newton 定数の α' への依存性が決まる.式(3.108)によると,D 次元 Newton 定数 $G^{(D)}$ は L^{D-2} という(自然)単位を持つ.実際,自然単位系において $G^{(D)}$ は D 次元 Planck 長さ $\ell_P^{(D)}$ の $(D-2)$ 乗に等しい.よって $[G^{(26)}] = L^{24}$ であり,また $[\alpha'] = L^2$ なので,次の結果を得る.

$$G^{(26)} \sim g^2 (\alpha')^{12} \tag{13.79}$$

13.4. 弦の結合とディラトン

弦理論の現象論的な研究は，10次元時空の超弦理論を基調とするものである．超弦理論はボソン的な励起とフェルミオン的な励起を両方とも含むので，自然界において観測されるこれら2つのタイプの粒子を扱うことができる．超弦理論における10次元Newton定数 $G^{(10)}$ は，次のように与えられる．

$$G^{(10)} = \left(\ell_P^{(10)}\right)^8 \sim g^2(\alpha')^4 \tag{13.80}$$

ここから，次の関係が得られる．

$$\ell_P^{(10)} \sim g^{1/4}\sqrt{\alpha'} = g^{1/4}\ell_s \tag{13.81}$$

仮に弦の結合 g が小さい数であれば，弦の長さはPlanck長さよりも長くなる．g が1程度であれば，弦の長さとPlanck長さは同等である．この関係の4次元における含意を見いだすために，コンパクト化における高次元と低次元のNewton定数の関係(3.116)を利用する．10次元世界において，6次元が体積 $V^{(6)}$ の空間へと巻き取られていると仮定しよう．4次元Newton定数 G は，10次元のそれと，次のように関係する．

$$G = \frac{G^{(10)}}{V^{(6)}} \sim g^2 \alpha' \frac{1}{V^{(6)}/(\alpha')^3} \tag{13.82}$$

比 $V^{(6)}/(\alpha')^3$ は無単位数であり，典型的には大きい数と仮定される．決まった体積へのコンパクト化に関して，弦の長さを単位として測ると，4次元Newton定数は次のように振舞う．

$$G \sim g^2 \alpha' \tag{13.83}$$

開弦と閉弦を両方とも含む理論では，開弦の結合 g_o が閉弦の結合 g によって決定する．次の関係を証明できる．

$$g_o^2 \sim g \tag{13.84}$$

この関係は，2次元世界面が持つトポロジー的な性質から生じている．

相互作用の強さを制御する結合が，定数にはならないことが想定される場合もある．自由ハミルトニアン H_0 に対して，無単位の結合 g に比例する相互作用項 gH_{int} を付け加えることを考える．g が定数であると宣言するならば，完全なハミルトニアン $H_0 + gH_{\text{int}}$ を定義するために，その値をあなたが手で入れれば(恣意的に決めれば)よい．しかしここで，g が定数ではなく，むしろ力学変数 $g(t)$ であって，全ハミルトニアンに更に付加項 H_g が加わり，それが g の力学を与えることを想定してみよう．$H_0 + gH_{\text{int}} + H_g$ というハミルトニアンを用いた方程式から，結合 g が一意的に決まるかも知れないし，そうならないかも知れない．$g(t)$ が仮に一意的に決まるならば，選択の余地はない．$g(t)$ が一意的に決まらなければ，物理的に実現される解を選ぶために，何らかの別の判定規準が必要となる．

弦理論における状況も，上述の状況と似ている．弦の結合は定数にはならないと考えられる．閉弦の結合 g は，ディラトン場 $\phi(x)$ から，次のように"決定される"．

$$g \sim e^\phi \tag{13.85}$$

この性質により，弦理論において，弦の結合 g は原理的に，調整可能なパラメーターにはならない．むしろこれは"力学的(dynamical)な"パラメーターであり，ひとつの場となるのであ

る.これは,あらゆる相互作用を統一するための理論の性質としては理想的であって,結合の計算可能性が期待されることになる.しかし他方において,弦の結合は弦理論の内部において一意的に決まらないということも明白のように思われる.理論に含まれる他の場が取る値に依存して,ディラトン場はいろいろな異なる方法で発展し得るかもしれない.ある種の状況下では,ディラトン場の期待値は調整可能な定数のように扱える可能性もある.ひとつの魅力的な可能性として,理論における他の場が,ディラトンに対するポテンシャルを生成するという考え方があり得る.このポテンシャルが安定な臨界点を持つならば,ディラトン場はその臨界値に等しいものと設定してよいであろう.そしてディラトン場は質量を獲得することになる.自然界において質量のないスカラー場の存在は知られていないので,ディラトン場の質量獲得は,現実的な物理モデルの構築のために不可欠である.

もし弦の結合が弱ければ,弦の相互作用の量子力学的な振幅は,Riemann面に関する既知の結果を利用して正確に計算することができる.Riemann面の魅惑的な性質は,一般相対性理論に量子論を持ち込むときに発生する無限大が,弦理論においては現れない理由の理解を可能にする.この題材については第26章で論じる予定である.

13.5 R^1/Z_2オービフォールドにおける閉弦

我々は2.8節においてオービフォールドを導入し,それが弦の伝播を扱いやすい非自明な空間であることを述べた.本節と次節において,この声明を,最も単純なオービフォールドである半直線R^1/Z_2における閉弦の場合について具体的に調べてみる.完全な量子弦理論を扱う必要があり,ここではオービフォールドの方向は26次元時空における1方向だけとする.この方向$x^{25} \equiv x$はZ_2同一視によって,実効的に$x \geq 0$に制約されている.

$$x \sim -x \tag{13.86}$$

他の座標に影響はない.このオービフォールドの理論は,$x = 0$における境界条件を必要としない.オービフォールド理論は,オービフォールドを導入する前の時空に存在する閉弦の状態に対して自然な制約を課すこと——元々の"母体(parent)理論"におけるスペクトルの制約——によって定義される.

$X^{25}(\tau, \sigma) \equiv X(\tau, \sigma)$と書くことにするので,弦の座標は$X^+, X^-, X^i$ $(i = 2, \ldots, 24)$, Xによって表される.弦の座標に対して,オービフォールドを定義する変換Z_2を施す演算子Uを導入する.すなわち,この演算子のXへの作用は,次のように表される.

$$UX(\tau, \sigma)U^{-1} = -X(\tau, \sigma) \tag{13.87}$$

Uは他の弦座標を変換しないので,次の性質が要請される.

$$UX^i(\tau, \sigma)U^{-1} = X^i(\tau, \sigma) \tag{13.88}$$

さらに,p^+とx_0^-の不変性も要請しておく.

$$Up^+U^{-1} = p^+, \quad \text{and} \quad Ux_0^-U^{-1} = x_0^- \tag{13.89}$$

13.5. R^1/Z_2 オービフォールドにおける閉弦

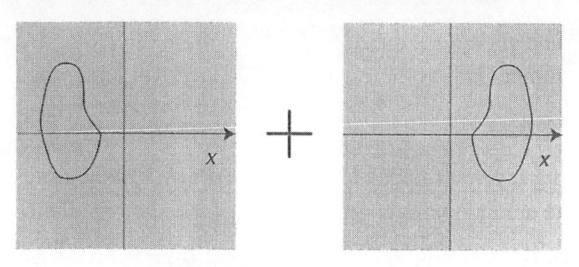

図13.1 $x \to -x$ の下で不変な閉弦の状態は，$x \to -x$ によって互いに移行する2つの状態の重ね合わせによって得られる．

これらは，式(13.87), (13.88)と併せて，X^+ と X^- の不変性を含意している．

$$UX^\pm(\tau,\sigma)U^{-1} = X^\pm(\tau,\sigma) \tag{13.90}$$

実際，$X^+ = \alpha' p^+ \tau$ の不変性は，p^+ の不変性から直接に導かれる．X^- の不変性が成立するのは，これが不変なモード x_0^- と，不変な座標の2次の項と，$\dot{X}$ や X' の2次の項 (式(13.35)参照) の和から成るからである．p^- が U の下で不変であることも導かれる．p^+ も不変なので，ハミルトニアン $H = \alpha' p^+ p^-$ (式(13.49)参照) も不変で $UHU^{-1} = H$ である．これは U が閉弦理論に備わっている対称性であることを意味している．

"オービフォールド閉弦理論"は，母体理論の中の U-不変な状態だけを保持する．U は元々の理論に備わっている対称性なので，U-対称な状態への制限は，無矛盾な簡約化となる．もしハミルトニアンが U-不変でなければ，ある時刻において U-不変な状態が，全時刻において U-不変であり続ける保証はない．直観的に，U-不変な弦の状態に関しては，$-x$ における物理が x における物理によって決定するので，空間の半分が実効的に無意味になる．U-不変な状態は，量子力学的な状態の重ね合わせによって自然に構築される (図13.1)．

U-不変な状態への制限を実施するために，Uの振動子への作用を決めておくと都合がよい．座標 $X(\tau,\sigma)$ は閉弦の通常のモード展開(13.24)を持つ．

$$X(\tau,\sigma) = x_0 + \alpha' p \tau + i\sqrt{\frac{\alpha'}{2}} \sum_{n \neq 0} \frac{e^{-in\tau}}{n} \left(\alpha_n e^{in\sigma} + \bar{\alpha}_n e^{-in\sigma} \right) \tag{13.91}$$

式(13.87)を，あらゆる τ と σ の値に関して成立させるためには，以下の関係が必要となる．

$$Ux_0U^{-1} = -x_0, \quad UpU^{-1} = -p$$
$$U\alpha_n U^{-1} = -\alpha_n, \quad U\bar{\alpha}_n U^{-1} = -\bar{\alpha}_n \tag{13.92}$$

X の展開に現れるすべての演算子は，U の作用の下で符号を変える．他方，座標 X^i の展開に現れるすべてのモードは，U の作用の下で不変を保つ．

計算練習 13.3 $H = L_0^\perp + \bar{L}_0^\perp - 2$ の振動子展開から，直接に $UHU^{-1} = H$ を示せ．

ここから，この理論における状態について論じるが，最初に基底状態を考える．母体理論における基底状態を $|p^+, \vec{p}, p\rangle$ と記すことにする．$\vec{p}$ は p^i を成分とするベクトルを表し，p は x 方

向の運動量を表す．我々は，x 方向の運動量を持たない状態が，U の作用の下で不変であると仮定する．

$$U|p^+, \vec{p}, 0\rangle = |p^+, \vec{p}, 0\rangle \tag{13.93}$$

U の下で不変であるということは，$|p^+, \vec{p}, 0\rangle$ はここで扱うオービフォールド理論の基底状態にあたるが，基底状態は他にもたくさんある．それらを見いだすために，まずは $|p^+, \vec{p}, p\rangle$ に対する U の作用を導出する．我々は，共役な座標演算子と運動量演算子の対 (q, p) すべてに関して，δp を定数として $|p+\delta p\rangle = \exp(i\delta pq)|p\rangle$ が満たされるような運動量状態を定義できるものと仮定する．演算子対 (x_0, p) にこれを適用すると，$|p^+, \vec{p}, p\rangle = e^{ix_0 p}|p^+, \vec{p}, 0\rangle$ が見いだされるので，

$$U|p^+, \vec{p}, p\rangle = Ue^{ix_0 p}U^{-1}U|p^+, \vec{p}, 0\rangle = e^{i(-x_0)p}|p^+, \vec{p}, 0\rangle = |p^+, \vec{p}, -p\rangle \tag{13.94}$$

となる．すなわち，

$$U|p^+, \vec{p}, p\rangle = |p^+, \vec{p}, -p\rangle \tag{13.95}$$

である．したがって，U-不変な状態は，次のような線形結合によって容易に形成される．

$$\text{オービフォールド基底状態：}\quad |p^+, \vec{p}, p\rangle + |p^+, \vec{p}, -p\rangle \tag{13.96}$$

より正確には，オービフォールド基底状態は，上記のような状態の一般的な時間に依存する重ね合わせとして与えられる．

$$\int \psi(\tau, p^+, \vec{p}, p)|p^+, \vec{p}, p\rangle\, dp^+ d\vec{p}\, dp, \quad \psi(\tau, p^+, \vec{p}, -p) = \psi(\tau, p^+, \vec{p}, p) \tag{13.97}$$

Fourier 変換を施した基底状態の波動関数 $\psi(\tau, p^+, \vec{p}, x)$ は x の偶関数になる．オービフォールド理論における無質量状態は，$N^\perp = \bar{N}^\perp = 1$ という条件を必要とする．オービフォールドの導入によって X のモード展開の形は変わらず，M^2 の公式にも変更はない．状態を構築するために，ひとつはバー付き，もうひとつはバー無しの 2 つの振動子が必要で，これらを適切な基底状態に作用させる必要がある．無質量の基本状態は，以下のように与えられる．

$$\alpha_{-1}^i \bar{\alpha}_{-1}^j \left(|p^+, \vec{p}, p\rangle + |p^+, \vec{p}, -p\rangle\right)$$
$$\alpha_{-1}^i \bar{\alpha}_{-1} \left(|p^+, \vec{p}, p\rangle - |p^+, \vec{p}, -p\rangle\right)$$
$$\alpha_{-1} \bar{\alpha}_{-1}^i \left(|p^+, \vec{p}, p\rangle - |p^+, \vec{p}, -p\rangle\right)$$
$$\alpha_{-1} \bar{\alpha}_{-1} \left(|p^+, \vec{p}, p\rangle + |p^+, \vec{p}, -p\rangle\right)$$

これらの状態はすべて U-不変である．X 振動子が奇数個のものについては，$U = -1$ となるような真空状態の組合せを用いることで，状態全体として $U = +1$ になっている．質量を持つ状態も同様に構築できる．読者はこれで話が終わると思うかも知れないが，まだ驚きが待っている．オービフォールド理論は上に論じた以外の状態も含む．それは新たな種類の閉弦による "ツイスト (twist) した" 部分(セクター)を構成する§．これらの弦について調べてみよう．

---

§(訳註) 日常英語としての 'twist' の意味は，曲げる，ねじる，よじる，からませるなど．ここではオービフォールドに課した対称性(同一視)の制約によって弦の新たな "構造" が生じることを指す．

13.6 オービフォールドにおけるツイストしたセクター

いわゆるツイストしたセクターにおいて新たに現れる閉弦は，母体理論における"開弦"として想像することができる．しかしその両端の端点はオービフォールド条件(13.86)によって同一視される．より正確に書くと，次のように表される．

$$X(\tau, \sigma + 2\pi) = -X(\tau, \sigma) \tag{13.98}$$

この式によれば $X(\tau, 2\pi) = -X(\tau, 0)$ であるが，今，想定しているオービフォールドの同一視の下では $X \sim -X$ であって両辺が同じ位置を意味するので，弦が実効的に閉じていると見なしてよい．任意の σ を考えると，上式は σ が 2π 増えるごとに，弦は実効的に同じ位置に戻ることを表している．母体空間においては $\sigma \to \sigma + 4\pi$ として初めて弦が閉じることは，式(13.98)を2回考えれば明らかである．式(13.98)に従う弦の2次元表示を図13.2に示す．ツイストした閉弦は，$x=0$ を過ぎらねばならないことに注意しよう．このことは，式(13.98)における連続関数 $X(\tau, \sigma)$ が正の値も負の値も取ることから明白である．

このセクターの量子論を展開するために，最初に式(13.98)を満たすような座標 X に対する適切な振動子展開を見いだす．通例に従い，波動方程式を解くために，次のように書く．

$$X(\tau, \sigma) = X_L(u) + X_R(v), \quad u = \tau + \sigma, \quad v = \tau - \sigma \tag{13.99}$$

式(13.98)の制約は，次を含意する．

$$X_L(u+2\pi) + X_R(v-2\pi) = -X_L(u) - X_R(v) \tag{13.100}$$

これを等価的に，次のように書いてもよい．

$$X_L(u+2\pi) + X_L(u) = -\bigl(X_R(v) + X_R(v-2\pi)\bigr) \tag{13.101}$$

u と v に関して微分を施すと，次の関係が得られる．

$$X'_L(u+2\pi) = -X'_L(u), \quad X'_R(v+2\pi) = -X'_R(v) \tag{13.102}$$

通常の弦座標 $X_L^{i'}$ と $X_R^{i'}$ は周期 2π の周期関数であるが，X については，引数が 2π 変わると符号が反転する．都合のよい規格化のなされたモード展開を書くために，我々は式(13.14)の真似

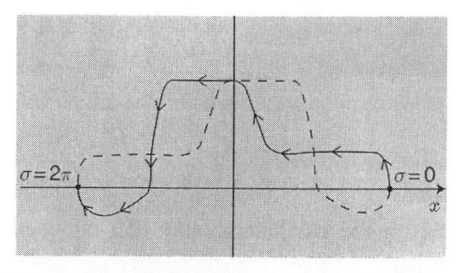

図13.2 "ツイストした"閉弦は $X(\tau, \sigma + 2\pi) = -X(\tau, \sigma)$ を満たす．$\sigma \in [0, 2\pi]$ の弦を実線で示し，$\sigma \in [2\pi, 4\pi]$ の部分を破線で示してある．縦軸は任意の x^i 軸を表す．

をする．$u \to u + 2\pi$ とするときに符号が変わるためには，k を半整数とする $\exp(iku)$ という形の指数関数因子が必要である．したがって，次のように書く．

$$X'_L(u) = \sqrt{\frac{\alpha'}{2}} \sum_{n \in \mathbf{Z}_{\text{odd}}} \bar{\alpha}_{\frac{n}{2}} e^{-i\frac{n}{2}u}$$

$$X'_R(v) = \sqrt{\frac{\alpha'}{2}} \sum_{n \in \mathbf{Z}_{\text{odd}}} \alpha_{\frac{n}{2}} e^{-i\frac{n}{2}v} \tag{13.103}$$

振動子の添字はここでは半整数であり，指数関数に現れる u および v に合わせてある．式(13.103)を積分すると，次式を得る．

$$X_L(u) = x_L + i\sqrt{\frac{\alpha'}{2}} \sum_{n \in \mathbf{Z}_{\text{odd}}} \frac{2}{n} \bar{\alpha}_{\frac{n}{2}} e^{-i\frac{n}{2}u}$$

$$X_R(v) = x_R + i\sqrt{\frac{\alpha'}{2}} \sum_{n \in \mathbf{Z}_{\text{odd}}} \frac{2}{n} \alpha_{\frac{n}{2}} e^{-i\frac{n}{2}v} \tag{13.104}$$

式(13.101)により $x_L = -x_R$，もしくは $x_L + x_R = 0$ である．左進部分と右進部分を合わせると，閉弦のツイストしたセクターにおけるモード展開の式に到達する．

$$X(\tau, \sigma) = i\sqrt{\frac{\alpha'}{2}} \sum_{n \in \mathbf{Z}_{\text{odd}}} \frac{2}{n} e^{-i\frac{n}{2}\tau} \left(\bar{\alpha}_{\frac{n}{2}} e^{-i\frac{n}{2}\sigma} + \alpha_{\frac{n}{2}} e^{i\frac{n}{2}\sigma} \right) \tag{13.105}$$

この展開式は，座標のゼロモードも運動量のゼロモードも含まない．ここでは弦上の少なくとも1点が $x = 0$ に存在しなければならないので，$x = 0$ から遠ざかるためにはエネルギーを要することになる．後から見る予定であるが，ツイストした状態に関係する場は固定点 $x = 0$ に局在し，x^+ と x^- と x^i だけに依存する．

各モードの交換関係も，通常の場合と同様の方法で導かれる．この座標は $[X(\tau, \sigma), \mathcal{P}^\tau(\tau, \sigma')] = i\delta(\sigma - \sigma')$ に従う．そして X に対するモード展開によれば，X は式(13.26)において $n \to n/2$ と置いて和を奇数だけにしたものを満たすことになる．

$$\dot{X} + X' = 2X'_L(\tau + \sigma) = \sqrt{2\alpha'} \sum_{n \in \mathbf{Z}_{\text{odd}}} \bar{\alpha}_{\frac{n}{2}} e^{-i\frac{n}{2}(\tau + \sigma)}$$

$$\dot{X} - X' = 2X'_R(\tau - \sigma) = \sqrt{2\alpha'} \sum_{n \in \mathbf{Z}_{\text{odd}}} \alpha_{\frac{n}{2}} e^{-i\frac{n}{2}(\tau - \sigma)} \tag{13.106}$$

式(13.28)の複号の上側を採用した式を適用すると，次式が得られる．

$$\sum_{m', n' \in \mathbf{Z}_{\text{odd}}} e^{-i\frac{m'}{2}(\tau + \sigma)} e^{-i\frac{n'}{2}(\tau + \sigma')} \left[\bar{\alpha}_{\frac{m'}{2}}, \bar{\alpha}_{\frac{n'}{2}} \right] = 2\pi i \frac{d}{d\sigma} \delta(\sigma - \sigma') \tag{13.107}$$

交換子を抽出するために，式(13.107)の両辺に対して次の積分演算を行う．

$$\frac{1}{2\pi} \int_0^{2\pi} d\sigma \, e^{i\frac{m}{2}\sigma} \cdot \frac{1}{2\pi} \int_0^{2\pi} d\sigma' e^{i\frac{n}{2}\sigma'}, \quad m, n \in \mathbf{Z}_{\text{odd}} \tag{13.108}$$

13.6. オービフォールドにおけるツイストしたセクター

2つの関数 $e^{i\frac{k}{2}\sigma}$ と $e^{i\frac{k'}{2}\sigma}$ は, $k, k' \in \mathbf{Z}_{\text{odd}}$ で $k + k' \neq 0$ であれば $k + k'$ が偶数になるので, 区間 $[0, 2\pi]$ において直交する. したがって, 式(13.108)の積分によって左辺から交換子がひとつだけ抽出され, 次の結果が得られる.

$$\left[\bar{\alpha}_{\frac{m}{2}}, \bar{\alpha}_{\frac{n}{2}}\right] = \frac{m}{2}\delta_{m+n,0} \tag{13.109}$$

これは, 交換関係として予想される通りの形になっている.

計算練習 13.4 式(13.109)を証明せよ.

右進振動子に関しても同様の交換関係が成立し, 左進振動子と右進振動子は, やはり可換である.

$$\left[\alpha_{\frac{m}{2}}, \alpha_{\frac{n}{2}}\right] = \frac{m}{2}\delta_{m+n,0}, \quad \left[\alpha_{\frac{m}{2}}, \bar{\alpha}_{\frac{n}{2}}\right] = 0 \tag{13.110}$$

オービフォールドの同一視を施す必要があるので, 式(13.105)のツイストした X について, 式(13.87)が成立しなければならない. ここから新たな振動子に対する U の作用を容易に読み取ることができる.

$$U\alpha_{\frac{n}{2}}U^{-1} = -\alpha_{\frac{n}{2}}, \quad U\bar{\alpha}_{\frac{n}{2}}U^{-1} = -\bar{\alpha}_{\frac{n}{2}} \tag{13.111}$$

X の展開における運動量のゼロモードの欠如は, ツイストした状態が X 方向に保存する運動量を持たないことを意味している. U-不変な基底状態は, p^+ と, X^i 方向の横方向運動量 $\vec{p}$ によって指定される.

$$\text{ツイストしたセクターの基底状態:} \quad |p^+, \vec{p}\rangle \tag{13.112}$$

この基底状態を, "ツイストしていない"セクターの基底状態(13.96)と混同してはならない. 後者は X 方向にゼロモードの運動量を持つ.

ツイストしたセクターにおける励起状態を論じるために, これに関する $\alpha' M^2$ の式が必要である. 今回, 我々は変更を予想できる. X 振動子の半整数モード化は, 正規順序化定数を変更する可能性がある. これを見いだすために, 開弦理論において正規順序化定数を, 素朴な $L_0^\perp$ の順序化操作とゼータ関数を念頭に置いた規則 $1 + 2 + 3 + \cdots \to -\frac{1}{12}$ を用いて予想したことを思い出そう (式(12.110)). 閉弦の演算子 $\bar{L}_0^\perp$ にもこれと同じことを行う. 式(13.36)の1行目の式から, $\bar{L}_0^\perp$ が $(\dot{X}^I + X'^I)^2$ の寄与によって決まることが見て取れる. これはここでは $(\dot{X}^i + X^{i\prime})^2$ と $(\dot{X} + X')^2$ の和にあたる. $\dot{X}^i + X^{i\prime}$ と $\dot{X} + X'$ のモード展開は完全に類似のものなので, 式(13.37)における $\bar{L}_0^\perp$ の式を, 次のように読み替えることになる.

$$\bar{L}_0^\perp = \frac{1}{2}\sum_{p\in\mathbf{Z}}\bar{\alpha}_p^i\bar{\alpha}_{-p}^i + \frac{1}{2}\sum_{k\in\mathbf{Z}_{\text{odd}}}\bar{\alpha}_{\frac{k}{2}}\bar{\alpha}_{-\frac{k}{2}} \tag{13.113}$$

第1の和における23方向 i それぞれが, 正規順序化定数に $\frac{1}{2}\cdot\left(-\frac{1}{12}\right) = -\frac{1}{24}$ の寄与を持つ. 新たな寄与は, 第2の和の正規順序化から生じる.

$$\frac{1}{2}\sum_{k\in\mathbf{Z}_{\text{odd}}}\bar{\alpha}_{\frac{k}{2}}\bar{\alpha}_{-\frac{k}{2}} = \frac{1}{2}\sum_{k\in\mathbf{Z}_{\text{odd}}^+}\bar{\alpha}_{-\frac{k}{2}}\bar{\alpha}_{\frac{k}{2}} + \frac{1}{2}\sum_{k\in\mathbf{Z}_{\text{odd}}^+}\bar{\alpha}_{-\frac{k}{2}}\bar{\alpha}_{\frac{k}{2}}$$

$$= \sum_{k\in\mathbf{Z}_{\text{odd}}^+}\bar{\alpha}_{-\frac{k}{2}}\bar{\alpha}_{\frac{k}{2}} + \frac{1}{2}\sum_{k\in\mathbf{Z}_{\text{odd}}^+}\left[\bar{\alpha}_{\frac{k}{2}},\bar{\alpha}_{-\frac{k}{2}}\right]$$

$$= \sum_{k\in\mathbf{Z}_{\text{odd}}^+}\bar{\alpha}_{-\frac{k}{2}}\bar{\alpha}_{\frac{k}{2}} + \frac{1}{4}\sum_{k\in\mathbf{Z}_{\text{odd}}^+}k \tag{13.114}$$

これを評価するために, すべての正の奇数の"和"を計算する必要がある. これは以下のように為される.

$$\sum_{k=1}^{\infty}k = \sum_{k\in\mathbf{Z}_{\text{odd}}^+}k + \sum_{k\in\mathbf{Z}_{\text{even}}^+}k = \sum_{k\in\mathbf{Z}_{\text{odd}}^+}k + 2\sum_{k=1}^{\infty}k \tag{13.115}$$

ここから, 次のようになる.

$$\sum_{k\in\mathbf{Z}_{\text{odd}}^+}k = -\sum_{k=1}^{\infty}k = \frac{1}{12} \tag{13.116}$$

これにより式(13.113)を, 量子力学における適正な形に書き直すことができる.

$$\bar{L}_0^{\perp} = \frac{1}{4}\alpha' p^i p^i + \sum_{p=1}^{\infty}\bar{\alpha}_{-p}^i\bar{\alpha}_p^i - 23\cdot\frac{1}{24} + \sum_{k\in\mathbf{Z}_{\text{odd}}^+}\bar{\alpha}_{-\frac{k}{2}}\bar{\alpha}_{\frac{k}{2}} + \frac{1}{4}\cdot\frac{1}{12} \tag{13.117}$$

これを, 次のように書くことにする.

$$\bar{L}_0^{\perp} = \frac{1}{4}\alpha' p^i p^i + \bar{N}^{\perp} - \frac{15}{16}, \quad \bar{N}^{\perp} = \sum_{p=1}^{\infty}\bar{\alpha}_{-p}^i\bar{\alpha}_p^i + \sum_{k\in\mathbf{Z}_{\text{odd}}^+}\bar{\alpha}_{-\frac{k}{2}}\bar{\alpha}_{\frac{k}{2}} \tag{13.118}$$

$L_0^{\perp}$ についても, 完全な類似関係を持つ式が成立する.

計算練習 13.5 $\left[\bar{N}^{\perp},\bar{\alpha}_{-\frac{q}{2}}\right] = \frac{q}{2}\bar{\alpha}_{-\frac{q}{2}}$ を示し, $\bar{N}^{\perp}$ を数演算子と呼ぶことの妥当性を説明せよ.

質量の自乗の公式を書くために, $\frac{1}{2}\alpha'M^2$ が $N^{\perp}$ と $\bar{N}^{\perp}$ と正規順序化定数の和として, 式(13.48)のように与えられることを思い出してもらいたい. したがって, 次式が得られる.

$$\frac{1}{2}\alpha'M^2 = N^{\perp} + \bar{N}^{\perp} - \frac{15}{8} \tag{13.119}$$

ツイストしたセクターにおける基底状態 $|p^+,\vec{p}\rangle$ は $N^{\perp} = \bar{N}^{\perp} = 0$ である. これは $\frac{1}{2}\alpha'M^2 = -\frac{15}{8}$ のタキオン状態である. 第1励起状態は最低モードのツイストした演算子によって構築される (生成演算子を用いるので $\alpha,\bar{\alpha}$ の添字を負にする. 式(12.65),(12.56)参照).

$$\alpha_{-\frac{1}{2}}\bar{\alpha}_{-\frac{1}{2}}|p^+,\vec{p}\rangle, \quad \frac{1}{2}\alpha'M^2 = \frac{1}{2} + \frac{1}{2} - \frac{15}{8} = -\frac{7}{8} \tag{13.120}$$

ツイストした状態における運動量のラベルを見ると，波動関数が $\psi(\tau,p^+,\vec{p})$ という形で与えられること，すなわち座標空間では $\psi(\tau,x^-,\vec{x})$ という形になることが分かる．波動関数と場の対応関係を与えるならば，ツイストした状態に対応する場は x を引数として持たないことになる．このような場はある特別な x の値においてのみ存在する．エネルギー的に見て，ツイストした状態は $x=0$ 付近に局在することを強いられるので，この場が $x=0$ によって定義される次元低減した25次元時空に存在すると結論づけることは理に適っている．上に示した基底状態と第1励起状態は，次元低減後に残っている時空方向の添字を持たないので，スカラー場に対応する．

オービフォールドは必ずツイストしたセクターを持つので，オービフォールドの導入には2重の効果がある——すなわち "2段攻撃" となる．第1の効果は，母体理論における状態の中でオービフォールドの下で不変でない状態が除かれることである．もうひとつの効果は "ツイストした" 境界条件を満たす新たなセクターが出現することである．

問題

13.1 振動子の交換関係．

(a) 式(13.28)の複号の下側を用いた式と，適切なモード展開を用いて，式(13.29)のバー無しの振動子の交換関係を証明せよ．

(b) 関数列 $e^{in\sigma}$ $(n \in \mathbf{Z})$ は，区間 $\sigma \in [0, 2\pi]$ において完全系を成す．この事実を利用して，次式を証明せよ．

$$\delta(\sigma - \sigma') = \frac{1}{2\pi} \sum_{n \in \mathbf{Z}} e^{in(\sigma - \sigma')} \tag{1}$$

(c) 交換子 $[X^I(\tau,\sigma), \mathcal{P}^{\tau J}(\tau,\sigma')]$ を，X と $\mathcal{P}$ のモード展開と交換関係(13.29), (13.30)および(13.33)を用いて求めよ．式(1)を利用して，予想される答え(13.27)が得られることを確認せよ．

(d) 開弦に関する式(12.47)に相応する閉弦の式，

$$\left[x_0^I + \sqrt{2\alpha'}\alpha_0^I\tau,\ \dot{X}^J(\tau,\sigma')\right] = i\alpha'\eta^{IJ}$$

の導出から始めて，ゼロモードの交換関係(13.33)を証明せよ．

13.2 物理的状態への射影演算子．

式(13.60)で表される基本状態 $|\lambda,\bar{\lambda}\rangle$ の集合によって張られるベクトル空間 $\mathcal{H}$ を考える．任意の状態 $|\lambda,\bar{\lambda}\rangle \in \mathcal{H}$ に関して，$P = L_0^\perp - \bar{L}_0^\perp$ の固有値が整数になる理由を説明せよ．そして，

$$\mathcal{P}_0 = \int_0^{2\pi} \frac{d\theta}{2\pi} e^{-i(L_0^\perp - \bar{L}_0^\perp)\theta}$$

が，$\mathcal{H}$ から $P=0$ となるような部分空間への射影演算子となることを示せ．すなわち $\mathcal{P}_0$ は，非物理的状態を閉弦の状態空間の中へ射影する．

第13章 相対論的な量子閉弦

13.3 $P\,(=L_0^\perp - \bar{L}_0^\perp)$ の作用.

(a) 式(13.59)が有限の σ_0 に関して成立することを証明せよ.
$f(\sigma_0) = e^{-iP\sigma_0} X^I(\tau,\sigma) e^{iP\sigma_0}$ という関数を定義して，$\sigma_0 = 0$ における f の高階導関数を計算することが役に立つかも知れない.

(b) 次式が成立することを証明せよ.
$$e^{-iP\sigma_0}(\dot{X}^I \pm X^{I\prime})(\tau,\sigma) e^{iP\sigma_0} = (\dot{X}^I \pm X^{I\prime})(\tau,\sigma+\sigma_0) \tag{1}$$

(c) 式(1)を利用して，$e^{-iP\sigma_0}\alpha_n^I e^{iP\sigma_0}$ と $e^{-iP\sigma_0}\bar{\alpha}_n^I e^{iP\sigma_0}$ を計算せよ. これは振動子に対する σ-推進の作用を求めることになる.

(d) 次の状態を考える.
$$|U\rangle = \alpha_{-m}^I \bar{\alpha}_{-n}^J |p^+,\vec{p}_T\rangle, \quad m,n > 0$$
(c)の結果を用いて $e^{-iP\sigma_0}|U\rangle$ を計算せよ. 状態 $|U\rangle$ を σ-推進の下で不変とするような条件は何か？

13.4 世界面運動量としての $L_0^\perp - \bar{L}_0^\perp$.

(a) 式(13.36)を用いて，次式を示せ.
$$L_0^\perp - \bar{L}_0^\perp = -\frac{1}{2\pi\alpha'}\int_0^{2\pi} d\sigma\, \dot{X}^I X^{I\prime} \tag{1}$$
更に，次式も証明せよ.
$$L_0^\perp - \bar{L}_0^\perp = -\frac{p^+}{2\pi}\int_0^{2\pi} d\sigma\, \frac{\partial X^-}{\partial \sigma}$$
これは $L_0^\perp - \bar{L}_0^\perp$ がゼロになることの古典的な説明を与える. X^- は，他の弦座標と同様に，閉弦の周期条件を満たさねばならないからである.

(b) 弦の横方向光錐座標の力学は，ラグランジアン密度(12.81)に支配される.
$$\mathcal{L} = \frac{1}{4\pi\alpha'}\left(\dot{X}^I \dot{X}^I - X^{I\prime} X^{I\prime}\right)$$
無限小の定数 σ の推進 $\delta X^I = \epsilon\, \partial_\sigma X^I$ は，問題8.10に示した意味合いにおいて $\mathcal{L}$ の対称変換であることを示せ. これに関係するチャージを計算し，それが式(1)に示した $L_0^\perp - \bar{L}_0^\perp$ に比例することを示せ.

13.5 無向の閉弦.

この問題は，問題12.12の閉弦版にあたる. $\sigma \in [0,2\pi]$ の閉弦 $X^\mu(\tau,\sigma)$ において τ を指定すると，時空におけるパラメーター付けされた閉曲線が与えられる. 弦の向きとは，この曲線において σ が増加する向きを意味する.

(a) 上述と同じ τ の下で，閉弦 $X^\mu(\tau,2\pi-\sigma)$ を考える. この第2の弦は，元の第1の弦とどのように関係づけられるか？ それぞれの向きはどうなるか？ 粗くスケッチを描き，元の弦を実線で，第2の弦を破線で示せ.

ここで，弦座標演算子に対して次のような変換作用を持つ反転演算子 Ω を導入する．

$$\Omega X^I(\tau,\sigma)\Omega^{-1} = X^I(\tau, 2\pi-\sigma) \tag{1}$$

そして更に，次のように宣言する．

$$\Omega x_0^-\Omega^{-1} = x_0^-, \quad \Omega p^+\Omega^{-1} = p^+ \tag{2}$$

(b) 閉弦の振動子展開(13.24)を用いて，以下を計算せよ．

$$\Omega x_0^I \Omega^{-1}, \quad \Omega \alpha_0^I \Omega^{-1}, \quad \Omega \alpha_n^I \Omega^{-1}, \quad \Omega \bar{\alpha}_n^I \Omega^I$$

(c) $\Omega X^-(\tau,\sigma)\Omega^{-1} = X^-(\tau, 2\pi-\sigma)$ を示せ．$\Omega X^+(\tau,\sigma)\Omega^{-1} = X^+(\tau, 2\pi-\sigma)$ なので，式(1)は実際には，すべての弦座標に関して成立する．閉弦のハミルトニアン H は，向きの反転の下で不変すなわち $\Omega H \Omega^{-1} = H$ なので，向きの反転は閉弦理論が持つ対称性変換である．これが本当であることを説明せよ．

(d) 基底状態が反転不変であると仮定せよ．$N^\perp \leq 2$ の閉弦状態のリストを書き，それらの反転固有値を与えよ．もしあなたが"無向の"閉弦の理論を構築する使命を受けたとすると，どの状態を棄てる必要があるか？ 無向の閉弦理論における質量のない場は何か？

13.6 オリエンティフォールド Op-平面（ブレイン）．

Dp-ブレインが p 次元の空間次元を持つのと同様に，オリエンティフォールド Op-平面 (orientifold Op-plane) は，p 次元の空間次元を持つ超平面である．弦の向きの反転と，ある超平面に垂直な座標の鏡映を同時に行う変換に関して不変な閉弦だけを残すような状態空間の抽出を行うときに，その超平面を Op-平面と呼ぶ．

例として，$x^1,\ldots,x^p$ が Op-平面に沿った向き，$x^{p+1},\ldots,x^d$ $(d=25)$ が，その Op-平面に垂直な向きとなっているような Op-平面を考える．この Op-平面の位置は $x^a = 0$, $a = p+1,\ldots,d$ と指定される．我々は弦の座標を $X^+, X^-, \{X^i\}, \{X^a\}$ のように組織化して扱う $(i = 2,\ldots,p,\ a = p+1,\ldots,d)$．$\Omega_p$ が，この変換を生成する演算子を表すものとする．

$$\Omega_p X^a(\tau,\sigma)\Omega_p^{-1} = -X^a(\tau, 2\pi-\sigma) \tag{1}$$

$$\Omega_p X^i(\tau,\sigma)\Omega_p^{-1} = X^i(\tau, 2\pi-\sigma) \tag{2}$$

さらに，次の仮定を置く．

$$\Omega_p x_0^-\Omega_p^{-1} = x_0^-, \quad \Omega_p p^+\Omega_p^{-1} = p^+ \tag{3}$$

(a) O23-平面（ブレイン）を考えると，これに対する2つの垂直方向 x^{24} と x^{25} は平面を形成する．τ を指定した閉弦が，O23-平面外のこの平面においてパラメーター付けを施された閉曲線 $X^a(\tau,\sigma)$ として現れているものとする．(x^{24}, x^{25}) 平面の第1象限内に全体が含まれるような有向の閉弦を描け．そして $\tilde{X}^a(\tau,\sigma) = -X^a(\tau, 2\pi-\sigma)$ と表される弦も描いてみよ．

(b) 任意の演算子 $\mathcal{O}$ に対する Ω_p の作用は，$\mathcal{O} \to \Omega_p \mathcal{O} \Omega_p^{-1}$ と定義される．展開式 (13.24) を用いて，以下の各演算子に対する Ω_p の作用を計算せよ．

$$x_0^a, \quad p^a, \quad \alpha_n^a, \quad \bar{\alpha}_n^a, \quad x_0^i, \quad p^i, \quad \alpha_n^i, \quad \bar{\alpha}_n^i$$

$\Omega_p X^{\pm}(\tau,\sigma) \Omega_p^{-1} = X^{\pm}(\tau, 2\pi - \sigma)$ を示せ．オリエンティフォールド変換が，閉弦理論の対称性変換となる理由を説明せよ．

(c) 基底状態を $|p^+, p^i, p^a\rangle$ と記す．$|p^+, p^i, \vec{0}\rangle$ が Ω_p の下で不変であると仮定する．すなわち $\Omega_p |p^+, p^i, \vec{0}\rangle = |p^+, p^i, \vec{0}\rangle$ とする．次式を証明せよ．

$$\Omega_p |p^+, p^i, p^a\rangle = |p^+, p^i, -p^a\rangle$$

互いに共役なすべての座標と運動量の演算子の組 (q,p) に関して，運動量状態が $|p+\delta p\rangle = \exp(i\delta p q)|p\rangle$ (δp は定数) を満たすように定義されているものと仮定せよ．

有向の閉弦理論における無質量状態は，次式で与えられる．

$$|\Phi\rangle = \int dp^+ d\vec{p}^i d\vec{p}^a \, \Phi_{IJ}^{\pm}(\tau, p^+, p^i, p^a) \left(\alpha_{-1}^I \bar{\alpha}_{-1}^J \pm \alpha_{-1}^J \bar{\alpha}_{-1}^I \right) |p^+, p^i, p^a\rangle$$

$\Phi_{IJ}^{\pm}$ は波動関数であり，横方向の光錐添字 I, J は，添字 i と a の取る値をすべて取る．

Ω_p に関して不変な ($\Omega_p|\Phi\rangle = |\Phi\rangle$ を満たす) 状態空間の抽出を考える．その結果として得られる弦理論は，オリエンティフォールド Op-平面（ブレイン）が存在する理論となる．直観的に，Ω_p 不変な状態に関しては，(a) において関係づけた 2 つの曲線で表される弦の振幅が互いに等しいものと考えられる．

(d) Ω_p 不変性を保証するために，$\Phi_{ab}^{\pm}, \Phi_{ia}^{\pm}, \Phi_{ij}^{\pm}$ が満たすべき条件を見いだせ．すべての条件は，

$$\Phi_{IJ}^{\pm}(\tau, p^+, p^i, p^a) = \cdots \Phi_{IJ}^{\pm}(\tau, p^+, p^i, -p^a)$$

という形で与えられる．「$\cdots$」は符号因子であり，それぞれの場合について，あなたが決めなければならない．

注意：座標空間において，$x^m = \{x^0, \cdots, x^p\}$ と書くと，上の不変性の条件は次の要請になる．

$$\Phi_{IJ}^{\pm}(x^m, x^a) = \cdots \Phi_{IJ}^{\pm}(x^m, -x^a)$$

オリエンティフォールド平面（ブレイン）が存在する場合，(x^m, x^a) における場の値が，鏡映点 $(x^m, -x^a)$ の値を決定する．場は $x^a \to -x^a$ の下で偶か奇のどちらかである．オリエンティフォールド平面（ブレイン）は，互いに鏡映関係にある点の物理を反映するある種の鏡であり，実効的に空間を半分にする．一方の半分の空間において，オリエンティフォールド平面（ブレイン）から離れた位置における制約条件はないので，有向閉弦の場の完全な組を持つことができる．O25-平面（ブレイン）は空間をすべて満たす．これは垂直方向を持たないので，この場合のオリエンティフォールド対称性変換は，弦の向きの反転だけを含む．この場合については問題 13.5 において調べた．

第 14 章　超弦理論入門

現実的な弦理論は，電子やクォークのようなフェルミオンに対応する状態も含む必要がある．超弦は，弦の位置を記述するための可換な座標変数 X^μ に加えて，反可換な力学変数も備えている．開弦に関しては，その量子化によって Neveu-Schwarz (NS) セクターと呼ばれるボソン的な状態を持つ部分空間と，Ramond (R) セクターと呼ばれるフェルミオン的な状態を持つ部分空間から成る状態空間が与えられる．この理論は，ボソン的な自由度とフェルミオン的な自由度が，任意の質量レベルにおいて同じであることを保証するような対称性，すなわち超対称性を備えている．さらに我々はII型の閉弦理論を調べる．これは開いた超弦の状態空間を取捨して組み合わせることによって得られる理論である．

14.1　序論

ここまで我々はボソン的な弦の理論を，開弦と閉弦の両方について学んできた．これらの弦理論は 26 次元時空の中に存在しており，弦の量子状態はすべてボソン的な粒子状態を表している．それらの中に，光子や重力子のような重要なボソンが見いだされた．素粒子の強い相互作用や弱い相互作用を伝えるために必要とされる非 Abel 的ゲージボソンも，ボソン的弦理論において現れる．このことは第 15 章で見る予定である．

しかしながら，現実的な弦理論はフェルミオンに対応する状態も含んでいなければならない．読者は同種のボソンの量子状態が，2 つの粒子の入れ替え操作の下で対称であることを思い出せるであろう．他方，同種のフェルミオンの量子状態は，2 粒子の入れ替えの下で反対称であった．クォークやレプトンはフェルミオンである．これらを得るために，我々は"超弦理論" (superstring theory) を必要とする．本書では超弦の詳細について学ぶことはしない．正確な説明を行うためには，いろいろな次元数におけるスピノルと Dirac 方程式に関する詳細な議論や，その他の技術的な議論も必要になる．このような解説は我々にとって長すぎるものになってしまう．ここでは超弦の基礎に関する短い説明を与えるだけにするが，超弦がボソン的な弦に対していくつかの新たな要素を導入した自然な一般化であることを理解するにはこれで充分である．本書の後半 (発展編) で論じている応用には，ある程度まで超弦も含まれている．本章では，その背景として必要となる知識を提供する．

超弦のスペクトルはタキオンを含まない．その結果，開いた超弦は安定な D-ブレインを記述できる．ボソン的な弦理論の D-ブレインは必ず不安定なものだったので，超弦のこの性質は興味深い可能性を新たに開くことになる．更に，超弦は超対称性 (supersymmetry) を備えてい

る．超対称性とは理論におけるボソン的量子状態とフェルミオン的量子状態を関係づける対称性である．超弦理論では，あらゆる質量レベルにおいて，フェルミオン的な状態とボソン的な状態が等数ずつ見いだされる．自然界において超対称性が存在するのであれば，それは自発的に破れていなければならない．現実においてフェルミオンとボソンの縮退関係が観測されないからである．多くの物理学者たちは，超対称性が，現在確立されている素粒子物理の標準模型の次の段階に来たるべき新しい物理の魅力的な候補であると信じている．

14.2 反可換な変数と演算子

我々は古典的なボソン的弦の位置を，弦の座標 $X^\mu(\tau,\sigma)$ を用いて記述した．$X^\mu(\tau,\sigma)$ は"可換 (commuting) な"変数である．すなわちそれらの積は順序に依らない．量子論に移行すると X^μ は演算子になり，一般には可換でなくなる．2つの演算子 A と B の非可換性は，交換子 $[A,B] \equiv AB - BA$ によって具体的に示される．

弦理論においてフェルミオンを得るために，我々は世界面上に新たな力学変数 $\psi_1^\mu(\tau,\sigma)$ と $\psi_2^\mu(\tau,\sigma)$ を追加する．古典的な変数としての ψ_α^μ ($\alpha = 1,2$) は通常の可換な変数ではなく，"反可換 (anticommuting) な"変数である．これは重要な概念なので，少々脱線をして説明を与えることにしよう．

2つの変数 b_1 と b_2 が，

$$b_1 b_2 = -b_2 b_1 \tag{14.1}$$

を満たすならば，両者は互いに反可換であると称する．b_1 と b_2 を反可換な変数とする場合，そこに更に含意されるのは，この変数が自分自身とも反可換でなければならないということである．$b_1 b_1 = -b_1 b_1$ なので，つまりこれは，

$$b_1 b_1 = 0, \quad b_2 b_2 = 0 \tag{14.2}$$

を意味する．古典的な反可換変数に関して，因子の順序は重要である．反可換な変数の組 b_i があるとすると，次のようになる．

$$b_i b_j = -b_j b_i, \quad \forall i,j \tag{14.3}$$

計算練習 14.1 次のように定義される行列 γ^1 と γ^2 を考える．

$$\gamma^1 = \begin{pmatrix} 0 & -1 \\ 1 & 0 \end{pmatrix}, \quad \gamma^2 = \begin{pmatrix} 0 & 1 \\ 1 & 0 \end{pmatrix} \tag{14.4}$$

これらは反可換であるが，反可換な変数ではないことを証明せよ．

量子論では，古典的な反可換変数も量子力学的な演算子へと移行するが，それはそのまま反可換にはならない場合があり得る．2つの量子力学的な演算子 f_1 と f_2 が与えられたとして，これらの非-反可換性は "反交換子" (anticommutator) $\{f_1, f_2\}$ によって評価される．反交換子を次のように定義する．

$$\{f_1, f_2\} \equiv f_1 f_2 + f_2 f_1 \tag{14.5}$$

14.3. 世界面フェルミオン

もし2つの量子力学的演算子が互いに反可換であるならば，反交換子はゼロになる．

反可換な演算子が，どのようにしてフェルミオンと関係するかを，以下のように説明することができる．たとえばスカラー場の量子化を思い出してもらうならば，そこでは粒子の生成演算子と消滅演算子が現れた．生成演算子 $a_p^\dagger$ は，それら同士では常に可換であり，これを用いて多粒子を含む状態が次のように構築された．

$$\left(a_{p_1}^\dagger\right)^{n_1}\left(a_{p_2}^\dagger\right)^{n_2}\cdots\left(a_{p_k}^\dagger\right)^{n_k}|\Omega\rangle \tag{14.6}$$

これは，運動量 $\vec{p}_1$ を持つ粒子が n_1 個含み，$\vec{p}_2$ を持つ粒子を n_2 個含み，... 等々となっている状態を表す．n_i は任意の正の整数である．

相対論的な電子と，その反粒子にあたる陽電子を記述するには，古典的に反可換な場の変数である Dirac 場を用いる必要がある．Dirac 場を量子化すると，電子に関する生成・消滅演算子，およびそれらとは異なる陽電子に関する生成・消滅演算子が現れる．議論を簡単にするために，電子に話を絞る．生成演算子 $f_{p,s}^\dagger$ には運動量 $\vec{p}$ とスピン s が添字として付いている．電子はスピンが $\frac{1}{2}$ の粒子であり，スピン値は2通りの値だけを取り得る．電子の生成演算子はすべて反可換な変数と見なされ，生成演算子同士は必ず反可換である．このことは任意の $\vec{p}$ と s に関して $f_{p,s}^\dagger f_{p,s}^\dagger = 0$ となることを意味する．多電子状態は次の形で表される．

$$f_{p_1,s_1}^\dagger f_{p_2,s_2}^\dagger \cdots f_{p_k,s_k}^\dagger |\Omega\rangle \tag{14.7}$$

これは運動量が $\vec{p}_1$ でスピンが s_1 の電子がひとつ，運動量が $\vec{p}_2$ でスピンが s_2 の電子がひとつ，... 等々を含む状態を表している．同じ運動量と同じスピン値を持つ電子が2つあるような状態を得ることは"できない"．$f_{p,s}^\dagger f_{p,s}^\dagger |\Omega\rangle = 0$ となるからである．つまり反可換な生成演算子は，自動的に Fermi 粒子の排他律を含意する．実際，状態の重ね合わせを構築するために，波動関数を用いて，

$$\sum_{s_1,s_2}\int d\vec{p}_1 d\vec{p}_2\,\psi(p_1,s_1;p_2,s_2)\,f_{p_1,s_1}^\dagger f_{p_2,s_2}^\dagger |\Omega\rangle \tag{14.8}$$

という形を考えるならば，$p_1 \leftrightarrow p_2$ と $s_1 \leftrightarrow s_2$ の同時の入れ替えの下で，上の形の状態に寄与を持ち得る ψ の部分は，反対称な部分だけであることが即座に結論される．

計算練習 14.2 上述の声明を証明せよ．

14.3 世界面フェルミオン

前にも言及したように，古典的な超弦は反可換な力学変数 $\psi_\alpha^\mu(\tau,\sigma)$ $(\alpha = 1,2)$ を必要とする．μ の各値に関して，力学変数 $X^\mu(\tau,\sigma)$ は世界面ボソンであったことを思い出してもらいたい．後から明らかになるが，それぞれの μ について，これらの2つの成分 ψ_1^μ と ψ_2^μ が，(τ,σ)-世界におけるフェルミオン，すなわち"世界面フェルミオン"を記述するために必要な変数を構成する．注目すべきことに，そのような対象を量子化すると，"時空のフェルミオン"として振舞うような粒子状態が現れる．これこそ我々の必要とするものである．

光錐量子化において，X^+ は τ に比例するように設定され，X^- が他の量によって与えられた．超弦においてもこのことは成立するが，それに加えて光錐ゲージ条件として $\psi_\alpha^+ = 0$ と設定することになり，ψ_α^- について解くことが可能となる．X^- と ψ_α^- は両方とも，横方向の X^I と ψ_α^I から寄与を受ける．X^μ も ψ_α^μ も時空内のLorentzベクトルなので，これらは両方とも光錐Lorentz生成子 M^{-I} の定義に入ることになる．このことにより，交換子 $[M^{-I}, M^{-J}]$ は X^μ からも ψ_α^μ からも寄与を受ける．この交換子をゼロにするための要請は，ボゾン的な弦の場合に得られたものとは異なる制約条件を与える．時空次元は26次元ではなく10次元となる．質量の自乗の下方シフトは -1 の代わりに $-\frac{1}{2}$ になる．

光錐ゲージにおいては，横方向の場 $\psi_\alpha^I(\tau, \sigma)$ だけに関心を向ければよい．これらの量子化のために，その力学を記述する作用 S_ψ を用意するのが便利である．この作用は，横方向座標 X^I の力学を記述する作用 (12.81) の，フェルミオンに関する類似物にあたる．すべての自由度の挙動を記述する全作用 S は，

$$S = \frac{1}{4\pi\alpha'} \int d\tau \int_0^\pi d\sigma \left(\dot{X}^I \dot{X}^I - X^{I\prime} X^{I\prime} \right) + S_\psi \tag{14.9}$$

という形になる．S_ψ は次のように与えられる．

$$S_\psi = \frac{1}{2\pi} \int d\tau \int_0^\pi d\sigma \left[\psi_1^I (\partial_\tau + \partial_\sigma) \psi_1^I + \psi_2^I (\partial_\tau - \partial_\sigma) \psi_2^I \right] \tag{14.10}$$

作用 S_ψ は，2次元の (τ, σ)-世界に存在するフェルミオンに関する Dirac 作用である．S_ψ の中の各項が微分 (導関数) をひとつだけ含むことに注意してもらいたい．ボゾンの場合は，X^I の例のように作用の中の項は2つの微分を含んでいる．ラグランジアンにおいて，場をそれ自身と結合させ，ひとつの微分しか含まないような項は，全微分の不適切な表現となっている可能性がある．任意の場 h の，自身との結合因子 $h(\partial_\tau h)$ を考えてみると，

$$h(\partial_\tau h) = \partial_\tau(hh) - (\partial_\tau h)h \tag{14.11}$$

であるが，これは等価的に，

$$h(\partial_\tau h) + (\partial_\tau h)h = \partial_\tau(hh) \tag{14.12}$$

とも書ける．h が可換であれば，左辺の2つの項は同じものになり，実際に $h(\partial_\tau h)$ は全微分である．他方 h が反可換の場合には，$(\partial_\tau h)h = -h(\partial_\tau h)$ であり，左辺も右辺もゼロになる．$h(\partial_\tau h)$ は，h が反可換の場合には，全微分ではないということである．このことは，作用 S_ψ の式が，ψ_α^I が反可換であるという理由によって，非自明になり得ていることを意味する．

運動方程式と境界条件を見いだすために，S_ψ において場 ψ_α^I の変分を取る．

$$\delta S_\psi = \frac{1}{2\pi} \int d\tau \int_0^\pi d\sigma \Big[\delta\psi_1^I (\partial_\tau + \partial_\sigma) \psi_1^I + \psi_1^I (\partial_\tau + \partial_\sigma) \delta\psi_1^I$$
$$+ \delta\psi_2^I (\partial_\tau - \partial_\sigma) \psi_2^I + \psi_2^I (\partial_\tau - \partial_\sigma) \delta\psi_2^I \Big] \tag{14.13}$$

右辺1行目の第2項を考える．

$$\psi_1^I (\partial_\tau + \partial_\sigma) \delta\psi_1^I = \partial_\tau(\psi_1^I \delta\psi_1^I) + \partial_\sigma(\psi_1^I \delta\psi_1^I) - \left[(\partial_\tau + \partial_\sigma) \psi_1^I \right] \delta\psi_1^I$$
$$= \partial_\tau(\psi_1^I \delta\psi_1^I) + \partial_\sigma(\psi_1^I \delta\psi_1^I) + \delta\psi_1^I (\partial_\tau + \partial_\sigma) \psi_1^I \tag{14.14}$$

14.3. 世界面フェルミオン

式(14.13)の2行目第2項についても同様の計算を行える．これらの結果によって式を書き換え，通例に従って時間 τ に沿った全微分の項を無視すると(式(4.39)参照)，次式を得る．

$$\delta S_\psi = \frac{1}{\pi}\int d\tau \int_0^\pi d\sigma \left[\delta\psi_1^I(\partial_\tau+\partial_\sigma)\psi_1^I + \delta\psi_2^I(\partial_\tau-\partial_\sigma)\psi_2^I\right]$$
$$+ \frac{1}{2\pi}\int d\tau \left[\psi_1^I\delta\psi_1^I - \psi_2^I\delta\psi_2^I\right]_{\sigma=0}^{\sigma=\pi} \tag{14.15}$$

ここから即座に運動方程式を読み取ることができる．

$$(\partial_\tau+\partial_\sigma)\psi_1^I = 0, \quad (\partial_\tau-\partial_\sigma)\psi_2^I = 0 \tag{14.16}$$

同時に，境界条件が次のように決まる．

$$\psi_1^I(\tau,\sigma_*)\,\delta\psi_1^I(\tau,\sigma_*) - \psi_2^I(\tau,\sigma_*)\,\delta\psi_2^I(\tau,\sigma_*) = 0 \tag{14.17}$$

これは $\sigma_* = 0$ と $\sigma_* = \pi$ の両方の端点において，全時間にわたって成立しなければならない．

上に示した運動方程式と境界条件を利用して，理論の量子化と状態空間について論じる．これから示す解析は完全なものではない．特に，場 ψ_α^I が満たすべき反交換関係を論じないので，これに対応する振動子の反交換関係も正当化されない．しかしながら，この議論は量子化における主要な特徴を照らし出し，すべての結果をもっともらしく見せることに役立つだろう．

まず初めに，運動方程式(14.16)において ψ_1^I が右進関数，ψ_2^I が左進関数と含意されていることに注意する．

$$\psi_1^I(\tau,\sigma) = \Psi_1^I(\tau-\sigma)$$
$$\psi_2^I(\tau,\sigma) = \Psi_2^I(\tau+\sigma) \tag{14.18}$$

境界条件(14.17)について考える．この条件を満たすには，どのようにすればよいだろうか？少し考えてみると，式(14.17)のそれぞれの項をゼロにしようとする試みは，うまくいかないことが分かる．たとえば $\psi_1^I(\tau,0)=0$ と設定してみよう．そうすると解の形(14.18)により，全時間にわたり $\Psi_1^I(\tau)=0$ となってしまい，$\psi_1^I(\tau,\sigma)\equiv 0$ となる．

端点において ψ_1^I と ψ_2^I を関係づけるような境界条件を課するならば，状況は改善する．各々の σ_* において，次のように置いてみる．

$$\psi_1^I(\tau,\sigma_*) = \pm\psi_2^I(\tau,\sigma_*) \tag{14.19}$$

どちらの符号を選ぶかは，当面未定としておく．端点においてこれらの場がこのように強い制約を受けるならば，その変分もこの条件に従わなければならない．

$$\delta\psi_1^I(\tau,\sigma_*) = \pm\delta\psi_2^I(\tau,\sigma_*) \tag{14.20}$$

上の2本の式を辺々掛け合わせると，どちらの符号を採用しても，式(14.17)が成立する．

符号について考察しよう．ψ_1^I と ψ_2^I が作用の式において2次で現れるので，物理的な結果を変更することなしに符号を変えることができる．この任意性の下で，通例としては一方の端点 $\sigma_*=0$ において，

$$\psi_1^I(\tau,0) = \psi_2^I(\tau,0) \tag{14.21}$$

という条件を要請する．この条件を変えずに ψ_1^I と ψ_2^I の符号を変更することはできないので，もう一方の端点における符号の選択は，物理的に意味を持つ．

$$\psi_1^I(\tau,\pi) = \pm \psi_2^I(\tau,\pi) \tag{14.22}$$

超弦理論における開弦の全状態空間は，2 つの部分空間に分割される．これらの部分空間は "セクター" (sector) と呼ばれる．複号の上側を選んで得られる部分空間は Ramond (R) セクターと呼ばれ，複号の下側を選んで得られる部分空間は Neveu-Schwarz (NS) セクターと呼ばれる．この境界条件は，$\sigma \in [-\pi,\pi]$ の全区間において定義されるフェルミオン場 Ψ^I を構築することによって，より良く理解される．

$$\Psi^I(\tau,\sigma) \equiv \begin{cases} \psi_1^I(\tau,\sigma) & \sigma \in [0,\pi] \\ \psi_2^I(\tau,-\sigma) & \sigma \in [-\pi,0] \end{cases} \tag{14.23}$$

これは，ボゾン的な開弦において $\sigma \in [-\pi,\pi]$ にわたる場を定義した式 (12.36) を連想させる．境界条件 (14.21) は，Ψ^I が $\sigma = 0$ において連続していることを保証する．さらに式 (14.18) により，$\Psi^I(\tau,\sigma)$ は $\tau - \sigma$ の関数となる．

$$\Psi^I(\tau,\sigma) = \chi^I(\tau-\sigma) \tag{14.24}$$

最後に，境界条件 (14.22) は，次の条件を与える．

$$\Psi^I(\tau,\pi) = \psi_1^I(\tau,\pi) = \pm \psi_2^I(\tau,\pi) = \pm \Psi^I(\tau,-\pi) \tag{14.25}$$

つまり，周期的なフェルミオン Ψ^I は Ramond 境界条件に対応し，反周期的なフェルミオン Ψ^I は Neveu-Schwarz 境界条件に対応する．

$$\begin{aligned} \Psi^I(\tau,\pi) &= +\Psi^I(\tau,-\pi) \quad \text{Ramond 境界条件} \\ \Psi^I(\tau,\pi) &= -\Psi^I(\tau,-\pi) \quad \text{Neveu-Schwarz 境界条件} \end{aligned} \tag{14.26}$$

両方の場合について，詳しく考察してみよう．

14.4 Neveu-Schwarz セクター

Neveu-Schwarz フェルミオン Ψ^I は $\tau - \sigma$ の関数であり，$\sigma \to \sigma + 2\pi$ とすると符号が変わるので，半整数モードの指数関数によって展開できる．

$$\Psi^I(\tau,\sigma) \sim \sum_{r \in \mathbf{Z}+\frac{1}{2}} b_r^I e^{-ir(\tau-\sigma)} \tag{14.27}$$

規格化定数に関する議論は，ここでは行わない．n を整数として，任意の $r = n + \frac{1}{2}$ に関して，実際に，

$$e^{ir(\sigma+2\pi)} = e^{ir\sigma} e^{i(n+\frac{1}{2})2\pi} = e^{ir\sigma} e^{i\pi} = -e^{ir\sigma} \tag{14.28}$$

となるので，Ψ^I の展開式が反周期関数となることが保証される．Ψ^I が反可換なので，展開係数 b_r^I も反可換な演算子である．本書で採用してきた記法に従い，負のモードの係数 $b_{-1/2}^I$，$b_{-3/2}^I$，

14.4. Neveu-Schwarzセクター

$b^I_{-5/2}, \ldots$ は生成演算子，正のモードの係数 $b^I_{1/2}, b^I_{3/2}, b^I_{5/2}, \ldots$ は消滅演算子とする．これらの演算子が作用する真空のことを，これ以降，Neveu-Schwarz真空 $|NS\rangle$ と呼ぶことにする．これらの演算子は，次の反交換関係を満たす．

$$\{b^I_r, b^J_s\} = \delta_{r+s,0}\,\delta^{IJ} \tag{14.29}$$

すべての生成演算子同士が互いに反可換であり，自身の自乗がゼロなので，任意の状態に関して b^I_{-r} は最大1回だけ現れることができる．$X^I(\tau,\sigma)$ も通例の通りに量子化されるので，我々は生成演算子として α^I_{-n} も持つことになる．したがって，NSセクターにおける基本状態は，次の形を取る．

$$\text{NSセクター}: |\lambda\rangle = \prod_{I=2}^{9}\prod_{n=1}^{\infty}\left(\alpha^I_{-n}\right)^{\lambda_{n,I}} \prod_{J=2}^{9}\prod_{r=\frac{1}{2},\frac{3}{2},\ldots}\left(b^J_{-r}\right)^{\rho_{r,J}}|NS\rangle \otimes |p^+, \vec{p}_T\rangle \tag{14.30}$$

$\rho_{r,J}$ は0か1の値を取る．我々は全基底状態を，b^J_{-r} に関する基底状態 $|NS\rangle$ と，α^I_{-n} 演算子に関する基底状態 $|p^+,\vec{p}_T\rangle$ の"積"⊗の形で書いた．単一の基本状態を考える際には，状態の式の中に現れる b 演算子の順序を気にする必要はない．すべての b 同士が反可換なので，それらの順序が違っても全体としての符号に影響するだけであり，異なる状態が得られるわけではない．

NSセクターにおける質量の自乗の演算子は，正規順序化を施す前の形としては，次のように与えられる．

$$M^2 = \frac{1}{\alpha'}\left(\frac{1}{2}\sum_{p\neq 0}\alpha^I_{-p}\alpha^I_p + \frac{1}{2}\sum_{r\in\mathbf{Z}+\frac{1}{2}} r\, b^I_{-r} b^I_r\right) \tag{14.31}$$

M^2 における正規順序化定数"a"——上式において和の部分が正規順序化された際に，括弧の中に加わるべき定数——は，ゼータ関数に基礎を置く発見的な方法から決めることができる．我々は既にボソン的な α^I 振動子に関して，各座標から a へ $-\frac{1}{24}$ の寄与があることを知っている．このことを，次のように書いておく．

$$a_B = -\frac{1}{24} \tag{14.32}$$

NSフェルミオンに関して，M^2 の中で正規順序化が必要な項は，

$$\frac{1}{2}\sum_{r=-\frac{1}{2},-\frac{3}{2},\ldots} r\, b^I_{-r} b^I_r = \frac{1}{2}\sum_{r=\frac{1}{2},\frac{3}{2},\ldots}(-r)\, b^I_r b^I_{-r}$$

$$= \frac{1}{2}\sum_{r=\frac{1}{2},\frac{3}{2},\ldots} r\, b^I_{-r} b^I_r - \frac{1}{2}(D-2)\left(\frac{1}{2}+\frac{3}{2}+\frac{5}{2}+\cdots\right) \tag{14.33}$$

となる．1行目では $r \to -r$ と置き，2行目では反交換関係(14.29)を用いた．正の奇数の総和は式(13.116)において評価し，$+\frac{1}{12}$ という結果を得ている．したがって，上式は次のようになる．

$$\frac{1}{2}\sum_{r=-\frac{1}{2},-\frac{3}{2},\ldots} r\, b^I_{-r} b^I_r = \frac{1}{2}\sum_{r=\frac{1}{2},\frac{3}{2},\ldots} r\, b^I_{-r} b^I_r - \frac{1}{48}(D-2) \tag{14.34}$$

これで，それぞれのNSフェルミオン(反周期フェルミオン)のaに対する寄与a_{NS}が分かった．
$$a_{\mathrm{NS}} = -\frac{1}{48} \tag{14.35}$$
したがって，M^2における完全な正規順序化定数は，次式で与えられる．
$$a = (D-2)(a_B + a_{\mathrm{NS}}) = (D-2)\left(-\frac{1}{24} - \frac{1}{48}\right) = -(D-2)\frac{1}{16} \tag{14.36}$$
$D=10$と置くと$a = -\frac{1}{2}$が得られるので，式(14.31)は次式になる．
$$M^2 = \frac{1}{\alpha'}\left(-\frac{1}{2} + N^\perp\right), \quad N^\perp = \sum_{p=1}^{\infty} \alpha^I_{-p}\alpha^I_p + \sum_{r=\frac{1}{2},\frac{3}{2},\ldots} r\, b^I_{-r} b^I_r \tag{14.37}$$
$N^\perp$は，α^Iとb^Iからの励起の寄与をまとめて評価する数演算子である．

計算練習 14.3 $N^\perp$がフェルミオン的な寄与を含むことを調べるために，$r_1, r_2 > 0$として，$b^I_{-r_1} b^J_{-r_2}|\mathrm{NS}\rangle$に$N^\perp$を作用させたときの固有値が$r_1 + r_2$となることを示せ．

これで，NSセクターにおける状態のリストを作ることができる．数演算子の固有値によって，あるいは等価的に質量の自乗によって順序づけて示すと，リストの最初の部分は，以下のようになる．

$$\alpha'M^2 = -\frac{1}{2}, \; N^\perp = 0: \qquad\qquad\qquad\qquad |\mathrm{NS}\rangle \otimes |p^+, \vec{p}_T\rangle$$
$$\alpha'M^2 = 0, \quad N^\perp = \frac{1}{2}: \qquad\qquad\qquad b^I_{-1/2}|\mathrm{NS}\rangle \otimes |p^+, \vec{p}_T\rangle$$
$$\alpha'M^2 = \frac{1}{2}, \quad N^\perp = 1: \qquad\qquad \{\alpha^I_{-1}, b^I_{-1/2} b^J_{-1/2}\}|\mathrm{NS}\rangle \otimes |p^+, \vec{p}_T\rangle$$
$$\alpha'M^2 = 1, \quad N^\perp = \frac{3}{2}: \; \{\alpha^I_{-1} b^J_{-1/2}, b^I_{-3/2}, b^I_{-1/2} b^J_{-1/2} b^K_{-1/2}\}|\mathrm{NS}\rangle \otimes |p^+, \vec{p}_T\rangle$$
$$\tag{14.38}$$

$N^\perp = 0$の状態は$\alpha'M^2 = -\frac{1}{2}$となる．$N^\perp = \frac{1}{2}$の状態は質量を持たない．無質量状態は8個あり，それらはベクトル添字Iによって識別される．

計算練習 14.4 $N^\perp = \frac{3}{2}$には状態がいくつあるか？

状態がボソン的であれば$+1$，フェルミオン的であれば-1を与えるような演算子があると便利である．この演算子は通常$(-1)^F$と書かれ，Fはフェルミオン数を表す．つまりフェルミオン数が偶数の状態はボソン的，フェルミオン数が奇数の状態はフェルミオン的ということで，これは理に適っている．あらゆる状態について$(-1)^F$を計算するために，まず初めにNeveu-Schwarz基底状態$|\mathrm{NS}\rangle \otimes |p^+, \vec{p}_T\rangle$における$(-1)^F$の固有値を与えておく必要がある．我々はこれが$-1$であると宣言することにしよう．すなわち基底状態はフェルミオン的であると決めておく．

$$(-1)^F |\mathrm{NS}\rangle \otimes |p^+, \vec{p}_T\rangle = -|\mathrm{NS}\rangle \otimes |p^+, \vec{p}_T\rangle \tag{14.39}$$

一般の基本状態における$(-1)^F$の固有値は，基底状態による-1に，状態に含まれるフェルミオン振動子それぞれに対応する-1を必要な回数だけ掛けたものに等しい．したがって，一般の基本状態(14.30)にこれを作用させると，次のようになる．

$$(-1)^F |\lambda\rangle = -(-1)^{\sum_{r,J} \rho_{r,J}} |\lambda\rangle \tag{14.40}$$

この結果は，操作的には，$(-1)^F$ がすべてのフェルミオン演算子と反可換であると見なすことによって得られるものである．

$$\{(-1)^F, b_r^I\} = 0 \tag{14.41}$$

式(14.38)のリストに示した状態について再び考えよう．フェルミオン演算子は $N^\perp$ に対して半整数の寄与を持つので，$N^\perp$ が整数の状態は偶数個のフェルミオン振動子を持つはずである．したがって，整数の $N^\perp$ を持つすべての値に関して $(-1)^F = -1$ であり，これらはフェルミオン的な状態である．$N^\perp$ が半整数のすべての状態は，奇数個のフェルミオン振動子を持つので $(-1)^F = +1$ となり，これらはボソン的な状態である．ボソン的な状態の中には，式(14.38)の 2 行目に示してある 8 個の無質量状態が含まれている．

ここまで論じてきた状態のフェルミオン的もしくはボソン的な性質は，(τ, σ)-世界面に限定されたものであり，そこでは Ψ がフェルミオンである．我々は後から，上の状態が時空内においてフェルミオンかボソンかという問題を論じる予定である．

14.5 Ramondセクター

式(14.26)の Ramond(ラモン) 境界条件の方では，Ψ^I が周期的であり，これを整数モードの振動子によって展開することができる．

$$\Psi^I(\tau, \sigma) \sim \sum_{n \in \mathbf{Z}} d_n^I e^{-in(\tau-\sigma)} \tag{14.42}$$

Ψ^I は反可換なので，振動子 d_n^I も反可換な演算子である．ここでもモード番号が負の振動子 d_{-1}^I, d_{-2}^I, d_{-3}^I, ... は生成演算子，モード番号が正の振動子 d_1^I, d_2^I, d_3^I, ... は消滅演算子である．Ramond振動子は反交換関係を満たす．

$$\{d_m^I, d_n^J\} = \delta_{m+n,0}\, \delta^{IJ} \tag{14.43}$$

NSセクターの場合と同様に，Ramond生成演算子はすべて互いに反可換であり，必然的に，それぞれのモード状態について最大 1 回まで現れることができる．

Ramondフェルミオンに関しては，ゼロモード d_0^I が 8 個あって，これらを注意深く扱う必要があるので，NSフェルミオンの場合よりも複雑になる．これらの 8 個の演算子は，単純な線形結合へと組織化されて，4 つの生成演算子と 4 つの消滅演算子になることが判明する．この 4 つの生成演算子を，

$$\xi_1, \xi_2, \xi_3, \xi_4 \tag{14.44}$$

と書くことにする．これらの生成演算子はゼロモードに関するものなので，状態の質量には寄与を持たない．一意的な真空状態 $|0\rangle$ の存在を仮定すると，これらの生成演算子により $16 = 2^4$ の縮退した Ramond基底状態を構築することができる．この 16 個の状態のうち，8 個は $|0\rangle$ に対して ξ が偶数回作用した状態，残りの 8 個は $|0\rangle$ に ξ が奇数回作用した状態である．偶数の生成演算子を持つ 8 個の状態 $|R_a\rangle$ $(a = 1, 2, \ldots, 8)$ を具体的に書くと，次のようになる．

$$\text{状態 } |R_a\rangle : \begin{cases} |0\rangle \\ \xi_1\xi_2|0\rangle,\ \xi_1\xi_3|0\rangle,\ \xi_1\xi_4|0\rangle,\ \xi_2\xi_3|0\rangle,\ \xi_2\xi_4|0\rangle,\ \xi_3\xi_4|0\rangle \\ \xi_1\xi_2\xi_3\xi_4|0\rangle \end{cases} \tag{14.45}$$

奇数個の生成演算子を持つ 8 個の状態 $|R_{\bar{a}}\rangle$ $(\bar{a} = \bar{1}, \bar{2}, \ldots, \bar{8})$ は以下のように表される.

$$\text{状態 } |R_{\bar{a}}\rangle : \begin{cases} \xi_1|0\rangle, \ \xi_2|0\rangle, \ \xi_3|0\rangle, \ \xi_4|0\rangle, \\ \xi_1\xi_2\xi_3|0\rangle, \ \xi_1\xi_2\xi_4|0\rangle, \ \xi_1\xi_3\xi_4|0\rangle, \ \xi_2\xi_3\xi_4|0\rangle, \end{cases} \tag{14.46}$$

状態 $|R_a\rangle$ と状態 $|R_{\bar{a}}\rangle$ によって, Ramond 基底状態の縮退した完全な組が構成される. これを $|R_A\rangle$ $(A = 1, \ldots, 16)$ と表記する. 状態空間における Ramond セクターは, 次のように表される状態を含む.

$$\text{R セクター} : |\lambda\rangle = \prod_{I=2}^{9} \prod_{n=1}^{\infty} \left(\alpha^I_{-n}\right)^{\lambda_{n,I}} \prod_{J=2}^{9} \prod_{m=1}^{\infty} \left(d^J_{-m}\right)^{\rho_{m,J}} |R_A\rangle \otimes |p^+, \vec{p}_T\rangle \tag{14.47}$$

$\rho_{m,J}$ の値は 0 か 1 かに限られる.

NS セクターと同様に, Ramond セクターにも $(-1)^F$ 演算子を導入できる. この演算子は, ゼロモードを含むすべてのフェルミオン振動子と反可換である.

$$\{(-1)^F, d^I_n\} = 0 \tag{14.48}$$

そして, 慣例に従い, 我々は $|0\rangle$ がフェルミオン的であると宣言する.

$$(-1)^F |0\rangle = -|0\rangle \tag{14.49}$$

したがって, 8 個の $|R_a\rangle$ 状態はフェルミオン的であり, 8 個の $|R_{\bar{a}}\rangle$ 状態はボソン的である.

R セクターにおける正規順序化を施す前の質量の自乗の演算子は, 次式で与えられる.

$$M^2 = \frac{1}{\alpha'} \left(\frac{1}{2} \sum_{p \neq 0} \alpha^I_{-p} \alpha^I_p + \frac{1}{2} \sum_{n \in \mathbf{Z}} n d^I_{-n} d^I_n \right) \tag{14.50}$$

R フェルミオンに関して, 正規順序化の必要な項は次の通りである.

$$\frac{1}{2} \sum_{n=-1,-2,\ldots} n d^I_{-n} d^I_n = -\frac{1}{2} \sum_{n=1,2,\ldots} n d^I_n d^I_{-n}$$
$$= \frac{1}{2} \sum_{n=1,2,\ldots} n d^I_{-n} d^I_n - \frac{1}{2}(D-2)(1+2+3+\cdots)$$
$$= \frac{1}{2} \sum_{n=1,2,\ldots} n d^I_{-n} d^I_n + \frac{1}{24}(D-2) \tag{14.51}$$

つまり, (周期的な) Ramond フェルミオンからの正規順序化による寄与は,

$$a_R = \frac{1}{24} \tag{14.52}$$

であることが分かった. これは正確に a_B と相殺する数値である. ボソン的な座標 X^I の数と Ramond フェルミオンは同数なので, それぞれによる正規順序化定数への寄与は打ち消しあって, 式 (14.50) は次のようになる.

$$M^2 = \frac{1}{\alpha'} \sum_{n \geq 1} \left(\alpha^I_{-n} \alpha^I_n + n d^I_{-n} d^I_n \right) \tag{14.53}$$

この式は，すべての Ramond 基底状態が質量を持たないことを含意する．

質量レベルの異なる状態のリストを示してみよう．

$$\alpha'M^2 = 0: \quad\quad\quad\quad\quad\quad |R_a\rangle \quad\quad \| \quad |R_{\bar{a}}\rangle$$

$$\alpha'M^2 = 1: \quad\quad\quad \alpha^I_{-1}|R_a\rangle, d^I_{-1}|R_{\bar{a}}\rangle \quad \| \quad \alpha^I_{-1}|R_{\bar{a}}\rangle, d^I_{-1}|R_a\rangle$$

$$\alpha'M^2 = 2: \quad \{\alpha^I_{-2}, \alpha^I_{-1}\alpha^J_{-1}, d^I_{-1}d^J_{-1}\}|R_a\rangle \quad \| \quad \{\alpha^I_{-2}, \alpha^I_{-1}\alpha^J_{-1}, d^I_{-1}d^J_{-1}\}|R_{\bar{a}}\rangle$$

$$\{\alpha^I_{-1}d^J_{-1}, d^I_{-2}\}|R_{\bar{a}}\rangle \quad \| \quad \{\alpha^I_{-1}d^J_{-1}, d^I_{-2}\}|R_a\rangle$$

(14.54)

上のリストでは，同じ質量レベルの状態を，2つのグループに分けている．左側は $(-1)^F = -1$ であり (フェルミオン的状態)，右側は $(-1)^F = +1$ である (ボソン的状態)．左側の各々の状態に対して，右側にはそれに対応してフェルミオンの偶奇が異なる基底状態から構築された状態が存在することに注意してもらいたい．すべての質量レベルにおいて，ボソン的な状態とフェルミオン的な状態が等しい数だけ現れることは，超対称性を示唆している．しかしながら，これは世界面における超対称性である．後から見るように，時空における超対称性は，Ramond セクターと Neveu-Schwarz セクターを組み合わせた後に現れることになる．

14.6　状態の勘定

超対称な理論を構築する前に，議論の本筋から少々それて，弦理論が指定された任意の質量レベルにおいて持つ状態の数を数える方法を学ぶ．本節の目的は，NS セクターと R セクターに関して，状態数を具体的に与えるような母関数 (generating function) を得ることにある．

この母関数は，状態数に関する情報を，その冪展開の中に含んでいる．典型的な形として，我々が得たい関数 $f(x)$ は，

$$f(x) = \sum_{n=0}^{\infty} a(n) x^n \tag{14.55}$$

と展開したときに，$a(n)$ がたとえば $N^\perp = n$ の状態数を与えるような関数である．仮に，ただひとつの振動子 $a_1^\dagger$ があるものと仮定しよう．そうすると，$N^\perp = 0$ の状態は $|0\rangle$ ひとつだけ，$N^\perp = 1$ の状態は $a_1^\dagger|0\rangle$ ひとつ，そして $N^\perp = k$ の状態としてそれぞれ $(a_1^\dagger)^k|0\rangle$ という状態がひとつずつ存在する．したがって，この系に対応する母関数 $f_1(x)$ は，次のように与えられる．

$$f_1(x) = 1 + x + x^2 + x^3 + \cdots = \frac{1}{1-x} \tag{14.56}$$

次に，モード番号2を持つ振動子 $a_2^\dagger$ がひとつだけある系を仮定する．そうすると，ひとつの真空状態と，$N^\perp$ が偶数の場合にそれぞれひとつの状態を得ることになり，母関数 $f_2(x)$ は次の形になる．

$$f_2(x) = 1 + x^2 + x^4 + x^6 + \cdots = \frac{1}{1-x^2} \tag{14.57}$$

ここで，次のように問うてみる．$a_1^\dagger$ と $a_2^\dagger$ を両方用いて構築される状態に対応する母関数 $f_{12}(x)$ はどうなるだろうか？ これらの状態を得るために，我々はすべての演算子積を，第 1 の因子が $a_1^\dagger$ によって構築され，第 2 の因子が $a_2^\dagger$ によって構築されるようにして形成する．状態を構築する際に，まず基底状態を除き，振動子同士を掛け合わせてから基底状態を復活させるという手続きを行う．そうすると，f_{12} は f_1 と f_2 の積によって与えられることになる．

$$(1 + x + x^2 + x^3 + \cdots)(1 + x^2 + x^4 + x^6 + \cdots) \tag{14.58}$$

想像を助けるために，母関数の上に各状態の振動子成分を置いてみればよい．

$$\left(1 + a_1^\dagger x + (a_1^\dagger)^2 x^2 + (a_1^\dagger)^3 x^3 + \cdots\right)\left(1 + a_2^\dagger x^2 + (a_2^\dagger)^2 x^4 + (a_2^\dagger)^3 x^6 + \cdots\right)$$

これを見ると，すべての可能な状態がこれによって構築され，$N^\perp = k$ の状態が x^k を伴って現れることが明白である．このことは式(14.58)が正しい答えであることを示している．

$$f_{12}(x) = f_1(x)f_2(x) = \frac{1}{1-x}\frac{1}{1-x^2} \tag{14.59}$$

すべてのモード番号の振動子 $a_1^\dagger, a_2^\dagger, a_3^\dagger, \cdots$ を用いるならば，母関数は次のようになる．

$$f(x) = \prod_{n=1}^{\infty} \frac{1}{1-x^n} = \frac{1}{1-x}\frac{1}{1-x^2}\frac{1}{1-x^3}\cdots \tag{14.60}$$

上述のように掛け算を利用する方法は全く一般的なものである．A 型の振動子によって形成される状態空間とその母関数 $f_A(x)$，および B 型の振動子によって形成される状態空間とその母関数 $f_B(x)$ を考えてみよう．このとき，A 型と B 型の両方の振動子によって構築される状態空間に関する母関数は $f_{AB}(x) = f_A(x)f_B(x)$ である．

ひとつの応用として，ボソン的な開弦理論に関する母関数を計算する．この理論では，すべてのモード番号の振動子が存在するが，それらは 24 種類あって，それぞれが光錐座標の各横方向に対応する．各々の種類の振動子が母関数(14.60)を与えるので，ボソン的な弦理論に関する全母関数は，式(14.60)を 24 乗することによって得られる．

$$\prod_{n=1}^{\infty} \frac{1}{(1-x^n)^{24}} \tag{14.61}$$

質量の自乗は $N^\perp$ よりも物理的なので，母関数を定義するために $N^\perp$ の代わりに $\alpha' M^2$ を用いると便利である．$\alpha' M^2$ を基調とする母関数において，x^k の係数は $\alpha' M^2 = k$ の状態数を与える．ボソン的な開弦では $\alpha' M^2 = N^\perp - 1$ なので，$\alpha' M^2$ 母関数は，$N^\perp$ 母関数を x の 1 乗で割ることによって得られる．したがってボソン的な開弦理論の $\alpha' M^2$ 母関数 $f_{os}(x)$ は，次式になる．

$$f_{os}(x) = \frac{1}{x}\prod_{n=1}^{\infty} \frac{1}{(1-x^n)^{24}} \tag{14.62}$$

数式処理ソフトウエアを使うと，次の結果が得られる．

$$f_{os}(x) = \frac{1}{x} + 24 + 324x + 3200x^2 + 25650x^3 + 176256x^4 + \cdots \tag{14.63}$$

この式は，$\alpha'M^2 = -1$ においてひとつのタキオン状態があり，質量のない Maxwell 場の状態が 24 個あり，$\alpha'M^2 = +1$ の状態が 324 個あることを思い起こさせる (12.6 節)．

計算練習 14.5 二項公式を用いて，$f_{os}(x)$ を $\mathcal{O}(x^2)$ まで手で計算せよ．

計算練習 14.6 $\alpha'M^2 = 2$ の状態をすべて具体的に構築し，それらを数え，実際に 3200 個の状態があることを証明せよ．問題 12.11 の公式が有用となるかも知れない．

NS セクターと R セクターの母関数を得るために，フェルミオン振動子によって構築された状態を数える方法を学ぶ必要がある．幸いこれは簡単である．再び $N^\perp$ を用いることから始めて，まず $N^\perp$ へ r の寄与を持つ生成演算子 f_{-r} がひとつだけあると仮定する．この振動子に関して我々が構築できるのは $|0\rangle$ と $f_{-r}|0\rangle$ の 2 つだけである．したがって母関数 $f_r(x)$ は次式になる．

$$f_r(x) = 1 + x^r \tag{14.64}$$

NS セクターは $b^I_{-1/2}, b^I_{-3/2}, \ldots$ という振動子を含み，これらは I の異なる 8 種類のものがあるので，これらに関する母関数は次のようになる．

$$\left[(1+x^{1/2})(1+x^{3/2})(1+x^{5/2})\cdots\right]^8 = \prod_{n=1}^\infty \left(1 + x^{n-\frac{1}{2}}\right)^8 \tag{14.65}$$

ここで $\alpha'M^2 = N^\perp - \frac{1}{2}$ の関係と，ボソン的にも 8 通りの座標が選べることを念頭に置くと，NS セクターにおける $\alpha'M^2$ を基調とする母関数 $f_{\text{NS}}(x)$ は，次式で与えられる．

$$f_{\text{NS}}(x) = \frac{1}{\sqrt{x}} \prod_{n=1}^\infty \left(\frac{1 + x^{n-\frac{1}{2}}}{1 - x^n}\right)^8 \tag{14.66}$$

最初の数項まで展開すると，次式を得る．

$$f_{\text{NS}}(x) = \frac{1}{\sqrt{x}} + 8 + 36\sqrt{x} + 128x + 402x\sqrt{x} + 1152x^2 + \cdots \tag{14.67}$$

この展開により，$\alpha'M^2 = -1/2$ におけるタキオンがひとつと，質量のない状態が 8 個と，$\alpha'M^2 = 1/2$ の状態が 36 個存在すること等々が示されている．これらに対応する状態は，式 (14.38) に与えられている．

Ramond セクターにおいては $\alpha'M^2 = N^\perp$ でオフセットがない．フェルミオン振動子 $d^I_{-1}, d^I_{-2}, \ldots$ によって構築される状態をすべて考えると，次式が得られる．

$$f_R(x) = 16 \prod_{n=1}^\infty \left(\frac{1+x^n}{1-x^n}\right)^8 \tag{14.68}$$

式全体に掛かっている係数因子は，振動子の組合せが，それぞれの基底状態に作用することによって 16 個の状態が生じることによる因子である．式 (14.68) を冪展開すると，次のようになる．

$$f_R(x) = 16 + 256x + 2304x^2 + 15360x^3 + \cdots \tag{14.69}$$

NS 母関数は，x の整数冪と半整数冪を両方とも含むが，R 母関数は x の整数冪しか含まない．両者の冪展開の係数を比較すると，R 母関数における係数は，NS 母関数において対応する次数の係数の倍になっていることに気付く．これが偶然の一致でないことを，次節において見る．

14.7 開いた超弦

我々はRamondセクターが世界面で超対称性を持つことを見た．すなわちRセクターでは，それぞれの質量レベルにおいてフェルミオン的な状態とボソン的な状態が同じ数だけ存在している．例として基底状態を考えると，ゼロモード d_0^I の4通りの線形結合を $|0\rangle$ に作用させることにより，16個の基底状態が得られた．それらは $(-1)^F$ が反対の値を持つ2つのグループ $|R_a\rangle$ と $|R_{\bar{a}}\rangle$ に分類された．

d_0^I はLorentz添字を持つので，Lorentzベクトルを形成しており，Lorentz変換の下でベクトル成分として変換する．しかしながら基底状態はゼロモードそのものではなく，複雑な方法で構築されているので(式(14.45), (14.46)参照)ベクトルのようには変換"しない"．Lorentz変換の下で，$|R_a\rangle$ はそれらの中で変換し，$|R_{\bar{a}}\rangle$ についてもそのようになる．両者は"スピノル"(spinor)として変換するが，これは"時空における"フェルミオンの状態に関して適切となる別種の変換である．添字 a と添字 $\bar{a}$ は両方ともスピノル添字であるが，両者はいくらか異なったスピノルを表す．このことは10次元時空において2種類の異なるフェルミオンが存在するという事実を反映している．奇妙なことだが，フェルミオンをひとつだけ扱う場合に，それがどちらの種類であるかを言い当てる方法はない．しかしふたつのフェルミオンを扱うならば，それらが同じ種類か異なる種類かを言うことができる．

それならば，我々はRセクターの基底状態から2種類の時空フェルミオンを得るべきだろうか？ その答えがノーであると信ずるべき理由が2つある．第1に，時空フェルミオンを $|R_a\rangle$ と $|R_{\bar{a}}\rangle$ の"両方"から得ることは，これらの状態が異なる $(-1)^F$ の値を持ち，異なる交換性を持つことを考えると奇妙である．第2に，2種類の時空フェルミオンを用いると，我々は時空における超対称性を得ることができなくなる．代案として $|R_a\rangle$ を時空のフェルミオン，$|R_{\bar{a}}\rangle$ を時空のボソンと同定しようとしても，うまくいかない．時空のボソンはスピノル添字を持ち得ないからである．

ここで次の戦略が見えてくる．Rセクターのすべての状態がスピノル添字を持つので，我々は時空フェルミオンをこのセクターだけから得ることを試みる．また我々は $(-1)^F$ が同じ値を持つ状態から，すべてのフェルミオンが現れるべきものと認識する．我々はGliozzi, Scherk and Olive に倣って，たとえばRamondセクターを，$(-1)^F = -1$ の状態だけを含む集合にまで縮小(truncate)するような射影を施すことができる(GSO射影)．式(14.54)において左側に示した状態が，ここに含まれる状態である．慣行に従い，これらの世界面におけるフェルミオン的な状態が，時空におけるフェルミオン状態に対応するものと認知する．この縮小されたセクターはR−セクターと呼ばれる．R+セクターは $(-1)^F = +1$ となるR状態の集合と定義される．R+セクターも，それぞれの質量レベルにおいて，R−セクターと同数の状態を持っている．

上述のようにRamondセクターの状態空間を縮小すると，母関数(14.68)が次式に変更される．

$$f_{R-}(x) = 8 \prod_{n=1}^{\infty} \left(\frac{1+x^n}{1-x^n} \right)^8 \tag{14.70}$$

つまりここで振動子の組合せが作用するのは，$(-1)^F = -1$ となるタイプの8個の基底状態に限られる．上式を冪展開すると，

$$f_{R-}(x) = 8 + 128x + 1152x^2 + 7680x^3 + 42112x^4 + \cdots \tag{14.71}$$

14.7. 開いた超弦

となる。ここでは質量のないフェルミオン的な状態が8個存在する。

NSセクターについて再度考えてみよう (式(14.38)参照)。ここではスピノル添字を持つ状態がないので、我々はこのセクターから時空のボソンを得ることを試みたい。基底状態 $|NS\rangle \otimes |p^+, \vec{p}_T\rangle$ はタキオン状態で、$(-1)^F = -1$ である。質量のない状態 $b^I_{-1/2}|NS\rangle \otimes |p^+, \vec{p}_T\rangle$ はLorentzベクトルの添字を持ち、これらは自然に10次元時空のMaxwellゲージ場から生じる8個の光子に同定される。我々はこれらの8個の状態と、Rセクターにおける8個の質量のないフェルミオン的な状態との対応関係を保持したい。$(-1)^F$ の値が共通の状態からすべてのボソンが生じるべきなので、NSセクターを $(-1)^F = +1$ の状態の集合へと縮小することにする。これがいわゆるNS+セクターである。NS+セクターは無質量状態を含んでいるが、タキオン状態は捨て去られている。更に、前にも述べたように、$(-1)^F = +1$ の状態はすべて奇数個のフェルミオン振動子を含み、$\alpha'M^2$ が整数である。NS+セクターにおける質量のスペクトルは、R-セクターにおけるそれと一致している。他方、NS-セクターはNSセクターの中の $(-1)^F = -1$ のすべての状態の集合として定義される。NS-セクターはタキオンを含む。

上述の結果は、R-セクターとNS+セクターの組合せによって定義される開弦理論が、超対称なスペクトルを持つことを強く示唆する。実際、NS母関数(14.67)において $\alpha'M^2$ が整数の質量レベルをそれぞれ見ると、R-セクターの母関数(14.71)との間に縮退関係が認められる。

すべてのレベルにおいて、フェルミオン的な状態とボソン的な状態の数が整合するかどうかを見るために、NS+セクターに関する母関数 $f_{NS+}(x)$ が必要となる。式(14.66)の $f_{NS}(x)$ において、分子の各因子の中の加算を減算に変更してみる。

$$\frac{1}{\sqrt{x}} \prod_{n=1}^{\infty} \left(\frac{1 - x^{n-\frac{1}{2}}}{1 - x^n} \right)^8 \tag{14.72}$$

そうすると、その変更の影響としては、母関数の各項の中で、奇数個のフェルミオンから生じる状態に関する項の符号が変わることだけである。これらは我々が残したい状態に対応しているので、望ましい母関数は式(14.72)から式(14.66)を差し引いて、2で割ることによって与えられる。

$$f_{NS+}(x) = \frac{1}{2\sqrt{x}} \left[\prod_{n=1}^{\infty} \left(\frac{1 + x^{n-\frac{1}{2}}}{1 - x^n} \right)^8 - \prod_{n=1}^{\infty} \left(\frac{1 - x^{n-\frac{1}{2}}}{1 - x^n} \right)^8 \right] \tag{14.73}$$

時空の超対称性を持つためには、$f_{NS+}(x) = f_{R-}(x)$ となる必要がある。これを具体的に書くと次式になる。

$$\frac{1}{2\sqrt{x}} \left[\prod_{n=1}^{\infty} \left(\frac{1 + x^{n-\frac{1}{2}}}{1 - x^n} \right)^8 - \prod_{n=1}^{\infty} \left(\frac{1 - x^{n-\frac{1}{2}}}{1 - x^n} \right)^8 \right] = 8 \prod_{n=1}^{\infty} \left(\frac{1 + x^n}{1 - x^n} \right)^8 \tag{14.74}$$

この恒等式は、Carl Gustav Jacob Jacobi(ヤコビ)による楕円関数に関する1829年の論文において証明されている。Jacobi は式(14.74)を "不明瞭な恒等式" (*aequatio identica satis abstrusa*) と呼んだ。現在、この恒等式は超対称な弦理論の基礎において鍵となる式と認識されている。臨界次元が10次元であることも、この恒等式において両辺が8乗の因子の項から成ることから見て取ることができる。

ここで構築された開いた超弦の理論は，全空間を満たした単一のD9-ブレインを持つ理論である．タキオンが含まれない理論なので，このD-ブレインは安定である．

14.8 閉じた超弦

第13章において我々は，閉弦の理論が，左進セクターと右進セクターに対応する開弦理論の複製を乗法的に組み合わせることによって得られることを見た．閉じた超弦についても同じことが言える．開いた超弦は2つのセクター（NSとR）を持つので，閉弦における各セクターは，左進セクター（NSまたはR）と右進セクター（NSまたはR）を組み合わせる4通りの方法によって形成される．したがって，以下のように閉弦のセクターが4つ得られる．

$$\text{閉弦のセクター}: (\text{NS}, \text{NS}), (\text{NS}, \text{R}), (\text{R}, \text{NS}), (\text{R}, \text{R}) \tag{14.75}$$

慣行として，$(\cdot, \cdot)$ という表記において，左側が左進セクターを表し，右側が右進セクターを表すものと見なす．また，LセクターとRセクターにおいてフェルミオン性を評価する演算子をそれぞれ $(-1)^{F_L}$ および $(-1)^{F_R}$ とする．開弦において，時空のボソンはNSセクターから現れ，時空のフェルミオンはRセクターから現れた．閉じた超弦理論において，時空のボソンは(NS, NS)セクターからだけでなく，(R, R)セクターからも生じる．後者は"2重に"フェルミオン的だからである．時空のフェルミオンは(NS, R)セクターと(R, NS)セクターから生じる．

超対称性を備えた閉弦理論を得るために，上述の4つのセクターを縮小しなければならない．左進セクターと右進セクターをそれぞれ縮小することによって，全体として矛盾のない縮小を行える．たとえば，次のように取ってみる．

$$\text{左進セクター}: \begin{Bmatrix} \text{NS}+ \\ \text{R}- \end{Bmatrix}, \quad \text{右進セクター}: \begin{Bmatrix} \text{NS}+ \\ \text{R}+ \end{Bmatrix} \tag{14.76}$$

これらのセクターを乗法的に組み合わせることにより，IIA型の超弦が持つ4つのセクターが見いだされる．

$$\text{IIA型}: (\text{NS}+, \text{NS}+), (\text{NS}+, \text{R}+), (\text{R}-, \text{NS}+), (\text{R}-, \text{R}+) \tag{14.77}$$

閉弦理論において，質量の自乗は，次式に従って与えられる．

$$\frac{1}{2}\alpha' M^2 = \alpha' M_L^2 + \alpha' M_R^2 \tag{14.78}$$

M_L^2 と M_R^2 は，それぞれ左進セクターおよび右進セクターに充てるために用いた開弦理論における質量の自乗の演算子を表す．閉弦に適合させるために，状態間のレベル整合条件 $\alpha_0^- = \bar{\alpha}_0^-$ も想定される．この条件によって，左進セクターと右進セクターから質量の自乗に対して同じ寄与が保証される．すなわち $\alpha' M_L^2 = \alpha' M_R^2$ である．左進セクターと右進セクターの質量レベルが整合しなければ，閉弦の状態を形成することができない．

IIA型の超弦はタキオン状態を持たず，質量のない状態は，いろいろなセクターからの無質量状態の組合せとして得られる．

14.8. 閉じた超弦

$$(\text{NS}+, \text{NS}+) : \quad \bar{b}^I_{-1/2}|\text{NS}\rangle_L \otimes b^J_{-1/2}|\text{NS}\rangle_R \otimes |p^+, \vec{p}_T\rangle \tag{14.79}$$

$$(\text{NS}+, \text{R}+) : \quad \bar{b}^I_{-1/2}|\text{NS}\rangle_L \otimes |R_{\bar{b}}\rangle_R \otimes |p^+, \vec{p}_T\rangle \tag{14.80}$$

$$(\text{R}-, \text{NS}+) : \quad |R_a\rangle_L \otimes b^J_{-1/2}|\text{NS}\rangle_R \otimes |p^+, \vec{p}_T\rangle \tag{14.81}$$

$$(\text{R}-, \text{R}+) : \quad |R_a\rangle_L \otimes |R_{\bar{b}}\rangle_R \otimes |p^+, \vec{p}_T\rangle \tag{14.82}$$

式(14.79)の状態は2つの独立なベクトル添字 I, J を持ち、これらはそれぞれ8通りの値を取る。したがって64個のボソン的状態が存在する。ボソン的な閉弦における質量のない状態と同様に、この状態は2つのLorentz添字を伴っている。したがって我々は重力子と、Kalb-Ramond場と、ディラトンを得たことになる。

$$(\text{NS}+, \text{NS}+)\text{の無質量場}: g_{\mu\nu},\, B_{\mu\nu},\, \phi \tag{14.83}$$

計算練習 14.7 10次元時空における重力子状態、Kalb-Ramond状態、ディラトン状態の数を勘定せよ。それらの総和が64個になることを確認せよ。

式(14.80)と式(14.81)に示した状態はRamond真空をひとつだけ含むので、時空のフェルミオンである。$a = 1, \ldots, 8$ および $\bar{b} = \bar{1}, \ldots, \bar{8}$ により、これらは全部で $2 \times 8 \times 8 = 128$ 個のフェルミオン状態を与える。最後に、式(14.82)は2つのR基底状態の積を含むので"2重に"フェルミオン的であり、したがって時空における"ボソン"を与える。無質量の(R−, R+)ボソン状態は $8 \times 8 = 64$ 個ある。式(14.79)のNS-NS状態と合わせて、閉じた超弦の質量のないボソン状態は全部で128個になる。超対称性から要請される通りに、この数はR-NSセクターとNS-Rセクターにおける無質量フェルミオン状態の数128個と一致している。

式(14.76)において、R+セクターとR−セクターを入れ替えても、同じIIA型の超弦理論が得られるはずである。つまり、縮小した左進Rセクターと右進Rセクターが、互いに異なるタイプのものであれば、そこからIIA型の理論が形成される。

左進部分と右進部分のRamondセクターとして、同じものを選ぶならば、IIB型と呼ばれる別の理論が得られる。

$$\text{左進セクター}: \begin{Bmatrix} \text{NS}+ \\ \text{R}- \end{Bmatrix}, \quad \text{右進セクター}: \begin{Bmatrix} \text{NS}+ \\ \text{R}- \end{Bmatrix} \tag{14.84}$$

これらの組合せは、次のようになる。

$$\text{IIB型}: (\text{NS}+, \text{NS}+),\ (\text{NS}+, \text{R}-),\ (\text{R}-, \text{NS}+),\ (\text{R}-, \text{R}-) \tag{14.85}$$

この理論における無質量状態は、以下のように与えられる。

$$(\text{NS}+, \text{NS}+) : \quad \bar{b}^I_{-1/2}|\text{NS}\rangle_L \otimes b^J_{-1/2}|\text{NS}\rangle_R \otimes |p^+, \vec{p}_T\rangle \tag{14.86}$$

$$(\text{NS}+, \text{R}-) : \quad \bar{b}^I_{-1/2}|\text{NS}\rangle_L \otimes |R_b\rangle_R \otimes |p^+, \vec{p}_T\rangle \tag{14.87}$$

$$(\text{R}-, \text{NS}+) : \quad |R_a\rangle_L \otimes b^I_{-1/2}|\text{NS}\rangle_R \otimes |p^+, \vec{p}_T\rangle \tag{14.88}$$

$$(\text{R}-, \text{R}-) : \quad |R_a\rangle_L \otimes |R_b\rangle_R \otimes |p^+, \vec{p}_T\rangle \tag{14.89}$$

式(14.84)におけるR−セクターを、両方ともR+セクターに置き換えても、同じIIB型の理論が得られる。

IIA型の理論でもIIB型の理論でも(NS+, NS+)ボソンは同じだが，R-Rボソンは異なる．IIA型理論において，無質量のR-RボソンはMaxwell場 A_μ と3つの添字を持つ反対称ゲージ場 $A_{\mu\nu\rho}$ を含む．IIB型の理論において，無質量のR-Rボソンはスカラー場 A と Kalb-Ramond 場 $A_{\mu\nu}$ と，4つの添字を持つ全反対称なゲージ場 $A_{\mu\nu\rho\sigma}$ を含む．R-R無質量場についてまとめると，次のようになる§．

IIA型におけるR-R無質量場： $A_\mu, A_{\mu\nu\rho}$ (14.90)

IIB型におけるR-R無質量場： $A, A_{\mu\nu}, A_{\mu\nu\rho\sigma}$ (14.91)

上に挙げたR-R場は，II型超弦理論における"安定な"D-ブレインの存在に深く関係している．このことは16.4節で論じるが，そこでは安定なD-ブレインがチャージを持つことを説明する予定である．前章までのボソン的な弦理論では，すべてのDp-ブレインが不安定であり，それらがチャージを持つことはない．

式(14.75)に示した各セクターに対する上述の2通りの縮小方法の下で，それぞれ超対称性を持つ閉弦理論が導かれた．式(14.75)に対する他の縮小方法も無矛盾に実施できるが，得られる理論は超対称性を持たない．その場合にはNS－セクターを用いることになり，タキオンを含むスペクトルが生じてしまう．

計算練習 14.8 左進NS－セクターに対して，どのセクター(sector(s)) を組み合わせると，矛盾のない閉弦セクターが形成されるか？

II型の理論とは別に"ヘテロ型(heterotic)の"超弦理論が2種類存在する．これらは閉じた超弦の注目すべき理論である．II型の閉じた超弦は，開いた超弦の複製を左進部分と右進部分に充てた組合せによって得られたものである．しかしヘテロ型の弦では，開いた"ボソン的な弦"を左進部分，開いた"超弦"を右進部分として組み合わせるのである！ 左進部分におけるボソン的因子の26個のボソン的座標の中で，10個だけを右進部分の超弦因子のボソン的座標に対応させることができる．その結果，この閉弦は実効的な10次元時空の中に存在することになり，余分の16次元はゲージ対称性を担う内部空間として扱われる．ヘテロ型の弦から2種類の理論が導かれる．$E_8 \times E_8$ 型と，$SO(32)$ 型である．これらの呼称は，対称性を表す群の名前による．E_8 は例外群(exceptional group)の中で最大のものである（E は exceptional を意味する）．$SO(32)$ は，行列式が1の 32×32 直交行列によって表現される群である．ヘテロ型の $SO(32)$ 理論に関する議論は，問題14.5において取り上げる．

II型理論とヘテロ型の理論の他に，I型の理論も存在する．これは"無向の"閉弦と開弦による超対称な理論である．理論に含まれる状態が，弦の向きを反転させる操作の下で不変であれ

---

§（訳註）R-R場の添字は，ボソン的閉弦による場や NS-NS場とは違って単純なベクトル添字の組合せから形成されるのではなく，複数の添字を持つものに関しては，すべての添字について反対称な場だけがR-R場として生じる．II型の超弦(閉弦)において，時空ボソンは NS-NS場と R-R場から現れ，NS-NS場は IIA型と IIB型において共通なので ((NS+, NS+)：式(14.83))，II型の超弦理論におけるすべての無質量ボソン場をまとめると，次のようになる．

IIA型における無質量ボソン場： $g_{\mu\nu}, B_{\mu\nu}, \phi, A_\mu, A_{\mu\nu\rho}$

IIB型における無質量ボソン場： $g_{\mu\nu}, B_{\mu\nu}, \phi, A, A_{\mu\nu}, A_{\mu\nu\rho\sigma}$

14.8. 閉じた超弦

ば，それは無向な理論である (問題12.12 および問題13.5)．II型とヘテロ型の理論は，有向の閉弦の理論である．

まとめると，10 次元時空における矛盾のない超弦理論の完全なリストは，次のようになる．

- IIA型　　　　　　(閉弦のみ)
- IIB型　　　　　　(閉弦のみ)
- $E_8 \times E_8$ ヘテロ型　(閉弦のみ)
- $SO(32)$ ヘテロ型　(閉弦のみ)
- I型　　　　　　　(閉弦と開弦)

これらの5種類の理論はすべて1980年代の半ばに認知されたものである[†]．その後すぐに，それらの理論の間にある程度の関係性が見いだされたが，より明白な描像は1990年代の半ばにようやく現れた．IIA型理論において，弦の結合を無限大に取った極限が11次元の理論を与えることが示された．これはM理論と呼ばれているが，Mの意味は理論の性質が明白になったときに決まるべきものとされる[‡]．しかしながらM理論は弦理論では"ない"ことが知られている．M理論は，膜 (membrane) すなわち 2-ブレインと，5-ブレインを含んでいるが，これらはD-ブレインではない．M理論は最終的に，弦理論を理解するために顕著な役割を演じることになるかも知れない．上に挙げた5種類の弦理論の間に更に多くの関係性が発見され，M理論も見いだされたことは，我々が本当は"ただひとつの理論"を持っているという状況を明らかにした．これは本質的な結果である．唯一の理論の存在が想定され，5種類の超弦理論とM理論は，この唯一の理論の異なる極限と見なされるのである[*]．

ボソン的な弦の理論が，上述の相互に関連した理論の組に含まれるべきものかどうかは不明である．ボソン的な弦は，超弦とは全く異なるように見える．しかしながら仮に"すべての"弦

[†](訳註) ここでは1980年代の摂動論的観点の下で「閉弦のみ」としてあるII型の超弦理論も，D-ブレインを導入して考えるならば開弦を併用することになる (第21章, 22.7節)．元々は開弦を含まず (したがって開弦のスピン1の無質量状態を利用してゲージ対称性を作り込むことができない)，ヘテロ型のような余分の内部空間次元も持たないII型理論は，その出発点においてゲージ対称性を備えていない．そのため当初，素粒子モデルの構築の試みにおいてII型理論は有望視されなかったが，D-ブレインと開弦の導入によってゲージ対称性 (Yang-Mills場) を扱えることが分かると (15.3節)，素粒子の現象論モデルへの応用も精力的に考察されるようになった (第21章, 21.5節)．D-ブレインは1995年に J. Polchinski によって理論的に発見された．

[‡](訳註) "M"は membrane (膜), matrix (母体・行列), mother, mystery などの様々な意味を暗示している．超弦理論の進展の経緯を表す言葉として，1984年のM. GreenとJ. Schwarzによる内部矛盾を含まないI理論 (開弦の端点にChan-Paton因子 [15.3節] を付けて $SO(32)$ 対称性を持たせることによって，量子異常などの内部矛盾を含まない理論を実現した) の発見を発端として起こった空前の超弦理論ブームを第1次革命，1995年の E. Witten (ウィッテン) によるM理論と双対性予想の提唱，およびJ. PolchinskiによるD-ブレインの発見を契機として起こった非摂動的な側面に比重を置いた超弦理論の発展を第2次革命と呼ぶことがある．

[*](訳註) これらの理論全体の関係性は双対性の概念に基づいて推測され明らかになった．II型の2つの理論同士，ヘテロ型の2つの理論同士は，T双対性 (コンパクト化半径 $R \leftrightarrow 1/R$ の双対性．第17章) によって互いに入れ替わる関係にある．またIIA型とM理論，$E_8 \times E_8$ ヘテロ型とM理論，I型と $SO(32)$ ヘテロ型の組合せは，S双対性 (結合定数 $g \leftrightarrow 1/g$ の双対性) によって関係づけられる．このようにして6つの理論のネットワーク構造が明らかにされたが，それぞれの理論は，それぞれの双対性の'両極端'の部分を代表しており，包括的な双対関係全体 (U双対性) を統括すべき唯一の理論の'中央部'は，未だ分かっていないという状況である．

理論が単一の理論であったならば，それは大変に興味深いことである．ボソン的な弦と超弦は，宇宙論的な解を通じて関係しているという提案もある．この問題に関して，我々はまだ最終結論を得るところには至っていない．

問題

14.1 ボソン的な状態の勘定．

 (a) 普通に交換可能な k 個の演算子 a^i $(i=1,\ldots,k)$ を考える．$a^{i_1}a^{i_2}$ のような形の積を何個構築できるか？ $a^{i_1}a^{i_2}a^{i_3}$ はどうか？ $a^{i_1}a^{i_2}a^{i_3}a^{i_4}$ はどうか？ ［ヒント：問題 12.11 の結果を利用せよ．］

 (b) $\alpha'M^2 = 3$ レベルの状態のリストを作って状態の数を勘定せよ．その結果が，式 (14.63) の母関数 $f_{os}(x)$ から予言される状態数と同じになることを確認せよ．

14.2 無向のボソン的な開弦理論に関する母関数．
無向のボソン的な開弦理論に関する母関数を書け．まず有向の理論に関する母関数 $f_{os}(x)$ から初めて，無向状態への射影を含意する項を加えよ．

14.3 開いた超弦の無質量レベル．

 (a) 8 個の反可換な変数 b^i $(i=1,\ldots,8)$ を考える．符号を無視すると，$b^{i_1}b^{i_2}$ という形の互いに等価でない積を何通り構築できるか？ $b^{i_1}b^{i_2}b^{i_3}$ はどうか？ $b^{i_1}b^{i_2}b^{i_3}b^{i_4}$ はどうか？

 (b) 開いた超弦の第 1 励起レベルと第 2 励起レベル（$\alpha'M^2 = 1$ と $\alpha'M^2 = 2$）を考える．NS セクターの状態と，R セクターの状態のリストを作れ．両方から同数の状態が得られることを確認せよ．

14.4 閉弦における縮退．
閉弦における左進励起と右進励起は，あたかもそれぞれが同じ $\alpha'M^2$ の値を持つ開弦の状態のように記述される．閉弦としての $\alpha'M^2$ の値は，その値の 4 倍になる．

 (a) ボソン的な閉弦の最初の 5 つの質量レベルについて，$\alpha'M^2$ の値と，その縮退の状況を述べよ．

 (b) IIA 型の閉じた超弦における最初の 5 つの質量レベルについて，ボソンとフェルミオンの縮退の状況を述べよ．IIB 型では答えは異なるか？

14.5 ヘテロ型 $SO(32)$ 超弦の状態の勘定．
ヘテロ型の（閉じた）超弦において，理論の右進部分には開いた超弦の理論を充ててある．それは NS セクターを持ち，その状態は NS 真空に対して振動子 α^I_{-n} と b^I_{-r} を作用させることによって構築される．またそれは R セクターも持ち，その状態は R 基底状態に対して振動子 α^I_{-n} と d^I_{-n} を作用させることによって構築される．添字 I は 8 通りの値を取る．NS+ と R− への標準的な GSO 射影を適用する．

問題 (第14章)

理論の左進部分には特殊なボソン的開弦の理論が充てられる．横方向のボソン的な24個の座標は，振動子 $\bar{\alpha}^I_{-n}$ を伴う8個の座標 X^I と，16個の非時空的な内部空間座標に分けられる．2次元物理の驚くべき事実として，後者のボソン的な16個の座標を32個の2次元左進"フェルミオン"場 λ^A ($A = 1, 2, \ldots, 32$) に置き換えることが許される．この(反可換な)フェルミオン場 λ^A は，この理論の左進部分も NS′ セクターと R′ セクターを持つことを含意する．プライム記号は，開いた超弦における通常のNSセクターやRセクターとの区別のために付けてある．

左進NS′セクターは，真空 $|NS'\rangle_L$ に対して振動子 $\bar{\alpha}^I_{-n}$ と λ^A_{-r} を作用させることで構築される．ここで，真空状態は $(-1)^{F_L} = +1$ であると宣言する．

$$(-1)^{F_L}|NS'\rangle_L = +|NS'\rangle_L$$

このセクターにおける"素朴な"質量公式は，次のように与えられる．

$$\alpha' M_L^2 = \frac{1}{2}\sum_{n \neq 0} \bar{\alpha}^I_{-n} \bar{\alpha}^I_n + \frac{1}{2}\sum_{r \in \mathbb{Z}+\frac{1}{2}} r\, \lambda^A_{-r} \lambda^A_r$$

左進R′セクターは，R′ 基底状態に対して振動子 $\bar{\alpha}^I_{-n}$ と λ^A_{-n} を作用させることによって構築される．このセクターの素朴な質量公式は次式になる．

$$\alpha' M_L^2 = \frac{1}{2}\sum_{n \neq 0} \left(\bar{\alpha}^I_{-n} \bar{\alpha}^I_n + n\, \lambda^A_{-n} \lambda^A_n \right)$$

この問題では，運動量のラベルは不要なので省略する．

(a) 左進NS′セクターを考える．質量の自乗の式を，振動子を正規順序化し，適切な正規順序化定数を加えた形で正確に書け．ここでの GSO 射影において，$(-1)^{F_L} = +1$ の状態が残される．これにより左進 NS′+ セクターが定義される．下から3つめまでの質量レベルについて，具体的に状態を書いて勘定し，それぞれに対応する $\alpha' M_L^2$ の値を示せ．[これは長いリストになる．]

(b) 左進R′セクターを考える．質量の自乗の式を，振動子を正規順序化し，適切な正規順序化定数を加えた形で正確に書け．我々は32個のゼロモード λ^A_0 と，生成演算子として振舞う16個の線形結合を持つことになる．Rセクターと同様に，基底状態の半分は $(-1)^{F_L} = +1$ で，残りの半分は $(-1)^{F_L} = -1$ である．$(-1)^{F_L} = +1$ の基底状態を $|R_\alpha\rangle_L$ と表記する．$|R_\alpha\rangle_L$ はいくつあるか？ $(-1)^{F_L} = +1$ の状態だけを残すと，これが R′+ セクターの定義となる．下から2つめまでの質量レベルについて，具体的に状態を書いて勘定し，それぞれに対応する $\alpha' M_L^2$ の値を示せ．[これは (a) のリストよりも短い．]

"ヘテロ型"の弦の任意の質量レベル $\alpha' M^2 = 4k$ において，時空のボソンは，$\alpha' M_L^2 = k$ の"すべての"左進状態 (NS′+ と R′+ を伴う) を，$\alpha' M_R^2 = k$ の右進NS+状態と"組み合わせる"ことによって得られる．同様に，時空のフェルミオンは，$\alpha' M_L^2 = k$ のすべての左進状態 (NS′+ と R′+ を伴う) を，$\alpha' M_R^2 = k$ の右進R−状態と組み合わせることによって得られる．左進状態もしくは右進状態の一方が無いような質量レベルにおいては，ヘテロ型の弦の状態を形成することができない．

(c) ヘテロ型の弦理論において，タキオン状態は存在するか？ この理論における無質量状態を書き (ボソンおよびフェルミオン)，各ボソンに対応する場を記述せよ．ヘテロ型超弦理論において，$\alpha'M^2 = 4$ の状態の総数 (ボソンとフェルミオンの和) を計算せよ．
答え：18 883 584 状態．

(d) GSO射影によって縮小させた左進セクター (NS$'$+状態と R$'$+状態を両方含む) の全状態に関する母関数 $f_L(x) = \sum_r a(r)x^r$ を書け．$a(r)$ が $\alpha'M_L^2 = r$ の状態の数を与えるという流儀を採用すること．$f_L(x)$ と数式処理ソフトウエアを用いて，ヘテロ型超弦理論の $\alpha'M^2 = 8$ における状態の総数を見いだせ．
答え：6 209 372 160．

索引

＜あ行＞

Einstein の和の規約, 14
一般相対性理論, 56
Witt 代数, 251
宇宙弦 (宇宙紐), 143
M理論, 319
オービフォールド, 32
　　　　―におけるツイストしたセクター, 293
　　　　時空―, 40
　　　　C/Z_N―, 34
　　　　R^1/Z_2―, 33
　　　　R^1/Z_2 における閉弦, 290
　　　　T^2/Z_3―, 39
オリエンティフォールド平面, 299

＜か行＞

階層性の問題, 59, 66
回転する開弦, 138, 147
　　　　光錐ゲージにおける―, 189
Kalb-Ramond 場
　　　　―のゲージ変換, 210
　　　　―の方程式, 210
　　　　―の粒子状態, 211
　　　　量子閉弦による―, 287
カレント, 153
　　　　―4元ベクトル, 48
　　　　世界面の運動量―, 159
　　　　電磁気学の―, 153
　　　　ラグランジアン密度と―, 157
　　　　Lorentz―, 165
ガンマ関数, 51
　　　　―に対する解析接続, 67
　　　　―の漸化式, 52
基本領域 [同一視], 29
球面 (スフェア), 50
　　　　―の体積, 52
　　　　任意次元空間における―, 50

空間的 (スペースライク), 14
　　　　―なベクトル, 19
空間面, 99, 120
Klein-Gordon 方程式, 194
計量, 15, 56
　　　　―のパラメーター付け替えによる変更, 104
　　　　世界面上に誘導された―, 111
　　　　(重力場の) 動的な―, 56
　　　　Minkowski―, 15
　　　　誘導された―, 104
ゲージ変換, 44
　　　　Kalb-Ramond 場の―, 210
　　　　重力場の―, 57, 206
　　　　Maxwell 場の―, 44, 203
ゲージポテンシャル (4元ポテンシャル), 46
欠損角度 [宇宙弦], 143
弦座標, 106
弦の空間面, 120
弦の結合, 288
　　　　―とディラトン, 289
　　　　―と Newton 定数, 288
　　　　閉弦の結合と開弦の結合, 289
弦の端点
　　　　―の運動と D-ブレイン, 127
　　　　―の運動の共変な解析, 126
　　　　―の自由な運動, 123, 147
弦の張力, 110
　　　　相対論的な―, 110, 118
　　　　小さな振動における実効的な―, 133
　　　　非相対論的な―, 71
弦の長さ, 12, 168
　　　　―と α' の関係, 168
光子状態, 205
　　　　光錐開弦の―, 261
　　　　Maxwell 場の―, 205

光錐エネルギー, 27
光錐計量, 22
光錐ゲージ, 184
　　　開弦・閉弦に対する—, 185
　　　重力場に対する—, 207
　　　点粒子に対する—, 214
　　　Maxwell場に対する—, 204
光錐座標, 20
光錐成分[Lorentzテンソル], 209
光錐量子化, 217
　　　—による開弦の状態, 260
　　　—による点粒子の状態, 220
　　　—による閉弦の状態, 284
　　　開弦の—, 234
　　　点粒子の—, 217
勾配パラメーター α', 166
　　　—と弦の張力の関係, 167
　　　—と弦の長さの関係, 168
固有時間, 24
　　　—と点粒子の作用, 90

<さ行>
作用, 76
　　　—の鞍点, 84
　　　荷電粒子と電磁場の—, 97
　　　自由なスカラー場の—, 193
　　　相対論的な自由粒子の—, 90
　　　電荷を持つ点粒子の—, 96
　　　南部-後藤—, 110, 111, 122, 176
　　　場の—, 156
　　　曲がった空間における点粒子の—, 97
　　　横方向光錐座標による弦の—, 243
GSO射影, 314
時間的(タイムライク), 13
　　　—なベクトル, 19
次元低減, 45
自然単位系, 176
質量の自乗
　　　古典的な開弦の—, 188
　　　ツイストしたセクターの—, 296
　　　量子開弦の—, 258
　　　量子閉弦の—, 283
　　　NSセクターの—, 308
　　　Rセクターの—, 310
質量を持つベクトル場, 211
自由度の数[古典場], 196
　　　重力場の—, 208

スカラー場の—, 196
　　　Maxwell場の—, 205
自由な端点の境界条件, 113
重力子状態, 209
　　　重力場からの—, 209
　　　量子閉弦による—, 286
重力場, 56
　　　—のゲージ変換, 206
　　　—の光錐ゲージ条件, 207
　　　—の自由度の数, 208
　　　—の量子論, 208
Schrödinger演算子, 215
Schrödinger方程式, 35, 263
　　　光錐開弦の—, 263
　　　光錐閉弦の無質量状態の—, 287
　　　光錐量子化による点粒子の—, 221
純粋ゲージ, 205
　　　—の重力場, 210
　　　—のMaxwell場, 205
状態空間
　　　全空間を満たしたD-ブレインの下での開
　　　　　弦の—, 257
　　　閉弦の—, 284
数演算子[弦の励起], 258
　　　光錐開弦の—, 258
　　　光錐閉弦の—, 282
スカラー場, 192
　　　—の運動方程式(Klein-Gordon方程式),
　　　　　194
　　　—の演算子, 200
　　　—の自由度の数, 196
　　　—のハミルトニアン, 193
　　　—の平面波解, 194
　　　—の量子論, 197
　　　光錐座標による—, 197
　　　作用原理と—, 192
スペースライク(空間的), 14
　　　—なベクトル, 19
正規順序化[演算子], 247
生成・消滅演算子, 199
　　　開弦の励起の—, 240, 245
　　　スカラー粒子の—, 199
　　　閉弦の励起の—, 280
静的ゲージ, 116
　　　—における弦の作用, 122
制約条件[パラメーター付け], 180
　　　—と光錐解, 185

索 引 (基礎編)

静的ゲージにおける—, 135, 136
ゼータ関数, 248
　　—の解析接続, 269
世界線, 13, 88, 106
世界面, 99, 105
世界面運動量 [閉弦], 284
世界面カレント, 159
世界面フェルミオン, 303
セクター
　　右進/左進—, 282
　　II型超弦の—, 316
　　Neveu-Schwarz—, 306
　　Ramond—, 306, 309
尖点, 142
　　開弦の—, 150
　　閉弦の—, 142, 150
相対論的な弦, 110
　　—の運動方程式, 112
測地線, 145
　　—方程式, 97
　　円錐上の—, 145, 151

<た行>

タイムライク (時間的), 13
　　—なベクトル, 19
タキオン, 260
　　—ポテンシャル, 266, 272
　　開弦の—, 260
　　閉弦の—, 285
単位系, 11
　　SI—, 11, 12
　　自然—, 176
　　Planck—, 58
　　Heaviside-Lorentz—, 43
チャージ (保存量), 155
　　運動量—, 159, 162
　　ラグランジアン密度と—, 157
　　ラグランジアン力学の—, 155
　　Lorentz—, 165
超弦, 301
　　—におけるGSO射影, 314
　　—のNSセクター, 306
　　—のRセクター, 309
　　I型—, 318
　　II型 (IIA型, IIB型)—, 317
　　閉じた—, 316
　　開いた—, 314

ヘテロ型—, 318, 320
超対称性, 4, 302
D-ブレイン, 114
　　—と開弦の運動, 127
　　—の不安定性, 267
ディラトン, 287
　　—と弦の結合, 289
　　量子閉弦による—, 287
Dirichlet境界条件, 73, 80
　　開弦に対する—, 113
電荷 (チャージ), 153
電磁力学, 43
　　相対論的な—, 46
点粒子, 87
　　—(荷電粒子) を伴う電磁場の力学, 97
　　—の運動方程式, 94
　　—の光錐運動量演算子, 222
　　—の光錐量子化, 217
　　—の光錐Lorentz生成子, 226
　　—の作用, 90
　　—のSchrödinger方程式, 221
　　—のパラメーター付け替え不変性, 230
　　—の曲がった空間における作用, 97
　　—のラグランジアン, 90
　　—の量子状態, 220
　　電荷を持つ—, 95

<な行>

南部-後藤作用, 110, 168, 176
'2段攻撃' [同一視], 297
Newton定数 G, 58
　　—と弦の結合 g の関係, 288
　　—とNewtonの重力の法則, 57
　　任意次元数における—, 60
Neveu-Schwarzセクター, 306
ヌル (零) ベクトル, 19
　　—に直交するベクトル, 188
Neumann境界条件, 73

<は行>

Heisenberg演算子, 216
発散定理, 53
場の強度 [電磁力学], 46
場の量子論, 197
　　Kalb-Ramond場の—, 210
　　質量を持つベクトル場の—, 211
　　重力場の—, 206

スカラー場の—, 197
Maxwell場の—, 202
ハミルトニアン
  光錐開弦の—, 235, 256
  光錐点粒子の—, 218
  光錐閉弦の—, 280, 283
  スカラー場の—, 193
  相対論的な弦の—, 126, 132
  相対論的な点粒子の—, 91
  非相対論的な荷電粒子の—, 97
Hamiltonの原理, 77
パラメーターの付け替え, 92
  世界面に対する—, 111, 176, 177
  点粒子に対する—, 92, 96, 230
  Virasoro演算子による—, 253, 271, 284
  面に対する—, 102
微細構造定数, 59, 288
標準模型 [素粒子物理], 3
Virasoro演算子, 246, 281
Virasoro代数, 251, 252, 269
Virasoroモード, 187
不変距離, 13
Planckエネルギー, 59
Planck単位系 (長さ, 時間, 質量), 58
Planck定数, 34
Planck長さ, 58
  任意次元数における—, 61
母関数 [状態の勘定], 311

<ま行>

Maxwell場, 43, 202
  —と光子状態, 205
  —に対する光錐ゲージ, 204
  —のゲージ変換, 203
Maxwell方程式, 43
Minkowski計量, 15
無向の開弦, 262, 272, 318
無向の閉弦, 298, 318
モード展開 [弦座標]
  開弦の X^- の—, 187
  開弦の NN 座標の—, 184
  閉弦の—, 279

<や行>

有向の開弦, 262
有向の閉弦, 319

余剰次元, 27
  — と Lorentz 不変性, 27
  大きな—, 64
  コンパクト化した—, 28
4元ベクトル, 19
4元ポテンシャル (ゲージポテンシャル), 46

<ら行>

ライトライク (光的), 14
  —なコンパクト化, 40
ラグランジアン, 75
  —の対称性, 154, 171
  非相対論的な弦の—, 79
Ramondセクター, 306, 309
Ramond-Ramond場, 318
ランドスケープ (景観) [真空モデル], 8
粒子状態, 197
  1光子の—, 205
  1重力子の—, 209
  1粒子の—, 201
  Kalb-Ramond場の—, 211
Lorentz生成子, 227
  量子開弦の—, 255
  量子力学的な点粒子の—, 228
Lorentz代数, 227, 230
Lorentz変換, 17, 18
  無限小の—, 164
Lorentz力, 43, 66

訳者略歴
1990年　大阪大学大学院基礎工学研究科物理系専攻前期課程修了
　　　　㈱日立製作所　中央研究所　研究員
1996年　㈱日立製作所　電子デバイス製造システム推進本部　技師
1999年　㈱日立製作所　計測器グループ　技師
2001年　㈱日立ハイテクノロジーズ　技師

著書
Studies of High-Temperature Superconductors, Vol. 1
　（共著，Nova Science，1989）
Studies of High-Temperature Superconductors, Vol. 6
　（共著，Nova Science，1990）

訳書
『多体系の量子論』（シュプリンガー，1999）
『現代量子論の基礎』（丸善プラネット，2000）
『メソスコピック物理入門』（吉岡書店，2000）
『量子場の物理』（シュプリンガー，2002）
『ニュートリノは何処へ？』（シュプリンガー，2002）
『低次元半導体の物理』（シュプリンガー，2004）
『素粒子標準模型入門』（シュプリンガー，2005）
『半導体デバイスの基礎（上/中/下）』（シュプリンガー，2008）
『ザイマン現代量子論の基礎〔新装版〕』（丸善プラネット，2008）
『現代量子力学入門―基礎理論から量子情報・解釈問題まで』（丸善プラネット，2009）
『サクライ上級量子力学（Ⅰ/Ⅱ）』（丸善プラネット，2010）
『シュリーファー超伝導の理論』（丸善プラネット，2010）
『場の量子論（第1巻/第2巻）』（丸善プラネット，2011）
『カダノフ/ベイム量子統計力学』（丸善プラネット，2011）
『量子場の物理〔新装版〕』（丸善プラネット，2012）
『ザゴスキン　多体系の量子論〔新装版〕』（丸善プラネット，2012）

初級講座　弦理論《基礎編》

2013年 9 月25日　初 版 発 行
2019年 2 月10日　第 4 刷発行

訳　者　　樺　沢　宇　紀　　　Ⓒ 2013

発行所　　丸善プラネット株式会社
　　　　　〒101-0051　東京都千代田区神田神保町 2-17
　　　　　電　話　03-3512-8516
　　　　　http://planet.maruzen.co.jp/

発売所　　丸善出版株式会社
　　　　　〒101-0051　東京都千代田区神田神保町 2-17
　　　　　電　話　03-3512-3256
　　　　　https://www.maruzen-publishing.co.jp

印刷・製本/富士美術印刷株式会社

ISBN 978-4-86345-177-3 C3042

D-ブレインに接続している開弦：
  振動子：α_n^i $(i=2,3,\ldots,p)$ and α_n^a $(a=p+1,\ldots,d)$
  基底状態：$|p^+,\vec{p}\rangle$, $\vec{p}=(p^2,\ldots,p^p)$
  質量の自乗：$\alpha'M^2 = -1 + \sum_{n=1}^{\infty}\left(\alpha_{-n}^i\alpha_n^i + \alpha_{-n}^a\alpha_n^a\right)$

N 重 Dp-ブレインに接続している開弦：
  基底状態：$|p^+,\vec{p};[jk]\rangle$, $j,k=1,2,\ldots,N$, $\vec{p}=(p^2,\ldots,p^p)$
  $a_{\mathrm{NN}} = a_{\mathrm{DD}} = -\dfrac{1}{24}$, $a_{\mathrm{ND}} = a_{\mathrm{DN}} = \dfrac{1}{48}$

Kalb-Ramond 場と弦、および開弦の端点と D-ブレイン内の Maxwell 場の結合：
$$S = -\int d\tau d\sigma \frac{\partial X^\mu}{\partial \tau}\frac{\partial X^\nu}{\partial \sigma} B_{\mu\nu}\bigl(X(\tau,\sigma)\bigr)$$
$$+ \int d\tau A_m(X)\frac{dX^m}{d\tau}\bigg|_{\sigma=\pi} - \int d\tau A_m(X)\frac{dX^m}{d\tau}\bigg|_{\sigma=0}$$

T 双対性：
  巻き量：$w = \dfrac{mR}{\alpha'}$, 運動量：$p = \dfrac{n}{R}$, 双対半径：$\tilde{R} = \dfrac{\alpha'}{R}$
  $M^2 = p^2 + w^2 + \dfrac{2}{\alpha'}(N^\perp + \bar{N}^\perp - 2)$, $\quad N^\perp - \bar{N}^\perp = \alpha' pw = mn$
  $X = X_L + X_R \to \tilde{X} = X_L - X_R$

D-ブレインの張力：
$$\frac{T_p}{T_{p-1}} = \frac{1}{2\pi\sqrt{\alpha'}}, \quad T_1 = \frac{1}{2\pi\alpha'}\frac{1}{g}$$

電磁場と結合した開弦の境界条件：
$$\mathcal{P}_m^\sigma + F_{mn}\partial_\tau X^n = 0, \quad \text{for } \sigma = 0, \pi$$

Born-Infeld ラグランジアン密度：
$$\mathcal{L} = -T_p\sqrt{-\det(\eta_{mn} + 2\pi\alpha' F_{mn})}$$

Hagedorn 温度：
$$\frac{1}{\beta_{\mathrm{H}}} = kT_{\mathrm{H}} = \frac{1}{4\pi\sqrt{\alpha'}}$$

ブラックホール：
  ブラックホール温度：$k\bar{T}_{\mathrm{H}} = \dfrac{\hbar c^3}{8\pi GM}$, $\quad$ Bekenstein エントロピー：$\dfrac{S_{\mathrm{B}}}{k} = \dfrac{A}{4\ell_{\mathrm{P}}^2}$

AdS/CFT 対応のパラメーター整合：
$$g = \frac{1}{4\pi}g_{\mathrm{YM}}^2 = \frac{\lambda}{4\pi N}, \quad \frac{R^4}{\alpha'^2} = g_{\mathrm{YM}}^2 N = \lambda$$

Polyakov 弦作用：
$$S = -\frac{1}{4\pi\alpha'}\int d\tau d\sigma \sqrt{-h}\, h^{\alpha\beta}\,\partial_\alpha X^\mu\,\partial_\beta X^\nu\,\eta_{\mu\nu}$$